CAX 工程师速查手册丛书

UG NX 8.0 中文版
工程设计速学通

王 敏 王 宏 等编著

机 械 工 业 出 版 社

全书分为10章，分别是UG NX 8.0概述，基本操作，曲线功能，草图绘制，建模特征，曲面功能，测量、分析和查询，装配建模，工程图和制动器综合实例等知识。本书以学生工程设计能力培养为主线，以实例为牵引，全面地介绍了各种工业设计零件、装配图和工程图的设计方法与技巧。

本书在介绍的过程中，注意由浅入深，从易到难，各章节既相对独立又前后关联。作者根据自己多年的经验及学习的通常心理，及时给出总结和相关提示，帮助读者及时快捷地掌握所学知识。全书解说翔实，图文并茂，语言简洁，思路清晰。本书可以作为UG NX 8.0初学者的入门教材，也可作为工程技术人员的参考工具书。

为了方便广大读者更加形象直观地学习此书，随书配赠多媒体光盘，包含全书所有实例的源文件和操作过程AVI文件。

图书在版编目（CIP）数据

UG NX 8.0中文版工程设计速学通／王敏等编著．—北京：机械工业出版社，2012.9

（CAX工程师速查手册丛书）

ISBN 978-7-111-39660-4

Ⅰ．①U…　Ⅱ．①王…　Ⅲ．①工业设计-计算机辅助设计-应用软件　Ⅳ．①TB47-39

中国版本图书馆CIP数据核字（2012）第210810号

机械工业出版社（北京市百万庄大街22号　邮政编码100037）

策划编辑：丁　诚　张淑谦

责任编辑：张淑谦

责任印制：**张　楠**

北京双青印刷厂印刷

2012年11月第1版第1次印刷

140mm×203mm·13印张·300千字

0 001—3 500册

标准书号：ISBN 978-7-111-39660-4

ISBN 978-7-89433-683-5（光盘）

定价：45.00元（含1CD）

凡购本书，如有缺页、倒页、脱页，由本社发行部调换

电话服务

社服务中心：（010）88361066

销售一部：（010）68326294

销售二部：（010）88379649

读者购书热线：（010）88379203

网络服务

教材网：http://www.cmpedu.com

机工官网：http://www.cmpbook.com

机工官博：http://weibo.com/cmp1952

封面无防伪标均为盗版

前　　言

UG 是复杂产品设计制造的最佳系统之一。从概念设计到生产产品，UG 被广泛地运用在汽车业、航天业、模具加工及设计业等。近年来更将触角伸及消费市场产业中最复杂的领域——工业设计。运用其功能强大的复合式建模工具，设计者可依工作的需求选择最合适的建模方式；关联性的单一资料库，使大量零件的处理更加稳定。除此之外，组织功能、2D 出图功能、模具加工功能及与 PDM 之间的紧密结合，使得 UG 在工业界成为一套高阶的 CAD/CAM 系统。

本书的执笔作者都是各科研院所从事计算机辅助设计教学研究或工程设计的一线人员，他们年富力强，具有丰富的教学实践经验与编写经验。多年的教学工作使他们能够准确地把握学生的学习心理与实际需求。本书处处凝结着教育工作者的经验与体会，贯彻着他们的教学思想，希望能够给广大读者的学习起到抛砖引玉的作用，为广大读者的学习与自学提供一个捷径。

书中的每个实例都是作者独立设计的真实零件，每章都提供了独立、完整的零件制作过程，每个模块都有大型、综合的实例章节，操作步骤都有简洁的文字说明和精美的图例展示。本书的实例安排本着"由浅入深，循序渐进"的原则，力求使读者"看得懂，学得会，用得上"，并能够学以致用，从而尽快掌握设计中的诀窍。

全书分为 10 章，分别为 UG NX 8.0 概述，基本操作，曲线功能，草图绘制，建模特征，曲面功能，测量、分析和查询，装配建模，工程图和制动器综合实例等知识。本书以学生工程设计能力培养为主线，以实例为牵引，全面地介绍了各种工业设计零件、装配图和工程图的设计方法与技巧，在介绍的过程中，注意由浅入深，从易到难。全书解说翔实，图文并茂，语言简洁，思路清晰。

本书所有实例操作需要的原始文件、结果文件以及上机实验实例的原始文件和结果文件，都在随书光盘的“源文件”目录下，读者可以复制到计算机硬盘下参考和使用。

本书除利用传统的纸面讲解外，随书配送了多媒体学习光盘。光盘中包含全书所有实例操作过程 AVI 文件。利用作者精心设计的多媒体界面，读者可以轻松愉悦地学习本书。

本书主要由王宏和王敏编写，参与编写的还有张俊生、王佩楷、袁涛、杨雪静、周冰、李瑞、王渊峰、王兵学、张日晶、康士廷、董荣荣、刘昌丽、王培合、胡仁喜、王又发、路纯红、王文平、李广荣、王艳池、王玉秋、阳平华。本书的编写和出版得到了很多朋友的大力支持，在此向他们表示衷心的感谢。

由于编者水平有限，书中不足之处在所难免，望广大读者发送邮件到 win760520@126.com 批评指正，编者将不胜感激。

作　者

目　　录

第 1 章

UG NX 8.0 概述

UG 是集 CAD/CAM/CAE 于一体的三维机械设计平台，也是当今世界应用较为广泛的计算机辅助设计、分析和制造软件之一，普遍应用于汽车、航空航天、机械、消费产品、医疗器械、造船等行业，它为制造行业产品开发的全过程提供解决方案，其功能包括概念设计、工程设计、性能分析和制造。本章主要介绍 UG 的发展历程及 UG 软件界面的工作环境，简单介绍如何自定义工具栏。

1.1 UG NX 8.0 的启动

UG NX 8.0 中文版有下面 4 种启动方法。

1）双击桌面上的 UG NX 8.0 的快捷方式图标，即可启动 UG NX 8.0 中文版。

2）单击桌面左下方的“开始”按钮，在弹出的菜单中选择“程序”→“UG NX 8.0”→“NX 8.0”，启动 UG NX 8.0 中文版。

3）将 UG NX 8.0 的快捷方式图标拖曳到桌面下方的快捷启动栏中，只需单击快捷启动栏中 UG NX 8.0 的快捷方式图标，即可启动 UG NX 8.0 中文版。

4）直接在启动 UG NX 8.0 的安装目录的 UGII 子目录下双击 ugraf.exe 图标，就可启动 UG NX 8.0 中文版。

UG NX 8.0 中文版的启动画面如图 1-1 所示。

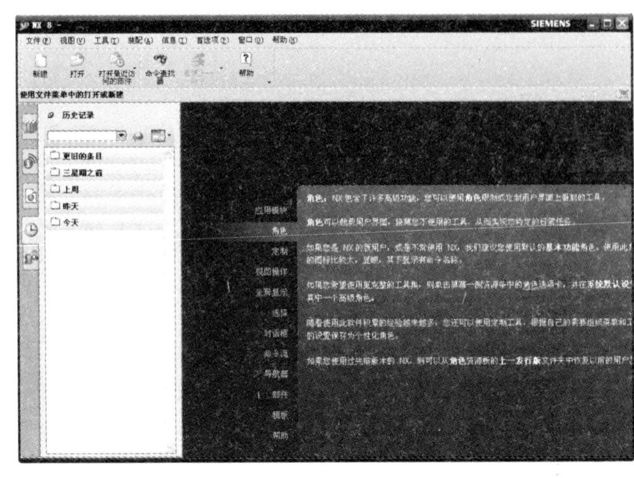

图 1-1　UG NX 8.0 中文版的启动画面

1.2　工作环境

本节介绍 UG 的主要工作界面及各部分功能，了解各部分的位置和功能之后才可以有效地进行工作设计。UG NX 8.0 主工作窗口如图 1-2 所示，其中包括标题栏、菜单栏、工具栏、工作区、坐标系、资源工具栏、全屏显示、快捷菜单、提示栏和状态栏等 10 个部分。

1.2.1　标题栏

标题栏用来显示软件版本，以及当前的模块和文件名等信息。

1.2.2　菜单栏

菜单栏包含了本软件的主要功能，系统的所有命令或者设置选项都归属到不同的菜单下，它们分别是：“文件”菜单、“编辑”菜单、“视图”菜单、“插入”菜单、“格式”菜单、“工具”菜单、“装配”菜单、“信息”菜单、“分析”菜单、“首选项”菜单、“窗口”菜单、“GC 工具箱”和“帮助”菜单。

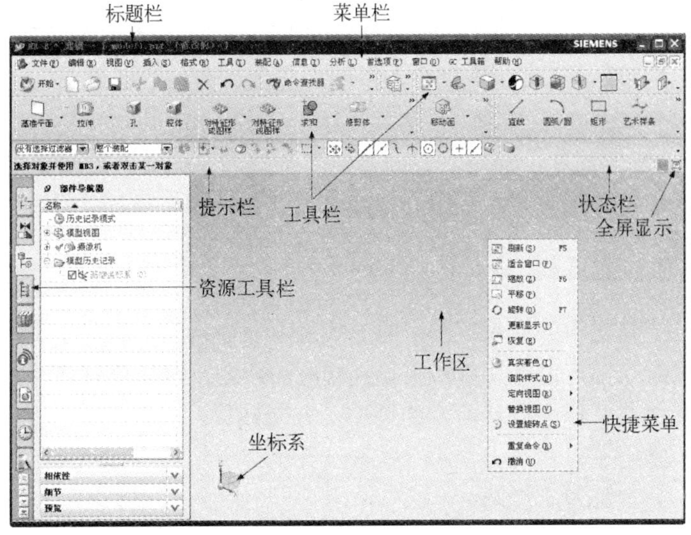

图 1-2　工作窗口

当单击菜单时，在下拉菜单中就会显示所有与该功能有关的命令选项。图 1-3 所示为工具下拉菜单的`命令选项，有如下特点。

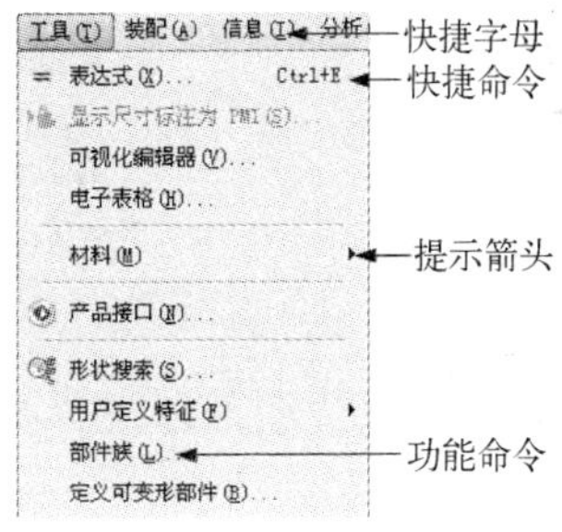

图 1-3　工具下拉菜单

1）快捷字母：例如“文件”菜单中的 F 是系统默认快捷字母命令键，按下〈Alt+F〉组合键即可调用该命令选项。比如要调用“文件”→“打开”命令，按下〈Alt+F〉组合键后再按〈O〉

键即可调出该命令。

2）功能命令：实现软件各个功能所要执行的各个命令，单击它会调出相应功能。

3）提示箭头：指菜单命令中右方的三角箭头，表示该命令含有子菜单。

4）快捷键：命令右方的按钮组合键即是该命令的快捷键，在工作过程中直接按下组合键即可自动执行该命令。

1.2.3 工具栏

工具栏中的命令以图形的方式表示命令功能，所有工具栏的图形命令都可以在菜单栏中找到相应的命令，这样可以使用户避免了在菜单栏中查找命令的烦琐，方便操作。

常用工具栏有：

1. “标准”工具栏

“标准”工具栏包含文件系统的基本操作命令，如图 1-4 所示。

2. “视图”工具栏

“视图”工具栏是用来对图形窗口的物体进行显示操作的，如图 1-5 所示。

图 1-4 “标准”工具栏

图 1-5 “视图”工具栏

3. “可视化”工具栏

“可视化”工具栏用于设置图形窗口的物体的显示效果，如图 1-6 所示。

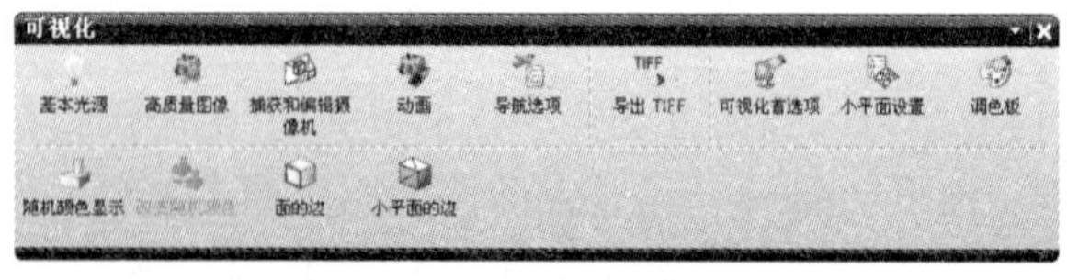

图 1-6 “可视化”工具栏

4.“可视化形状”工具栏

“可视化形状”工具栏用于设置动画的效果，可以用于对设计出来的物体进行渲染和美术加工，产生逼真的效果，如图 1-7 所示。

图 1-7 “可视化形状”工具栏

5.“应用模块”工具栏

“应用模块”工具栏用于各个模块的相互切换，如图 1-8 所示。

图 1-8 “应用模块”工具栏

6.“曲线”工具栏

“曲线”工具栏用于提供建立各种形状曲线的工具，如图 1-9 所示。

图 1-9 “曲线”工具栏

7.“直线和圆弧”工具栏

“直线和圆弧”工具栏提供绘制各种“直线和圆弧”的工具，如图 1-10 所示。

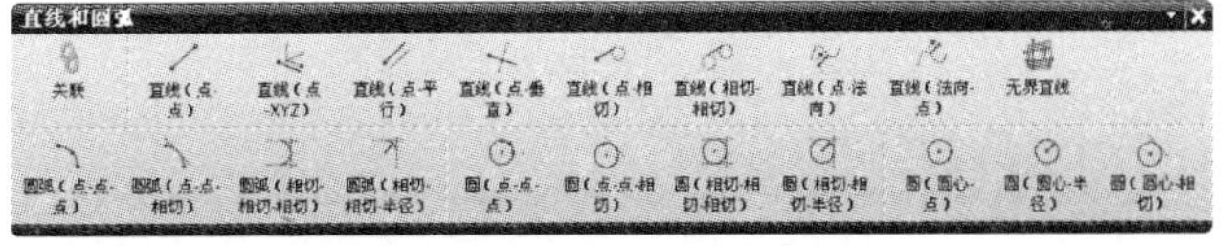

图 1-10 “直线和圆弧”工具栏

8．“编辑曲线”工具栏

“编辑曲线”工具栏用于提供修改曲线形状与参数的各种工具，如图 1-11 所示。

图 1-11 “编辑曲线”工具栏

9．“选择杆”工具栏

“选择杆”工具栏提供选择对象和捕捉点的各种工具，如图 1-12 所示。

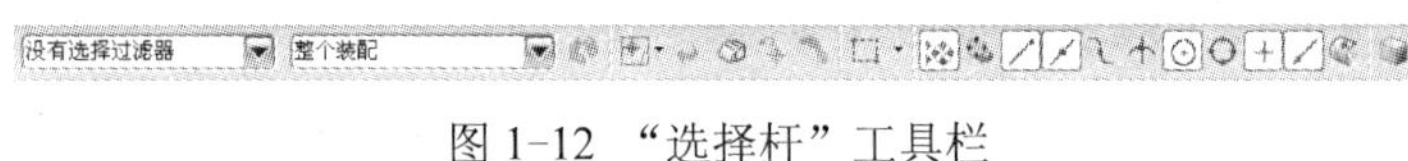

图 1-12 “选择杆”工具栏

10．“特征”工具栏

“特征”工具栏提供了建立参数化特征实体模型的大部分工具，主要用于建立规则和不太复杂的模型，并对模型进行进一步细化和局部修改的实体形状特征建立工具，以及建立一些形状规则但较复杂的实体特征，如图 1-13 所示。

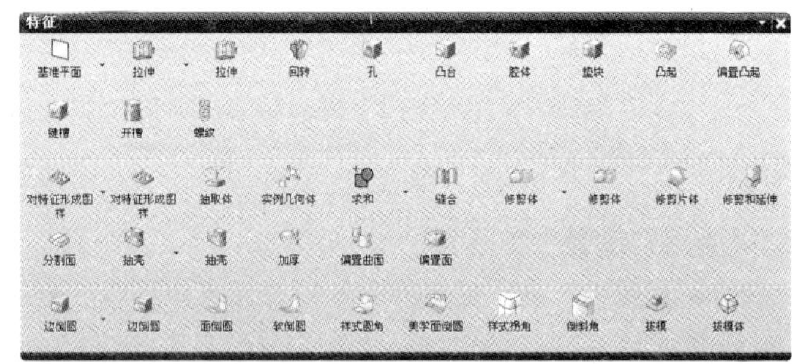

图 1-13 “特征”工具栏

11．“编辑特征”工具栏

“编辑特征”工具栏是用于修改特征形状、位置及其显示状态等的工具，如图 1-14 所示。

图 1-14 “编辑特征”工具栏

12. “曲面”工具栏

“曲面”工具栏提供了构建各种曲面的工具，如图 1-15 所示。

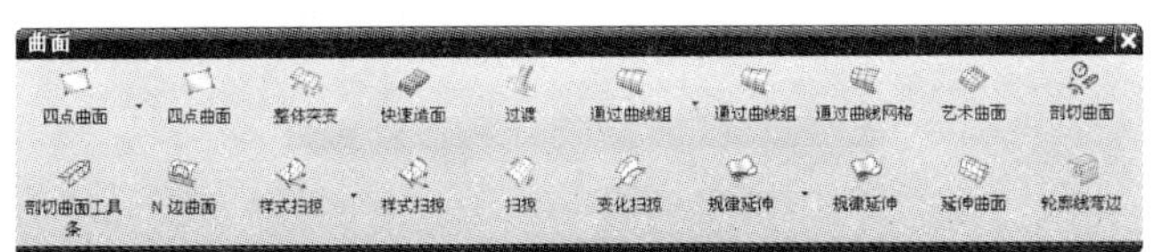

图 1-15 “曲面”工具栏

13. “编辑曲面”工具栏

“编辑曲面”工具栏是用于修改曲面形状及参数的各种工具，如图 1-16 所示。

图 1-16 “编辑曲面”工具栏

14. “实用工具”工具栏

“实用工具”工具栏提供了用于模型几何分析、模型比较等的分析工具，如图 1-17 所示。

图 1-17 “实用工具”工具栏

15. “形状分析”工具栏

“形状分析”工具栏提供了用于模型形状、曲线等的分析工具，如图 1-18 所示。

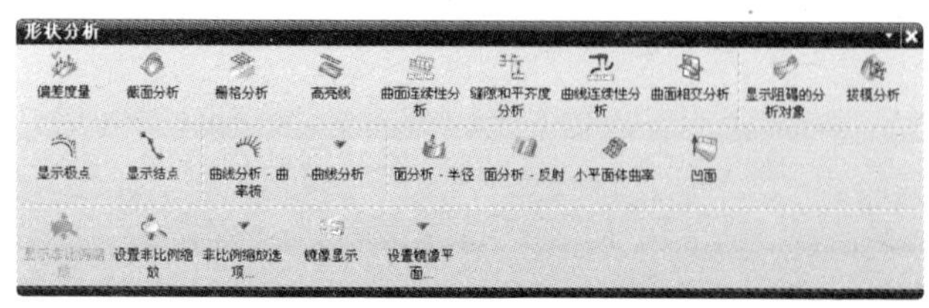

图 1-18 “形状分析”工具栏

16. “装配”工具栏

“装配”工具栏提供了用于组件装配的各种工具，如图 1-19 所示。

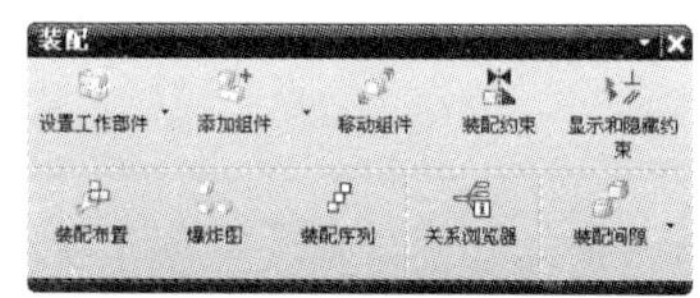

图 1-19 “装配”工具栏

1.2.4 工作区

工作区是绘图的主区域。用于创建、显示和修改部件。

1.2.5 坐标系

UG 中的坐标系分为工作坐标系（WCS）和绝对坐标系（ACS），其中工作坐标系是用户在建模时直接应用的坐标系。

1.2.6 快捷菜单

快捷菜单栏在工作区中右击鼠标即可打开，其中含有一些常用命令及视图控制命令，以方便绘图工作。

1.2.7 资源栏

资源栏（见图 1-20）中包括：装配导航器、部件导航器、主页浏览器、历史记录、系统材料等。

单击导航器或浏览器按钮会弹出一页面显示窗口，当单击

（见图 1-21）按钮时可以切换页面的固定和滑移状态。

单击主页“浏览器”按钮，用它来显示 UG NX 8.0 的在线帮助、CAST、e-vis、iMan，或其他任何网站和网页。也可用“首选项”→“用户界面”命令来配置浏览主页，如图 1-22 所示。

图 1-20　资源工具栏

图 1-21　固定窗口

单击“历史”按钮，可访问打开过的零件列表，可以预览零件及其他相关信息，如图 1-23 所示。

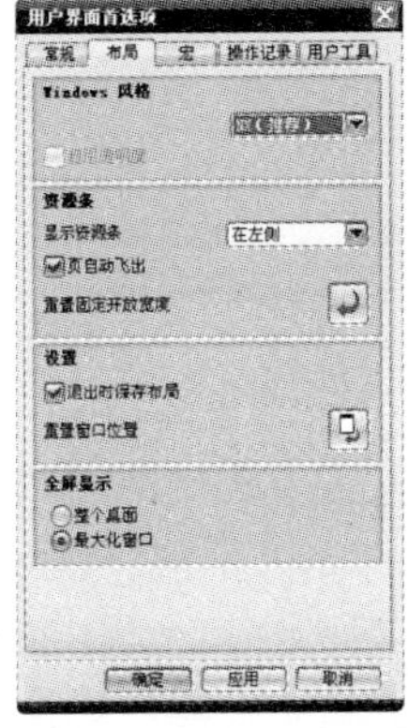

图 1-22　配置浏览器主页

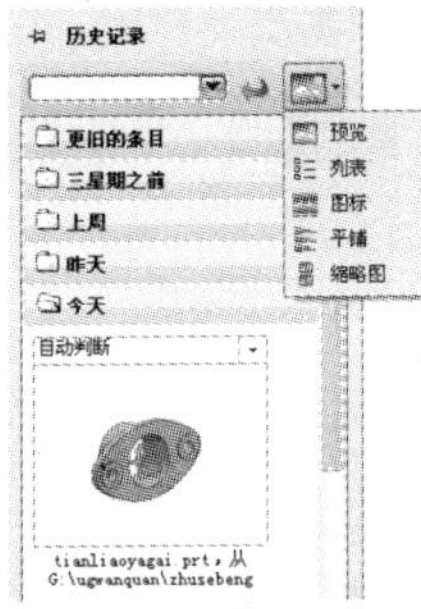

图 1-23　历史信息

1.2.8 提示栏

提示栏用来提示用户如何操作。执行每个命令时，系统都会在提示栏中显示用户必须执行的下一步操作。对于用户不熟悉的命令，利用提示栏帮助一般都可以顺利完成操作。

1.2.9 状态栏

状态栏主要用于显示系统或图元的状态，例如显示是否选中图元等信息。

1.2.10 全屏按钮

单击窗口右上方的按钮，用于在标准显示和全屏显示之间切换。在标准显示中单击此按钮，全屏显示如图 1-24 所示。

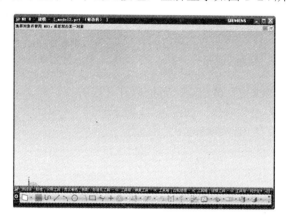

图 1-24　全屏显示 UG 界面

1.3 工具栏的定制

UG 中提供的工具栏可以为用户工作提供方便，但是进入应用模块之后，UG 只会显示默认的工具栏图标设置，然而用户可以根据自己的习惯定制独特风格的工具栏，本节将介绍工具栏的设置。

【执行方式】

- 菜单栏：选择菜单栏中的“工具”→“定制”命令，如图 1-25 所示。
- 快捷菜单：在工具栏空白处的任意位置右击鼠标，在弹出的如图 1-26 所示的快捷菜单中选择“定制”选项。

图 1-25 “工具”→“定制”命令

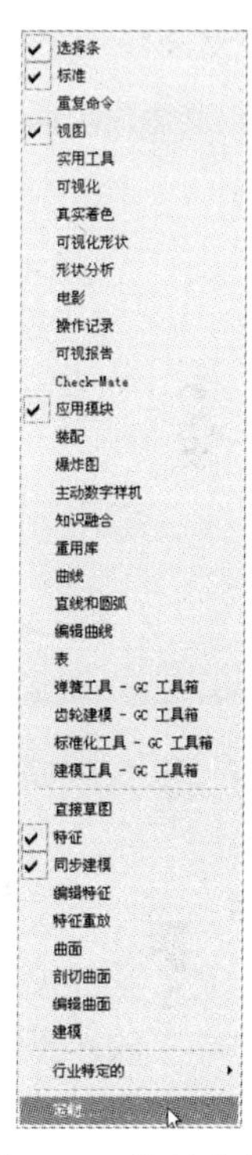

图 1-26 快捷菜单

执行上述方式后，打开“定制”对话框，如图 1-27 所示。

【选项说明】

1. 工具条

用于设置显示或隐藏某些工具栏、新建工具栏、装载定义好的工具栏文件（以.tbr 为扩展名），也可以利用“重置”命令来恢复软件默认的工具栏设置，如图 1-27 所示。

2．命令

用于显示或隐藏工具栏中的某些图标命令，如图 1-28 所示。

在“类别”栏下找到需添加命令的工具栏，然后在“命令”栏下找到待添加的命令，将该命令拖至工作窗口的相应工具栏中即可。对于工具栏上不需要的命令图标直接拖出，然后释放鼠标即可。命令图标用同样方法也可以拖动到菜单栏的下拉菜单中。

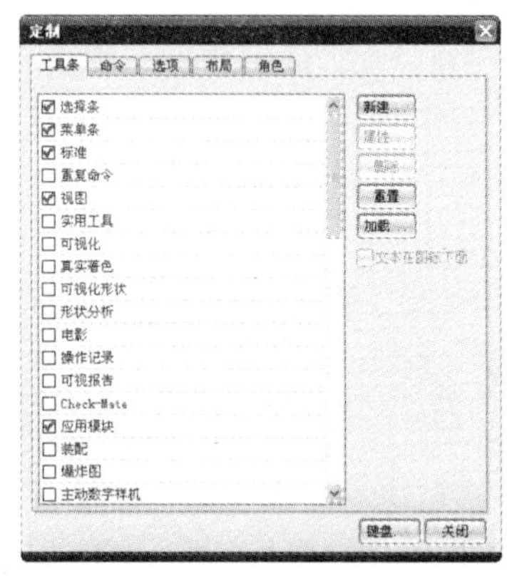

图 1-27 “工具条”标签

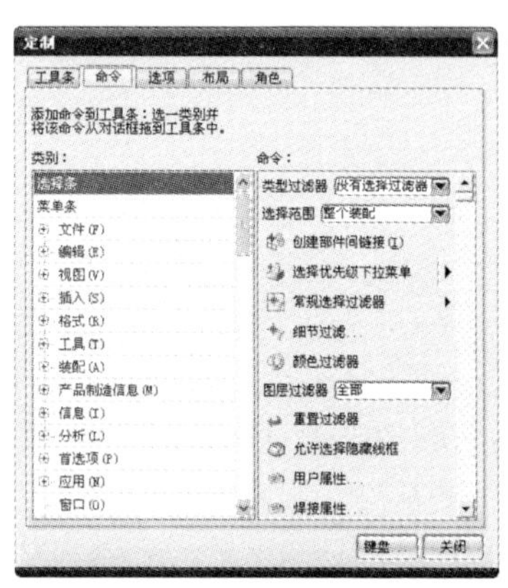

图 1-28 “命令”标签

提示

除了命令可以拖动到工具栏外，当类别栏中选为 Menu Bar 时，命令栏中的菜单也可以拖动到工具栏中创建自定义菜单。

3．选项

用于设置是否显示完全的下拉菜单列表，设置恢复默认菜单，以及工具栏和菜单栏图标大小的设置，如图 1-29 所示。

（1）个性化的菜单

1）始终显示完整的菜单：在所有菜单上显示相应角色的菜单项。

2）在短暂的延迟后显示完整的菜单：在短暂的延迟后显示

不常使用的菜单项。

3）重置折叠的菜单：恢复菜单中的默认设置。

（2）工具提示

1）在菜单和工具条上显示圆形符号工具提示：将光标移到菜单命令或工具条按钮上方时，会显示图形符号的提示。

2）在对话框选项上显示图形符号工具提示：在某些对话框中为需要更多信息的选项显示工具提示。将光标移到标签或图标上时会出现提示。

3）显示快捷键：在工具提示和圆形符号工具提示中显示工具条上命令的快捷键。

4）工具条图标大小：指定工具条图标的大小。

5）菜单图标大小：指定菜单图标的大小。

6）显示工具条选项中的单个工具条：不勾选此复选框，在同一行停靠多个工具条时，可以从一组工具条中进行选择。

4. 布局

“布局”标签如图 1-30 所示。

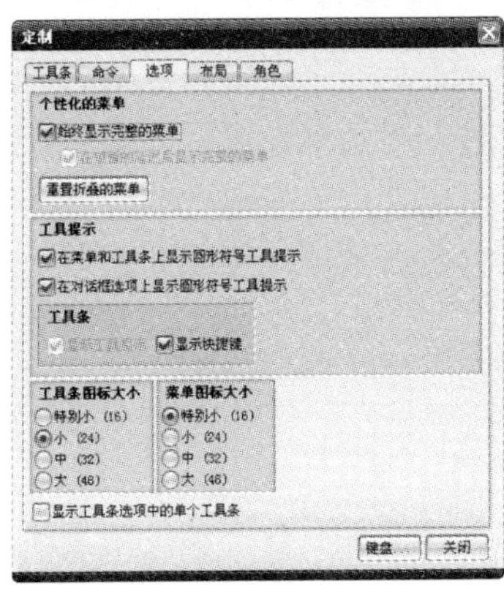

图 1-29 “选项”标签

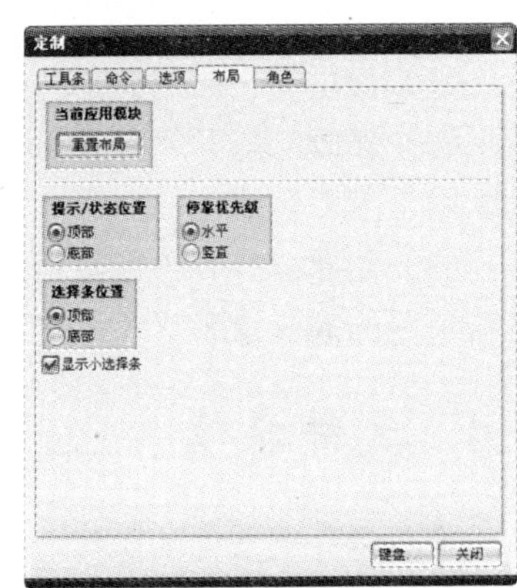

图 1-30 “布局”标签

（1）重置布局：将所有内建的工具条和菜单条重置为其默认设置。

（2）提示/状态位置：决定提示行显示在屏幕的顶部或是底部。

（3）停靠优先级：通过选择水平或竖直来决定用于工具条停靠位置的首选项。

（4）选择条位置：控制选择条出现在图形窗口之上还是在图形窗口之下。

（5）显示小选择条：控制当右键单击图形窗口的背景时是否出现小选择条。

5．角色

“角色”标签用于查看 NX 中定制角色的选项，如图 1-31 所示。

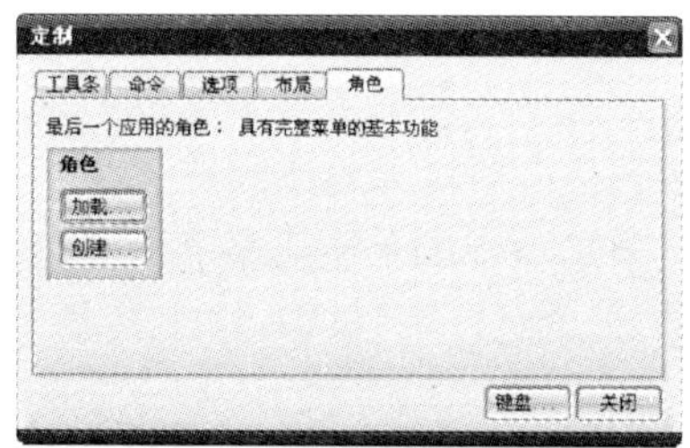

图 1-31 “角色”标签

（1）最后一个应用的角色：显示最后一个选定角色的名称。

（2）加载：打开“打开角色文件”对话框，可以选择现有角色以用于 NX 会话。

（3）创建：打开“新建角色文件”对话框，可以创建一个定义新角色的.mtx 文件。

1.4 文件操作

本节将介绍文件的操作，包括新建文件、打开和关闭文件、保存文件、导入/导出文件操作设置等。

1.4.1 新建文件

【执行方式】

- 菜单栏：选择菜单栏中的“文件”→“新建”命令。

- 工具栏：单击“标准”工具栏中的“新建”按钮。
- 快捷键：〈Ctrl+N〉

执行上述方式后，打开如图 1-32 所示“新建”对话框。

【选项说明】

1. 模板

（1）单位：针对某一给定单位类型显示可用的模板。

（2）模板列表框：显示选定选项卡的可用模板。

2. 预览

显示模板或图解的预览，有助于了解选定的模板创建哪些部件文件。

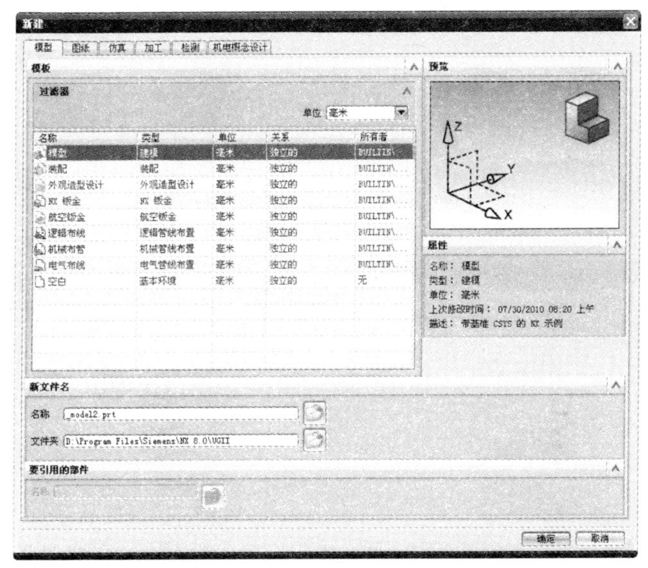

图 1-32 “新建”对话框

3. 属性

显示有关模板的信息。

4. 新文件名

（1）名称：指定新文件的名称。默认名称是在用户默认设置中的定义的，或者可以输入新名称。

（2）文件夹：指定新文件所在的目录。单击“浏览”按钮，打开“选择目录”对话框，选择目录。

5. 要引用的部件

用于引用不同部件文件的文件。

名称：指定要引用的文件的名称。

1.4.2 打开文件

【执行方式】

- 菜单栏：选择菜单栏中的“文件”→“打开”命令。
- 工具栏：单击“标准”工具栏上的“打开”按钮。
- 快捷键：〈Ctrl+O〉

执行上述方式后，打开如图 1-33 所示“打开”对话框，对话框中会列出当前目录下的所有有效文件以供选择，这里所指的有效文件是根据用户在“文件类型”中的设置来决定的。若勾选“仅加载结构”复选框，则当打开一个装配零件的时候，不用调用其中的组件。

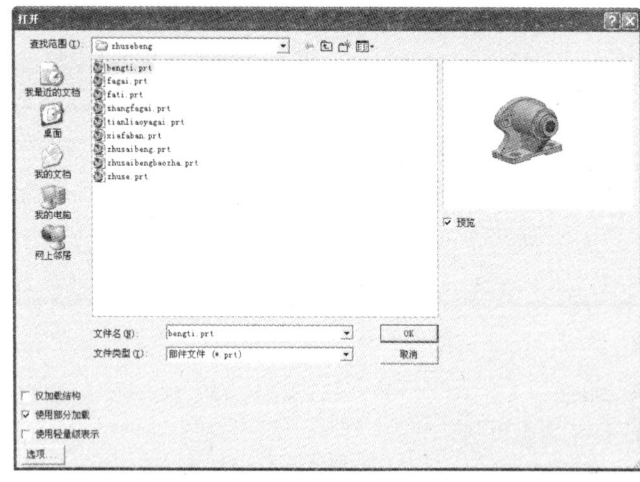

图 1-33 “打开”对话框

另外，可以选择“文件”菜单下的“最近打开的部件”命令来有选择性地打开最近打开过的文件。

1.4.3 保存文件

【执行方式】

- 菜单栏：选择菜单栏中的“文件”→“保存”命令。
- 工具栏：单击“标准”工具栏上的“保存”按钮。
- 快捷键：〈Ctrl+S〉

执行上述方式后，打开如图 1-34 所示的“命名部件”对话框。若在“新建”对话框中输入文件名称和路径，则直接保存文件，不弹出“命名部件”对话框。

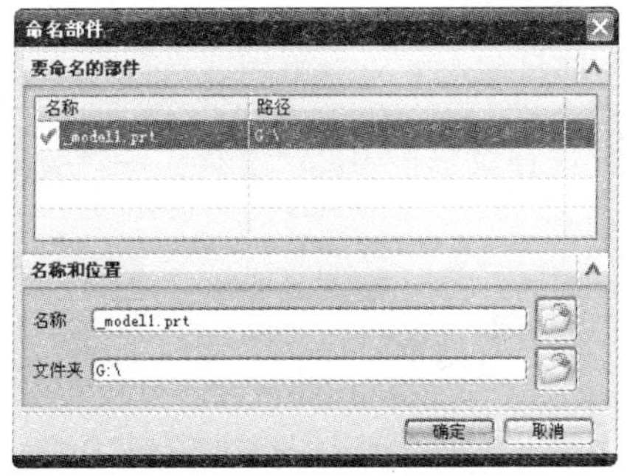

图 1-34 “命名部件”对话框

1.4.4 另存文件

【执行方式】

- 菜单栏：选择菜单栏中的“文件”→“另存为”命令。
- 工具栏：单击“标准”工具栏上的“另存为”按钮。
- 快捷键：〈Ctrl+Shift+A〉

执行上述方式后，打开如图 1-35 所示的“另存为”对话框。

图 1-35 “另存为”对话框

1.4.5 关闭部件文件

【执行方式】

● 菜单栏：选择菜单栏中的“文件”→“关闭”→“选定的部件”命令。

执行上述方式后，打开如图 1-36 所示的“关闭部件”对话框。

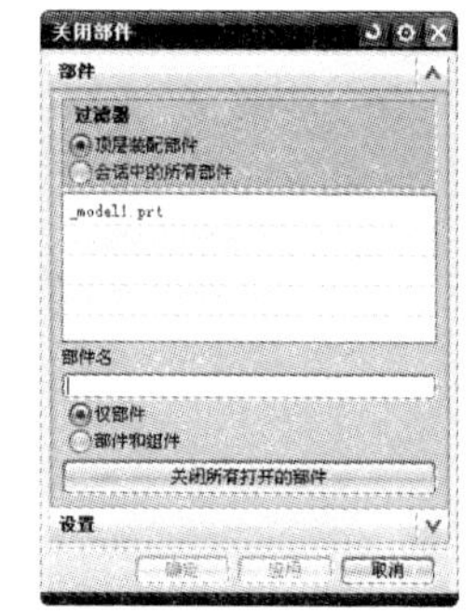

图 1-36 选择“关闭部件”对话框

【选项说明】

1）顶层装配部件：该选项用于在文件列表中只列出顶层装配文件，而不列出装配中包含的组件。

2）会话中的所有部件：该选项用于在文件列表列出当前进程中所有载入的文件。

3）仅部件：仅关闭所选择的文件。

4）部件和组件：该选项功能在于，如果所选择的文件是装配文件，则会一同关闭所有属于该装配文件的组件文件。

5）关闭所有打开的部件：选择该选项，可以关闭所有文件，但系统会出现警示对话框，如图 1-37 所示，提示用户已有部分文件做修改，给出选项让用户进一步确定。

其他的命令与之相似，只是关闭之前再保存一下，此处不再详述。

关闭文件可以通过执行“文件”→“关闭”下的子菜单命令来完成，如图 1-38 所示。

图 1-37 “关闭所有文件”对话框

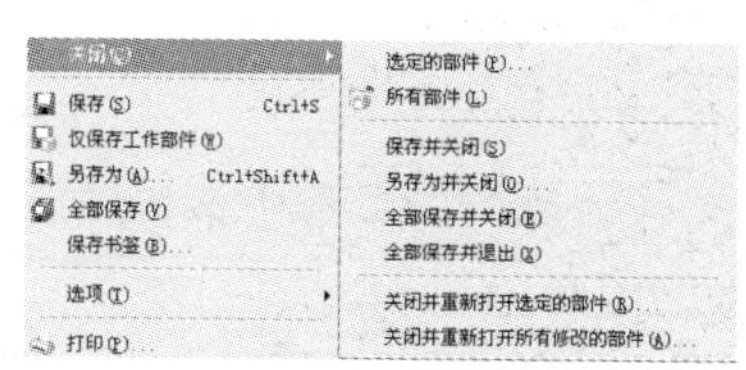

图 1-38 “关闭”子菜单

1.4.6 导入部件文件

UG 系统提供的将已存在的零件文件导入到目前打开的零件文件或新文件中；此外还可以导入 CAM 对象。

【执行方式】

- 菜单栏：选择菜单栏中的“文件”→“导入”→“部件”命令。

执行上述方式后，打开如图 1-39 所示的“导入部件”对话框。

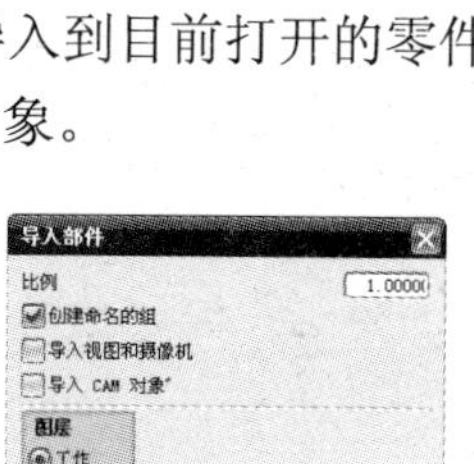

图 1-39 “导入部件”对话框

【选项说明】

（1）比例：该选项中文本框用于设置导入零件的大小比例。如果导入的零件含有自由曲面时，则系统将限制比例值为 1。

（2）创建命名的组：选择该选项后，系统会将导入的零件中的所有对象建立群组，该群组的名称即是该零件文件的原始名称。该零件文件的属性将转换为导入的所有对象的属性。

（3）导入视图和摄像机：选中该复选框后，导入的零件中若

包含用户自定义布局和查看方式，则系统会将其相关参数和对象一同导入。

（4）导入 CAM 对象：选中该复选框后，若零件中含有 CAM 对象则将一同导入。

（5）图层。

1）工作：选中该选项后，则导入零件的所有对象将属于当前的工作图层。

2）原始的：选中该选项后，则导入的所有对象还是属于原来的图层。

（6）目标坐标系。

1）WCS：选择该选项，在导入对象时以工作坐标系为定位基准。

2）指定：选中该选项后，系统将在导入对象后显示坐标子菜单，采用用户自定义的定位基准，定义之后，系统将以该坐标系作为导入对象的定位基准。

另外，可以单击“文件”菜单下的“导入”下拉菜单命令来导入其他类型文件。选择菜单栏中的“文件”→“导入”命令后，系统会打开如图 1-40 所示子菜单，提供了 UG 与其他应用程序文件格式的接口，其中常用的有部件、CGM、DXF/DWG 等格式文件。

图 1-40 “导入”子菜单

（1）Parasolid：单击该命令后系统会打开对话框导入（*.x_t）格式文件，允许用户导入含有适当文字格式文件的实体（parasolid），该文字格式文件含有可说明该实体的数据。导入的实体密度保持不变，表面属性（颜色、反射参数等）除透明度外，保持不变。

（2）CGM：单击该命令可导入 CGM（Computer Graphic

Metafile）文件，即标准的 ANSI 格式的计算机图形中继文件。

（3）IGES：单击该命令可以导入 IGES 格式文件。IGES（Initial Graphics Exchange Specification）是可在一般 CAD/CAM 应用软件间转换的常用格式，可供各 CAD/CAM 相关应用程序转换点、线、曲面等对象。

（4）DFX/DWG：单击该命令可以导入 DFX/DWG 格式文件，可见其他 CAD/CAM 相关应用程序导出的 DFX/DWG 文件导入到 UG 中，操作与 IGES 相同。

1.4.7 装配加载选项

【执行方式】

- 菜单栏：选择菜单栏中的“文件”→“选项”→“装配加载选项”命令。

执行上述方式后，打开如图 1-41 所示“装配加载选项”对话框。

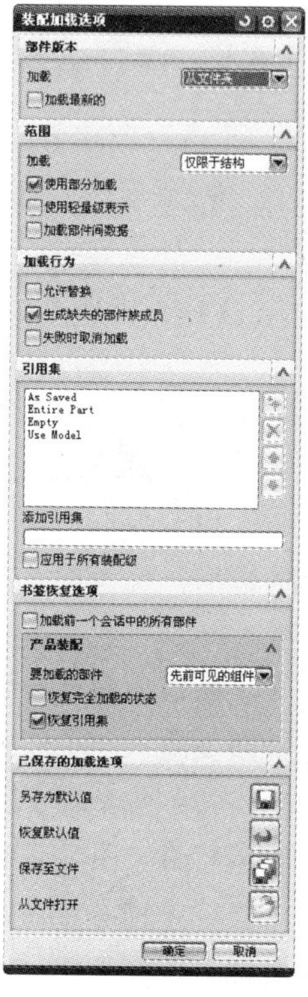

图 1-41 “装配加载选项”对话框

【选项说明】

（1）加载：该选项用于设置加载的方式，其下有 3 选项：

1）按照保存的：该选项用于指定载入的零件目录与保存零件的目录相同。

2）从文件夹：指定加载零件的文件夹与主要组件相同。

3）从搜索文件夹：利用此对话框下的“显示会话文件夹”按钮进行搜寻。

（2）加载：该选项用于设置零件的载入方式，该选项有 5 个下拉选项。

（3）使用部分加载：取消该选项时，系统会将所有组件一并载入，反之系统仅允许用户打开部分组件文件。

（4）失败时取消加载：该复选框用于控制当系统载入发生错误时，是否中止载入文件。

（5）允许替换：选中该复选框，当组件文件载入零件时，即使该零件不属于该组件文件，系统也允许用户打开该零件。

1.4.8　保存选项

【执行方式】

- 菜单栏：选择菜单栏中的“文件”→“选项”→“保存选项”命令。

【选项说明】

执行上述方式后，打开如图 1-42 所示“保存选项”对话框，在该对话框中可以进行相关参数设置。

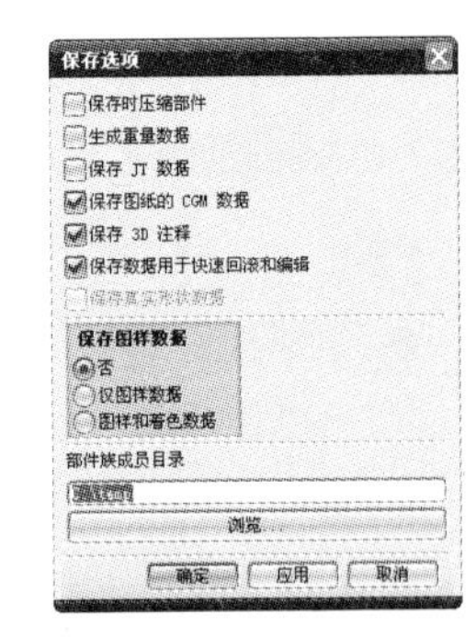

图 1-42 “保存选项”对话框

（1）保存时压缩部件：选中该复选框后，保存时系统会自动压缩零件文件，文件经过压缩需要花费较长时间，所以一般用于大型组件文件或是复杂文件。

（2）生成重量数据：该复选框用于更新并保存元件的重量及质量特性，并将其信息与元件一同保存。

（3）保存图样数据：该选项组用于设置保存零件文件时，是否保存图样数据。

1）否：表示不保存。

2）仅图样数据：表示仅保存图样数据而不保存着色数据。

3）图样和着色数据：表示全部保存。

第 2 章

基本操作

本章主要介绍 UG 应用中的一些基本操作及经常使用的工具，从而使用户更为熟悉 UG 的建模环境，对于建模中常用的工具或者是命令要很好地掌握还是要多练多用才行，但对于 UG 所提供的建模工具的整体了解也是必不可少的，只有对全局了解了才知道对同一模型可以有多种的建模和修改的思路，对更为复杂或特殊的模型的建立游刃有余。

2.1 对象操作

UG 建模过程中的点、线、面、图层、实体等被称为对象，三维实体的创建、编辑操作过程实质上也可以看作是对对象的操作过程。本小节将介绍对象的操作过程。

2.1.1 观察对象

对象的观察一般有以下几种途径可以实现。

【执行方式】

- 菜单栏：选择菜单栏中的“视图”→“操作”命令，如图 2-1 所示。
- 工具栏：“视图”工具栏，如图 2-2 所示。
- 快捷菜单：在视图中单击鼠标右键，打开如图 2-3 所示的快捷菜单。

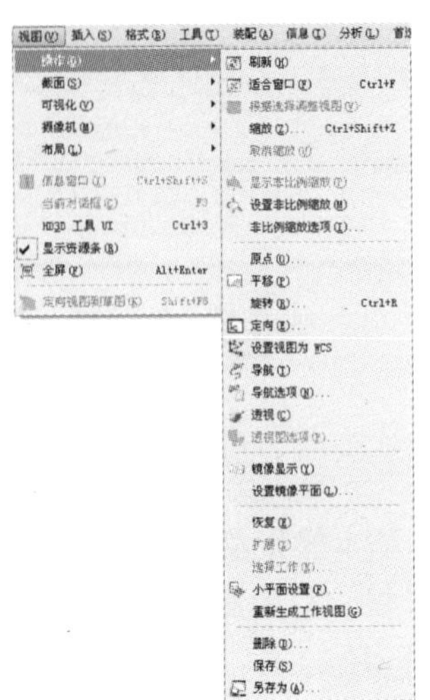

图 2-1 “视图”下拉菜单

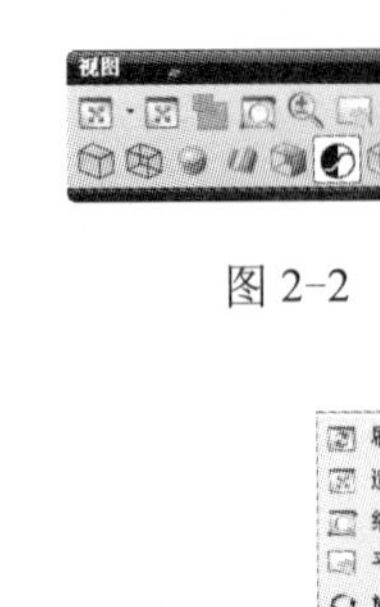

图 2-2 “视图”工具栏

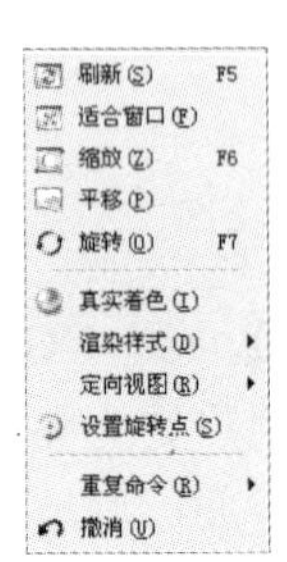

图 2-3 快捷菜单

【选项说明】

1）适合窗口：用于拟合视图，即调整视图中心和比例，使整合部件拟合在视图的边界内。也可以通过快捷键〈Ctrl+F〉实现。

2）缩放：用于实时缩放视图，该命令可以通过同时按下鼠标中键（对于 3 键鼠标而言）不放来拖动鼠标实现；将鼠标置于图形界面中，滚动鼠标滚轮就可以对视图进行缩放；或者在按下鼠标滚轮的同时按下〈Ctrl〉键，然后上下移动鼠标也可以对视图进行缩放；

3）旋转：用于旋转视图，该命令可以通过鼠标中键（对于 3 键鼠标而言）不放，再拖动鼠标实现。

4）平移：用于移动视图，该命令可以通过同时按下鼠标右键和中键（对于 3 键鼠标而言）不放来拖动鼠标实现；或者在按下鼠标滚轮的同时按下〈Shift〉键，然后向各个方向移动鼠标也可以对视图进行移动。

5）刷新：用于更新窗口显示，包括更新 WCS 显示、更新由线段逼近的曲线和边缘显示、更新草图和相对定位尺寸/自由度指示符、基准平面和平面显示。

6）渲染样式：用于更换视图的显示模式，给出的命令中包含线框、着色、局部着色、面分析、艺术外观等8种对象的显示模式。

7）定向视图：用于改变对象观察点的位置。子菜单中包括用户自定义视角共有9个视图命令。

8）设置旋转点：该命令可以令用鼠标在工作区选择合适旋转点，再通过旋转命令观察对象。

2.1.2　隐藏对象

当工作区域内图形太多，以至于不便于操作时，需要将暂时不需要的对象隐藏，如模型中的草图、基准面、曲线、尺寸、坐标、平面等。

【执行方式】

- 菜单栏：选择菜单栏中的“编辑”→“显示和隐藏”命令，如图2-4所示。

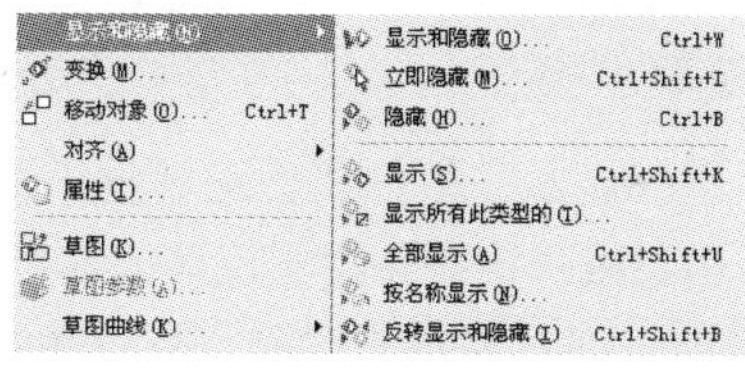

图2-4　“显示和隐藏”子菜单

【选项说明】

1）显示和隐藏：单击该命令，打开如图2-5所示的“显示和隐藏”对话框，可控制窗口中对象的可见性。可以通过暂时隐藏其他对象来关注选定的对象。

2）立即隐藏：隐藏选定的对象。

3）隐藏：可以通过按下组合键〈Ctrl+B〉实现，打开“类选择”对话框，可以通过类型选择需要隐藏的对象或是直接选取。

4）显示：将所选的隐藏对象重新显示出来，执行此命令，打开“类选择”对话框，此时工作区中将显示所有已经隐藏的对象，用户可以在其中选择需要重新显示的对象即可。

5）显示所有此类型的：该命令将重新显示某类型的所有隐藏对象，打开“选择方法”对话框，如图 2-6 所示。通过类型、图层、其他、重置和颜色 5 个按钮或选项来确定对象类别。

6）全部显示：可以通过按下组合键〈Shift+Ctrl+U〉实现，将重新显示所有在可选层上的隐藏对象。

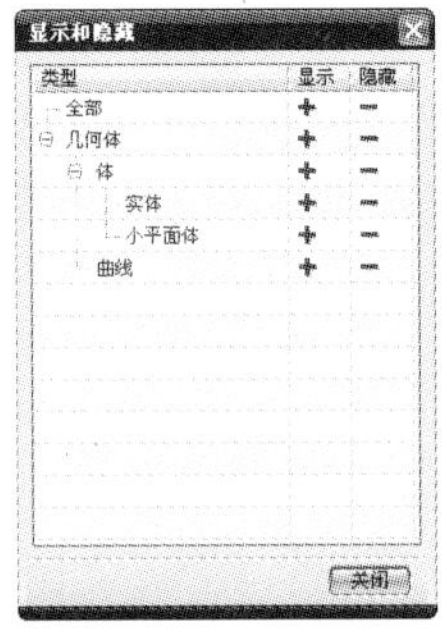

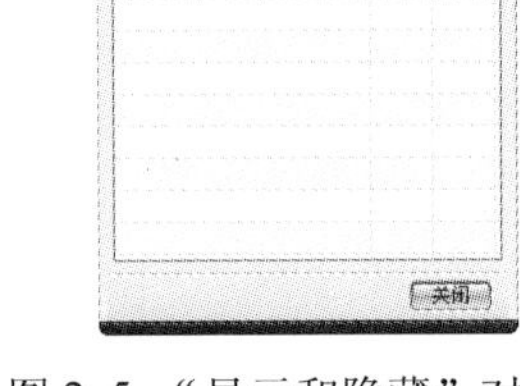

图 2-5 “显示和隐藏”对话框　　图 2-6 “选择方法”对话框

7）按名称显示：显示在组件属性对话框中命名的隐藏对象。

8）反转显示和隐藏：该命令用于反转当前所有对象的显示或隐藏状态，即显示的全部对象将会隐藏，而隐藏的将会全部显示。

2.1.3 编辑对象显示方式

【执行方式】

- 菜单栏：选择菜单栏中的“编辑”→“对象显示”命令。
- 工具栏：单击“实用工具”工具栏中的“编辑对象显示”按钮。
- 快捷键：〈Ctrl+J〉

执行上述方式后，打开“类选择”对话框，选择要改变的对象后，打开如图 2-7 所示的“编辑对象显示”对话框。

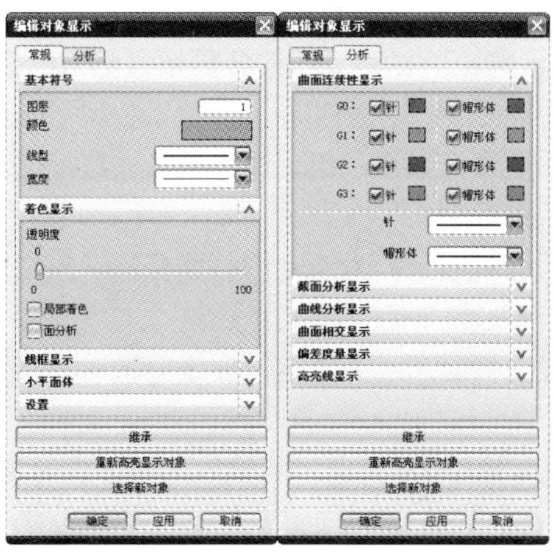

图 2-7 “编辑对象显示”对话框

1. 常规

（1）基本符号

1）图层：用于指定选择对象放置的层。系统规定的层为 1～256 层。

2）颜色：用于改变所选对象的颜色，可以调出“颜色”对话框。

3）线型：用于修改所选对象的线型（不包括文本）。

4）宽度：用于修改所选对象的线宽。

（2）着色显示

1）透明度：控制穿过所选对象的光线数量。

2）局部着色：给所选择的体或面设置局部着色属性。

3）面分析：指定是否将“面分析”属性更改为开或关。

（3）线框显示

1）显示极点：显示选定样条或曲面的控制多边形。

2）显示结点：显示选定样条的结点或选定曲面的结点线。

（4）小平面体

1）显示：修改选定小平面体的显示，替换小平面体多边形线的符号。

2）显示示例：可以为显示的样例数量输入一个值。

2. 分析

（1）曲面连续性显示：指定选定的曲面连续性，分析对象的可见性、颜色和线型。

（2）截面分析显示：为选定的截面分析对象指定可见性、颜色和线型。

（3）曲线分析显示：为选定的曲线分析对象指定可见性、颜色和线型。

（4）偏差度量显示：为选定的偏差度量分析对象指定可见性、颜色和线型。

（5）高亮线显示：为选定的高亮线分析对象指定颜色和线型。

3. 继承

打开对话框要求选择需要从哪个对象上继承设置，并应用到之后的所选对象上。

4. 重新高亮显示对象

重新高亮显示所选对象。

5. 选择新对象

单击此按钮，打开如图 2-8 所示的“类选择”对话框。一次可选择一个或多个对象，提供了多种选择方法及对象类型过滤方法，非常方便。

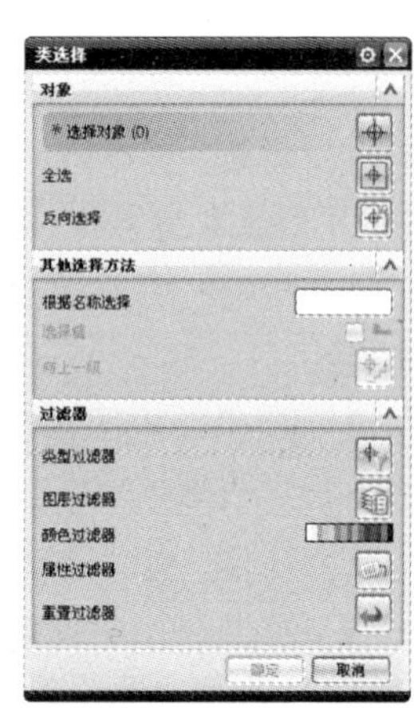

图 2-8 “类选择”对话框

【选项说明】

（1）对象：有“选择对象”、“全选”、和“反向选择”3 种方式。

1）选择对象：用于选取对象。

2）全选：用于选取所有的对象。

3）反向选择：用于选取在绘图工作区中未被用户选中的对象。

（2）其他选择方法：有“根据名称选择”、“选择链”、“向上一级”3 种方式。

1）根据名称选择：用于输入预选取对象的名称，可使用通配符“？”或“*”。

2）选择链：用于选择首尾相接的多个对象。选择方法是首先单击对象链中的第一个对象，然后再单击最后一个对象，使所选对象呈高亮度显示，最后确定，结束选择对象的操作。

3）向上一级：用于选取上一级的对象。当选取了含有群组的对象时，该按钮才被激活，单击该按钮，系统自动选取群组中当前对象的上一级对象。

（3）过滤器：用于限制要选择对象的范围，有“类型”、“图层”、“属性”、“重置”和“颜色”5 种方式。

1）类型过滤器：单击此按钮，打开如图 2-9 所示的“根据类型选择”对话框，在该对话框中，可设置在对象选择中需要包括或排除的对象类型。当选取“曲线”、“面”、“尺寸”、“符号”等对象类型时，单击“细节过滤”按钮，还可以做进一步限制，如图 2-10 所示。

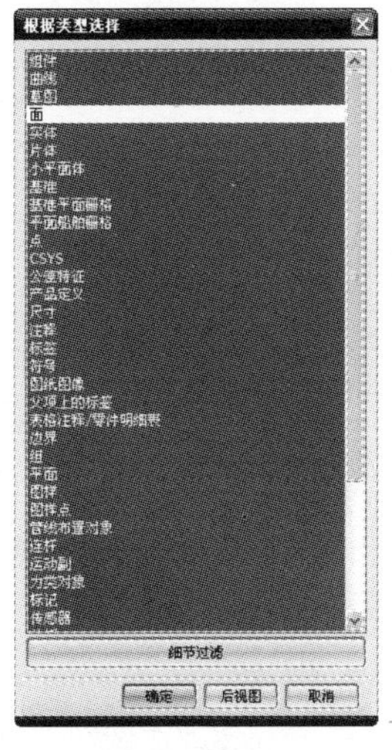

图 2-9 “根据类型选择”对话框

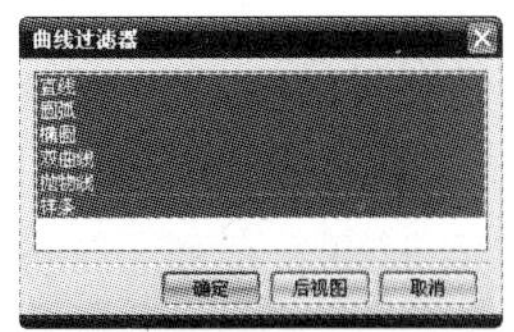

图 2-10 “曲线过滤器”对话框

2）图层过滤器：单击此按钮，打开如图 2-11 所示的“根据图层选择”对话框，在该对话框中可以设置在选择对象时，需包括或排除的对象的所在层。

3）颜色过滤器：单击此按钮，打开如图 2-12 所示的“颜色”对话框，在该对话框中通过指定的颜色来限制选择对象的范围。

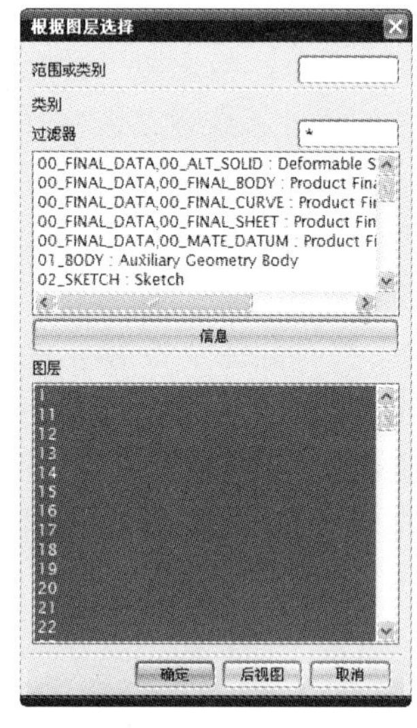

图 2-11 “根据图层选择”对话框

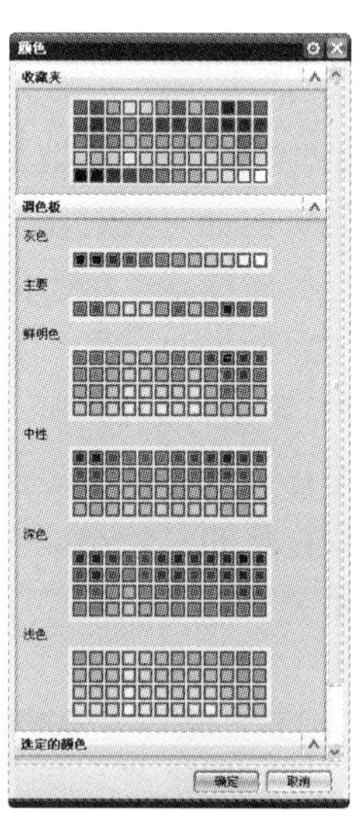

图 2-12 “颜色”对话框

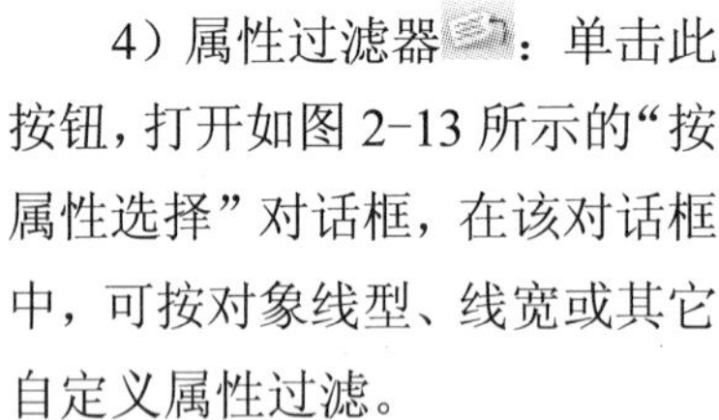

4）属性过滤器：单击此按钮，打开如图 2-13 所示的“按属性选择”对话框，在该对话框中，可按对象线型、线宽或其它自定义属性过滤。

5）重置过滤器：单击此按钮，用于恢复成默认的过滤方式。

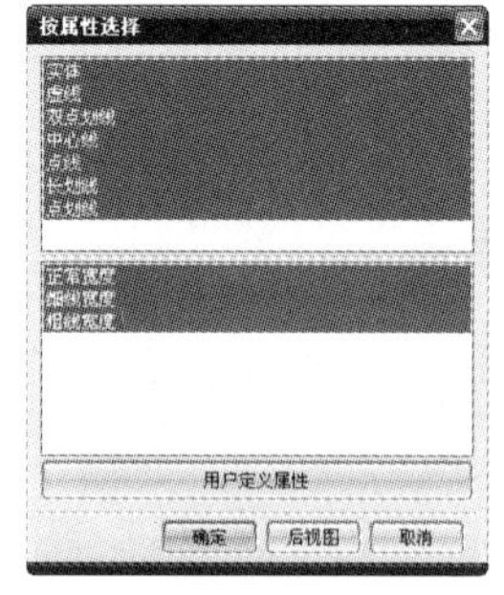

图 2-13 “按属性选择”对话框

2.1.4 对象变换

【执行方式】

● 菜单栏：选择菜单栏中的“编辑”→“变换”命令。

执行上述方式后，打开“类选择”对话框。选择要变换的对象，打开如图 2-14 所示的对象“变换”对话框，“变换”结果对话框如图 2-15 所示。

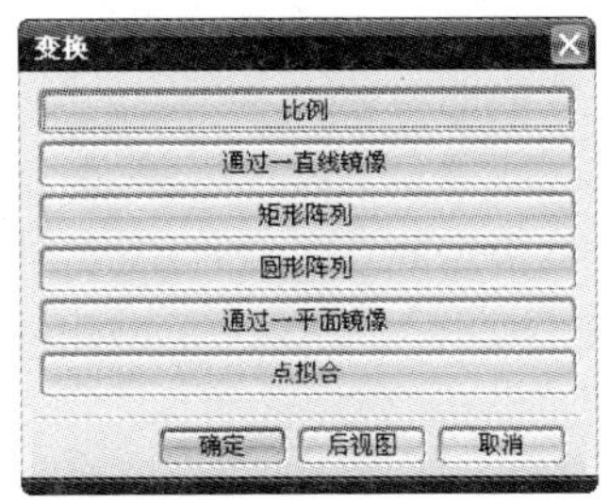

图 2-14 “变换”对话框

图 2-15 “变换”结果对话框

【选项说明】

图 2-14 所示的对象“变换”对话框选项说明如下：

（1）比例：该选项用于将选取的对象相对于指定参考点成比例的缩放尺寸。选取的对象在参考点处不移动。选中该选项后，在系统打开的点构造器选择一参考点后，系统打开如图 2-16 所示的“变换”比例对话框。

1）比例：该文本框用于设置均匀缩放。

2）非均匀比例：单击此按钮，打开如图 2-17 所示的“变换”对话框中设置 XC-比例、YC-比例、ZC-比例方向上的缩放比例。

图 2-16 “变换”选项

图 2-17 非均匀比例

（2）通过一直线镜像：该选项用于将选取的对象相对于指定的参考直线作镜像。即在参考线的相反侧建立源对象的一个镜像。单击此按钮，打开如图 2-18 所示“变换”对话框。

1）两点：用于指定两点，两点的连线即为参考线。

2）现有的直线：选择一条已有的直线（或实体边缘线）作为参考线。

3）点和矢量：该选项用点构造器指定一点，其后在矢量构造器中指定一个矢量，通过指定点的矢量即作为参考直线。

（3）矩形阵列：该选项用于将选取的对象，从指定的阵列原点开始，沿坐标系 XC 和 YC 方向（或指定的方位）建立一个等间距的矩形阵列。系统先将源对象从指定的参考点移动或复制到目标点（阵列原点）然后沿 XC、YC 方向建立阵列。单击此按钮，系统打开如上图 2-19 所示“变换”矩形阵列对话框。

1）DXC：该选项表示 XC 方向间距。

2）DYC：该选项表示 YC 方向间距。

3）阵列角度：指定阵列角度。

4）列：指定阵列列数。

5）行：指定阵列行数。

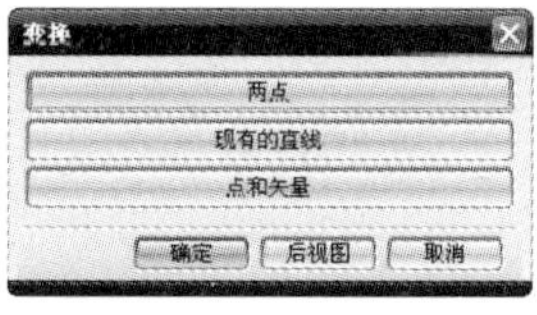

图 2-18 “变换”对话框

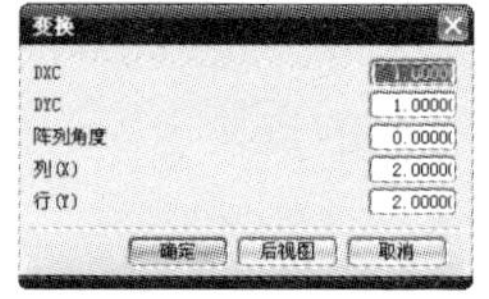

图 2-19 “变换”矩形阵列对话框

（4）环形阵列：该选项用于将选取的对象从指定的阵列原点开始，绕目标点（阵列中心）建立一个等角间距的环形阵列。单击此按钮，系统打开如图 2-20 所示“变换”环形阵列对话框。

1）半径：用于设置环形阵列的半径值，该值也等于目标对象上的参考点到目标点之间的距离。

2）起始角：定位环形阵列的起始角（于 XC 正向平行为零）。

（5）通过一平面镜像：该选项用于将选取的对象，相对于指定参考平面作镜像。即在参考平面的相反侧建立源对象的一个镜像。

（6）点拟合：该选项用于将选取的对象，从指定的参考点集缩放、重定位或修剪到目标点集上。单击此按钮，系统打开如图 2-21 所示“变换”点拟合对话框。

图 2-20 “变换”环形阵列对话框

图 2-21 “变换”点拟合对话框

1）3-点拟合：允许用户通过 3 个参考点和 3 个目标点来缩放和重定位对象。

2）4-点拟合：允许用户通过 4 个参考点和 4 个目标点来缩放和重定位对象。

图 2-15 所示的“变换”结果对话框选项说明如下：

（1）重新选择对象：该选项用于重新选择对象，通过类选择器对话框来选择新的变换对象，而保持原变换方法不变。

（2）变换类型–镜像平面：该选项用于修改变换方法。即在不重新选择变换对象的情况下，修改变换方法，当前选择的变换方法以简写的形式显示在“-”符号后面。

（3）目标图层–原来的：该选项用于指定目标图层。即在变换完成后，指定新建立的对象所在的图层。单击该选项后，会有以下 3 种选项：

1）工作：变换后的对象放在当前的工作图层中。

2）原先的：变换后的对象保持在源对象所在的图层中。

3）指定的：变换后的对象被移动到指定的图层中。

（4）跟踪状态–关：该选项是一个开关选项，用于设置跟踪变换过程。

（5）细分–1：该选项用于等分变换距离。即把变换距离（或角度）分割成几个相等的部分，实际变换距离（或角度）是其等分值。

（6）移动：该选项用于移动对象。即变换后，将源对象从其原来的位置移动到由变换参数所指定的新位置。

（7）复制：该选项用于复制对象。即变换后，将源对象从其原来的位置复制到由变换参数所指定的新位置。对于依赖其他父对象而建立的对象，复制后的新对象中数据关联信息将会丢失（即它不再依赖于任何对象而独立存在）。

（8）多重副本–不可用：该选项用于复制多个对象。按指定的变换参数和复制个数在新位置复制源对象的多个拷贝。相当于一次执行了多个“复制”命令操作。

（9）撤销上一个–不可用：该选项用于撤销最近变换。即撤销最近一次的变换操作，但源对象依旧处于选中状态。

2.1.5　移动对象

【执行方式】

- 菜单栏：选择菜单栏中的“编辑”→“移动对象”命令。
- 快捷键：〈Ctrl+T〉

执行上述方式后，打开如图 2–22 所示的“移动对象”对话框。

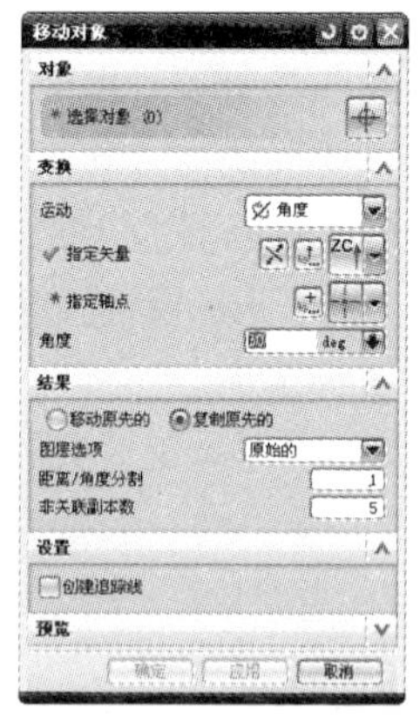

图 2–22 “移动对象”对话框

【选项说明】

1．运动

包括距离、角度、点之间的距离、径向距离、点到点、根据三点旋转、将轴与矢量对齐、CSYS 到 CSYS 和动态。

（1）距离：是指将选择对象由原来的位置移动到新的位置。

（2）点到点：用户可以选择参考点和目标点，则这两个点之间的距离和由参考点指向目标点的方向将决定对象的平移方向和距离。

（3）根据三点旋转：提供三个位于同一个平面内且垂直于矢量轴的参考点，让对象围绕旋转中心，按照这三个点同旋转中心连线形成的角度逆时针旋转。

（4）将轴与矢量对齐：将对象绕参考点从一个轴向另外一个轴旋转一定的角度。选择起始轴，然后确定终止轴，这两个轴决定了旋转角度的方向。此时用户可以清楚地看到两个矢量的箭头，而且这两个箭头首先出现在选择轴上，当单击“确定”按钮以后，该箭头就平移到参考点。

（5）动态：用于将选取的对象相对于参考坐标系中的位置和方位移动（或复制）到目标坐标系中，使建立的新对象的位置和方位相对于目标坐标系保持不变。

2. 结果

（1）移动原先的：该选项用于移动对象。即变换后，将源对象从其原来的位置移动到由变换参数所指定的新位置。

（2）复制原先的：用于复制对象。即变换后，将源对象从其原来的位置复制到由变换参数所指定的新位置。对于依赖其他父对象而建立的对象，复制后的新对象中数据关联信息将会丢失，即它不再依赖于任何对象而独立存在。

（3）非关联副本数：用于复制多个对象。按指定的变换参数和拷贝个数在新位置复制源对象的多个拷贝。

2.2 坐标系

UG 系统中共包括 3 种坐标系统，分别是绝对坐标系 ACS（Absolute Coordinate System）、工作坐标系 WCS（Work Coordinate System）和机械坐标系 MCS（Machine Coordinate System），它们都是符合右手法则的。

ACS：系统默认的坐标系，其原点位置永远不变，在用户新建文件时就产生了。

WCS：UG 系统提供给用户的坐标系，用户可以根据需要任意移动它的位置，也可以设置属于自己的 WCS 坐标系。

MCS：该坐标系一般用于模具设计、加工、配线等向导操作中。

【执行方式】

- 菜单栏：选择菜单栏中的“插入”→“WCS”菜单命令，如图 2-23 所示。

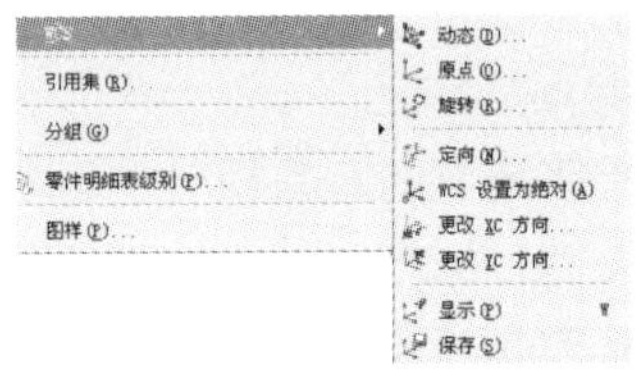

图 2-23 “WCS”菜单命令

【选项说明】

（1）动态：该命令能通过步进的方式移动或旋转当前的 WCS，用户可以在绘图工作区中移动坐标系到指定位置，也可以设置步进参数使坐标系逐步移动到指定的距离参数，如图 2-24 所示。

（2）原点：该命令通过定义当前 WCS 的原点来移动坐标系的位置。但该命令仅仅移动坐标系的位置，而不会改变坐标轴的方向。

（3）旋转：该命令将打开如图 2-25 所示“旋转 WCS 绕...”对话框，通过当前的 WCS 绕其某一坐标轴旋转一定角度，来定义一个新的 WCS。

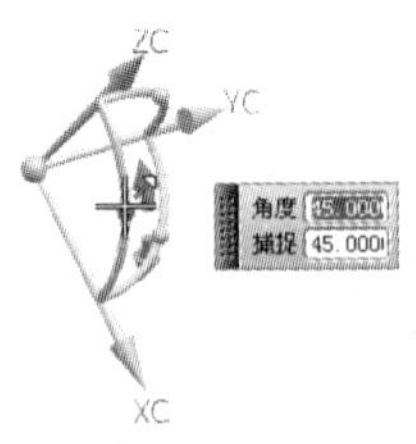

图 2-24 “动态移动”示意图

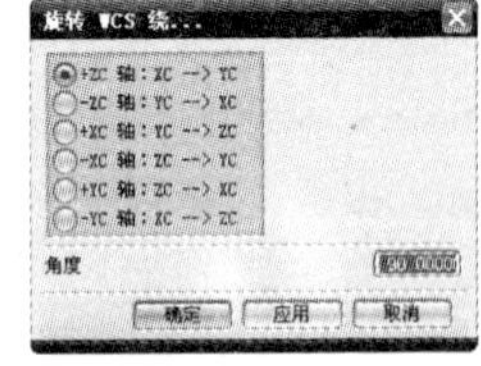

图 2-25 “旋转 WCS 绕...”对话框

用户通过对话框可以选择坐标系绕哪个轴旋转，同时指定从一个轴转向另一个轴，在“角度”文本框中输入需要旋转的角度。角度可以为负值。

提示

可以直接双击坐标系使坐标系激活，处于动态移动状态，用鼠标拖动原点处的方块，可以在沿 X、Y、Z 方向任意移动，也可以绕任意坐标轴旋转。

（4）更改 XC 方向：执行此命令，系统打开“点”对话框，在该对话框中选择点，系统以原坐标系的原点和该点在 XC-YC 平面上的投影点的连线方向作为新坐标系的 XC 方向，而原坐标系的 ZC 轴方向不变。

（5）更改 YC 方向：执行此命令，系统打开“点”对话框，在该对话框中选择点，系统以原坐标系的原点和该点在 XC-YC 平面上的投影点的连线方向作为新坐标系的 YC 方向，而原坐标系的 ZC 轴方向不变。

（6）显示：系统会显示或隐藏按前的工作坐标按钮。

（7）保存：系统会保存当前设置的工作坐标系，以便在以后的工作中调用。

2.3 布局

在绘图工作区中，将多个视图按一定排列规则显示出来，就成为一个布局，每一个布局也有一个名称。UG 预先定义了 6 种布局，称为标准布局，各种布局如图 2-26 所示。

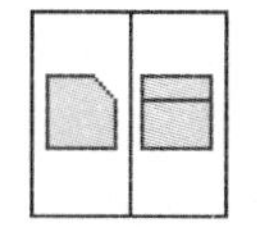
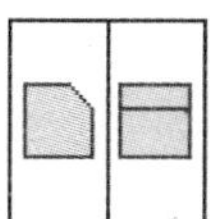
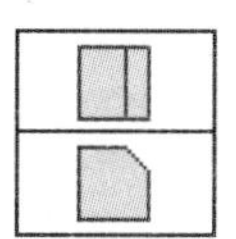
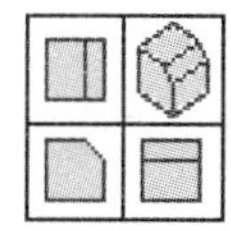
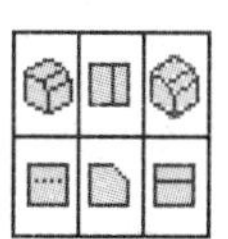
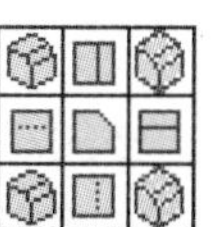

图 2-26 系统标准布局

同一布局中，只有一个视图是工作视图，其他视图都是非工作视图。各种操作都默认为针对工作视图的，用户可以随便改变工作视图。工作视图在其视图中都会显示“WORK”字样。

布局的主要作用是在绘图工作区同时显示多个视角的视图，便于用户更好地观察和操作模型。用户可以定义系统默认的布局，也可以生成自定义的布局。

【执行方式】

- 菜单栏：选择菜单栏中的“视图”→“布局”下拉菜单命令，如图 2-27 所示。

【选项说明】

（1）新建：打开如图 2-28 所示“新建布局”对话框，用户可以在其中设置视图布局的形式和各视图的视角。

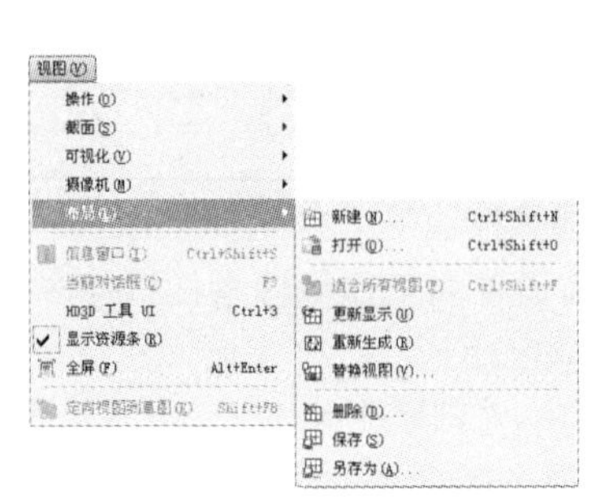

图 2-27 “布局”子菜单

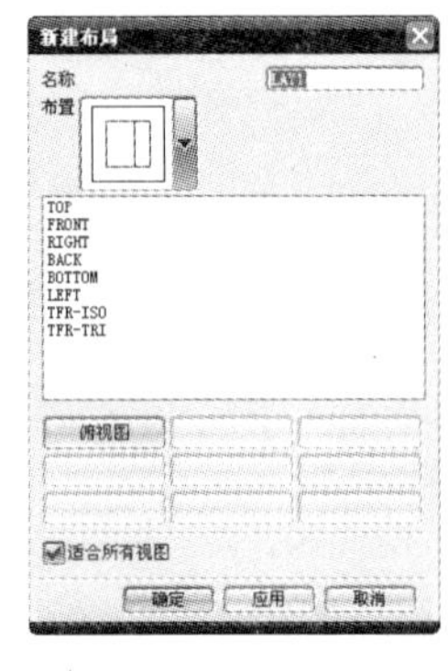

图 2-28 “新建布局”对话框

建议用户在自定义自己的布局时，输入自己的布局名称。默认情况下，UG 会按照先后顺序给每个布局命名为 LAY1、LAY2……

（2）打开：打开如图 2-29 所示“打开布局”对话框，在当前文件的布局名称列表中选择要打开的某个布局，系统会按该布局的方式来显示图形。勾选“适合所有视图”复选框，系统会自动调整布局中的所有视图加以拟合。

（3）适合所有视图：该功能用于调整当前布局中所有视图的中心和比例，使实体模型最大程度的拟合在每个视图边界内。

（4）更新显示：当对实体进行修改后，使用了该命令就会对所有视图的模型进行实时更新显示。

（5）重新生成：该功能用于重新生成布局中的每一个视图。

（6）替换视图：打开如图 2-30 所示的“替换视图用...”对话框，该对话框用于替换布局中的某个视图。

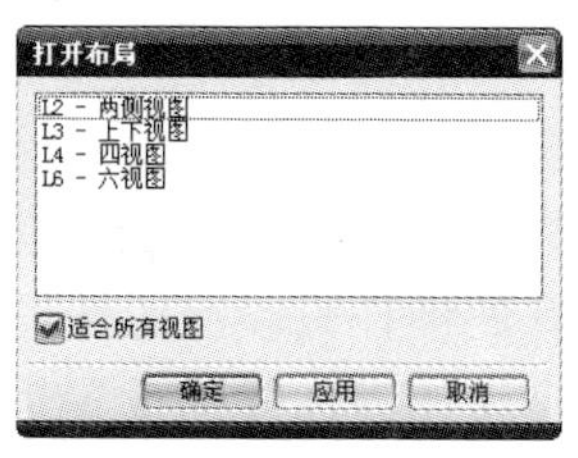

图 2-29 “打开布局”对话框

图 2-30 “替换视图用...”对话框

（7）删除：当存在用户删除的布局时，打开如图 2-31 所示的“删除布局”对话框，该对话框用于从列表框中选择要删除的视图布局后，系统就会删除该视图布局。

（8）保存：系统用当前的视图布局名称保存修改后的布局。

（9）另存为：打开如图 2-32 所示的“另存布局”对话框，在列表框中选择要更换名称进行保存的布局，在“名称”文本框中输入一个新的布局名称，则系统会用新的名称保存修改过的布局。

图 2-31 “删除布局”对话框

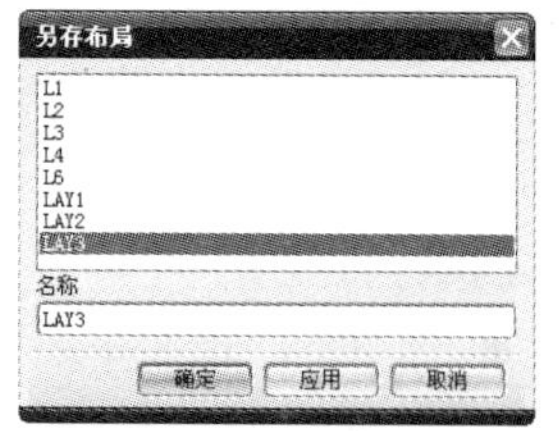

图 2-32 “另存布局”对话框

2.4 图层操作

所谓的图层，就是在空间中使用不同的层次来放置几何体。UG 中的图层功能类似于设计工程师在透明覆盖层上建立模型的方法，一个图层类似于一个透明的覆盖层。图层的最主要功能是在复杂建模的时候可以控制对象的显示、编辑、状态。

一个 UG 文件中最多可以有 256 个图层，每层上可以含任意数量的对象。因此一个图层可以含有部件上的所有对象，一个对象上的部件也可以分布在很多层上，但需要注意的是，只有一个图层是当前工作图层，所有的操作只能在工作图层上进行，其他图层可以通过可见性、可选择性等的设置进行辅助工作。执行“格式”菜单命令，可以调用有关图层的所有命令功能。

2.4.1 图层的分类

对相应图层进行分类管理，可以很方便地通过层类来实现对其中各层的操作，可以提高操作效率。例如可以设置 model、draft、sketch 等图层种类，model 包括 1～10 层，draft 包括 11～20 层，sketch 包括 21～30 层等。用户可以根据自身需要来制定图层的类别。

【执行方式】

- 菜单栏：选择菜单栏中的“格式”→“图层类别”命令。

执行上述方式后，打开如图 2-33 所示“图层类别”对话框，可以对图

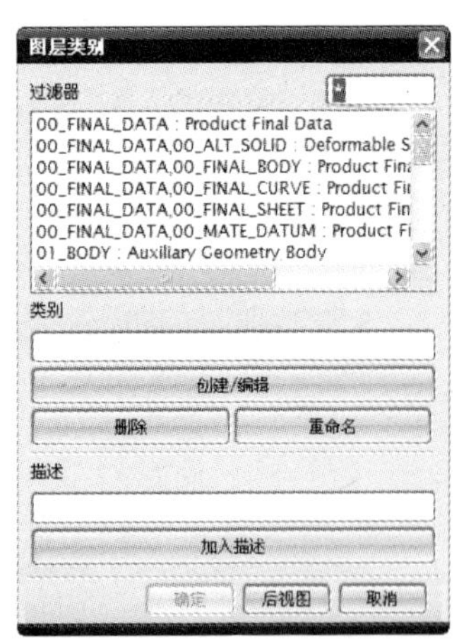

图 2-33 “图层类别”对话框

层进行分类设置。

【选项说明】

（1）过滤器：该文本框用于输入已存在的图层种类的名称来进行筛选，当输入“*”时则会显示所有的图层种类。用户可以直接在列表框中选取需要编辑的图层种类。

（2）图层类列表框：用于显示满足过滤条件的所有图层类条目。

（3）类别：该文本框用于输入图层种类的名称，来新建图层或是对已存在图层种类进行编辑。

（4）创建/编辑：该选项用于创建和编辑图层，若“类别”中输入的名字已存在则进行编辑，若不存在则进行创建。

（5）删除/重命名：该选项用于对选中的图层种类进行删除或重命名操作。

（6）描述：该选项功能用于输入某类图层相应的描述文字，即用于解释该图层种类含义的文字，当输入的描述文字超出规定长度时，系统会自动进行长度匹配。

（7）加入描述：新建图层类时，若在“描述”下面的文本框中输入了该图层类的描述信息，在需单击该按钮才能使描述信息有效。

2.4.2 图层的设置

用户可以在任何一个或一群图层中设置该图层是否显示和是否变换工作图层等。

【执行方式】

- 菜单栏：选择菜单栏中的“格式”→“图层设置”命令。
- 工具栏：单击“实用工具”工具栏中的“图层设置”按钮。
- 快捷键：〈Ctrl+L〉

执行上述方式后，打开如图 2-34 所示“图层设置”对话框，利用该对话框可以对组件中所有图层或任意一个图层进行工作层、可选取性、可见性等设置，并且可以查询层的信息，同时也可以对层所属种类进行编辑。

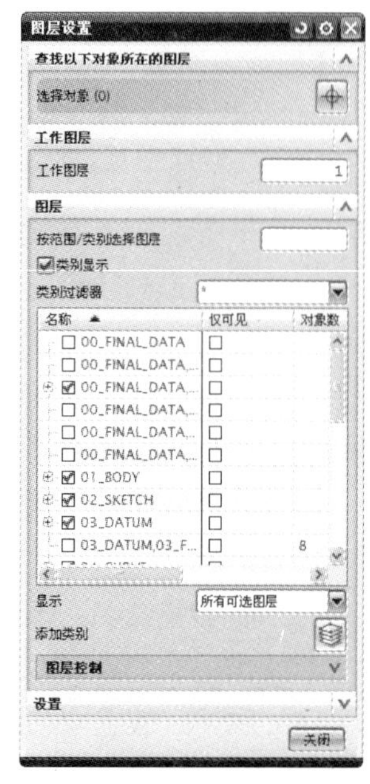

图 2-34 “图层设置”对话框

【选项说明】

（1）工作图层：用于输入需要设置为当前工作层的图层号。当输入图层号后，系统会自动将其设置为工作图层。

（2）按范围/类别选择图层：用于输入范围或图层种类的名称进行筛选操作，在文本框中输入种类名称并确定后，系统会自动将所有属于该种类的图层选取，并改变其状态。

（3）类别过滤器：在文本框中输入了“*”，表示接受所有图层种类。

（4）名称：图层信息对话框能够显示此零件文件所有图层和所属种类的相关信息。如图层编号、状态、图层种类等。显示图层的状态、所属图层的种类、对象数目等。可以利用〈Ctrl+Shift〉组合键进行多项选择。此外，在列表框中双击需要更改状态的图层，系统会自动切换其显示状态。

（5）仅可见：该选项用于将指定的图层设置为仅可见状态。当图层处于仅可见状态时，该图层的所有对象仅可见但不能被选取和编辑。

（6）显示：该选项用于控制在图层状态列表框中图层的显示情况。该下拉列表中含有所有图层、含有对象的图层、所有可选图层和所有可见图层 4 个选项。

（7）显示前全部适合：该选项用于在更新显示前吻合所有的试图，使对象充满显示区域，或在工作区域利用〈Ctrl+F〉组合键实现该功能。

2.4.3 图层的其他操作

1. 图层的可见性设置

选择菜单中的“格式”→“视图中可见图层”命令，系统打开如图 2-35 所示“视图中可见图层”对话框。

在图 2-35a 打开的对话框中选择要操作的视图，之后在打开的对话框中（见图 2-35b）列表框中选择可见性图层，然后设置可见/不可见选项。

a)

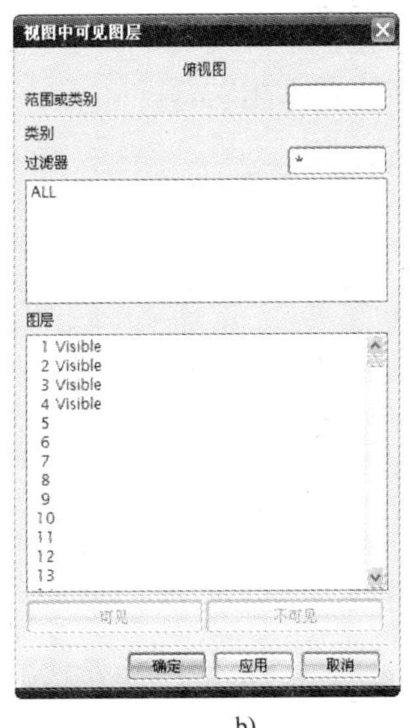

b)

图 2-35 “视图中可见图层”对话框

2. 图层中对象的移动

选择菜单栏中的“格式”→“移动至图层”命令，选择要移动的对象后，打开如图 2-36 所示“图层移动”对话框。

在“图层”列表中直接选中目标层，系统就会将所选对象放置在目的层中。

3. 图层中对象的复制

在下拉菜单栏中选择“格式”→“复制至图层”命令，选择要复制的对象后，打开如图 2-36 所示对话框，操作过程基本相同，在此不再详述了。

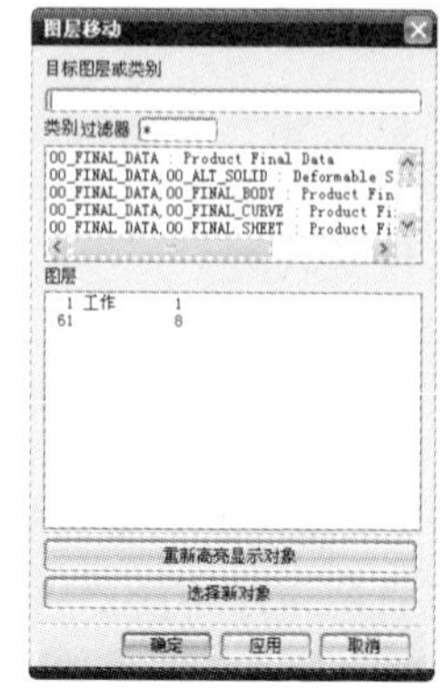

图 2-36 “图层移动”对话框

2.5 基准/点

在建模中，经常需要建立创建点，创建平面，创建轴等，下面介绍这些常用工具。

2.5.1 基准点

【执行方式】

- 菜单栏：选择菜单栏中的“插入”→“基准/点”→“点”命令。
- 工具栏：单击“特征”工具栏中的“点”按钮＋。

执行上述方式后，系统打开如图 2-37 所示的“点”对话框。

图 2-37 “点”对话框

【选项说明】

1. 类型

（1）自动判断的点：根据鼠标所指的位置指定各种点之中离光标最近的点。

（2）光标位置：直接在鼠标左键单击的位置上建立点。

（3）十现有点：根据已经存在的点，在该点位置上再创建一个点。

（4）端点：根据鼠标选择位置，在靠近鼠标选择位置的端点处建立点。如果选择的特征为完整的圆，那么端点为零象限点。

（5）控制点：在曲线的控制点上构造一个点或规定新点的位置。控制点与曲线的类型有关，可以是直线的中点或端点、二次曲线的端点或是样条曲线的定义点或是控制点等。

（6）交点：在两段曲线的交点上、曲线和平面或曲面的交点上创建一个点或规定新点的位置。

（7）圆弧/椭圆上的角度：在与 X 轴正向成一定角度（沿逆时针方向）的圆弧/椭圆弧上创建一个点或规定新点的位置，在如图 2-38 所示的对话框中输入曲线上的角度。

（8）圆弧中心/椭圆中心/球心：在所选圆弧、椭圆或者是球的中心建立点。

（9）象限点：即圆弧的四分点，在圆弧或椭圆弧的四分点处创建一个点或规定新点的位置。

（10）点在曲线/边上：在如图 2-39 所示的对话框中设置"U 向参数"值，即可在选择的特征上建立点。

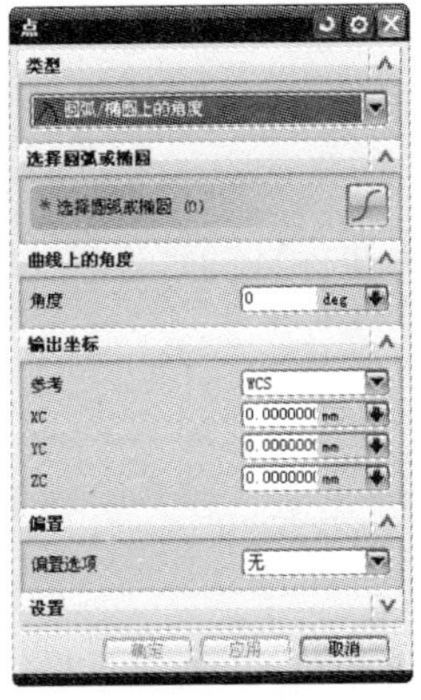

图 2-38　圆弧/椭圆上的角度

图 2-39　设置 U 向参数

（11）面上的点：在如图 2-40 所示的对话框中设置“U 向参数”和“V 向参数”的值，即可在面上建立点。

（12）两点之间：在如图 2-41 所示的对话框中设置“点的位置”的值，即可在两点之间建立点。

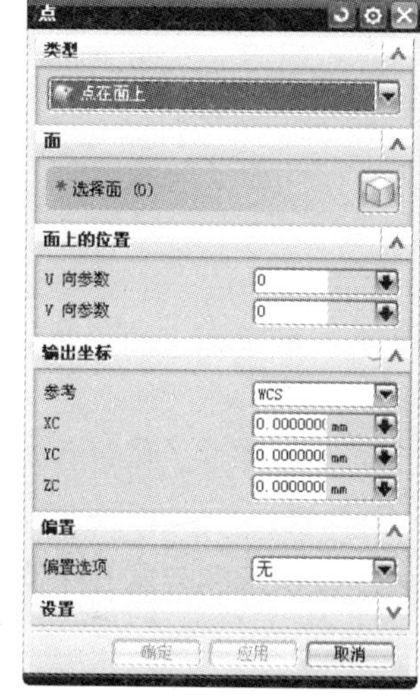

图 2-40 设置 U 向参数和 V 向参数

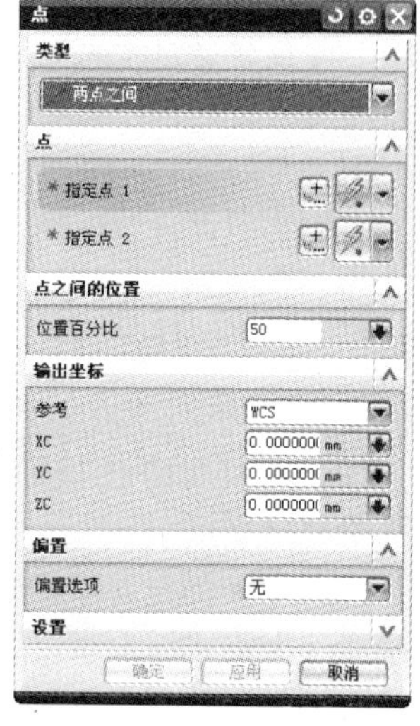

图 2-41 设置点的位置

2. 参考

（1）WCS：定义相对于工作坐标系的点。

（2）绝对-工作部件：输入的坐标值是相对于工作部件的。

（3）绝对-显示部件：定义相对于显示部件的绝对坐标系的点。

3. 偏置

用于指定与参考点相关的点。

2.5.2 基准平面

【执行方式】

- 菜单栏：选择菜单栏中的“插入”→“ 基准/点”→“基准平面”命令。

● 工具栏：单击“特征”工具栏中的“基准平面”按钮。

执行上述方式，系统打开如图 2-42 所示的“基准平面”对话框。

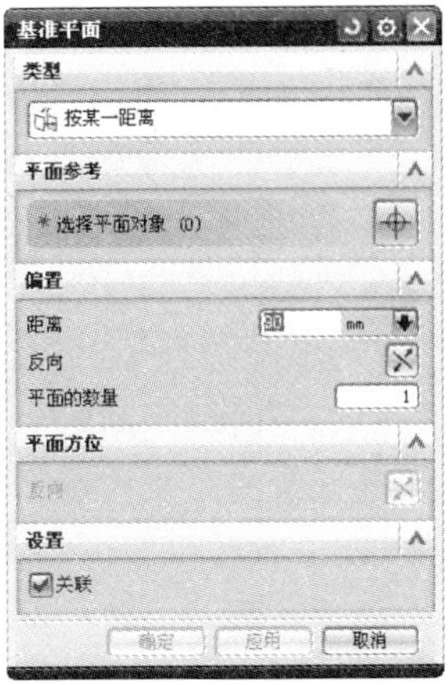

【选项说明】

（1）自动判断的：系统根据所选对象创建基准平面。

（2）点和方向：通过选择一个参考点和一个参考矢量来创建基准平面。

（3）在曲线上：通过已存在的曲线，创建在该曲线某点处和该曲线垂直的基准平面。

图 2-42 “基准平面”对话框

（4）按某一距离：通过和已存在的参考平面或基准面进行偏置得到新的基准平面。

（5）成一角度：通过与一个平面或基准面成指定角度来创建基本平面。

（6）二等分：在两个相互平行的平面或基准平面的对称中心处创建基准平面。

（7）曲线和点：通过选择曲线和点来创建基准平面。

（8）两直线：通过选择两条直线，若两条直线在同一平面内，则以这两条直线所在平面为基准平面；若两条直线不在同一平面内，那么基准平面通过一条直线且和另一条直线平行。

（9）相切：通过和一曲面相切且通过该曲面上点或线或平面来创建基准平面。

（10）通过对象：以对象平面为基准平面。

系统还提供了 YC-ZC 平面、XC-ZC 平面、XC-YC 平面和系数共 4 种方法。

2.5.3 基准轴

【执行方式】

- 菜单栏：选择菜单栏中的“插入”→“基准/点”→“基准轴”命令。
- 工具栏：单击“特征”工具栏中的“基准轴”按钮。

执行上述方式后，系统打开如图 2-43 所示的“基准轴”对话框。

图 2-43 “基准轴”对话框

【选项说明】

（1）自动判断的矢量：将按照选中的矢量关系来构造新矢量。

（2）点和方向：通过选择一个点和方向矢量创建基准轴。

（3）两点：通过选择两个点来创建基准轴。

（4）曲线上矢量：通过选择曲线和该曲线上的点创建基准轴。

（5）曲面/面轴：通过选择曲面和曲面上的轴创建基准轴。

（6）交点：通过选择两相交对象的交点来创建基准轴。

（7）XC YC ZC -XC -YC -ZC：可以分别选择和 XC 轴、YC 轴、ZC 轴相平行的方向构造矢量。

2.5.4 基准 CSYS

【执行方式】

- 菜单栏：选择菜单栏中的“插入”→“基准/点”→“基准 CSYS”命令。
- 工具栏：单击“特征”工具栏中的“基准 CSYS”按钮。

执行上述方式后，打开如图 2-44 所示的“基准 CSYS”对话框，该对话框用于创建基准 CSYS，和坐标系不同的是，基准 CSYS 一次建立 3 个基准面 XY、YZ 和 ZX 面和 3 个

图 2-44 “基准 CSYS”对话框

基准轴 X、Y 和 Z 轴。

【选项说明】

（1）自动判断：通过选择的对象或输入沿 X、Y 和 Z 坐标轴方向的偏置值来定义一个坐标系。

（2）动态：可以手动移动 CSYS 到任何想要的位置或方位。

（3）原点，X 点，Y 点：该方法利用点创建功能先后指定 3 个点来定义一个坐标系。这 3 点应分别是原点、X 轴上的点和 Y 轴上的点。定义的第一点为原点，第一点指向第二点的方向为 X 轴的正向，从第二点至第三点按右手定则来确定 Z 轴正向。

（4）三平面：该方法通过先后选择 3 个平面来定义一个坐标系。3 个平面的交点为坐标系的原点，第一个面的法向为 X 轴，第一个面与第二个面的交线方向为 Z 轴。

（5）X 轴，Y 轴，原点：该方法先利用点创建功能指定一个点作为坐标系原点，在利用矢量创建功能先后选择或定义两个矢量，这样就创建基准 CSYS。坐标系 X 轴的正向平应与第一矢量的方向，XOY 平面平行于第一矢量及第二矢量所在的平面，Z 轴正向由从第一矢量在 XOY 平面上的投影矢量至第二矢量在 XOY 平面上的投影矢量按右手定则确定。

（6）绝对 CSYS：该方法在绝对坐标系的（0，0，0）点处定义一个新的坐标系。

（7）当前视图的 CSYS：该方法用当前视图定义一个新的坐标系。XOY 平面为当前视图的所在平面。

（8）偏置 CSYS：该方法通过输入沿 X、Y 和 Z 坐标轴方向相对于选择坐标系的偏距来定义一个新的坐标系。

2.6 布尔运算

零件模型通常由单个实体组成，但在建模过程中，实体通常是由多个实体或特征组合而成，于是要求把多个实体或特征组合成一个实体，这个操作称为布尔运算（或布尔操作）。

布尔运算在实际建模过程中用得比较多，但一般情况下是系统自动完成或自动提示用户选择合适的布尔运算。布尔运算也可独立操作。

2.6.1 求和

【执行方式】

- 菜单栏：选择菜单栏中的“插入”→“组合”→“求和”命令。
- 工具栏：单击“特征”工具栏中的“求和”按钮。

执行上述方式后，系统打开如图 2-45 所示的“求和”对话框。该对话框用于将两个或多个实体的体积组合在一起构成单个实体，其公共部分完全合并到一起。

图 2-45 “求和”对话框

【选项说明】

（1）目标：进行布尔“求和”时第一个选择的体对象，运算的结果将加在目标体上，并修改目标体。同一次布尔运算中，目标体只能有一个。布尔运算的结果体类型与目标体的类型一致。

（2）刀具：进行布尔运算时第二个以后选择的体对象，这些对象将加在目标体上，并构成目标体的一部分。同一次布尔运算中，工具体可有多个。

需要注意的是：可以将实体和实体进行求和运算，也可以将片体和片体进行求和运算（具有近似公共边缘线），但不能将片体和实体、实体和片体进行求和运算。

2.6.2 求差

【执行方式】

- 菜单栏：选择菜单栏中的“插入”→“组合”→“求差”命令。

● 工具栏：单击“特征”工具栏中的“求差”按钮。

执行上述方式后，系统打开如图 2-46 所示的“求差”对话框。该对话框用于从目标体中减去一个或多个刀具体的体积，即将目标体中与刀具体公共的部分去掉。

图 2-46 “求差”对话框

需要注意的是：

（1）若目标体和刀具体不相交或相接，在运算结果保持为目标体不变。

（2）实体与实体、片体与实体、实体与片体之间都可进行求差运算，但片体与片体之间不能进行求差运算。实体与片体的差，其结果为非参数化实体。

（3）布尔“求差”运算时，若目标体进行差运算后的结果为两个或多个实体，则目标体将丢失数据。也不能将一个片体变成两个或多个片体。

（4）差运算的结果不允许产生 0 厚度，即不允许目标实体和工具体的表面刚好相切。

2.6.3 求交

【执行方式】

● 菜单栏：选择菜单栏中的“插入”→“组合”→“求交”命令。

● 工具栏：单击“特征”工具栏中的“求交”按钮。

执行上述方式后，系统打开如图 2-47 所示的“求交”对话框。该对话框用于将两个或多个实体合并成单个实体，运算结果取其公共部分体积构成单个实体。

图 2-47 “求交”对话框

第 3 章

曲线功能

在所有的三维建模中，曲线是构建模型的基础。只有曲线构造的质量良好才能保证以后的面或实体质量好。曲线功能主要包括曲线的生成、编辑和操作方法。

3.1 曲线

3.1.1 基本曲线

【执行方式】

● 菜单栏：选择菜单栏中的“插入”→“曲线”→“基本曲线”命令。

执行上述方式，打开如图 3-1 所示“基本曲线”对话框。

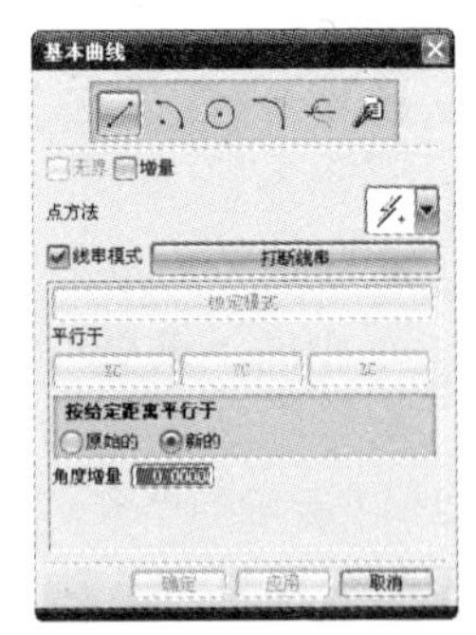

图 3-1 “基本曲线”对话框

【选项说明】

1. 直线

在“基本曲线”对话框中单击“直线”按钮，对话框如图 3-1 所示。

（1）无界：当该选项设置为“打开”时，不论生成方式如何，所生成的任何直线都会被限制在视图的范围内（“线串模式”变灰）。

（2）增量：该选项用于以增量的方式生成直线，即在选定一点后，分别在绘图区下方“跟踪条”的 XC、YC、ZC 文本框中，如图 3-2 所示。输入坐标值作为后一点相对于前一点的增量。

图 3-2 “跟踪条”工具栏

对于大多数直线生成方式，可以通过在工具栏的文本框中输入值并在生成直线后立即按〈Enter〉键，建立精确的直线角度值或长度值。

（3）点方法：该选项菜单能够相对于已有的几何体，通过指定光标位置或使用点构造器来指定点。该菜单上的选项与点对话框中选项的作用相似。

（4）线串模式：能够生成未打断的曲线串。

（5）打断线串：在选择该选项的地方打断曲线串。

（6）锁定模式：当生成平行于、垂直于已有直线或与已有直线成一定角度的直线时，如果选择“锁定模式”，则当前在图形窗口中以橡皮线显示的直线生成模式将被锁定。当下一步操作通常会导致直线生成模式发生改变，而又想避免这种改变时，可以使用该选项。

当选择“锁定模式”后，该按钮会变为“解锁模式”。可选择“解锁模式”来解除对正在生成的直线的锁定，使其能切换到另外的模式中。

（7）平行于 XC、YC、ZC：这些按钮用于生成平行于 XC、YC 或 ZC 轴的直线。指定一个点，选择所需轴的按钮，并指定直线的终点。

（8）原始的：选中该按钮后，新创建的平行线的距离由原先选择线算起。

（9）新的：选中该按钮后，新创建的平行线的距离由新选择线算起。

（10）角度增量：如果指定了第一点，然后在图形窗口中拖动光标，则该直线就会捕捉至该字段中指定的每个增量度数处。

2. 圆

在“基本曲线”对话框中单击“圆”按钮，对话框如图 3-3 所示。

多个位置：勾选此复选框，每定义一个点，都会生成先前生成的圆的一个副本，其圆心位于指定点。

3. 圆弧

在“基本曲线”对话框中单击“圆弧”按钮，对话框如图 3-4 所示。

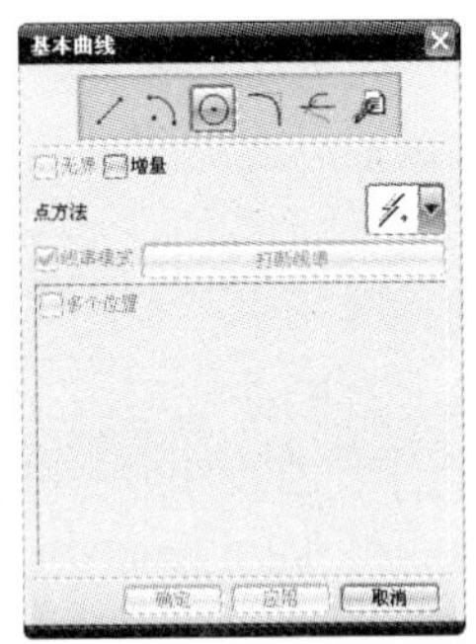

图 3-3 “圆”创建对话框

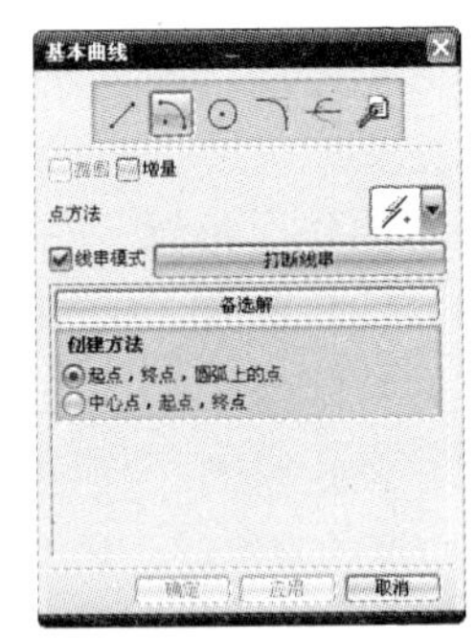

图 3-4 “圆弧”创建对话框

（1）整圆：当该选项为“打开”时，不论其生成方式如何，所生成的任何弧都是完整的圆。

（2）备选解：生成当前所预览的弧的补弧；只能在预览弧的时候使用。

（3）创建方法：弧的生成方式有以下两种。

1）起点、终点、圆弧上的点：利用这种方式，可以生成通过三个点的弧，或通过两个点并与选中对象相切的弧。

2）中心点、起点、终点：使用这种方式，应首先定义中心点，然后定义弧的起始点和终止点。

（4）跟踪栏：如图 3-5 所示，在弧的生成和编辑期间，“跟踪栏”工具栏中有以下字段可用。

图 3-5 “跟踪栏”工具栏

XC、YC 和 ZC 栏各显示弧的起始点的位置。第 4 项“半径”字段显示弧的半径。第 5 项“直径”字段显示弧的直径。第 6 项“起始角”字段显示弧的起始角度，从 XC 轴开始测量，按逆时针方向移动。第 7 项“终止角”字段显示弧的终止角度，从 XC 轴开始测量，按逆时针方向移动。

需要注意的是：在使用“起始点、终止点、弧上的点”生成方式时，后两项“起始角”和“终止角”字段将变灰。

4. 倒圆角

在对话框中单击“圆角”按钮，对话框如图 3-6 所示。

（1）简单倒圆：在两条共面非平行直线之间生成圆角。通过输入半径值确定圆角的大小。直线将被自动修剪至与圆弧的相切点。生成的圆角与直线的选择位置直接相关。要同时选择两条直线。必须以同时包括两条直线的方式放置选择球，如图 3-7 所示。

图 3-6 “曲线倒圆”对话框

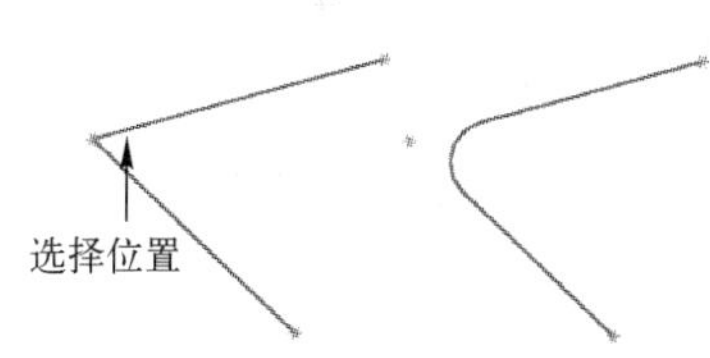

图 3-7 “简单圆角”示意图

通过指定一个点选择两条直线。该点确定如何生成圆角，并指示圆弧的中心。将选择球的中心放置到最靠近要生成圆角的交点处。

（2）曲线倒圆：在两条曲线（包括点、线、圆、二次曲线或样条）之间构造一个圆角。两条曲线间的圆角是沿逆时针方向从第一条曲线到第二条曲线生成的一段弧。

（3）曲线倒圆：该选项可在三条曲线间生成圆角，这三条曲线可以是点、线、圆弧、二次曲线和样条的任意组合。

（4）半径：定义倒圆角的半径。

（5）继承：能够通过选择已有的圆角来定义新圆角的值。

（6）修剪选项：如果选择生成两条或三条曲线倒圆，则需要选择一个修剪选项。修剪可缩短或延伸选中的曲线以便与该圆角连接起来。根据选中的圆角选项的不同，某些修剪选项可能会发生改变或不可用。点是不能进行修剪或延伸，如果修剪后的曲线长度等于 0 并且没有与该曲线关联的连接，则该曲线会被删除。

3.1.2 直线

用于创建直线段。

【执行方式】

- 菜单栏：选择菜单栏中的“插入”→“曲线”→“直线”命令。
- 工具栏：单击“曲线”工具栏中的“直线”按钮。

执行上述方式后，系统打开如图 3-8 所示“直线”对话框。

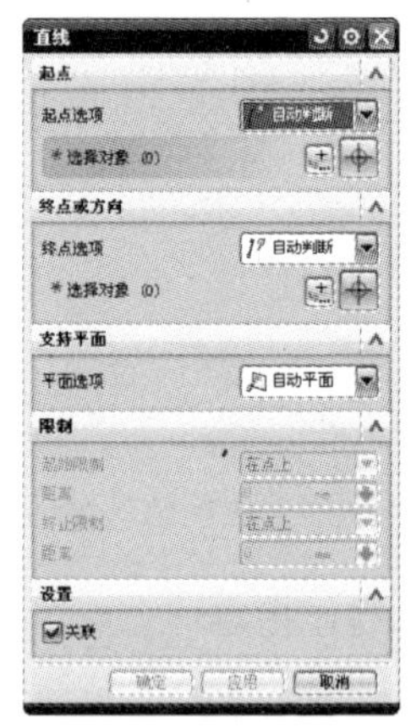

图 3-8 “直线”对话框

【选项说明】

1. 起点/终点选项

（1）自动判断：根据选择的对象来确定要使用的起点和终点选项。

（2）点：通过一个或多个点来创建直线。

（3）相切：用于创建与弯曲对象相切的直线。

2. 平面选项

（1）自动平面：根据指定的起点和终点来自动判断临时平面。

（2）锁定平面：选择此选项，如果更改起点或终点，自动平面不可移动。锁定的平面以基准平面对象的颜色显示。

（3）选择平面：通过指定平面下拉列表或“平面”对话框来创建平面。

3. 起始/终止限制

（1）值：用于为直线的起始或终止限制指定数值。

（2）在点上：通过“捕捉点”选项为直线的起始或终止限制指定点。

（3）直至选定对象：用于在所选对象的限制处开始或结束直线。

3.1.3 圆弧/圆

用于创建关联的圆弧和圆曲线。

【执行方式】

- 菜单栏：选择菜单栏中的“插入”→“曲线”→“圆弧/圆”命令。
- 工具栏：单击“曲线”工具栏中的“圆弧/圆”按钮。

执行上述方式后，系统会打开如图3-9所示“圆弧/圆”对话框。

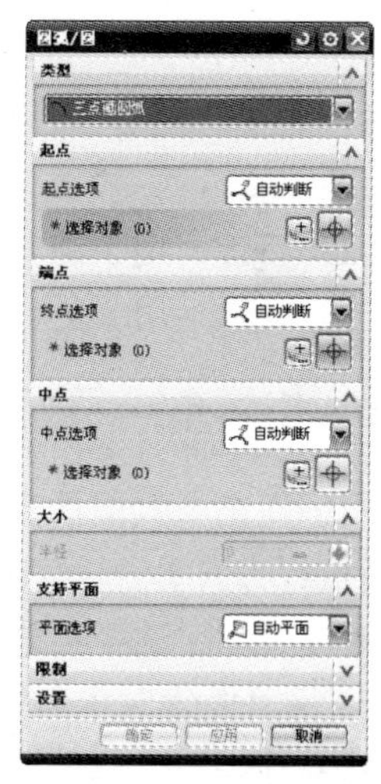

图3-9 “圆弧/圆”对话框

【选项说明】

1. 类型

（1）三点画圆弧：通过指定的三个点或指定两个点和半径来创建圆弧。

（2）从中心开始的圆弧/圆：通

过圆弧中心及第二点或半径来创建圆弧。

2．起点/端点/中点选项

（1）自动判断：根据选择的对象来确定要使用的起点/端点/中点选项。

（2）十点：用于指定圆弧的起点/端点/中点。

（3）相切：用于选择曲线对象，以从其派生与所选对象相切的起点/端点/中点。

3．平面选项

（1）自动平面：根据圆弧或圆的起点和终点来自动判断临时平面。

（2）锁定平面：选择此选项，如果更改起点或终点，自动平面不可移动。可以双击解锁或锁定自动平面。

（3）选择平面：用于选择现有平面或新建平面。

4．限制

（1）起始/终止限制

1）值：用于为圆弧的起始或终止限制指定数值。

2）在点上：通过“捕捉点”选项为圆弧的起始或终止限制指定点。

3）直至选定对象：用于在所选对象的限制处开始或结束圆弧。

（2）整圆：用于将圆弧指定为完整的圆。

（3）补弧：用于创建圆弧的补弧。

3.1.4　倒斜角

用于在两条共面的直线或曲线之间生成斜角。

【执行方式】

- 菜单栏：选择菜单栏中的“插入”→“曲线”→“倒斜角”命令。

执行上述方式后，系统会打开如图 3-10 所示“倒斜角”对话框。

图 3-10 “倒斜角”对话框

【选项说明】

（1）简单倒斜角：该选项用于建立简单倒角，其产生的两边偏置值必须相同，且角度为 45° 并且该选项只能用于两共面的直线间倒角。选中该选项后系统会要求输入倒角尺寸，而后选择两直线交点即可完成倒角，如图 3-11 所示。

（2）用户定义倒角：在两个共面曲线（包括圆弧、样条和三次曲线）之间生成斜角。该选项比生成简单倒角时具有更多的修剪控制。单击此按钮，打开如图 3-12 所示的“倒斜角”对话框。

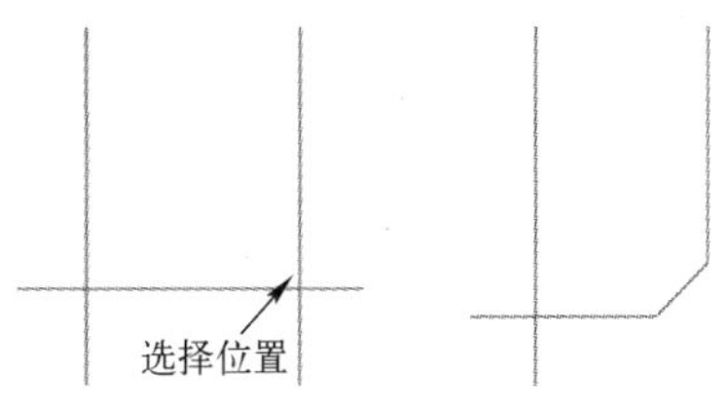

图 3-11 “简单倒角”示意图

图 3-12 “倒斜角”对话框

1）自动修剪：该选项用于使两条曲线自动延长或缩短以连接倒角曲线。

2）手工修剪：该选项可以选择想要修剪的倒角曲线。然后指定是否修剪曲线，并且指定要修剪倒角的哪一侧。选取的倒角侧将被从几何体中切除。

3）不修剪：该选项用于保留原有曲线不变。

当用户选定某一倒角方式后，系统会打开如图 3-13 所示“倒斜角”对话框，要求用户输入偏置值和角度（该角度是从第二条曲线测量的）或者全部输入偏置值来确定倒角范围，以上两选项可以通过“偏置值”和“偏置和角度”按钮来进行切换。

图 3-13 “偏置选项”对话框

“偏置”是两曲线交点与倒角线起点之间的距离。对于简单倒角，沿两条曲线的偏置相等。对于线性倒角偏置而言，偏置值是直线距离，但是对于非线性倒角偏置而言，偏置值不一定是直线距离。

3.1.5 多边形

【执行方式】

- 菜单栏：选择菜单栏中的“插入”→“曲线”→“多边形”命令。

执行上述方式后，系统打开“多边形”对话框。

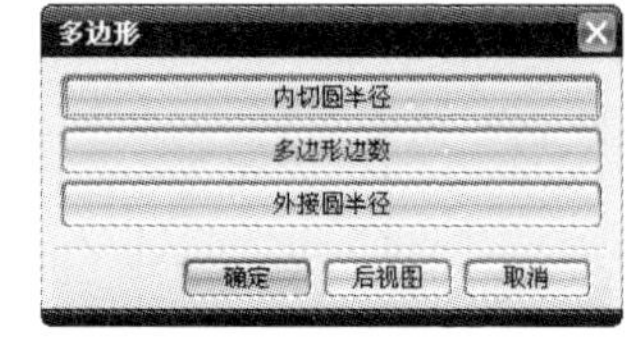

图 3-14 “多边形”创建方式对话框

【选项说明】

（1）内接半径：单击此按钮，打开如图 3-15 所示对话框。可以通过输入内切圆的半径定义多边形的尺寸及方向角度来创建多边形，如图 3-16 所示。

（1）内切圆半径：是原点到多边形边的中点的距离。

（2）方向角：多边形从 XC 轴逆时针方向旋转的角度。

图 3-15 “多边形”对话框

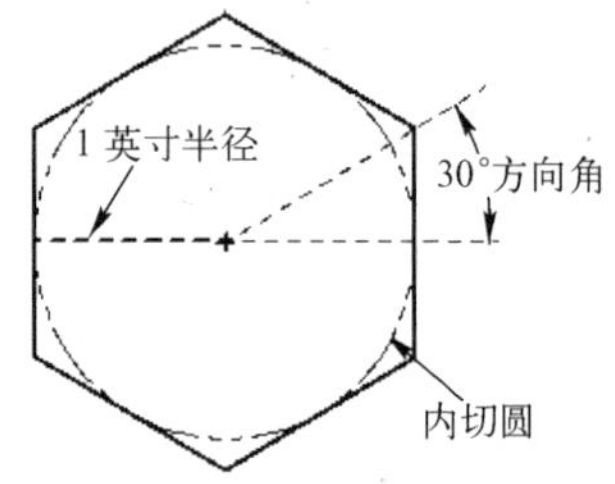

图 3-16 “内切圆半径”示意图

（2）多边形边数：单击此按钮，打开如图 3-17 所示对话框。该选项用于输入多边形一边的边长及方向角度来创建多边形。该长度将应用到所有边。

图 3-17 “多边形的边选项”对话框

（3）外接圆半径：单击此按钮，打开如图 3-18 所示对话框。该选项通过指定外接圆半径定义多边形的尺寸及方向角度来创建多边形。外接圆半径是原点到多边形顶点的距离，如图 3-19 所示。

图 3-18 “外接圆半径”对话框

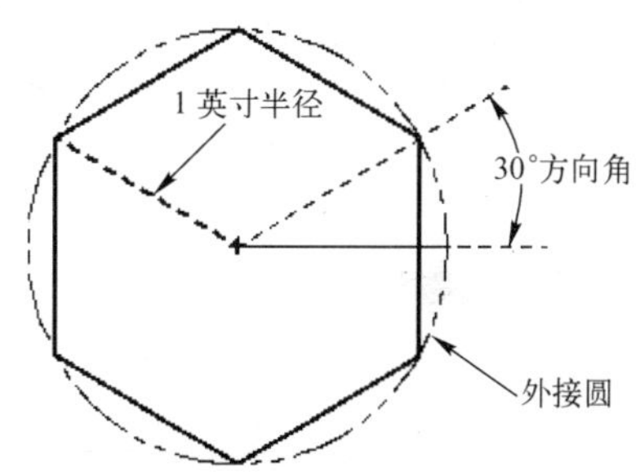

图 3-19 “外接圆半径” 示意图

3.1.6 实例——卡片

本例绘制卡片，如图 3-20 所示。

（1）单击“标准”工具栏中的“新建”按钮，弹出“新建”对话框。在模板列表中选择“模型”，输入名称为 kapian，单击“确定”按钮，进入建模环境。

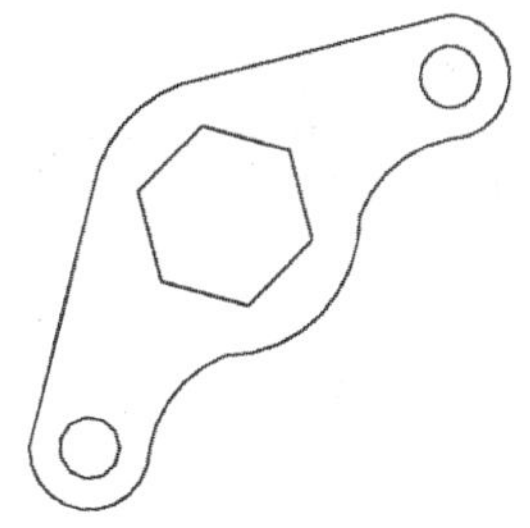

图 3-20 卡片

（2）选择菜单栏中的“插入”→“曲线”→“多边形”命令，打开如图 3-21 所示的“多边形”对话框，输入边数为 6，单击“确定”按钮，打开如图 3-22 所示的“多边形”类型对话框，单击“外接圆半径”按钮，打开如图 3-23 所示“多边形”参数对话框，输入圆半径为 15，方位角为 45，单击“确定”按钮，打开“点”对话框，输入坐标点为（0,0,0），单击“确定”按钮，在坐标原点创建六边形，如图 3-24 所示。

图 3-21 “多边形”对话框

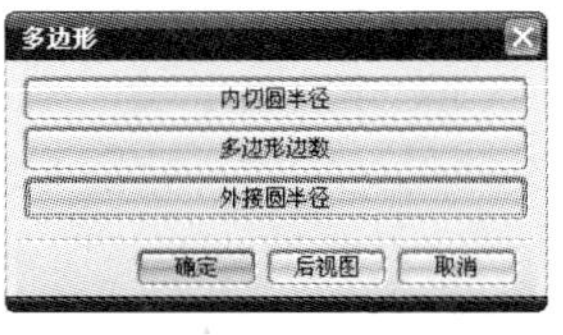

图 3-22 “多边形”类型对话框

图 3-23 “多边形”参数对话框

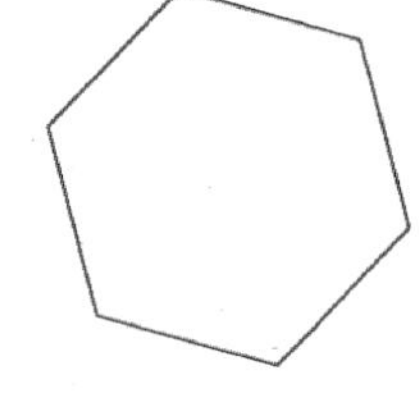
图 3-24 创建多边形

（3）选择菜单栏中的“插入”→“曲线”→“基本曲线”命令，弹出“基本曲线”对话框。单击“圆”按钮，在点方法下拉列表中选择“点构造器”选项，输入圆心为（37.5,22.5,0），绘制半径为 5 的圆 1；重复上述步骤在坐标点（-22.5，-37.5，0）处绘制半径为 5 的圆 2，如图 3-25 所示。

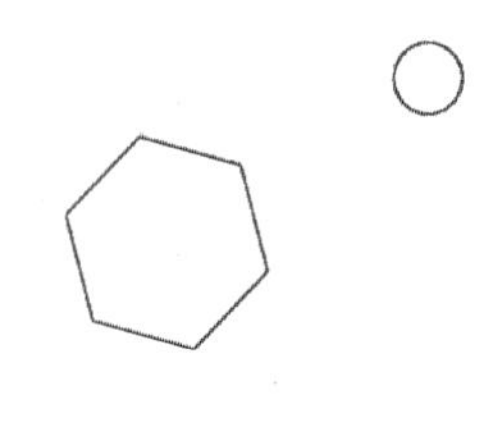
图 3-25 绘制圆

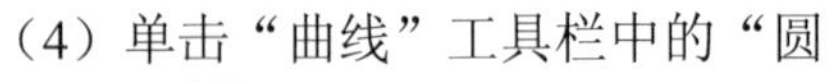

（4）单击“曲线”工具栏中的“圆弧/圆”按钮，打开如图 3-26 所示的“圆弧/圆”对话框，选择“从中心开始的圆弧/圆”类型，捕捉圆 1 的圆心为中心点，输入半径为 10，输入起始角度和终止角度为-90 和 90，单击“应用”按钮，绘制圆弧 1；重复上述步骤，在圆 2 圆心处创建半径为 10，

起始角度和终止角度为-90 和 90 的圆弧 2；在坐标原点处创建半径为 22.5，起始角度和终止角度为-90 和 0 的圆弧 3；在坐标原点处创建半径为 22.5，起始角度和终止角度为-30 和 30 的圆弧 3，如图 3-27 所示。

图 3-26 “圆弧/圆”对话框

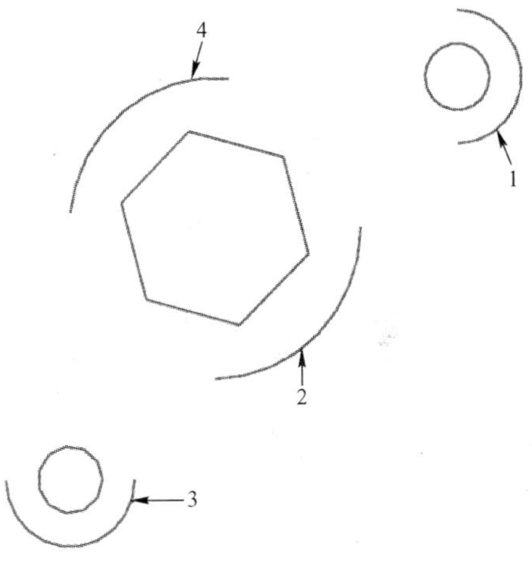

图 3-27 绘制圆弧

（5）单击“曲线”工具栏中的“圆弧/圆”按钮，打开“圆弧/圆”对话框，选择“三点画圆弧”类型，捕捉圆 1 的下端点和圆 2 的上端点，输入半径为 20，单击“应用”按钮；重复上述步骤，捕捉圆 2 的下端点和圆 3 的上端点，单击“确定”按钮，如图 3-28 所示。

（6）单击“曲线”工具栏中的“直线”按钮，弹出“直线”对话框，如图 3-29 所示。捕捉圆弧 1 的上端点和圆弧 4 的上端点，单击“应用”按钮，捕捉圆弧 3 的左侧端点和圆弧 4 的下端点，单击“确定”按钮，结果如图 3-20 所示。

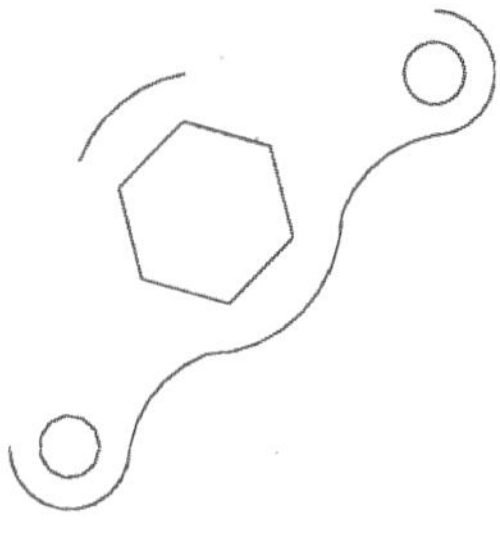

图 3-28 绘制圆弧

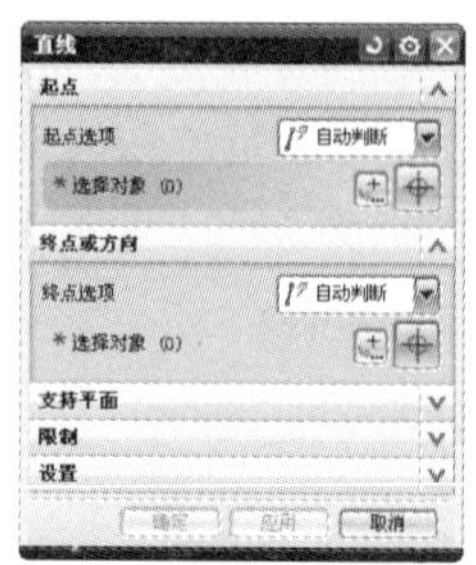

图 3-29 “直线”对话框

3.1.7 椭圆

【执行方式】

● 菜单栏：选择菜单栏中的“插入”→“曲线”→“椭圆”命令。

执行上述方式后，打开“点”对话框，输入椭圆原点，打开如图 3-30 所示的“椭圆”对话框。

图 3-30 “椭圆” 对话框

【选项说明】

（1）长半轴和短半轴：椭圆有两根轴，即长轴和短轴（每根轴的中点都在椭圆的中心）。椭圆的最长直径就是主轴；最短直径就是副轴。

（2）起始角和终止角：椭圆是绕 ZC 轴正向沿着逆时针方向生成的。起始角和终止角确定椭圆的起始和终止位置，它们都是相对于主轴测算的。

（3）旋转角度：椭圆的旋转角度是主轴相对于 XC 轴，沿逆时针方向倾斜的角度。除非改变了旋转角度，否则主轴一般是与 XC 轴平。

3.1.8 抛物线

【执行方式】

● 菜单栏：选择菜单栏中的“插入”→“ 曲线”→“抛物

线”命令。

执行上述方式后，打开“点”对话框，输入抛物线顶点，单击“确定”按钮，打开如图 3-31 所示的“双曲线”对话框。

【选项说明】

（1）焦距：是指从顶点到焦点的距离，必须大于 0。

（2）最小 DY/最小 DY：通过限制抛物线的显示宽度来确定该曲线的长度。

（3）旋转角度：是指对称轴与 XC 轴之间所成的角度。

最终抛物线结果如图 3-32 所示。

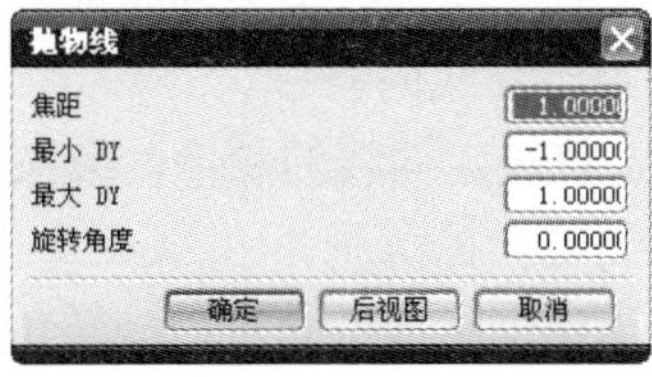

图 3-31 “抛物线”对话框

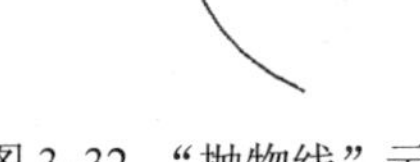

图 3-32 “抛物线”示意图

3.1.9 双曲线

【执行方式】

- 菜单栏：选择菜单栏中的“插入”→“曲线”→“双曲线”命令。

执行上述方式后，打开“点”对话框，输入双曲线中心点。打开如图 3-33 所示的“双曲线”对话框。

创建好的双曲线如图 3-34 所示。

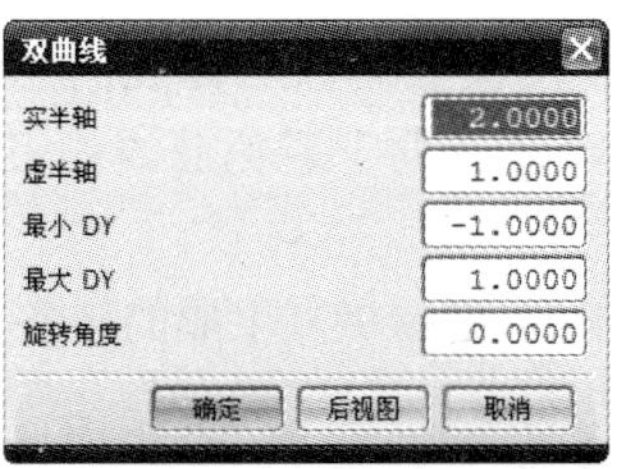

图 3-33 “双曲线”对话框

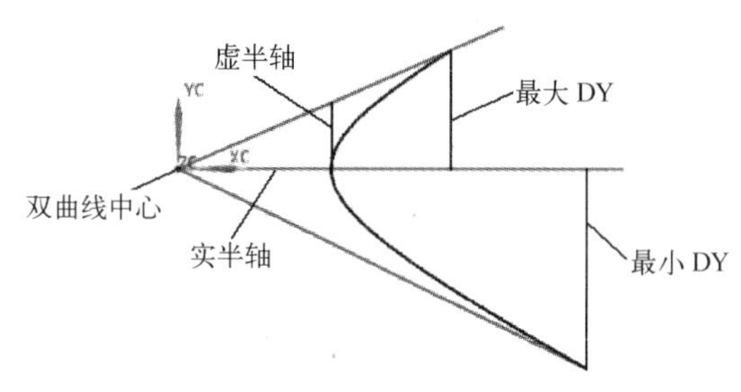

图 3-34 “双曲线”示意图

【选项说明】

（1）实半轴/虚半轴：实半轴/虚半轴参数指实轴和虚轴长度的一半。这两个轴之间的关系确定了曲线的斜率。

（2）最小 DY/最大 DY：DY 值决定曲线的长度。最大 DY/最小 DY 限制双曲线在对称轴两侧的扫掠范围。

（3）旋转角度：由实半轴与 XC 轴组成的角度。旋转角度从 XC 正向开始计算。

3.1.10 样条曲线

【执行方式】

- 菜单栏：选择菜单栏中的“插入”→“曲线”→“样条”命令。

执行上述方式后，打开如图 3-35 所示“样条”对话框。

【选项说明】

（1）根据极点：该选项中所给定的数据点称为曲线的极点或控制点。样条曲线靠近它的各个极点，但通常不通过任何极点（端点除外）。使用极点可以对曲线的总体形状和特征进行更好的控制。该选项还有助于避免曲线中多余的波动（曲率反向）。

单击此按钮，打开“根据极点生成的样条”对话框，如图 3-36 所示。

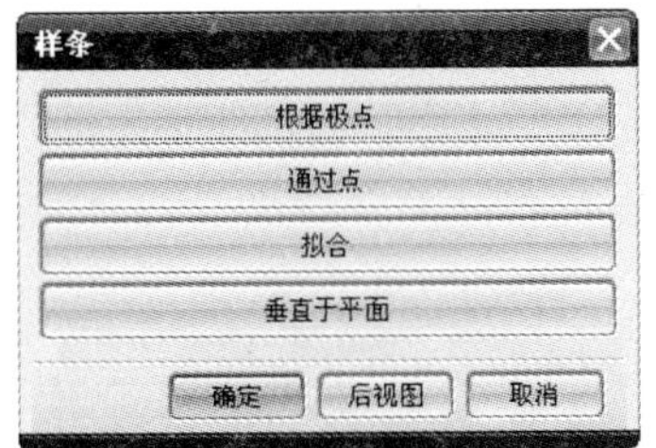

图 3-35 “样条”选项对话框

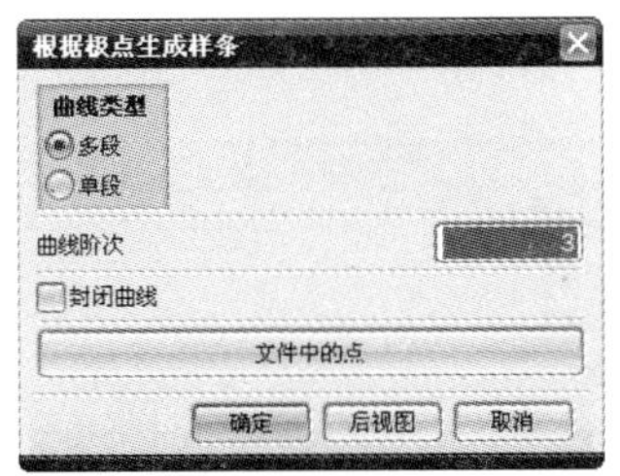

图 3-36 “根据极点生成方式”对话框

1）曲线类型：样条可以生成为“单段”或“多段”，每段限制为 25 个点。“单段”样条为 Bezier 曲线；“多段”样条为 B 样条。

2）曲线阶次：曲线次数即曲线的阶次，这是一个代表定义曲线的多项式次数的数学概念。阶次通常比样条线段中的点数小 1。因此，样条的点数不得少于阶次数。UG 样条的阶次必须介于 1 和 24 之间。但是建议用户在生成样条时使用三次曲线（阶次为 3）。

提示

应尽可能使用较低阶次的曲线（3、4、5）。如果没有什么更好的理由要使用其他阶次，则应使用默认阶次 3。单段曲线的阶次取决于其指定点的数量。

3）封闭曲线：样条通常是非闭合的，它们开始于一点，而结束于另一点。通过选择“封闭曲线”选项可以生成开始和结束于同一点的封闭样条。该选项仅可用于多段样条。当生成封闭样条时，不需将第一个点指定为最后一个点，样条会自动封闭。

4）文件中的点：用来指定一个其中包含用于样条数据点的文件。点的数据可以放在*.dat 文件中。

（2）通过点：该选项生成的样条将通过一组数据点。还可以定义任何点或所有点处的切矢和/或曲率。单击此按钮，打开“通过点生成的样条”对话框，如图 3-37 所示。单击“确定”按钮，打开“样条”点创建对话框，如图 3-38 所示。

图 3-37 “通过点生成样条”对话框

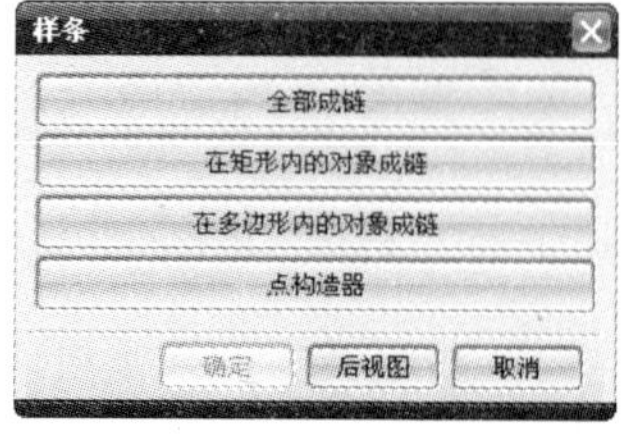

图 3-38 “样条”点创建对话框

1）全部成链：用来指定起始点和终止点，从而选择两点之间的所有点。

2）在矩形内的对象成链：用来指定形成矩形的点。从而选择矩形内的所有点。然后必须指定第一个和最后一个点。

3）在多边形内的对象成链：用来指定形成多边形的点。从而选择生成后的形状中的所有点。然后必须指定第一个和最后一个点。

4）点构造器：可以使用点构造器来定义样条点。

（3）拟合：该选项可以通过在指定公差内将样条与构造点相“拟合”来生成样条。该方式减少了定义样条所需的数据量。单击此按钮，打开“用拟合的方法创建样条”对话框，如图 3-39 所示。

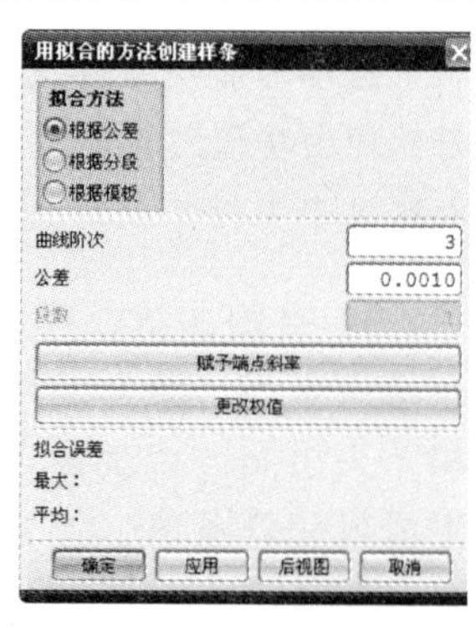

图 3-39 “用拟合的方法创建样条”对话框

1）拟合方法：该选项用于指定数据点之后，可以通过选择以下方式之一定义如何生成样条：

① 根据公差：用来指定样条可以偏离数据点的最大允许距离。

② 根据分段：用来指定样条的段数。

③ 根据模板：可以将现有样条选作模板，在拟合过程中使用其阶次和节点序列。用“根据模板”选项生成的拟合曲线，可在需要拟合曲线以具有相同阶次和相同节点序列的情况下使用。这样，在通过这些曲线构造曲面时，可以减少曲面中的面片数。

2）公差：该选项表示控制点与数据点相符的程度。

3）段数：该选项用来指定样条中的段数。

4）赋予端点斜率：该选项用来指定或编辑端点处的切矢。

5）更改权值：该选项用来控制选定数据点对样条形状的影响程度，改变权用来更改任何数据点的加权系数。指定较大的权值可确保样条通过或逼近该数据点。指定零权值将在拟合过程中忽略特定点。这对忽略“坏”数据点非常有用。默认的加权系数使离散位置点获得比密集位置点更高的加权。

（4）垂直于平面：该选项可以生成通过并垂直于一组平面中各个平面的样条。每个平面组中允许的最大平面数为 100，如图 3-40 所示。

样条段在平行平面之间呈直线状，在非平行平面之间呈圆弧状。每个圆弧段的中心为边界平面的交点。

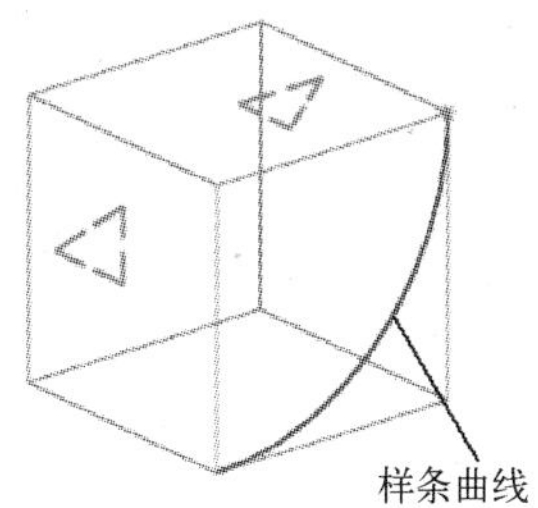

图 3-40 “垂直于平面”生成样条示意图

3.1.11 规律曲线

【执行方式】

- 菜单栏：选择菜单栏中的“插入”→“曲线”→“规律曲线”命令。

执行上述方式后，打开如图 3-41 所示“规律曲线”对话框。规律曲线示意图如图 3-42 所示。

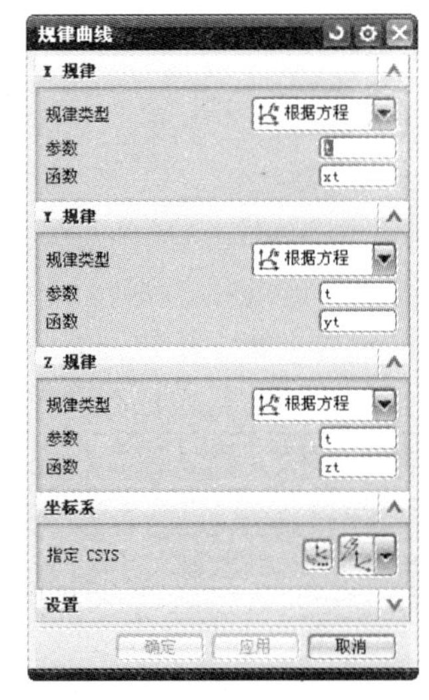

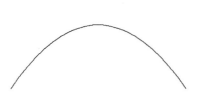

图 3-41 “规律曲线”选项对话框

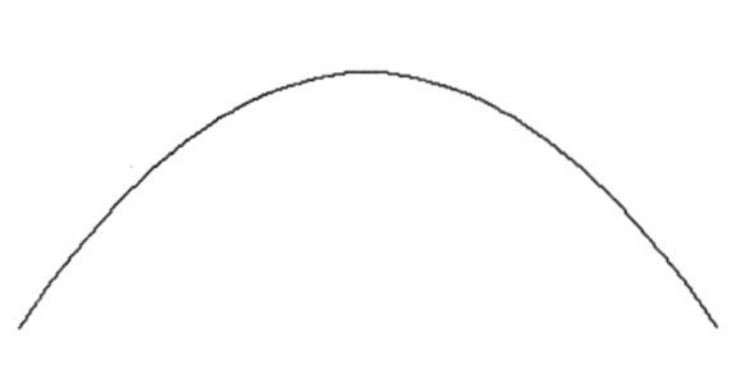

图 3-42 规律曲线

【选项说明】

1. X/Y/Z 规律类型

（1）恒定：该选项能够给整个规律功能定义一个常数值。系统提示用户只输入一个规律值（即该常数）。

（2）线性：该选项能够定义从起始点到终止点的线性变化率。

（3）三次：该选项能够定义从起始点到终止点的三次变化率。

（4）沿着脊线线性：该选项能够使用两个或多个沿着脊线的点定义线性规律功能。选择一条脊线曲线后，可以沿该曲线指出多个点。系统会提示用户在每个点处输入一个值。

（5）沿着脊线三次：该选项能够使用两个或多个沿着脊线

的点定义三次规律功能。选择一条脊线曲线后，可以沿该脊线指出多个点。系统会提示用户在每个点处输入一个值。

（6）根据方程：该选项可以用表达式和“参数表达式变量”来定义规律。必须事先定义所有变量（变量定义可以使用“工具”→“表达式”来定义），并且公式必须使用参数表达式变量“t”。

（7）根据规律曲线：该选项利用已存在的规律曲线来控制坐标或参数的变化。选择该选项后，按照系统在提示栏给出的提示，先选择一条存在的规律曲线，再选择一条基线来辅助选定曲线的方向。如果没有定义基准线，默认的基准线方向就是绝对坐标系的 X 轴方向。

2. 坐标系

通过指定坐标系来控制样条的方位。

提示

规律样条是根据建模首选项对话框中的距离公差和角度公差设置而近似生成的。另外可以使用信息→对象来显示关于规律样条的非参数信息或特征信息。

任何大于360º的规律曲线都必须使用螺旋线选项或根据公式规律子功能来构建。

3.1.12 螺旋线

能够通过定义圈数、螺距、半径方式（规律或恒定）、旋转方向和适当的方向来生成螺旋线。

【执行方式】

- 菜单栏：选择菜单栏中的“插入”→“曲线”→“螺旋”命令。

执行上述方式后，系统打开如图 3-43 所示“螺旋线”对话框。螺旋线示意图如图 3-44 所示。

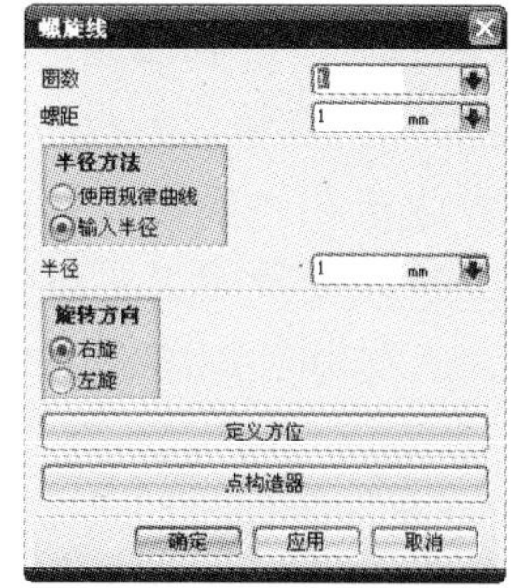

图 3-43 “螺旋线”对话框

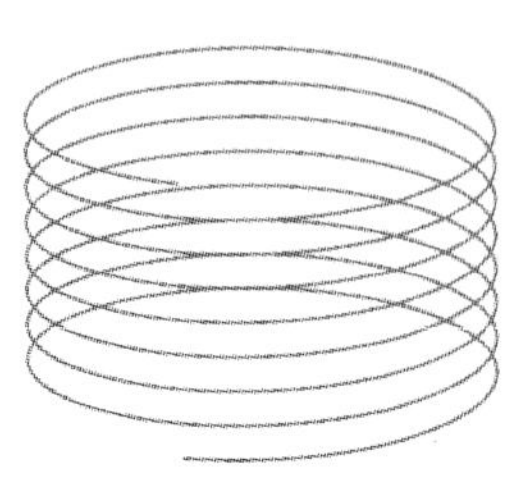

图 3-44 “螺旋线”示意图

【选项说明】

（1）圈数：用于指定螺旋线绕螺旋轴旋转的圈数。必须大于 0，可以接受小于 1 的值（比如 0.5 可生成半圈螺旋线）。

（2）螺距：相邻的圈之间沿螺旋轴方向的距离。“螺距”必须大于或等于 0。

（3）半径方法：能够指定半径的定义方式。可通过“使用规律曲线”或“输入半径”来定义半径。

1）使用规律曲线：能够使用规律函数来控制螺旋线的半径变化。选择此选项，打开“规律函数”对话框，可选择一种规律来控制螺旋线的半径。

2）输入半径：该选项为默认值，输入螺旋线的半径值，该值在整个螺旋线上都是常数。

（4）半径：如果选择了“输入半径”方式，则在此处输入半径值。

（5）旋转方向：该选项用于控制旋转的方向。

1）右手：螺旋线起始于基点向右卷曲（逆时针方向）。

2）左手：螺旋线起始于基点向左卷曲（顺时针方向）。

（6）定义方位：该选项能够使用坐标系工具的 Z 轴、X 点选项来定义螺旋线方向。可以使用点对话框或通过指出光标位置来定义基点。

（7）点构造器：能够使用点对话框来定义方向定义中的基点。

3.2 来自曲线集的曲线

一般情况下，曲线创建完成后并不能满足用户需求，还需要进一步的处理工作，本小节中将进一步介绍曲线的操作功能，如简化、偏置、桥接、连接、截面和沿面偏置等。

3.2.1 偏置

此命令能够通过从原先对象偏置的方法，生成直线、圆弧、二次曲线、样条和边。偏置曲线是通过垂直于选中基曲线上的点来构造的。可以选择是否使偏置曲线与其输入数据相关联。

【执行方式】

- 菜单栏：选择菜单栏中的“插入”→“来自曲线集的曲线”→“偏置”命令。
- 工具栏：单击“曲线”工具栏中的“偏置曲线”按钮。

执行上述方式后，系统打开如图 3-45 所示“偏置曲线”对话框。偏置示意图如图 3-46 所示。

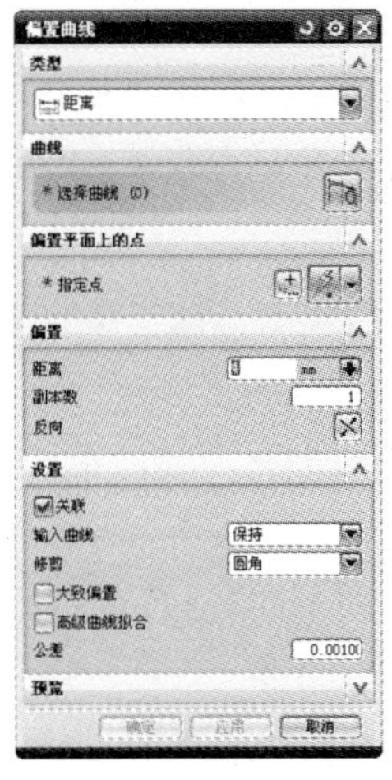

图 3-45 “偏置曲线”对话框

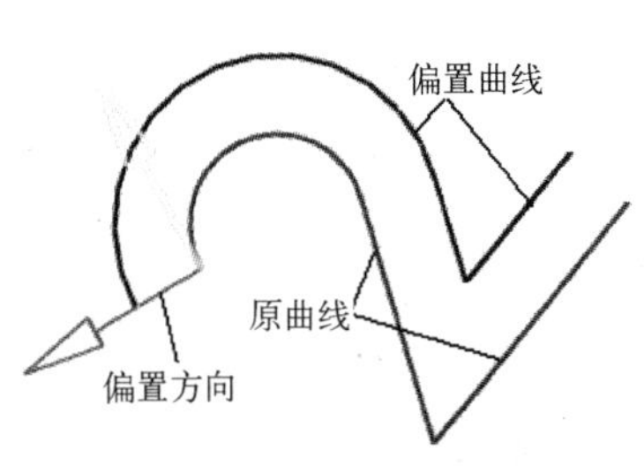

图 3-46 “偏置”示意图

【选项说明】

1．类型

（1）距离：此方式在选取曲线的平面上偏置曲线。

1）偏置平面上的点：指定偏置平面上的点。

2）距离：在箭头矢量指示的方向上与选中曲线之间的偏置距离。负的距离值将在反方向上偏置曲线。

3）副本数：该选项能够构造多组偏置曲线。

4）反向：该选项用于反转箭头矢量标记的偏置方向。

（2）拔模：在平行于选取曲线平面，并与其相距指定距离的平面上偏置曲线。

1）高度：是从输入曲线平面到生成的偏置曲线平面之间的距离。

2）角度：是偏置方向与原曲线所在平面的法向的夹角。

3）副本数：该选项能够构造多组偏置曲线。

（3）规律控制：此方式在规律定义的距离上偏置曲线，该规律是用规律子功能选项对话框指定的。

1）规律类型：在下拉列表中选择规律类型来创建偏置曲线。

2）副本数：该选项能够构造多组偏置曲线。

3）反向：该选项用于反转箭头矢量标记的偏置方向。

（4）3D 轴向：此方式在三维空间内指定矢量方向和偏置距离来偏置曲线。

1）距离：在箭头矢量指示的方向上与选中曲线之间的偏置距离。

2）指定方向：在下拉列表中选择方向的创建方式或单击“矢量对话框”按钮来创建偏置方向矢量。

2．曲线

选择要偏置的曲线。

3．设置

（1）关联：勾选此复选框，则偏置曲线会与输入曲线和定义数据相关联。

（2）输入曲线：该选项能够指定对原先曲线的处理情况。对于关联曲线，某些选项不可用：

1）保持：在生成偏置曲线时，保留输入曲线。

2）隐藏：在生成偏置曲线时，隐藏输入曲线。

3）删除：在生成偏置曲线时，删除输入曲线。取消“关联”复选框的勾选，则该选项能用。

4）替换：该操作类似于移动操作，输入曲线被移至偏置曲线的位置。取消“关联”复选框的勾选，则该选项能用。

（3）修剪：该选项将偏置曲线修剪或延伸到它们的交点处的方式。

1）无：既不修剪偏置曲线，也不将偏置曲线倒成圆角。

2）相切延伸：将偏置曲线延伸到它们的交点处。

3）圆角：构造与每条偏置曲线的终点相切的圆弧。

（4）公差：当输入曲线为样条或二次曲线时，可确定偏置曲线的精度。

3.2.2 在面上偏置

用于在一表面上由一存在曲线按指定的距离生成一条沿面的偏置曲线。

【执行方式】

- 菜单栏：选择菜单栏中的“插入”→“来自曲线集的曲线”→“在面上偏置”命令。
- 工具栏：单击“曲线”工具栏中的“面中的偏置曲线”按钮。

执行上述方式后，系统打开如图 3-47 所示“面中的偏置曲线”对话框。“面中的偏置曲线”操作示意图如图 3-48 所示。

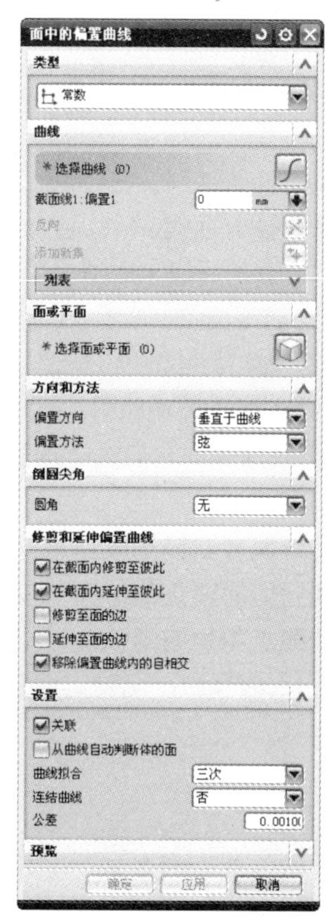

图 3-47 “面中的偏置曲线”对话框

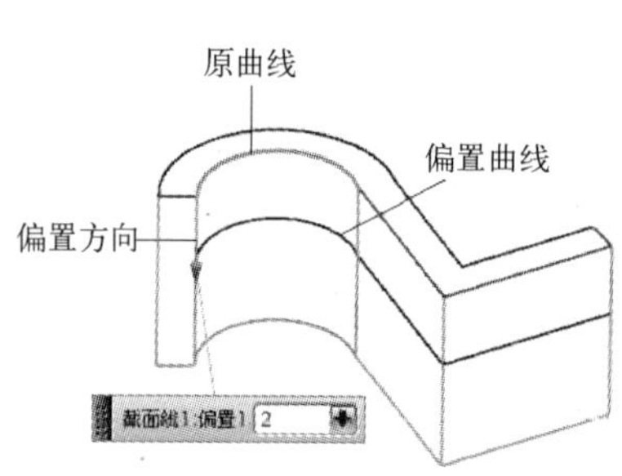

图 3-48 “在面上偏置”示意图

【选项说明】

1. 类型

（1）常数：生成具有面内原始曲线恒定偏置的曲线。

（2）可变：用于指定与原始曲线上点位置之间的不同距离，以在面中创建可变曲线。

2. 曲线

（1）选择曲线：用于选择要在指定面上偏置的曲线或边。

（2）截面 1：偏置 1：输入偏置值。

3. 选择面或平面

用于选择面与平面在其上创建偏置曲线。

4. 方向和方法

（1）偏置方向

1）垂直于曲线：沿垂直于输入曲线相切矢量的方向创建偏置曲线。

2）垂直于矢量：用于指定一个矢量，确定与偏置垂直的方向。

（2）偏置方法

1）弦：使用线串曲线上各点之间的线段，基于弦距离创建偏置曲线。

2）弧长：沿曲线的圆弧创建偏置曲线。

3）测量：沿曲面上最小距离创建偏置曲线。

4）相切：沿曲线最初所在面的切线，在一定距离处创建偏置曲线，并将其重新投影在该面上。

5）投影距离：用于按指定的法向矢量在虚拟平面上指定偏置距离。

5. 倒圆尖角—圆角

（1）无：不添加任何倒圆。

（2）矢量：用于定义输入矢量作为虚拟倒圆圆柱的轴方向。

（3）最适合：根据垂直于圆柱和曲线之间最终接触点的曲面，确定虚拟倒圆圆柱的轴方向。

（4）投影矢量：将投影方向用作虚拟倒圆圆柱的轴方向。

6. 修剪和延伸偏置曲线

（1）在截面内修剪至彼此：修剪同一截面内两条曲线之间的拐角。延伸两条曲线的切线形成拐角，并对切线进行修剪。

（2）在截面内延伸至彼此：延伸同一截面内两条曲线之间的拐角。延伸两条曲线的切线以形成拐角。

（3）修剪至面的边：将曲线修剪至面的边。

（4）延伸至面的边：将偏置曲线延伸至面边界。

（5）移除偏置曲线内的自相交：修剪偏置曲线的相交区域。

7. 设置

（1）关联：勾选此复选框，新偏置的曲线与偏置前的曲线相关。

（2）从曲线自动判断体的面：勾选此复选框，偏置体的面由选择要偏置的曲线自动确定。

（3）曲线拟合：用于为要偏置的曲线指定曲线拟合方法。

1）三次：使用 3 次样条。

2）五次：使用 5 次样条。

3）高级：用于指定最高阶次和最大段数值。

（4）连接曲线：用于连接多个面的曲线。

1）否：使跨多个面或平面创建的曲线在每个面或平面上均显示为单独的曲线。

2）三次：连接输出曲线以形成 3 次多项式样条曲线。

3）常规：连接输出曲线以形成常规样条曲线。

4）五次：连接输出曲线以形成 5 次多项式样条曲线。

（5）公差：该选项用于设置偏置曲线公差，其默认值是在建模预设置对话框中设置的。公差值决定了偏置曲线与被偏置曲线的相似程度，选用默认值即可。

3.2.3 桥接

用来桥接两条不同位置的曲线，边也可以作为曲线来选择。

【执行方式】

- 菜单栏：选择菜单栏中的“插入”→“来自曲线集的曲线”→“桥接”命令。
- 工具栏：单击“曲线”工具栏中的“桥接曲线”图标。

执行上述方式后，系统打开如图 3-49 所示“桥接曲线”对话框。“桥接曲线”示意图如图 3-50 所示。

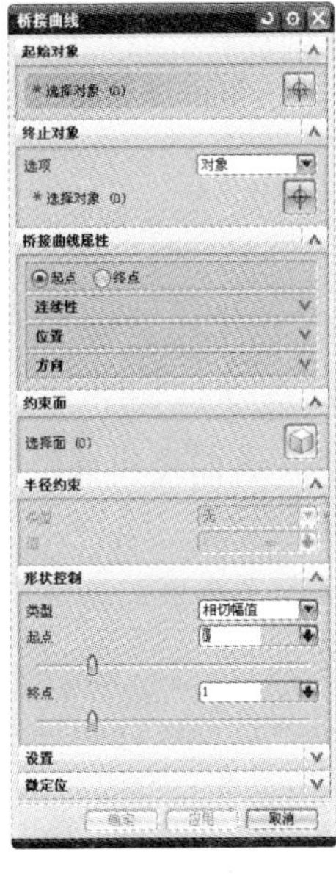

图 3-49 “桥接曲线”对话框

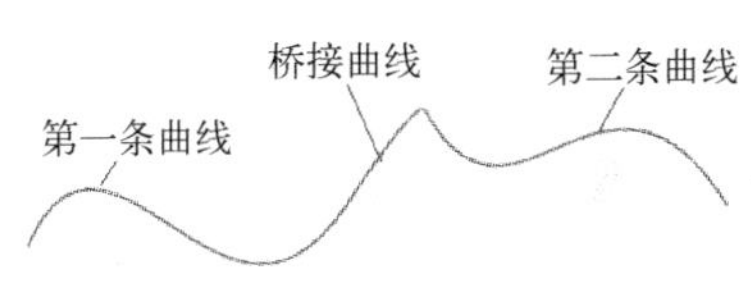

图 3-50 “桥接曲线”示意图

【选项说明】

1. 起始对象

选择一个对象作为曲线的起点。

2. 终止对象

（1）选项：用于通过选择对象或矢量来定义曲线的端点。

（2）选择对象：用于选择对象或矢量来定义曲线的端点。

3. 桥接曲线属性

（1）起点/起点：用于指定要编辑的点。

（2）连续性

1）相切：表示桥接曲线与第一条曲线、第二条曲线在连接点处相切连续，且为三阶样条曲线。

2）曲率：表示桥接曲线与第一条曲线、第二条曲线在连接点处曲率连续，且为五阶或七阶样条曲线。

（3）位置：移动滑尺上的滑块，确定点在曲线的百分比位置。

（4）方向：通过“点构造器”来确定点在曲线的位置。

4. 约束面

用于限制桥接曲线所在面。

5. 半径约束

用于限制桥接曲线的半径的类型和大小。

6. 形状控制

类型：用于以交互方式对桥接曲线重新定型。

（1）相切幅值：通过改变桥接曲线与第一条曲线和第二条曲线连接点的切矢量值，来控制桥接曲线的形状。

（2）深度和歪斜：当选择该控制方式时，“桥接曲线”对话框的变化如图 3-51 所示。

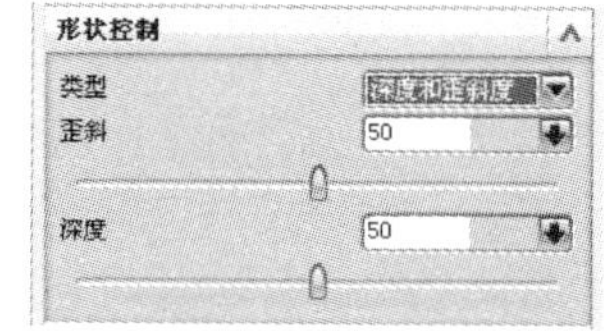

图 3-51 “深度和斜度”选项

1）深度：是指桥接曲线峰值点的深度，即影响桥接曲线形状的曲率的百分比，其值可拖动下面的滑尺或直接在“深度”“文本框”中输入百分比实现。

2）歪斜：是指桥接曲线峰值点的倾斜度，即设定沿桥接曲线从第一条曲线向第二条曲线度量时峰值点位置的百分比。

（3）二次曲线：输入的曲线必须共面。根据指定的 Rho 值来改变二次曲线的饱满度，从而更改桥接曲线形状。

（4）参考成型曲线：用于选择控制桥接曲线形状的参考样条曲线，是桥接曲线继承选定参考曲线的形状。

7. 微定位

勾选“速率”复选框，启用微定位。用于进行非常细微的曲线点编辑，可减少通过拖动手柄将相应点移动的相对量，值越低，点移动越精细。

3.2.4 简化

该命令以一条最合适的逼近曲线来简化一组选择曲线（最多可选择 512 条曲线），它将这组曲线简化为圆弧或直线的组合，即将高次方曲线降成二次或一次方曲线。

【执行方式】

- 菜单栏：选择菜单栏中的“插入”→“来自曲线集的曲线”→“简化”命令。

执行上述方式后，打开如图 3-52 所示“简化曲线”对话框。

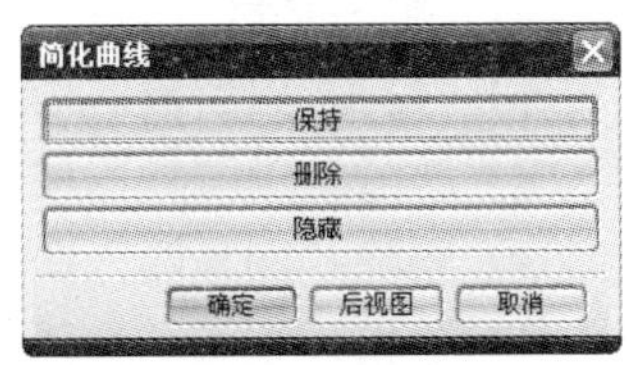

图 3-52 “简化曲线”对话框

【选项说明】

（1）保持：在生成直线和圆弧之后保留原有曲线。在选中曲线的上面生成曲线。

（2）删除：简化之后删除选中曲线。删除选中曲线之后，不能再恢复。

（3）隐藏：生成简化曲线之后，将选中的原有曲线从屏幕上移除，但并未被删除。

3.2.5 连接

该命令可将一链曲线和/或边合并到一起以生成一条 B 样条曲线。其结果是与原先的曲线链近似的多项式样条，或者是完全表示原先的曲线链的一般样条。

【执行方式】

- 菜单栏：选择菜单栏中的“插入”→“来自曲线集的曲线”→“连接”命令。
- 工具栏：单击“曲线”工具栏中的“连接曲线”按钮。

执行上述方式后，系统打开如图 3-53 所示“连接曲线”对话框。

图 3-53 “连结曲线”对话框

【选项说明】

1. 选择曲线

用于选择一连串曲线、边及草图曲线。

2．设置

（1）关联：勾选此复选框，输出样条将与其输入曲线关联，并且当修改这些曲线时会相应更新。

（2）输入曲线：该选项的子选项用于处理原先的曲线。

1）保持：保留输入曲线。新曲线创建于输入曲线之上。

2）隐藏：隐藏输入曲线。

3）删除：删除输入曲线。

4）替换：将第一条输入曲线替换为输出样条，然后删除其他所有输入曲线。

（3）输出曲线类型：用于指定样条类型。

1）常规：创建可精确标示输入曲线的样条。

2）三次：使用 3 次多项式样条逼近输入曲线。

3）五次：使用 5 次多项式样条逼近输入曲线。

4）高级：仅使用一个分段重新构建曲线，直至达到最高阶次参数所指定的阶次数。

（4）距离/角度公差：该选项用于设置连接曲线的公差，其默认值是在建模预设置对话框中设置的。

3.2.6　投影

该选项能够将曲线和点投影到片体、面、平面和基准面上。点和曲线可以沿着指定矢量方向、与指定矢量成某一角度的方向、指向特定点的方向或沿着面法线的方向进行投影。所有投影曲线在孔或面边界处都要进行修剪。

【执行方式】

- 菜单栏：选择菜单栏中的“插入”→“来自曲线集的曲线”→“投影”命令。
- 工具栏：单击“曲线”工具栏中的“投影曲线”按钮。

【操作步骤】

执行上述方式后，系统打开如图 3-54 所示“投影曲线”对话框。

【选项说明】

1. 选择要投影的曲线或点

用于确定要投影的曲线、点、边或草图。

2. 要投影的对象

（1）选择对象：用于选择面、小平面化的体或基准平面以在其上投影。

（2）指定平面：通过在下拉列表中或在平面对话框选择平面构造方法来创建目标平面。

3. 方向

该选项用于指定如何定义将对象投影到片体、面和平面上时所使用的方向。

（1）沿面的法向：该选项用于沿着面和平面的法向投影对象，如图 3-55 所示。

图 3-54 “投影曲线”对话框

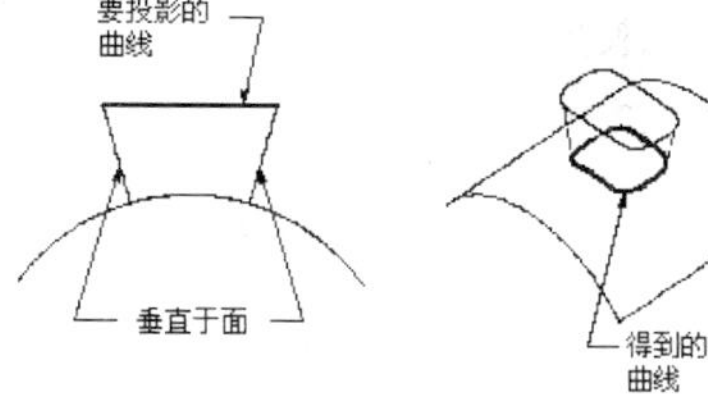

图 3-55 “沿面的法向”示意图

（2）朝向点：该选项可向一个指定点投影对象。对于投影的点，可以在选中点与投影点之间的直线上获得交点。

（3）朝向直线：该选项可沿垂直于一指定直线或基准轴的矢

量投影对象。对于投影的点，可以在通过选中点垂直于与指定直线的直线上获得交点。

（4）沿矢量：该选项可沿指定矢量（该矢量是通过矢量构造器定义的）投影选中对象。可以在该矢量指示的单个方向上投影曲线，或者在两个方向上（指示的方向和它的反方向）投影。

（5）与矢量成角度：该选项可将选中曲线按与指定矢量成指定角度的方向投影，该矢量是使用矢量构造器定义的。根据选择的角度值（向内的角度为负值），该投影可以相对于曲线的近似形心按向外或向内的角度生成。对于点的投影，该选项不可用。

4．缝隙

（1）创建曲线以桥接缝隙：桥接投影曲线中任何两个段之间的小缝隙，并将这些段连接为单条曲线。

（2）缝隙列表：列出缝隙数、桥接的缝隙数、非桥接的缝隙数等信息。

5．设置

（1）高级曲线拟合：用于为要投影的曲线指定曲线拟合方法。勾选此复选框，显示创建曲线的拟合方法。

1）阶次和段：指定输出曲线的阶次和段数。

2）阶次和公差：指定最大阶次和公差来控制输出曲线的参数化。

3）保持参数化：从输入曲线继承阶次、段数、极点结构和结点结构，并将其应用到输出曲线。

4）自动拟合：指定最小阶次、最大阶次、最大段数和公差数，以控制输出曲线的参数化。

（2）对齐曲线形状：将输入曲线的极点分布应用到投影曲线，而不考虑已使用的曲线拟合方法。

3.2.7 组合投影

该命令用于组合两个已有曲线的投影，生成一条新的曲线。需要注意的是，这两个曲线投影必须相交。可以指定新曲线是否与输入曲线关联，以及将对输入曲线做哪些处理。

【执行方式】

- 菜单栏：选择菜单栏中的“插入”→“来自曲线集的曲线”→“组合投影”命令。
- 工具栏：单击“曲线”工具栏中的“组合投影”按钮。

【操作步骤】

执行上述方式后，系统打开如图 3-56 所示“组合投影”对话框。

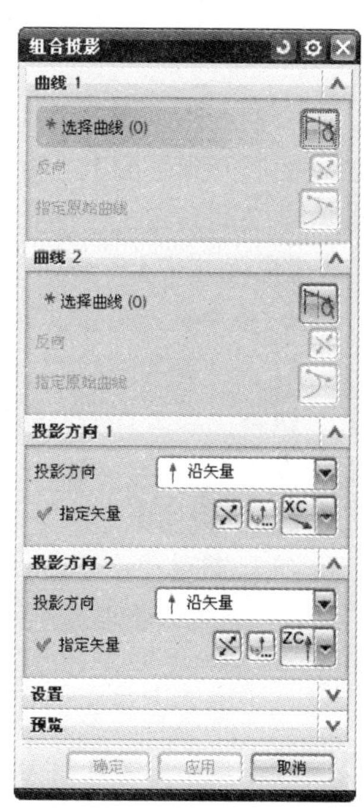

图 3-56 “组合投影”操作对话框

【选项说明】

1. 曲线 1/曲线 2

（1）选择曲线：用于选择第一个和第二个要投影的曲线链。

（2）反向：单击此按钮，反转显示方向。

（3）指定原始曲线：用于指定的选择曲线中的原始曲线。

2. 投影方向 1/投影方向 2

投影方向：分别为选择的曲线 1 和曲线 2 指定方向。

（1）垂直于曲线平面：设置曲线所在平面的法向。

（2）沿矢量：使用矢量对话框或矢量下拉列表选项来指定所需的方向。

示意图如图 3-57 所示。

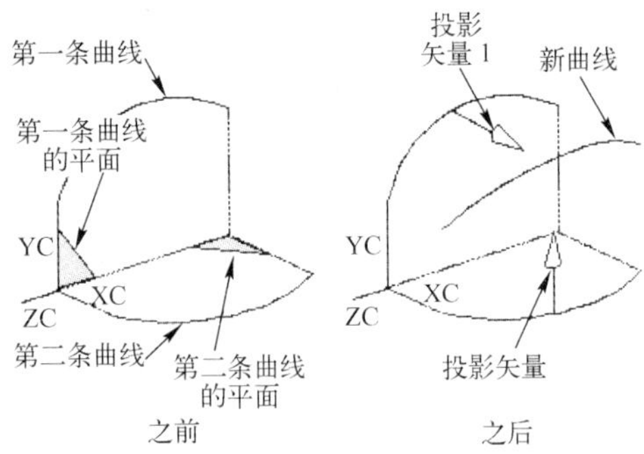

图 3-57 “组合投影”示意图

3.2.8 缠绕/展开

将曲线从平面缠绕到圆锥或圆柱面上，或者将曲线从圆锥或圆柱面展开到平面上。输出曲线是 3 次 B 样条，并且与其输入曲线、定义面和定义平面相关。

【执行方式】

● 菜单栏：选择菜单栏中的“插入”→“来自曲线集的曲线”→“缠绕/展开”命令。

执行上述方式后，系统打开如图 3-58 所示“缠绕/展开曲线”对话框。

【选项说明】

（1）类型。

1）缠绕：将曲线从一个平面缠绕到圆柱面或圆锥面上。

2）展开：将曲线从圆柱面或圆锥面上中展开到平面。

（2）曲线：选择要缠绕或展开的一条或多条曲线。

（3）面：可选择曲线将缠绕到或从其上展开的圆锥或圆柱面。

（4）平面：可选择一个与圆柱面或圆锥面相切的基准平面或平面。

（5）设置：此选项组中的参数与其他对话框中的设置参数相同，下面主要介绍切割线角度。

示意图如图 3-59 所示。

图 3-58 “缠绕/展开曲线”对话框

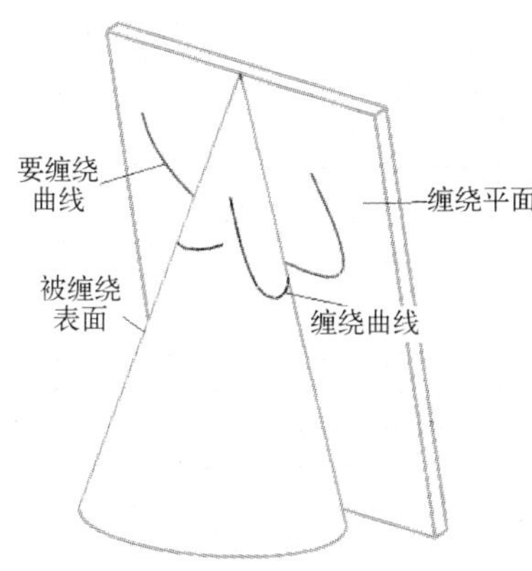

图 3-59 “缠绕曲线”示意图

3.2.9 镜像曲线

通过基准平面或平的曲面创建镜像曲线。

【执行方式】

- 菜单栏：选择菜单栏中的“插入”→“来自曲线集的曲线”→“镜像”命令。
- 工具栏：单击“曲线”工具栏中的“镜像曲线”按钮。

执行上述方式后，系统打开如图 3-60 所示的“镜像曲线”对话框。

图 3-60 “镜像曲线”对话框

【选项说明】

（1）曲线：选择要进行镜像的草图的曲线、边或曲线。

（2）镜像平面：用于确定镜像的面和基准平面。可以直接选择现有平面或新建平面。

3.3 来自体的曲线

3.3.1 抽取

该命令使用一个或多个已有体的边或面生成几何（线、圆弧、二次曲线和样条），体不发生变化。大多数抽取曲线是非关联的，但也可选择生成相关的等斜度曲线或阴影外形曲线。

【执行方式】

- 菜单栏：选择菜单栏中的“插入”→“来自体的曲线”→“抽取”命令。
- 工具栏：单击“曲线”工具栏中的“抽取曲线”按钮。

执行上述方式后，打开如图 3-61 所示“抽取曲线”对话框。

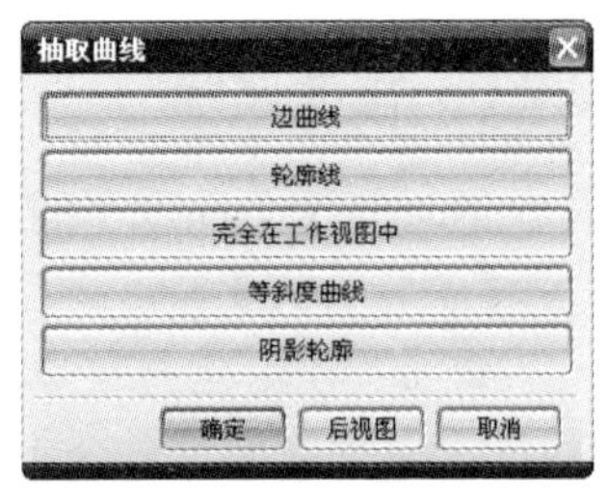

图 3-61 “抽取曲线”对话框

【选项说明】

（1）边曲线：该选项用来沿一个或多个已有体的边生成曲线。每次选择一条所需的边，或使用菜单选择面上的所有边、体中的所有边、按名称或按成链选取边。

（2）轮廓线：该选项用于从轮廓边缘生成曲线。用于生成体的外形（轮廓）曲线（直线，弯曲面在这些直线处从指向视点变为远离视点）。选择所需体后，随即生成轮廓曲线，并提示选择其他体。生成的曲线是近似的，它由建模距离公差控制。工作视图中生成的轮廓曲线与视图相关。

（3）完全在工作视图中：用来生成所有的边曲线，包括工作视图中实体和片体可视边缘的任何轮廓。

（4）等斜度曲线：等斜度线是这样一条曲线，沿着它的一组面上的拔模角为恒定的。单击“等斜度线”按钮，指定一个参考矢量后，打开“等斜度角”对话框，如图 3-62 所示。

1）单个/族：允许生成单个等斜度线或等斜度线族。

2）角度：生成单个等斜度线的角度（如果选择了“族”，该选项将变灰）。

3）起始角/终止角：等斜度线族起始和终止的角度。

4）步长：等斜度线族的每个曲线之间的增量。

5）公差：曲线的生成是近似的，由该选项控制，其默认值是“建模预设置”对话框中的距离公差。

6）关联：若打开该选项，等斜度线将与抽取这些线的面相关联。

（5）阴影轮廓：该选项可产生工作视图中显示的体的与视图相关的曲线的外形。但内部详细信息无法生成任何曲线。

图 3-62 “等斜度角”对话框

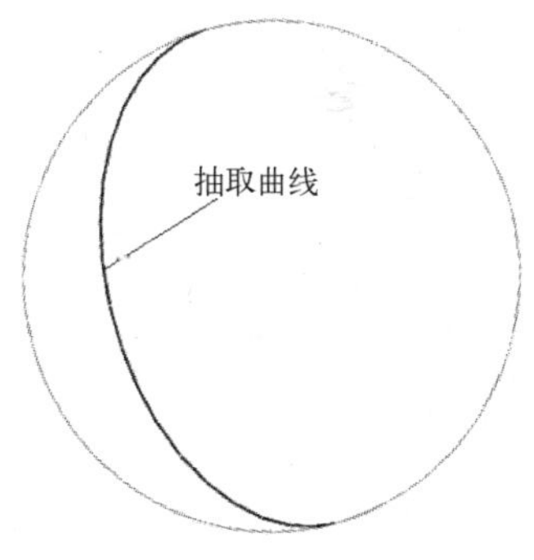

图 3-63 “抽取曲线”示意图

3.3.2 相交

该功能用于在两组对象之间生成相交曲线。相交曲线是关联的，会根据其定义对象的更改而更新。

【执行方式】

- 菜单栏：选择菜单栏中的“插入”→“来自体的曲线”→“相交”命令。
- 工具栏：单击“曲线”工具栏中的“相交曲线”按钮。

执行上述方式后，系统打开如图 3-64 所示“相交曲线”对话框。“相交曲线”示意图如图 3-65 所示。

【选项说明】

（1）选择面：用于选择一个、多个面或基准平面进行求交。

（2）指定平面：用于定义基准平面包含在一组要求交的对象中。

（3）保持选定：勾选此复选框，用于在创建相交曲线后重用为后续相交曲线而选定的一组对象。

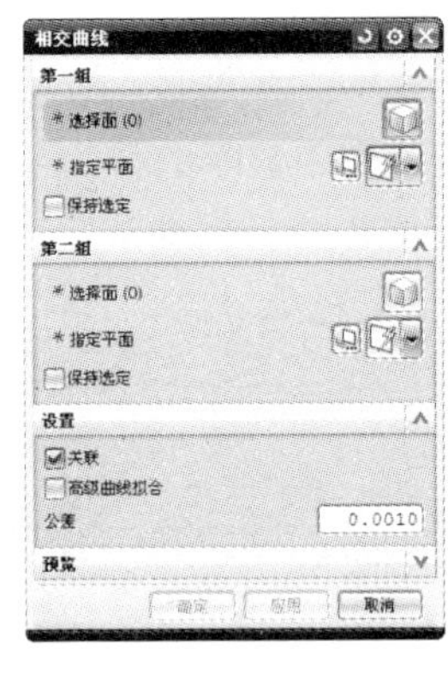

图 3-64 “相交曲线”对话框

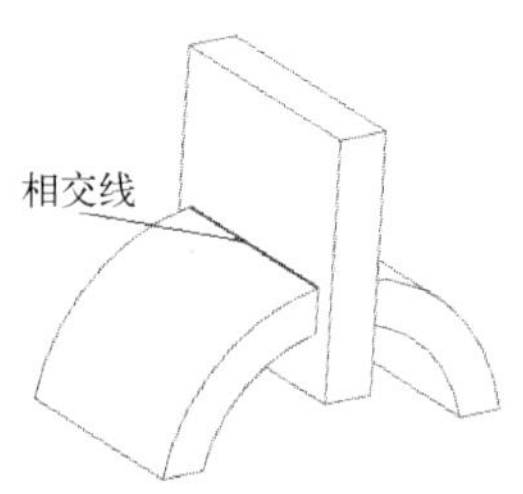

图 3-65 “相交曲线”示意图

3.3.3 等参数曲线

该功能用于沿着给定的 U/V 线方向在面上生成曲线。等参数曲线表示所选曲面的几何体。

【执行方式】

- 菜单栏：选择菜单栏中的“插入”→“来自体的曲线”→“等参数曲线”命令。
- 工具栏：单击“曲线”工具栏中的“等参数曲线”按钮。

执行上述方式后，系统打开如图 3-66 所示“等参数曲线”对话框。

图 3-66 “等参数曲线”对话框

【选项说明】

（1）选择面：用于选择要在其上创建等参数曲线的面。

（2）等参数曲线。

1）方向：用于选择要沿其创建等参数曲线的U方向/V方向。

2）位置：用于指定将等参数曲线放置在所选面上的位置方法。

① 均匀：将等参数曲线按相等的距离放置在所选面上。

② 通过点：将等参数曲线放置在所选面上，使其通过每个指定的点。

③ 在点之间：在两个指定的点之间按相等的距离放置等参数曲线。

3）数量：指定要创建的等参数曲线的总数。

4）间距：指定各等参数曲线之间的恒定距离。

3.3.4 截面

在指定平面与体、面、平面和/或曲线之间生成相交几何体。平面与曲线之间相交生成一个或多个点。

【执行方式】

- 菜单栏：选择菜单栏中的“插入”→“来自体的曲线”→“截面”命令。
- 工具栏：单击“曲线”工具栏中的“截面曲线”按钮。

执行上述方式后，系统打开如图3-67所示“截面曲线”对话框。

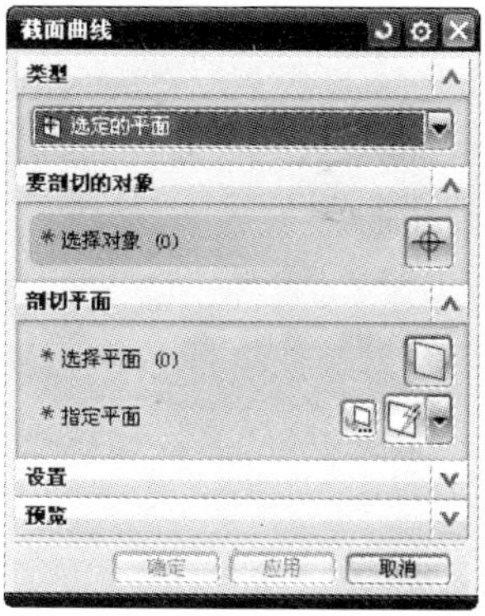

图 3-67 “截面曲线”对话框

【选项说明】

（1）选定的平面：该选项用于指定单独平面或基准平面来作为截面。

1）要剖切的对象：该选择步骤用来选择将被截取的对象。

UG NX 8.0 概述
基本操作
曲线功能
草图绘制
建模特征
曲面功能
测量、分析和查询
装配建模
工程图
制动器综合实例

需要时，可以使用“过滤器”选项辅助选择所需对象。可以将过滤器选项设置为任意、体、面、曲线、平面或基准平面。

2）剖切平面：该选择步骤用来选择已有平面或基准平面，或者使用平面子功能定义临时平面。

（2）平行平面：该选项用于设置一组等间距的平行平面作为截面。当激活该选项后，再选择指定截面操作（图中黑色箭头所示）时，对话框如图 3-68 所示。

1）步长：指定每个临时平行平面之间的相互距离。

2）起点/终点：是从基本平面测量的，正距离为显示的矢量方向。系统将生成适合指定限制的平面数。这些输入的距离值不必恰好是步长距离的偶数倍。

（3）径向平面：该选项从一条普通轴开始以扇形展开生成按等角度间隔的平面，以用于选中体、面和曲线的截取。选择该类型，对话框如图 3-69 所示。

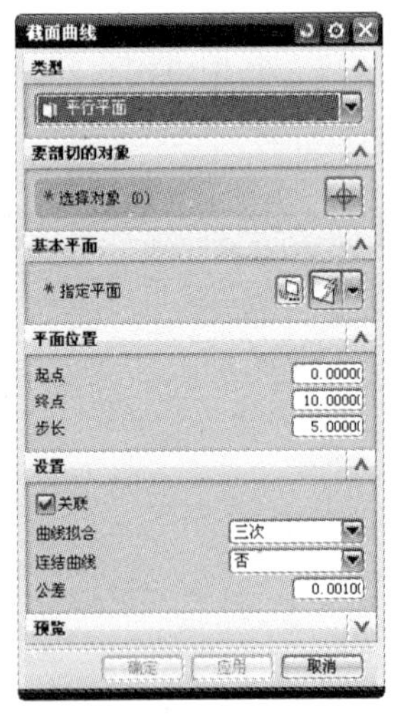

图 3-68 “平行平面”对话框

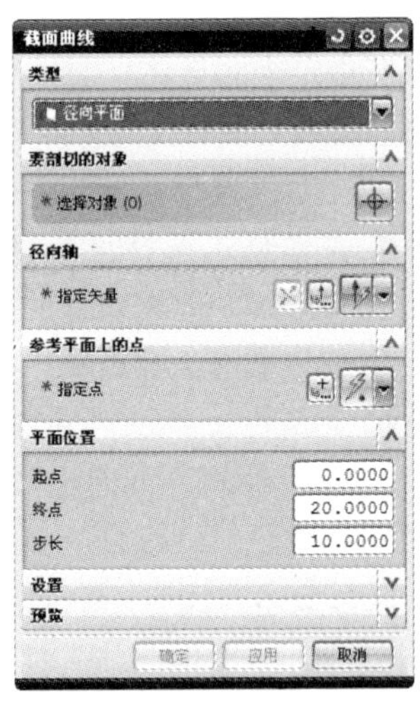

图 3-69 “径向平面”对话框

1）径向轴：该选择步骤用来定义径向平面绕其旋转的轴矢量。

2）参考平面上的点：该选择步骤通过使用点方式或点构造器工具，指定径向参考平面上的点。径向参考平面是包含该轴线和点的唯一平面。

3）平面位置。

① 起点：表示相对于基平面的角度，径向面由此角度开始。按右手法则确定正方向。限制角不必是步长角度的偶数倍。

② 终点：表示相对于基础平面的角度，径向面在此角度处结束。

③ 步长：表示径向平面之间所需的夹角。

（4）垂直于曲线的平面：该选项用于设定一个或一组与所选定曲线垂直的平面作为截面。选择该类型，对话框如图 3-70 所示。

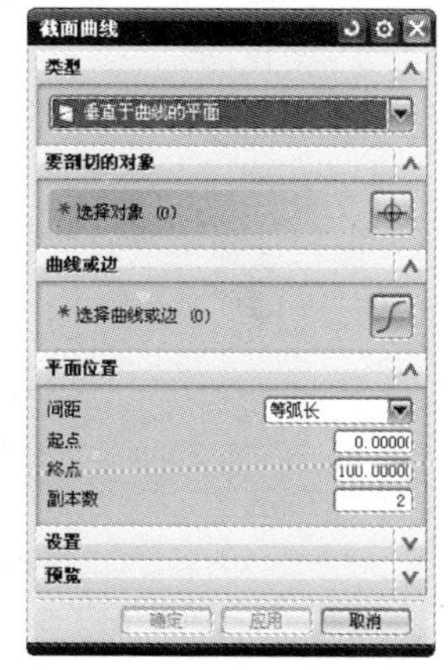

图 3-70 “垂直于曲线的平面”类型

1）曲线或边：该选择步骤用来选择沿其生成垂直平面的曲线或边。使用“过滤器”选项来辅助对象的选择。可以将过滤器设置为曲线或边、曲线或边。

2）间距。

（1）等弧长：沿曲线路径以等弧长方式间隔平面。

（2）等参数：根据曲线的参数化法来间隔平面。

（3）几何级数：根据几何级数比间隔平面。

（4）弦公差：根据弦公差间隔平面。

（5）增量弧长：以沿曲线路径递增的方式间隔平面。

3.4 曲线编辑

当曲线创建之后，经常还需要对曲线进行修改和编辑，需要调整曲线的很多细节，本节主要介绍曲线编辑的操作。其操作包括：编辑曲线、编辑参数曲线、裁剪曲线、裁剪拐角、分割曲线、编辑圆角、拉伸曲线、编辑弧长、光顺样条等操作。

3.4.1 编辑曲线参数

【执行方式】

- 菜单栏：选择菜单栏中的“编辑”→“曲线”→“参数”命令。
- 工具栏：单击“编辑曲线”工具栏中的“编辑曲线参数”按钮。
- 对话框：单击“基本曲线”对话框中的“编辑曲线参数”按钮。

执行上述方式后，系统会打开如图 3-71 所示“编辑曲线参数”对话框。

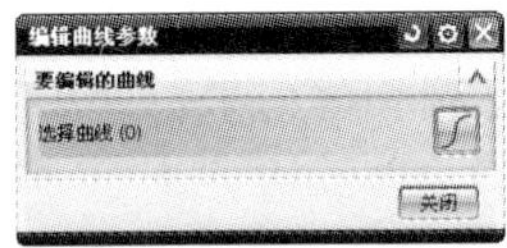

图 3-71 “编辑曲线参数”对话框

【选项说明】

该选项可编辑大多数类型的曲线。在编辑对话框中设置了相关项后，当选择了不同的对象类型系统会给出相应的对话框。

3.4.2 修剪曲线

根据边界实体和选中进行修剪的曲线的分段来调整曲线的端点。

【执行方式】

- 菜单栏：选择菜单栏中的“编辑”→“曲线”→“修剪”命令。
- 工具栏：单击“编辑曲线”工具栏中的“修剪曲线”按钮。

● 对话框：单击“基本曲线”对话框中的“修剪”按钮。

执行上述方式，系统打开如图 3-72 所示“修剪曲线”对话框。

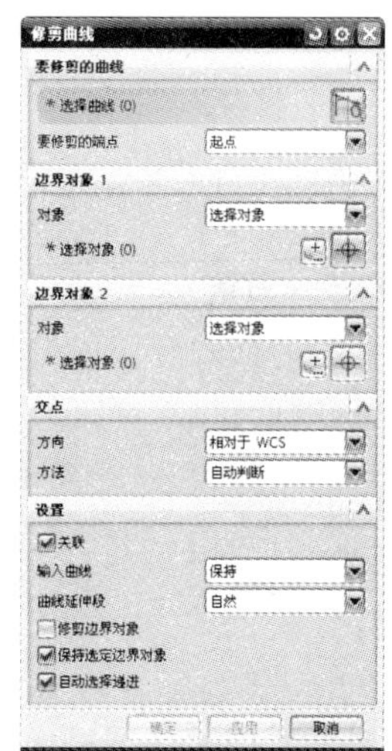

图 3-72 “修剪曲线”对话框

【选项说明】

1. 要修剪的曲线

（1）选择曲线：用于选择要修剪的一条或多条曲线。

（2）要修剪的端点：用于指导要修剪或延伸曲线的哪一端。

1）起点：从曲线的起点向边界对象进行修剪或延伸。

2）终点：从曲线的终点向边界对象进行修剪或延伸。

2. 边界对象 1/边界对象 2

选择对象作为第一/第二边界，相对于该对象修剪或延伸曲线。

3. 边界对象 2

此选项让用户选择第二边界线串，沿着它修剪选中的曲线。（此步骤是可选的）

4. 交点

（1）交点：指定查找对象交点时使用的方向。

1）最短的 3D 距离：将曲线修剪或延伸到与边界对象的相交处，并以三维尺寸标记最短距离。

2）相对于 WCS：将曲线修剪或延伸到与边界对象的相交处，这些边界对象沿 ZC 方向投影。

3）沿一矢量方向：将曲线修剪或延伸到与边界对象的相交处，这些边界对象沿选中矢量的方向投影。

4）沿屏幕垂直方向：将曲线修剪或延伸到与边界对象的相交处，这些边界对象沿屏幕显示的垂直方向投影。

（2）方法。

1）自动判断的：将曲线修剪或延伸到边界对象上最近的交点。

2）用户定义：将曲线修剪或延伸到边界对象上用户定义的交点。

5. 设置

（1）曲线延伸段：如果正修剪一个要延伸到它的边界对象的样条，则可以选择延伸的形状。

1）自然：从样条的端点沿它的自然路径延伸它。

2）线性：把样条从它的任一端点延伸到边界对象，样条的延伸部分是直线的。

3）圆形：把样条从它的端点延伸到边界对象，样条的延伸部分是圆弧形的。

4）无：对任何类型的曲线都不执行延伸。

（2）输入曲线：该选项让用户指定想让输入曲线的被修剪的部分处于何种状态。

1）隐藏：输入曲线被渲染成不可见。

2）保持：输入曲线不受修剪曲线操作的影响，被“保持”在它们的初始状态。

3）删除：通过修剪曲线操作把输入曲线从模型中删除。

4）替换：输入曲线被已修剪的曲线替换或“交换”。当使用“替换”时，原始曲线的子特征成为已修剪曲线的子特征。

（3）修剪边界对象：每个边界对象所修剪的部分取决于边界对象与曲线相交的位置。

（4）保持选定边界对象：勾选此复选框，使用相同的边界对象修剪其他线串。

（5）自动选择递进：勾选此复选框，自动前进到每个选择步骤。

3.4.3 修剪拐角

该命令把两条曲线修剪到它们的交点，从而形成一个拐角。

【执行方式】

● 菜单栏：选择菜单栏中的“编辑”→“曲线”→“修剪拐角”命令。

● 工具栏：单击“编辑曲线”工具栏中的“修剪拐角”按钮 。

执行上述方式后，打开如图 3-73 所示“修剪拐角”对话框。

图 3-73 “修剪拐角”对话框

3.4.4 分割曲线

该选项把曲线分割成一组同样的段（即直线到直线，圆弧到圆弧）。每个生成的段是单独的实体并赋予和原先的曲线相同的线型。新的对象和原先的曲线放在同一层上。

【执行方式】

● 菜单栏：选择菜单栏中的“编辑”→“曲线”→“分割”命令。

● 工具栏：单击“编辑曲线”工具栏中的“分割曲线”按钮 。

执行上述方式后，系统打开如图 3-74 所示“分割曲线”对话框。

图 3-74 “分割曲线”对话框

【选项说明】

（1）等分段：该选项使用曲线长度或特定的曲线参数把曲线分成相等的段。

1）等参数：该选项是根据曲线参数特征把曲线等分。曲线的参数随各种不同的曲线类型而变化。

2）等弧长：该选项根据选中的曲线被分割成等长度的单独曲线，各段的长度是通过把实际的曲线长度分成要求的段数计算出来的。

（2）按边界对象：该选项使用边界实体把曲线分成几段，边界实体可以是点、曲线、平面和/或面等。选择此类型，打开如图 3-75 所示对话框。

1）现有曲线：用于选择现有曲线作为边界对象。

2）投影点：用于选择点作为边界对象。

3）2 点：用于选择两点之间的直线作为边界对象。

4）点和矢量：用于选择点和矢量作为边界对象。

5）按平面：用于选择平面作为边界对象。

（3）圆弧长段数：该选项是按照各段定义的弧长分割曲线。选中该类型，打开如图 3-76 所示对话框，要求输入分段弧长值，其后会显示分段数目和剩余部分弧长值。

图 3-75 按边界对象

图 3-76 弧长分段

1）弧长：按照各段定义的弧长分割曲线。

2）段数：根据曲线的总长和为每段输入的弧长，显示所创建的完整分段的数目。

3）部分长度：当所创建的完整分段的数目基于曲线的总长度和为每段输入的弧长时，显示曲线的任何剩余部分的长度。

（4）在结点处：该选项使用选中的结点分割曲线，其中结点是指样条段的端点。选择该类型，打开如图 3-77 所示对话框。

图 3-77 在结点处

1）按结点号：通过输入特定的结点号码分割样条。

2）选择结点：通过用图形光标在结点附近指定一个位置来选择分割结点。当选择样条时会显示结点。

3）所有结点：自动选择样条上的所有结点来分割曲线。

（5）在拐角上：该选项在角上分割样条，其中角是指样条折弯处（即某样条段的终止方向不同于下一段的起始方向）的节点。

1）按拐角号：根据指定的拐角号将样条分段。

2）选择拐角：用于选择分割曲线所依据的拐角。

3）所有拐角：选择样条上的所有拐角以将曲线分段。

3.4.5 编辑圆角

该命令选项用于编辑已有的圆角。

【执行方式】

- 菜单栏：选择菜单栏中的“编辑”→“曲线”→“圆角”命令。
- 工具栏：单击“编辑曲线”工具栏中的“编辑圆角”按钮 。

执行上述方式后，打开如图 3-78 和图 3-79 所示“编辑圆角”对话框。

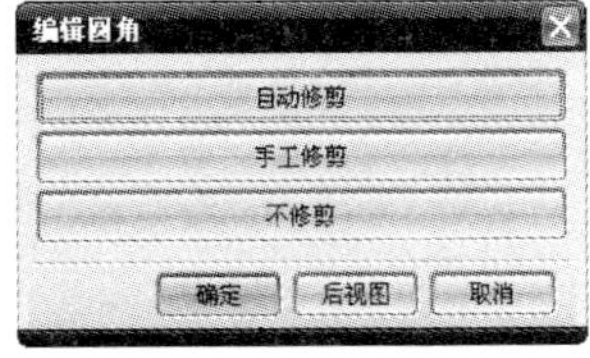

图 3-78 “编辑圆角”对话框 1

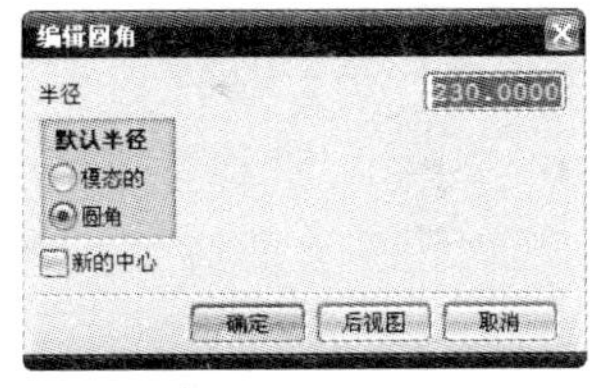

图 3-79 “编辑圆角”对话框 2

【选项说明】

（1）半径：指定圆角的新的半径值。半径值默认为被选圆角的半径或用户最近指定的半径。

（2）默认半径。

1）圆角：当每编辑一个圆角，半径值就默认为它的半径。

2）模态的：该选项用于使半径值保持恒定，直到输入新的半径或半径默认值被更改为“圆角”。

3）新的中心：让用户选择是否指定新的近似中心点。不勾选此复选框，当前圆角的圆弧中心用于开始计算修改的圆角。

“编辑圆角”示意图如图 3-80 所示。

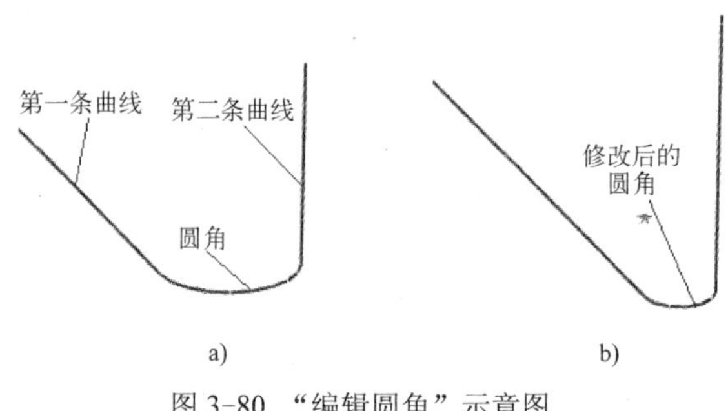

图 3-80 “编辑圆角”示意图

a) 原曲线 b) 编辑圆角后的曲线

3.4.6 拉长曲线

该选项用于移动几何对象，同时拉伸或缩短选中的直线。可以移动大多数几何类型，但只能拉伸或缩短直线。

【执行方式】

- 菜单栏：选择菜单栏中的“编辑”→“曲线”→“拉长”命令。
- 工具栏：单击“编辑曲线”工具栏中的“拉长曲线”按钮。

执行上述方式后，打开如图 3-81 所示“拉长曲线”对话框。

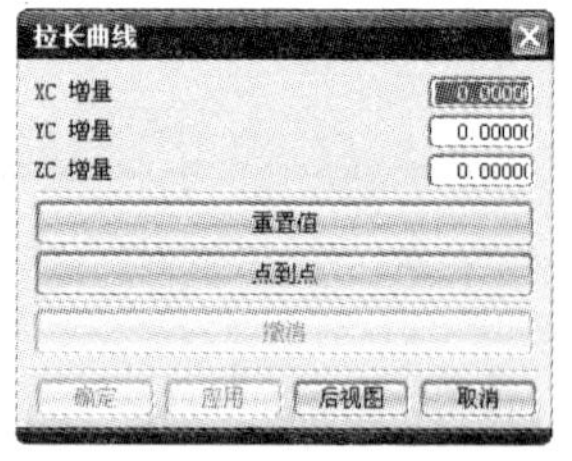

图 3-81 “拉长曲线”对话框

【选项说明】

（1）XC 增量/YC 增量/ZC 增量：该选中要求输入 XC、YC

和 ZC 的增量。按这些增量值移动或拉伸几何体。

（2）重置值：该选项用于将上述增量值重设为零。

（3）点到点：该选项用于显示点对话框让用户定义参考点和目标点。

（4）撤销：该选项用于把几何体改变成先前的状态。

3.4.7 曲线长度

该选项可以通过给定的圆弧增量或总弧长来修剪曲线

【执行方式】

- 菜单栏：选择菜单栏中的“编辑”→“曲线”→“长度”命令。
- 工具栏：单击“编辑曲线”工具栏中的“曲线长度”按钮。

执行上述方式后，系统打开如图 3-82 所示“曲线长度”对话框。

图 3-82 “曲线长度”对话框

【选项说明】

（1）选择曲线：用于选择要修剪或拉伸的曲线。

（2）延伸。

1）长度

① 全部：此方式为利用曲线的总弧长来修剪它。总弧长是指沿着曲线的精确路径，从曲线的起点到终点的距离。

② 增量：此方式为利用给定的弧长增量来修剪曲线。弧长增量是指从初始曲线上修剪的长度。

2）侧

① 起点和终点：从圆弧的起始点和终点修剪或延伸它。

② 对称：从圆弧的起点和终点修剪和延伸它。

3）方法：用于确定所选样条延伸的形状。该选项有 3 种。

① 自然：从样条的端点沿它的自然路径延伸它。

② 线性：从任意一个端点延伸样条，它的延伸部分是线性的。

③ 圆形：从样条的端点延伸它，它的延伸部分是圆弧的。

（3）极限：该选项用于输入一个值作为修剪掉的或延伸的圆弧的长度。

1）开始：起始端修建或延伸的圆弧的长度。

2）结束：终端修建或延伸的圆弧的长度。

3.4.8 光顺样条

该选项用来光顺曲线的斜率，使得 B-样条曲线更加光顺。

【执行方式】

- 菜单栏：选择菜单栏中的“编辑”→“曲线”→“光顺”命令。
- 工具栏：单击“编辑曲线”工具栏中的“光顺样条”按钮。

执行上述方式后，打开如图 3-83 所示“光顺样条”对话框。

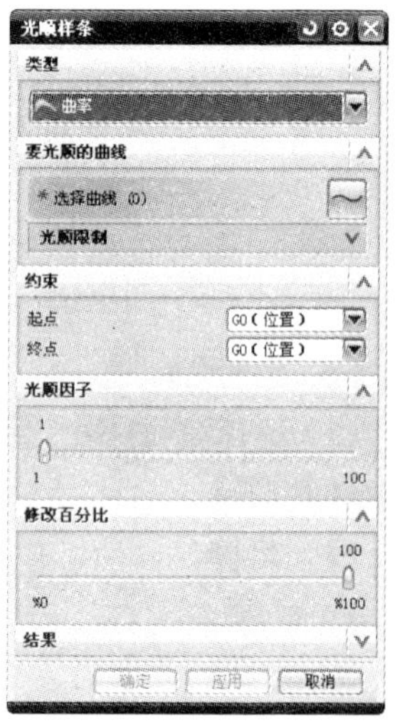

图 3-83 “光顺样条”对话框

【选项说明】

1．类型

（1）曲率：通过最小化曲率值的大小来光顺曲线。

（2）曲率变化：通过最小化整条曲线的曲率变化来光顺曲线。

2．要光顺的曲线

（1）选择曲线：指定要光顺的曲线。

（2）光顺限制：指定部分样条或整个样条的光顺限制。

3．约束

起点/终点：约束正在修改样条的任意一端。

4. 光顺因子

拖动滑块来决定光顺操作的次数。

5. 修改百分比

拖动滑块将决定样条的全局光顺的百分比。

6. 结果

最大偏差：显示原始样条和所得样条之间的偏差。

3.4.9 实例——灯罩曲线

本例绘制灯罩曲线，如图 3-84 所示。

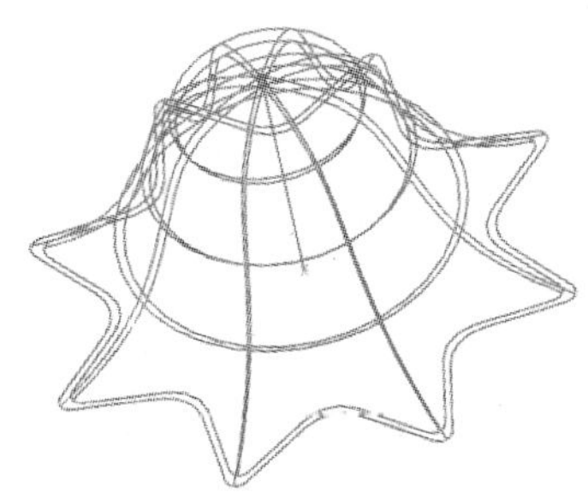

图 3-84 灯罩曲线

（1）单击“标准”工具栏中的“新建”按钮，弹出“新建”对话框。在模板列表中选择“模型”，输入名称为 dengzhao，单击“确定”按钮，进入建模环境。

（2）单击“曲线”工具栏中的“直线”按钮，弹出“直线”对话框，如图 3-85 所示。在对话框中“起点选项”下拉菜单中选择“点”+，跟随鼠标箭头出现坐标对话框，在坐标对话框中输入（75，0，0），按〈Enter〉键，确定线段起始点。在对话框中“终点选项”下拉菜单中选择“点”+，在坐标对话框中输入（30，25，0），按〈Enter〉键，确定线段终点，单击“应用”按钮，完成线段的创建。

同上步骤建立起点为（75，0，0）、终点为（30，-25，0）的直线段。生成的曲线段如图 3-86 所示。

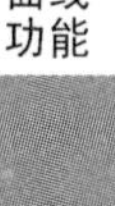

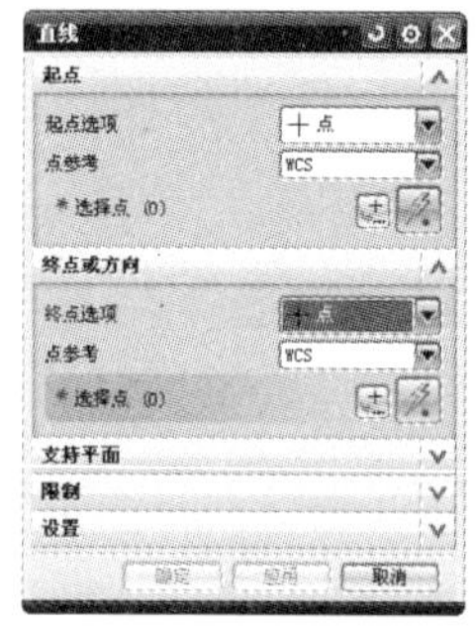

图 3-85 “直线”对话框

图 3-86 模型

（3）选择菜单栏中的“编辑”→“移动对象”命令，弹出如图 3-87 所示的“移动对象”对话框，选择屏幕中两条曲线为移动对象。在运动下拉列表中选择“角度”，在指定矢量下拉列表中选择“ZC 轴” ZC。单击“点对话框”按钮，在“点”对话框中输入坐标为（0，0，0），单击“确定”按钮。输入“角度”为 45，点选“复制原先的”单选按钮，输入非关联副本数为 7，单击“确定”按钮，生成曲线如图 3-88 所示。

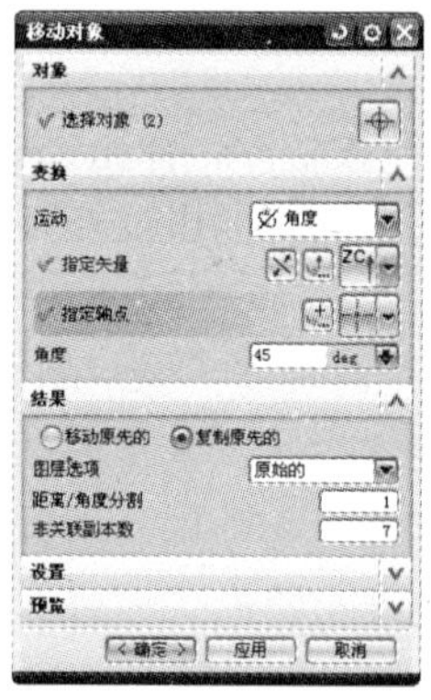

图 3-87 “移动对象”对话框

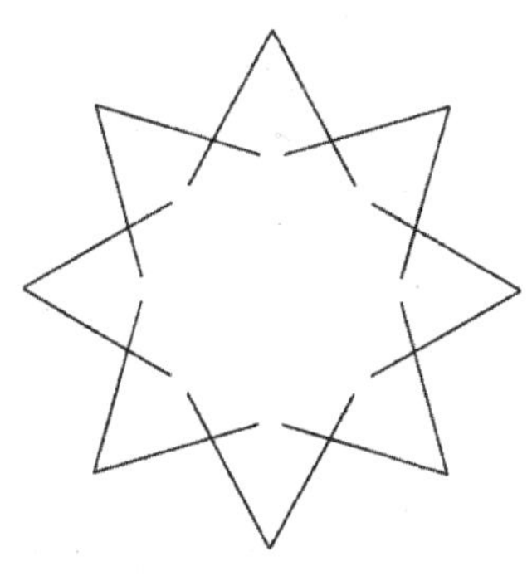

图 3-88 曲线

（4）选择菜单栏中的“编辑”→“曲线”→“裁剪”命令，弹出如图 3-89 所示的“修剪曲线”对话框。分别选择裁剪边界和裁剪对象，在输入曲线下拉列表中选择“隐藏”，单击“确定”按钮，完成裁剪操作。生成曲线如图 3-90 所示。

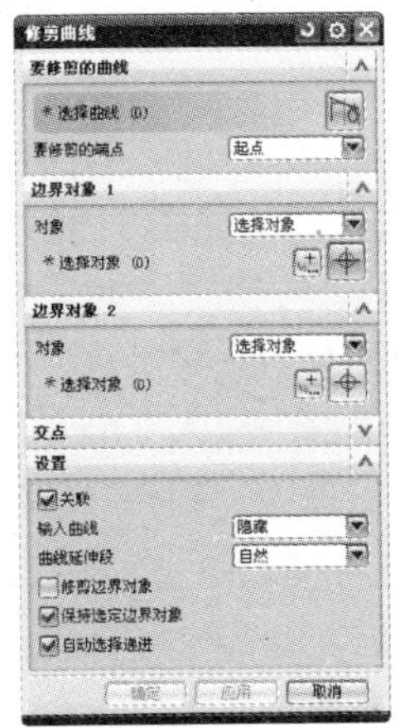

图 3-89 “裁剪曲线”对话框

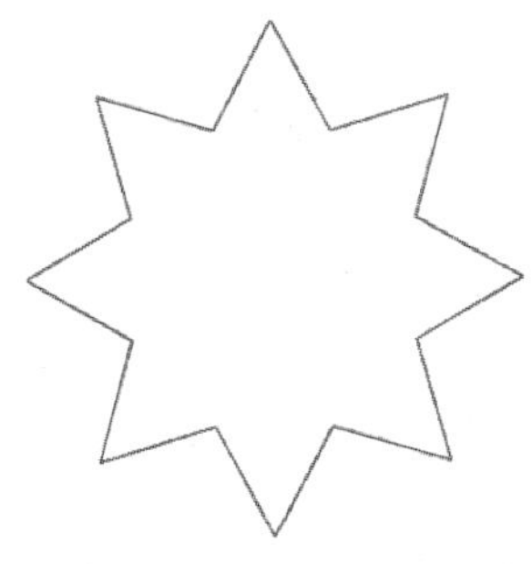

图 3-90 修剪后曲线

（5）选择菜单栏中的“插入”→“曲线”→“基本曲线”命令，弹出“基本曲线”对话框。单击“圆角”按钮，弹出如图 3-91 所示的“曲线倒圆”对话框。在“半径”文本框中输入 11，选择各钝角，注意选择点靠近角外侧一边，如图 3-92 所示，完成对各钝角的倒圆。在“半径”文本框中输入 3，选择各锐角，单击“取消”按钮，关闭对话框。生成图形如图 3-93 所示。

图 3-91 “曲线倒圆”对话框

图 3-92 钝角倒圆

图 3-93 曲线

（6）选择菜单栏中的“插入”→“曲线”→“基本曲线”命令，弹出“基本曲线”对话框。单击“圆”按钮，在“点方式”

下拉菜单中选择“点构造器”，弹出“点”对话框，输入圆心坐标（0，0，20），单击“确定”按钮，输入圆弧上的点为（45，0，20），单击“确定”按钮，完成圆弧 1 的创建。

同上步骤创建圆心分别位于（0，0，40）、（0，0，60），半径分别为 35、25 的圆弧 2 和圆弧 3。生成圆弧如图 3-94 所示。

（7）单击“曲线”工具栏中的“直线”按钮，弹出“直线”对话框。在对话框中“起点选项”下拉菜单中选择“点”＋，跟随鼠标箭头出现坐标对话框，在坐标对话框中输入（0，0，0），按〈Enter〉键，确定线段起始点；在对话框中“终点选项”下拉菜单中选择“点”＋，在坐标对话框中输入（0，0，70），按〈Enter〉键，确定线段终点，单击“确定”按钮，完成线段的创建，如图 3-94 所示。

（8）选择菜单栏中的“插入”→“曲线”→“样条”命令，弹出如图 3-95 所示的“样条”对话框。单击“通过点”按钮，弹出“通过点生成样条”对话框，如图 3-96 所示。在“曲线类型”中选择“多段”，在“曲线阶次”中输入 3，单击“确定”按钮。弹出样条点生成方法对话框，如图 3-97 所示。单击“点构造器”按钮，弹出“点”对话框，在“类型”下拉列表中选择“象限点”按钮，按顺序分别选择星形图形中的一圆角和步骤 6 生成的三个圆弧（注意选择时使各圆弧象限点保持在同一平面内），然后在点构造器中的“类型”选项中单击“终点”按钮，选择直线终点，单击“确定”按钮，弹出如图 3-98 所示的“指定点”对话框，单击“是”按钮，完成样条曲线的创建，如图 3-99 所示。

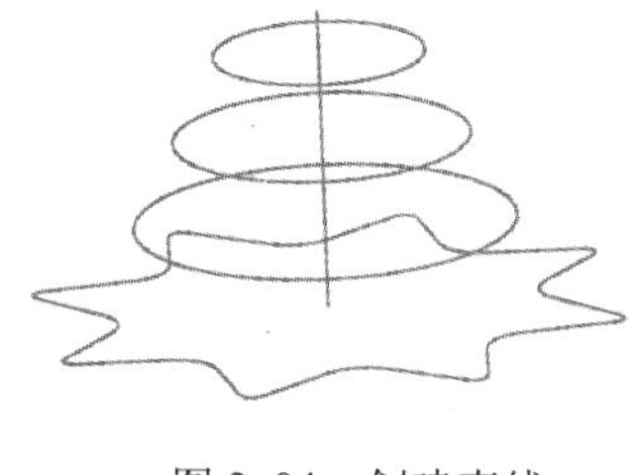
图 3-94　创建直线

图 3-95　“样条”对话框

图 3-96 “通过点生成样条”对话框

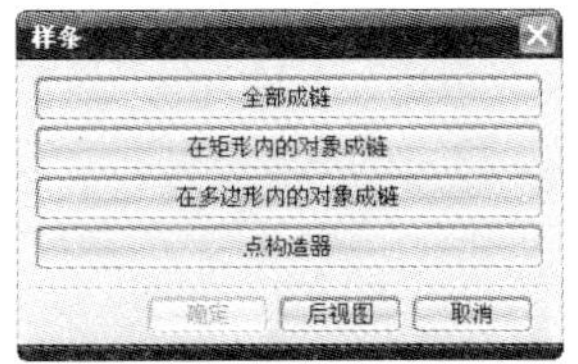

图 3-97 样条点生成方法对话框

图 3-98 “指定点”对话框

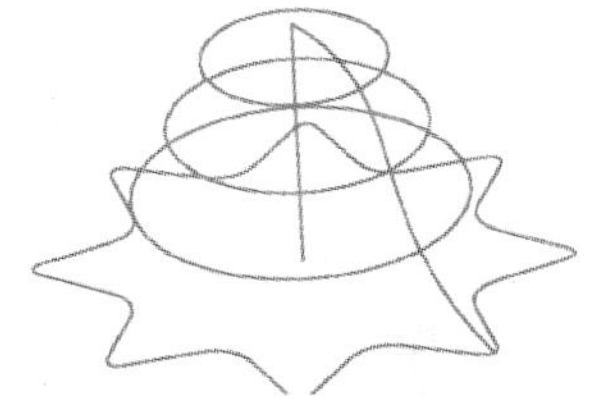

图 3-99 样条曲线

（9）选择菜单栏中的“编辑”→“移动对象”命令，弹出“移动对象”对话框，选择上步创建的样条曲线为移动对象。在运动下拉列表中选择“角度”，在指定矢量下拉列表中选择“ZC 轴”。单击“点对话框”按钮，在“点”对话框中输入坐标为（0，0，0），单击“确定”按钮。输入“角度”为 45，点选“复制原先的”单选按钮，输入非关联副本数为 7，单击“确定”按钮，生成曲线如图 3-100 所示。

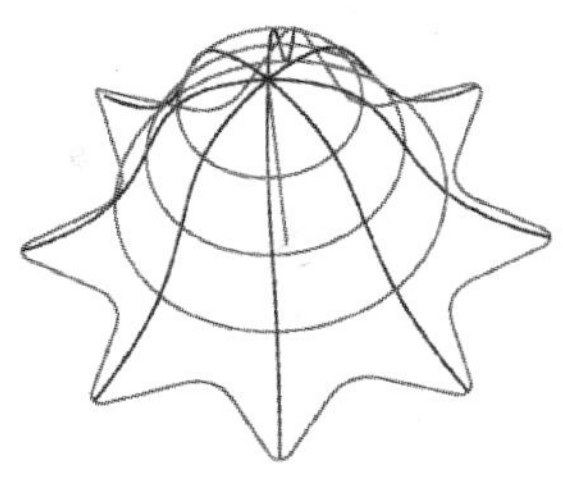

图 3-100 复制样条曲线

（10）单击“标准”工具栏中的“变换”按钮，弹出“变换”对话框。选择屏幕所有曲线，单击“确定”按钮，弹出“变换”类型选择对话框，如图 3-101 所示，单击“比例”按钮，弹出“点”构造器，输入坐标为（0，0，0），单击“确定”按钮，弹出“变换”比例参数对话框，如图 3-102 所示，在“比例”文本框中输入 0.95，单击“确定”按钮，弹出“变换”操作对话框，如图 3-103 所示，单击“复制”按钮，完成同比例缩小各曲线的操作，如图 3-104 所示。

图 3-101 “变换”类型选择对话框

图 3-102 “变换”比例参数对话框

图 3-103 “变换”操作对话框

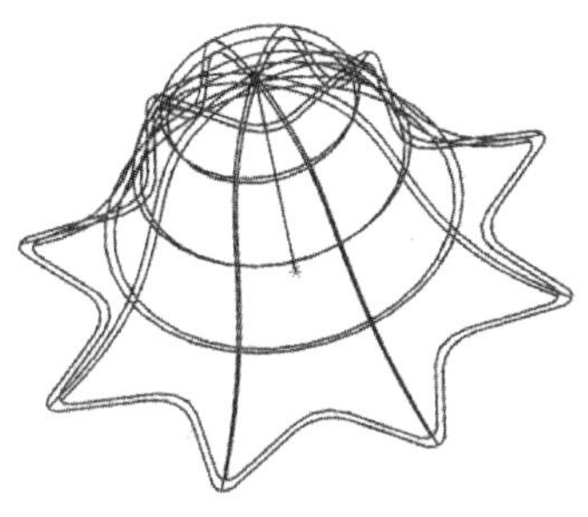

图 3-104 缩小曲线

第 4 章

草图绘制

草图是 UG 建模中建立参数化模型的一个重要工具。通常情况下，用户的三维设计应该从草图设计开始，通过 UG 中提供的草图功能建立各种基本曲线，对曲线进行几何约束和尺寸约束，然后对二维草图进行拉伸、旋转或者扫略就可以很方便地生成三维实体。此后模型的编辑修改，主要在相应的草图中完成后即可更新模型。

4.1 进入草图环境

草图是位于指定平面上的曲线和点所组成的一个特征，其默认特征名为：SKETCH。草图由草图平面、草图坐标系、草图曲线和草图约束等组成；草图平面是草图曲线所在的平面，草图坐标系的 XY 平面即为草图平面，草图坐标系由用户在建立草图时确定。一个模型中可以包含多个草图，每一个草图都有一个名称，系统通过草图名称对草图及其对象进行引用。

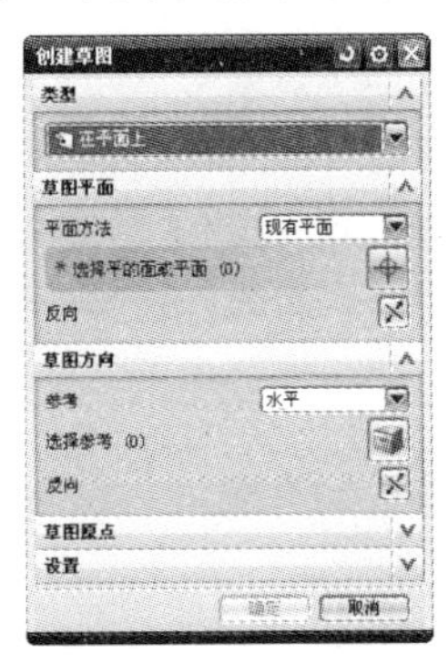

图 4-1 “创建草图”对话框

在“建模”模块中选择菜单栏中的“插入”→“任务环境中的草图”命令，打开如图 4-1 所示“创建草图”

对话框。

选择现有平面或创建新平面，单击“确定”按钮，进入草图工作环境，如图 4-2 所示。

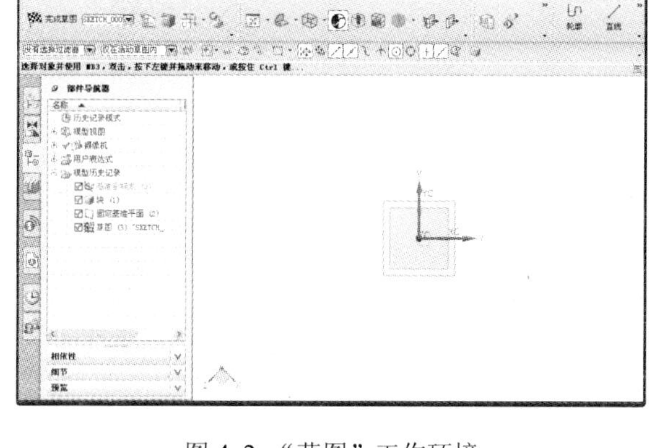

图 4-2 “草图”工作环境

使用草图可以实现对曲线的参数化控制，可以很方便地进行模型的修改，草图可以用于以下几个方面。

（1）需要对图形进行参数化时。

（2）用草图来建立通过标准成型特征无法实现的形状。

（3）将草图作为自由形状特征的控制线。

（4）如果形状可以用拉伸、旋转或沿导引线扫描的方法建立，则可将草图作为模型的基础特征。

4.2 草图的绘制

4.2.1 轮廓

绘制单一或者连续的直线和圆弧。

【执行方式】

● 菜单栏：选择菜单栏中的“插入”→“曲线”→“轮廓”

命令。

● 工具栏：单击“草图工具”工具栏中的“轮廓”按钮。

执行上述方式后，打开如图 4-3 所示的“轮廓”对话框。

图 4-3 “轮廓”对话框

【选项说明】

1. 对象类型

（1）直线：在视图区选择两点绘制直线。

（2）圆弧：在视图区选择一点，输入半径，然后再在视图区选择另一点，或者根据相应约束和扫描角度绘制圆弧。当从直线连接圆弧时，将创建一个两点圆弧。如果在线串模式下绘制的第一个点是圆弧，则可以创建一个三点圆弧。

2. 输入模式

（1）坐标模式：使用 X 和 Y 坐标值创建曲线点。

（2）参数模式：使用与直线或圆弧曲线类型对应的参数创建曲线点。

4.2.2 实例——燕尾槽草图

本例绘制如图 4-4 所示的燕尾槽草图。

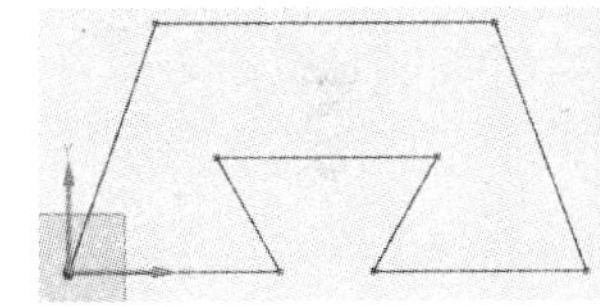

图 4-4 燕尾槽草图

（1）单击“标准”工具栏中的“新建”按钮，打开“新建”对话框。在模板列表中选择“模型”，输入名称为 yanweicao，单击“确定”按钮，进入建模环境。

（2）选择菜单栏中的“首选项”→“草图”命令，打开如图 4-5 所示的“草图首选项”对话框，在尺寸标签下拉列表中选择“值”，取消“连续自动标注尺寸”复选框勾选，单击“确定”按钮。

（3）单击“特征”工具栏中的“任务环境中的草图”按钮，

打开如图 4-6 所示“创建草图”对话框，在平面方法下拉列表中选择“创建平面”，在指定平面下拉列表中选择“XC-YC”平面，其他采用默认设置，单击“确定”按钮，进入草图绘制截面。

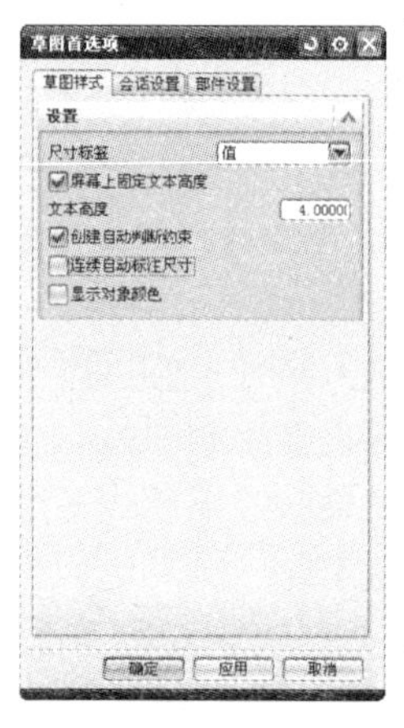

图 4-5 “草图首选项”对话框

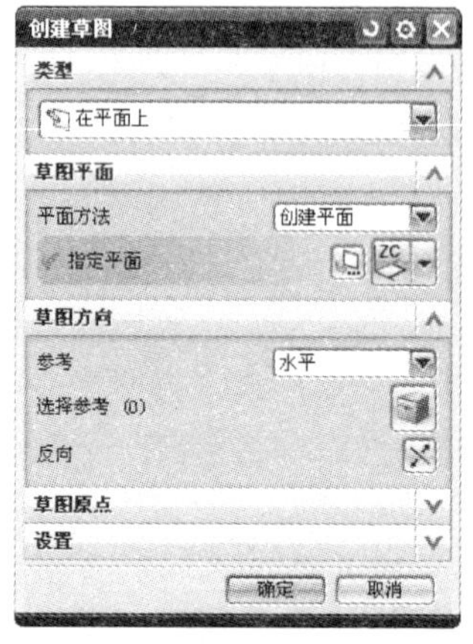

图 4-6 “创建草图”对话框

（4）单击“草图工具”工具栏中的“轮廓”按钮，打开如图 4-7 所示的“轮廓”对话框，捕捉坐标原点为起点，在如图 4-8 所示的对话框中输入直线长度为 30，按〈Tab〉键切换到角度文本框中，输入角度值为 70，按〈Enter〉键确认。重复上述步骤，连续绘制长度和角度为 40 和 0，30 和 290，25 和 180 15 和 60 的图形，如图 4-9 所示。

图 4-7 “轮廓”对话框

图 4-8 参数对话框

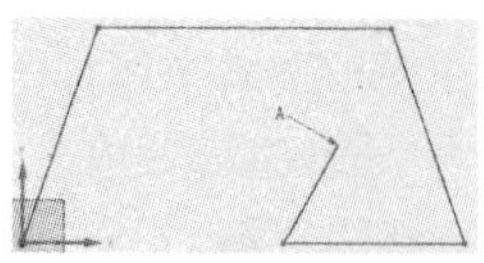

图 4-9 绘制图形

（5）单击“草图工具”工具栏中的“轮廓”按钮，打开“轮廓”对话框，捕捉坐标原点为起点，输入直线长度为 25，按〈Tab〉键切换到角度文本框中，输入角度值为 0，按〈Enter〉键确认。

重复上述步骤，绘制长度和角度为 15 和 120 的直线，然后捕捉图中的端点，完成结果如图 4-4 所示。

4.2.3 直线

【执行方式】

- 菜单栏：选择菜单栏中的“插入”→“曲线”→“直线”命令。
- 工具栏：单击“草图工具”工具栏中的“直线”按钮。

执行上述方式，打开如图 4-10 所示的“直线”对话框。

图 4-10 “直线”对话框

【选项说明】

(1) 坐标模式XY：使用 XC 和 YC 坐标创建直线起点或终点。

(2) 参数模式：使用长度和角度参数创建直线起点或终点。

4.2.4 圆弧

【执行方式】

- 菜单栏：选择菜单栏中的“插入”→“曲线”→“圆弧”命令。
- 工具栏：单击“草图工具”工具栏中的“圆弧”按钮。

执行上述方式，打开如图 4-11 所示的“圆弧”对话框。

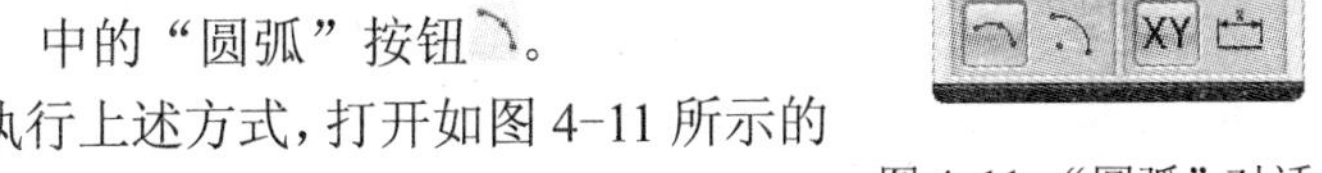

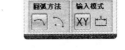

图 4-11 “圆弧”对话框

【选项说明】

1. 圆弧方法

(1) 通过三点的弧：创建一条经过三个点的圆弧。

(2) 中心和端点决定的弧：用于通过定义中心、起点和终点来创建圆弧。

2. 输入模式

(1) 坐标模式XY：允许使用坐标值来指定圆弧的点。

（2）参数模式：用于指定三点定圆弧的半径参数。

4.2.5 圆

【执行方式】

- 菜单栏：选择菜单栏中的“插入”→“曲线”→“圆”命令。
- 工具栏：单击“草图工具”工具栏中的“圆”按钮。

执行上述方式后，打开如图 4-12 所示的“圆”对话框。

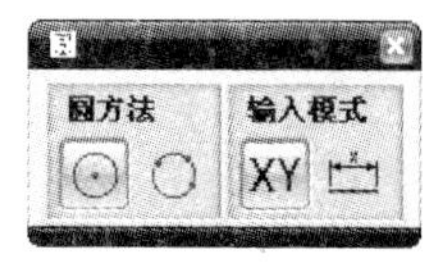

图 4-12 “圆”对话框

【选项说明】

1. 圆方法

（1）圆心和直径定圆：通过指定圆心和直径绘制圆。

（2）三点定圆：通过指定三点绘制圆。

2. 输入模式

（1）坐标模式XY：允许使用坐标值来指定圆的点。

（2）参数模式：用于指定圆的直径参数。

4.2.6 圆角

使用此命令可以在两条或三条曲线之间创建一个圆角。

【执行方式】

- 菜单栏：选择菜单栏中的“插入”→“曲线”→“圆角”命令。
- 工具栏：单击“草图工具”工具栏中的“圆角”按钮。

执行上述方式后，打开如图 4-13 所示的“圆角”对话框。

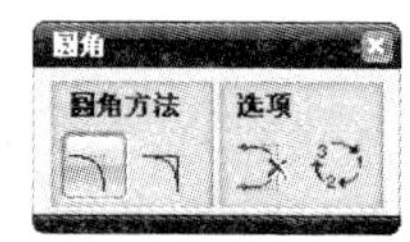

图 4-13 “圆角”对话框

【选项说明】

1. 圆角方法

（1）修剪：修剪输入曲线。

（2）取消修剪：使输入曲线保持取消修剪状态。

2. 选项

（1）删除第三条曲线：删除选定的第三条曲线。

（2）创建备选圆角：预览互补的圆角。

4.2.7 倒斜角

使用此命令可斜接两条草图线之间的尖角。

【执行方式】

- 菜单栏：选择菜单栏中的“插入”→“曲线”→“倒斜角”命令。
- 工具栏：单击“草图工具”工具栏中的“倒斜角”按钮。

执行上述方式后，打开如图 4-14 所示的“倒斜角”对话框。

图 4-14 “倒斜角”对话框

【选项说明】

1. 要到斜角的曲线

（1）选择直线：通过在相交直线上方拖动光标以选择多条直线，或按照一次选择一条直线的方法选择多条直线。

（2）修剪输入曲线：勾选此复选框，修剪倒斜角的曲线。

2. 偏置

（1）倒斜角

1）对称：指定倒斜角与交点有一定距离，且垂直于等分线。

2）非对称：指定沿选定的两条直线分别测量的距离值。

3）偏置和角度：指定倒斜角的角度和距离值。

（2）距离：指定从交点到第一条直线的倒斜角的距离。

（3）距离 1/距离 2：设置从交点到第一条/第二条直线的倒斜角的距离。

（4）角度：设置从第一条直线到倒斜角的角度。

3．指定点

指定倒斜角的位置

4.2.8 矩形

使用此命令可通过三种方式来创建矩形。

【执行方式】

- 菜单栏：选择菜单栏中的“插入”→“曲线”→“矩形”命令。
- 工具栏：单击“草图工具”工具栏中的“矩形”按钮。

执行上述方式后，打开如图 4-15 所示的“矩形”对话框。

图 4-15 “矩形”对话框

【选项说明】

1．矩形方法

（1）按 2 点：根据对角点上的两点创建矩形。

（2）按 3 点：根据起点和决定宽度、宽度和角度的两点来创建矩形。

（3）从中心：从中心点、决定角度和宽度的第二点以及决定高度的第三点来创建矩形。

2．输入模式

（1）坐标模式XY：用 XC、YC 坐标为矩形指定点。

（2）参数模式：用于相关参数值为矩形指定点。

4.2.9 多边形

【执行方式】

- 菜单栏：选择菜单栏中的“插入”→“曲线”→“多边形”命令。
- 工具栏：单击“草图工具”工具栏中的“多边形”按钮。

执行上述方式后，打开如图 4-16 所示的“多边形”对话框。

【选项说明】

（1）中心点：在适当的位置单击或通过点对话框确定中心点。

（2）边：输入多边形的边数。

（3）大小。

1）指定点：选择点或者通过点对话框定义多边形的半径。

2）大小

① 内切圆半径：指定从中心点到多边形中心的距离。

② 外接圆半径：指定从中心点到多边形拐角的距离。

③ 边长：指定多边形的长度。

图 4-16 “多边形”对话框

3）半径：设置多边形内切圆和外接圆半径的大小。

4）旋转：设置从草图水平轴开始测量的旋转角度。

5）长度：设置多边形边长的长度。

4.2.10 椭圆

【执行方式】

- 菜单栏：选择菜单栏中的“插入”→“曲线”→“椭圆”命令。
- 工具栏：单击“草图工具”工具栏中的“椭圆”按钮。

执行上述方式后，打开如图 4-17 所示的“椭圆”对话框。

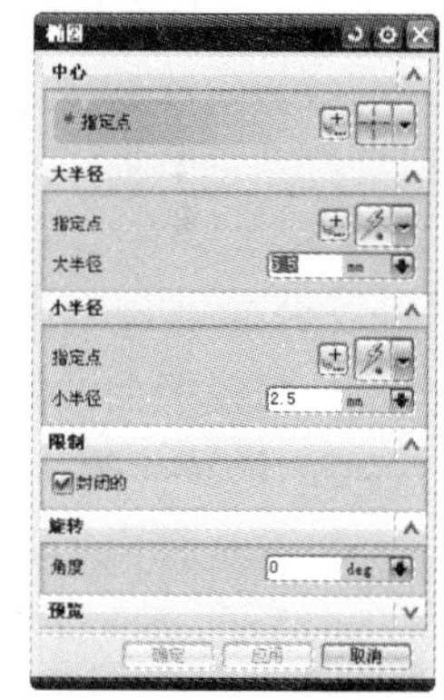

图 4-17 “椭圆”对话框

【选项说明】

（1）中心点：在适当的位置单击或通过点对话框确定椭圆中心点。

（2）大半径：直接输入长半轴长度，也可以通过点对话框来确定长轴长度。

（3）小半径：直接输入短半轴长度，也可以通过“点”对话框来确定短轴长度。

（4）封闭：勾选此复选框，创建整圆。若取消此复选框的勾选，输入起始角和终止角创建椭圆弧。

（5）旋转角度：椭圆的旋转角度是主轴相对于 XC 轴，沿逆时针方向倾斜的角度。

4.2.11　拟合样条

用最小二乘拟合生成样条曲线。

【执行方式】

- 菜单栏：选择菜单栏中的“插入”→“曲线”→“拟合曲线”命令。
- 工具栏：单击“草图工具”工具栏中的“拟合样条”按钮。

执行上述方式后，打开如图 4-18 所示的“拟合样条”对话框。

【选项说明】

1．类型

提供了阶次和段、阶次和公差和模板曲线三种创建拟合样条曲线方法。

（1）阶次和段：用于根据拟合样条曲线阶次和段数生成拟合样条曲线。

（2）阶次和公差 ±.XX：用于根据拟合样条曲线阶次和公差生成拟合样条曲线。

图 4-18　“拟合样条”对话框

（3）模板曲线：根据模板样条曲线，生成曲线次数及结点顺序均与模板曲线相同的拟合样条曲线。

2．选择步骤

（1）选择点集：打开拟合样条曲线的创建方法。

（2）选择模板曲线：系统提示用户选择模板曲线。

（3）预览：可预览所创建的拟合样条曲线。

3．编辑样条

系统提示在工作窗口区选择要修改的样条曲线，可对所选样条曲线中的定义点进行重新编辑。

4.2.12 艺术样条

用于在工作窗口定义样条曲线的各定义点来生成样条曲线。

【执行方式】

- 菜单栏：选择菜单栏中的“插入”→“曲线”→“艺术样条”命令。
- 工具栏：单击“草图工具”工具栏中的“艺术样条”按钮。

执行上述方式后，打开如图 4-19 所示的“艺术样条”对话框。

图 4-19 “艺术样条”对话框

【选项说明】

1. 类型

（1）通过点：用于通过延伸曲线使其穿过定义点来创建样条。

（2）根据极点：用于通过构造和操控样条极点来创建样条。

2. 点/极点位置

定义样条点或极点位置。

3. 参数化

（1）度：指定样条的阶次。样条的极点数不得少于次数。

（2）匹配的结点位置：勾选此复选框，定义点所在的位置放置结点。

（3）封闭的：勾选此复选框，用于指定样条的起点和终点在同一个点，形成闭环。

4. 移动

在指定的方向上或沿指定的平面移动样条点和极点。

（1）WCS：在工作坐标系的指定 X、Y 或 Z 方向上或沿 WCS

的一个主平面移动点或极点。

（2）视图：相对于视图平面移动极点或点。

（3）矢量：用于定义所选极点或多段线的移动方向。

（4）平面：选择一个基准平面、基准 CSYS 或使用指定平面来定义一个平面，以在其中移动选定的极点或多段线。

（5）沿曲线的法向移动点或极点。

5. 延伸

（1）对称：勾选此复选框，在所选样条的指定开始和结束位置上展开对称延伸。

（2）开始/结束。

1）无：不创建延伸。

2）按值：用于指定延伸的值。

3）根据点：用于定义延伸的延展位置。

6. 设置

（1）自动判断类型。

1）等参数：将约束限制为曲面的 U 和 V 向。

2）截面：允许约束同任何方向对齐。

3）法向：根据曲线或曲面的正常法向自动判断约束。

4）垂直于曲线或边：从点附着对象的父级自动判断 G1、G2 或 G3 约束。

（2）固定相切方位：勾选此复选框，与邻近点相对的约束点的移动就不会影响方位，并且方向保留为静态。

4.3 编辑草图

建立草图之后，可以对草图进行很多操作，包括镜像、拖动等命令，以下将进一步介绍。

4.3.1 快速修剪

该命令可以将曲线修剪至任何方向最近的实际交点或虚拟交点。

【执行方式】

● 工具栏：单击“草图工具”工具栏中的“快速修剪”按钮。

执行上述方式后，打开如图 4-20 所示“快速修剪”对话框。

图 4-20 “快速修剪”对话框

【选项说明】

（1）边界曲线：选择位于当前草图中或者出现该草图前面的任何曲线、边、基本平面等。

（2）要修剪的曲线：选择一条或多条要修剪的曲线。

（3）修剪至延伸线：指定是否修剪至一条或多余边界曲线的虚拟延伸线。

4.3.2 快速延伸

该命令可以讲曲线延伸至它与另一条曲线的实际交点或虚拟交点。

【执行方式】

● 工具栏：单击“草图工具”工具栏中的“快速延伸”按钮。

执行上述方式后，打开如图 4-21 所示“快速延伸”对话框。

图 4-21 “快速延伸”对话框

【选项说明】

（1）边界曲线：选择位于当前草图中或者出现该草图前面的任何曲线、边、基本平面等。

（2）要修剪的曲线：选择要延伸的曲线。

（3）延伸至延伸线：指定是否延伸到边界曲线的虚拟延伸线。

4.3.3 镜像

该选项通过草图中现有的任一条直线来镜像草图几何体。

【执行方式】

- 菜单栏：选择菜单栏中的“插入”→“来自曲线集的曲线”→“镜像曲线”命令。
- 工具栏：单击“草图工具”工具栏中的“镜像曲线”按钮。

执行上述方式后，打开如图 4-22 所示“镜像曲线”对话框。

图 4-22 “镜像曲线”对话框

【选项说明】

（1）选择对象：指定一条或多条要镜像的草图曲线。

（2）选择中心线：选择一条已有直线作为镜像操作的中心线（在镜像操作过程中，该直线将成为参考直线）。

（3）设置

1）将中心线转换为参考：将活动中心线转换为参考。

2）显示终点：显示端点约束以便移除和添加端点。如果移除端点约束，然后编辑原先的曲线，则未约束的镜像曲线将不会更新。

4.3.4 偏置

将选择的曲线链、投影曲线或曲线进行偏置。

【执行方式】

- 菜单栏：选择菜单栏中的“插入”→“来自曲线集的曲线”→“偏置曲线”命令。
- 工具栏：单击“草图工具”工具栏中的“偏置曲线”按钮。

执行上述方式后，打开如图 4-23 所示“偏置曲线”对话框。

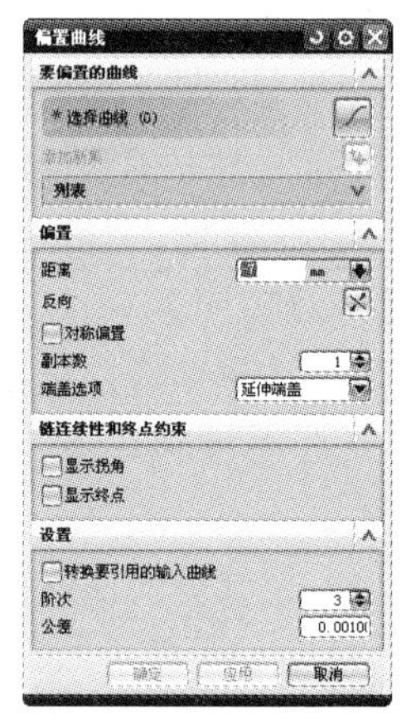

图 4-23 “偏置曲线”对话框

【选项说明】

1. 要偏置的曲线

（1）选择曲线：选择要偏置的曲线或曲线链。曲线链可以是开放的、封闭的或者一段开放一段封闭。

（2）添加新集：在当前的偏置链中创建一个新的自链。

2. 偏置

（1）距离：指定偏置距离。

（2）反向：使偏置链的反向方向。

（3）对称偏置：在基本链的两端各创建一个偏置链。

（4）副本数：指定要生成的偏置链的副本数。

（5）端盖。

1）延伸端盖：通过沿着曲线的自然方向将其延伸到实际交点来封闭偏置链。

2）圆弧帽形体：通过为偏置链曲线创建圆角来封闭偏置链。

3. 链连续性和终点约束

（1）显示拐角：勾选此复选框，在链的每个角上都显示角的手柄。

（2）显示端点：勾选此复选框，在链的每一端都显示一个端约束手柄。

4. 设置

（1）转换要引用的输入曲线：将输入曲线转换为参考曲线。

（2）阶次：在偏置艺术样条时指定阶次。

4.3.5 阵列曲线

利用此命令可将草图曲线进行阵列。

【执行方式】

- 菜单栏：选择菜单栏中的“插入”→“来自曲线集的曲线”→“阵列曲线”命令。
- 工具栏：单击“草图工具”工具栏中的“阵列曲线”按钮 。

执行上述方式后，打开如图 4-24 所示“阵列曲线”对话框。

【选项说明】

（1）线性：使用一个或两个方向定义布局。

（2）圆形：使用旋转点和可选径向间距参数定义布局。

（3）常规：使用一个或多个目标点或坐标系定义的位置来定义布局。

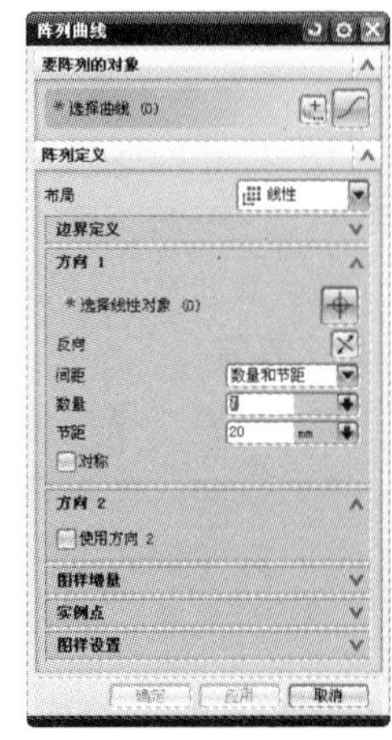

图 4-24 “阵列曲线”对话框

4.3.6 实例——槽轮草图

本例绘制如图 4-25 所示的槽轮草图。

（1）单击“标准”工具栏中的“新建”按钮，打开“新建”对话框。在模板列表中选择“模型”，输入名称为 caolun，单击“确定”按钮，进入建模环境。

（2）选择菜单栏中的“首选项”→“草图”命令，打开如图 4-26 所示的“草图首选项”对话框，在尺寸标签下拉列表中选择“值”，取消“连续自动标注尺寸”复选框勾选，单击“确定”按钮。

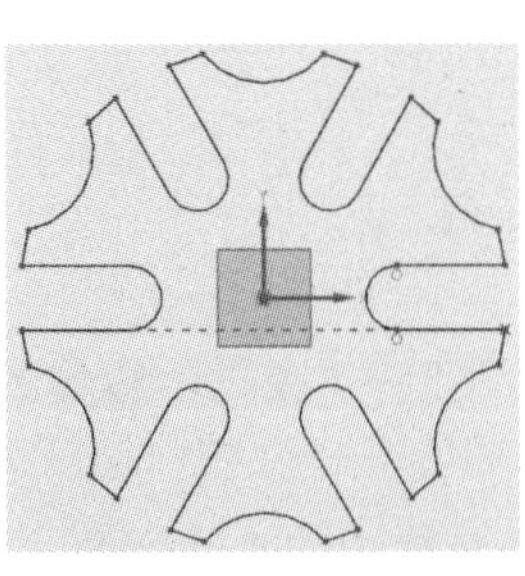

图 4-25 槽轮草图

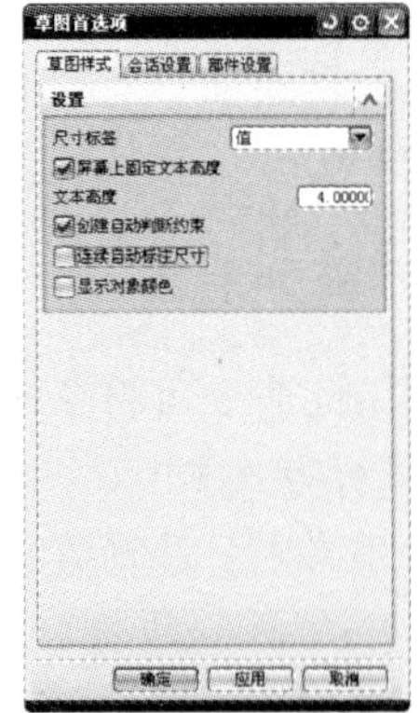

图 4-26 “草图首选项”对话框

（3）单击“特征”工具栏中的“任务环境中的草图”按钮，打开如图 4-27 所示“创建草图”对话框，在平面方法下拉列表中选择“创建平面”，在指定平面下拉列表中选择“XC-YC”平面，其他采用默认设置，单击“确定”按钮，进入草图绘制截面。

（4）单击“草图工具”工具栏中的“圆”按钮，打开如图 4-28 所示的“圆”对话框，捕捉坐标原点为圆心，在如图 4-29 所示的参数对话框中输入直径为 55，按〈Enter〉键确认。绘制圆 1。重复上述步骤分别在坐标（15,0）处绘制直径为 7 圆 2，再在坐标（0,32.5）处绘制直径为 18 的圆 3，结果如图 4-30 所示。

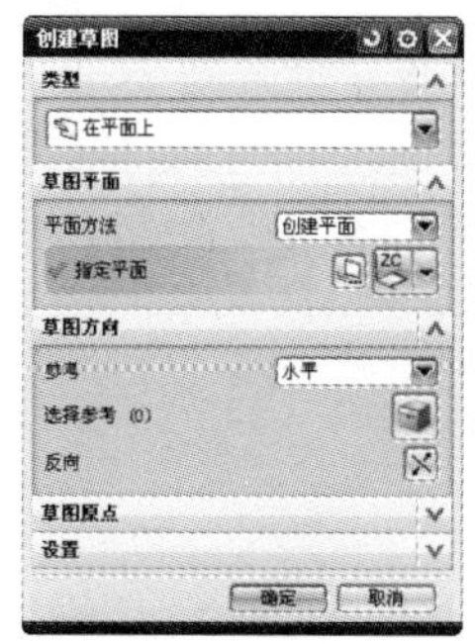

图 4-27 “创建草图”对话框

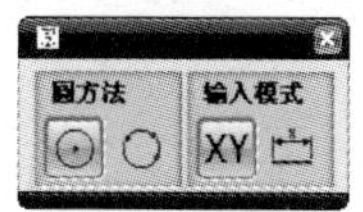

图 4-28 “圆”对话框

图 4-29 参数对话框

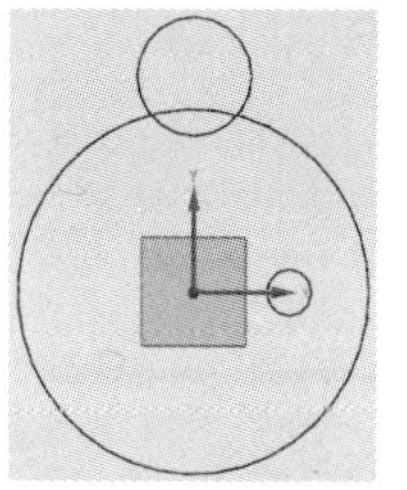

图 4-30 绘制圆

（5）单击“草图工具”工具栏中的“直线”按钮，打开如图 4-31 所示的“直线”对话框，分别捕捉圆 2 的象限点为起点，

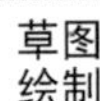

绘制两条水平直线，如图 4-32 所示。

图 4-31 “直线”对话框

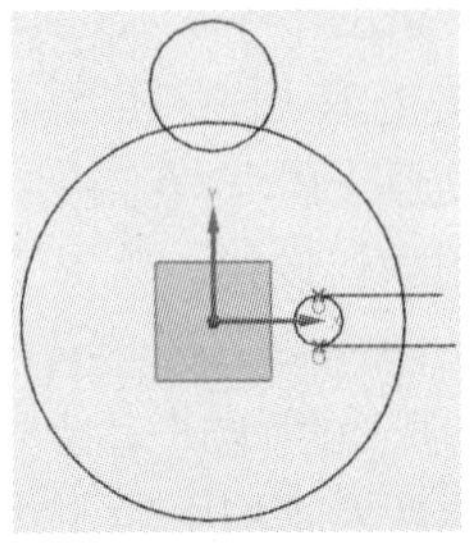

图 4-32 绘制水平直线

（6）单击“草图工具”工具栏中的“阵列曲线”按钮，打开如图 4-33 所示的“阵列曲线”对话框，选择圆 2、圆 3 和直线为阵列对象，在布局下拉列表中选择“圆形”，指定坐标原点为旋转点，输入数量和角度为 6，60，单击“确定”按钮，完成阵列，如图 4-34 所示。

图 4-33 “阵列曲线”对话框

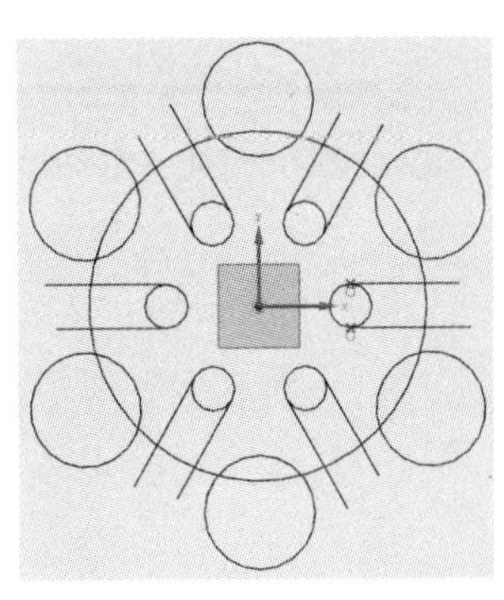

图 4-34 阵列图形

（7）单击“草图工具”工具栏中的“快速修剪”按钮，打开如图 4-35 所示“快速修剪”对话框，修剪多余线段，结果如图 4-25 所示。

图 4-35 “快速修剪”对话框

4.3.7 派生曲线

选择一条或几条直线后，系统自动生成其平行线或中线或角平分线。

【执行方式】

- 菜单栏：选择菜单栏中的“插入”→“来自曲线集的曲线”→“派生曲线”命令。
- 工具栏：单击“草图工具”工具栏中的“派生直线”按钮。

执行上述方式后，选择要偏置的曲线，如图 4-36 所示。

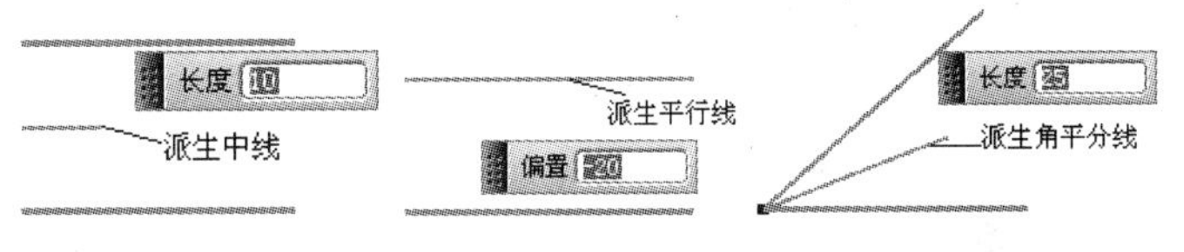

图 4-36 派生曲线

4.4 草图约束

约束能够用于精确地控制草图中的对象。草图约束有两种类型：尺寸约束（也称之为草图尺寸）和几何约束。

尺寸约束建立起草图对象的大小（如直线的长度、圆弧的半径等等）或是两个对象之间的关系（如两点之间的距离）。尺寸约束看上去更像是图纸上的尺寸。

几何约束建立起草图对象的几何特性（如要求某一直线具有固定长度）或是两个或更多草图对象的关系类型（如要求两条直线垂直或平行，或是几个弧具有相同的半径）。在图形区无法看到几何约束，但是用户可以使用“显示/删除约束”显示有关信息，并显示代表这些约束的直观标记。

4.4.1 建立尺寸约束

建立草图尺寸约束是限制草图几何对象的大小和形状，也就是在草图上标注草图尺寸，并设置尺寸标注线，与此同时在建立相应的表达式，以便在后续的编辑工作中实现尺寸的参数化驱动。

【执行方式】

- 菜单栏：选择菜单栏中的“插入”→“尺寸”下拉命令。
- 工具栏：单击“草图工具”工具栏中的“自动判断”下拉列表。

执行上述方式后，尺寸列表如图 4-37 所示。

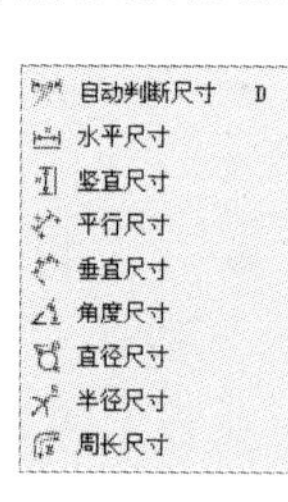

图 4-37 尺寸列表

【选项说明】

（1）自动判断尺寸：在选择几何体后，由系统自动根据所选择的对象搜寻合适尺寸类型进行匹配。

（2）水平：用于指定与约束两点间距离的与 XC 轴平行的尺寸。

（3）竖直：用于指定与约束两点间距离的与 YC 轴平行的尺寸。

（4）平行：用于指定平行于两个端点的尺寸。平行尺寸限制两点之间的最短距离。

（5）垂直：用于指定直线和所选草图对象端点之间的垂直尺寸，测量到该直线的垂直距离。

（6）角度：用于指定两条线之间的角度尺寸。相对于工作坐标系按照逆时针方向测量角度。

（7）直径：用于为草图的弧/圆指定直径尺寸。

（8）半径：用于为草图的弧/圆指定半径尺寸。

（9）周长：用于将所选的草图轮廓曲线的总长度限制为一个需要的值。可以选择周长约束的曲线是直线和弧，选中该选项后，打开如图 4-38 所示的“周长尺寸”对话框，选择曲线后，该曲线的尺寸显示在距离文本框中。

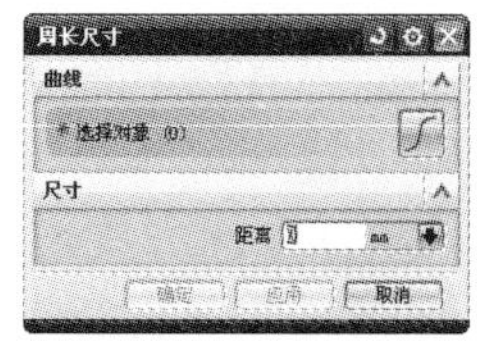

图 4-38 “周长尺寸”示意图

4.4.2 建立几何约束

使用几何约束，可以指定草图对象必须遵守的条件，或是草图对象之间必须维持的关系。

【执行方式】

● 菜单栏：选择菜单栏中的“插入”→“约束”命令。

● 工具栏：单击“草图工具”工具栏中的“约束”按钮。

执行上述方式后，依次选择需要添加几何约束对象后，系统会打开如图 4-39 所示对话框，不同的对象提示栏中会有不同的选项，用户可以在其上单击按钮以确定要添加的约束。

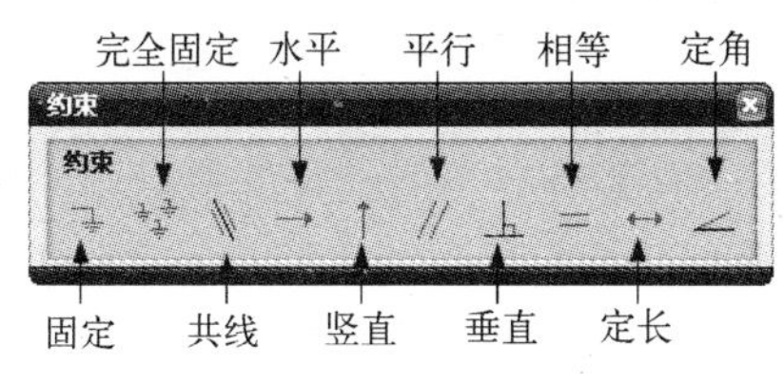

图 4-39 几何约束选项

4.4.3 建立自动约束

在可行的地方自动应用到草图的几何约束的类型（水平、竖

直、平行、垂直、相切、点在曲线上、等长、等半径、重合、同心）

【执行方式】

- 工具栏：单击“草图工具”工具栏中的“自动约束”按钮。

执行上述方式后，系统打开如图 4-40 所示“自动约束”对话框。

（1）选择要约束的曲线。

（2）选择要应用的约束，单击“确定”按钮，创建约束。

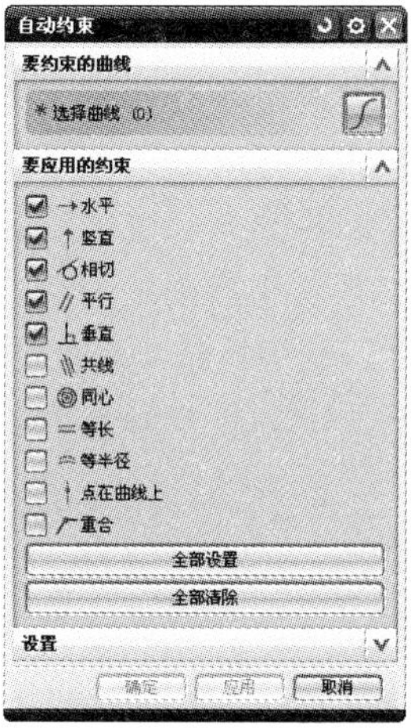

图 4-40 “自动约束”对话框

【选项说明】

（1）全部设置：选中所有约束类型。

（2）全部清除：清除所有约束类型。

（3）距离公差：用于控制对象端点的距离必须达到的接近程度才能重合。

（4）角度公差：用于控制系统要应用水平、竖直、平行或垂直约束，直线必须达到的接近程度。

4.4.4 显示/移除约束

用于显示与所选草图几何体相关的几何约束，还可以删除指定的约束，或列出有关所有几何约束的信息。

【执行方式】

- 工具栏：单击“草图工具”工具栏中的“显示/移除约束”按钮。

执行上述方式后，系统打开如图 4-41 所示“显示/移除约束”对话框。

图 4-41 “显示/移除约束”对话框

【选项说明】

（1）列出以下对象的约束：用于控制列在“约束列表窗中”的约束。

1）选定的一个对象：一次只能选择一个对象。选择其他对象将自动取消选择以前选中的对象。该列表窗显示了与所选对象相关的约束。这是默认设置。

2）选定的多个对象：选择多个对象，方法是逐个选择，或使用矩形选择方式同时选中。选择其他对象不会取消选择以前选中的对象。列表窗列出了与全部选中对象相关的约束。

3）活动草图中的所有对象：显示激活的草图中的所有约束。

（2）约束类型：用于过滤在列表框中显示的约束类型。

（3）包含或排除：用于确定指定的“约束类型”是列表框中显示的唯一类型（“包含”，是默认设置），还是不显示的唯一类型（“排除”）。

（4）显示约束：用于控制在“约束列表窗”中出现的约束的显示。

1）显式：对于由用户显式生成的约束。

2）自动推断：对于曲线生成过程中由系统自动生成的约束。

3）两者皆是：具备以上二者。

（5）约束列表窗：用于列出选中的草图几何体的几何约束。该列表受控于显示约束选项的设置。“自动推断的”的几何约束（即在曲线生成过程中由系统自动生成）在后面括号内带有“I”符号，即“(I)”。

（6）列表窗步骤箭头：用于控制位于约束列表框右侧的“步骤”箭头，可以上、下移列表中高亮显示的约束，一次一项。与当前选中的约束相关联的对象将始终高亮显示在图形区。

（7）移除高亮显示的：用于删除一个或多个约束，方法是：在约束列表窗中选择他们，然后选择该选项。

（8）移除所列的：用于删除在约束列表窗中显示的所有列出的约束。

（9）信息：在“信息”窗口中显示有关激活的草图的所有几何约束信息。如果用户要保存或打印出约束信息，则该选项很有用。

4.4.5 转换至/自参考对象

在给草图添加几何约束和尺寸约束的过程中，有时会引起约束冲突，删除多余的几何约束和尺寸约束可以解决约束冲突，另外的一种办法就是通过将草图几何对象或尺寸对象转换为参考对象可以解决约束冲突。

该选项能够将草图曲线（但不是点）或草图尺寸由激活转换为参考，或由参考转换回激活。参考尺寸显示在用户的草图中，虽然其值被更新，但是它不能控制草图几何体。显示参考曲线，但它的显示已变灰，并且采用双点画线线型。在拉伸或回转草图时，没有用到它的参考曲线。

【执行方式】

- 菜单栏：选择菜单栏中的“工具”→“约束”→“转换至/自参考对象”命令。

● 工具栏：单击“草图工具”工具栏中的“转换至/自动参考对象”按钮。

执行上述方式后，打开如图 4-42 所示的“转换至/自参考对象”对话框。

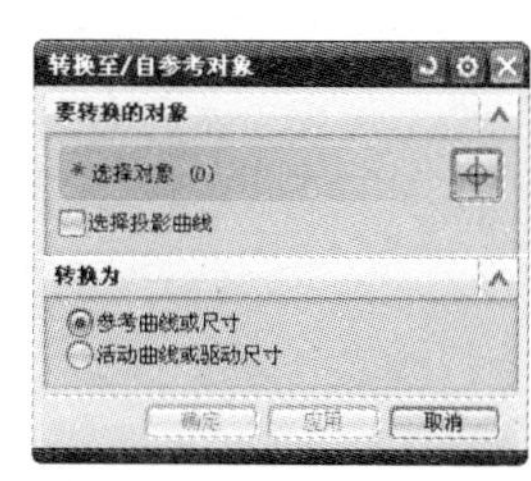

图 4-42 “转换至/自参考对象”对话框

【选项说明】

1. 要转换的对象

（1）选择对象：选择要转换的草图曲线或草图尺寸。

（2）选择投影曲线：转换草图曲线投影的所有输出曲线。

2. 转换为

（1）参考曲线或尺寸：用于将激活对象转换为参考状态。

（2）活动曲线或驱动尺寸：用于将参考对象转换为激活状态。

4.4.6 实例——垫片草图

本例绘制如图 4-43 所示的垫片草图。

（1）单击“标准”工具栏中的“新建”按钮，打开“新建”对话框。在模板列表中选择“模型”，输入名称为 caolun，单击“确定”按钮，进入建模环境。

（2）选择菜单栏中的“首选项”→“草图”命令，打开“草图首选项”对话框，在尺寸标签下拉列表中选择“值”，取消“连续自动标注尺寸”复选框勾选，单击“确定”按钮。

（3）单击“特征”工具栏中的“任务环境中的草图”按钮，打开“创建草图”对话框，在平面方法下拉列表中选择“创建平面”，在指定平面下拉列表中选择“XC-YC”平面，其他采用默认设置，单击“确定”按钮，进入草图绘制截面。

（4）单击“草图工具”工具栏中的“圆”按钮，打开“圆”对话框。绘制如图 4-44 所示的圆。

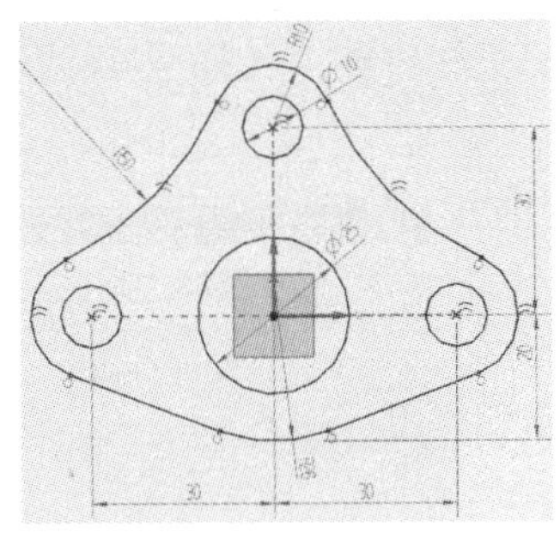

图 4-43　垫片草图

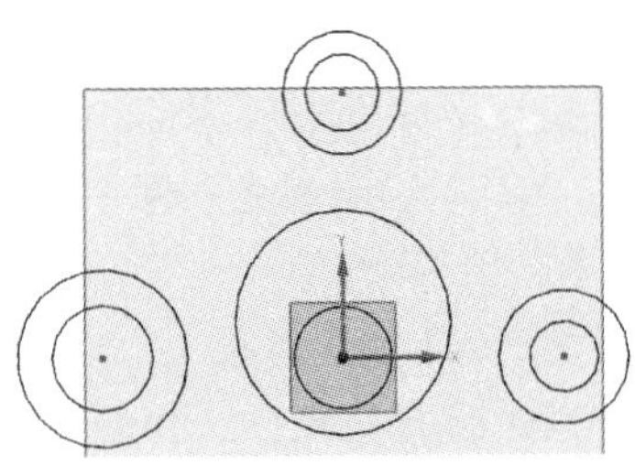

图 4-44　绘制圆

（5）单击“草图工具”工具栏中的“直线”按钮，在圆下方绘制如图 4-45 所示的直线。

（6）单击“草图工具”工具栏中的“圆弧”按钮，在适当位置绘制如图 4-46 所示的圆弧。

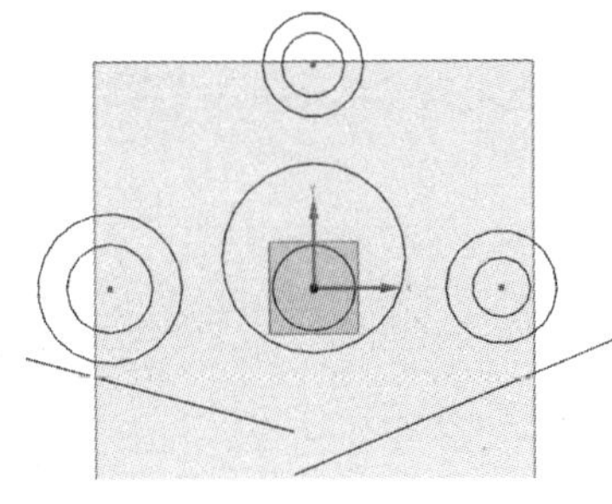

图 4-45　绘制直线

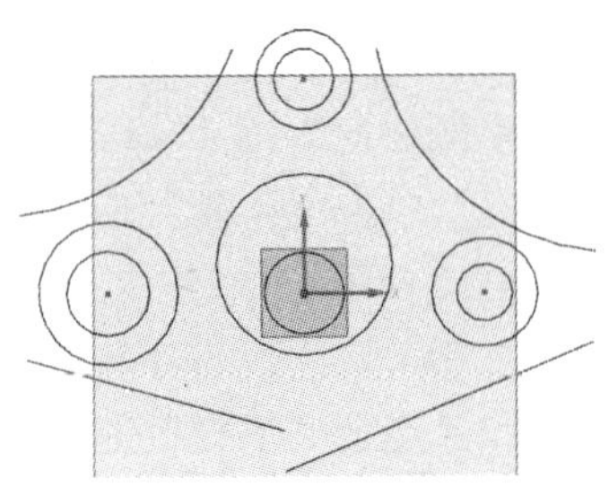

图 4-46　绘制圆弧

（7）单击“草图工具”工具栏中的“约束”按钮，在视图中选择圆 1，圆 2 和圆 3，在打开的如图 4-47 所示的“约束”对话框，单击“等半径”按钮，添加等半径约束；选择圆 4，圆 5 和圆 6 添加等半径约束；分别选择圆 1，圆 3 和 YC 轴，添加点在曲线上约束；选择圆 2 和 XC 轴，添加点在曲线上约束；分别选择两侧直线和圆 4，圆 6 以及中间大圆，添加相切约束；分别选择两侧圆弧和圆 4，圆 5 和圆 6，添加相切约束；选择两侧圆弧，添加相等约束，结果如图 4-48 所示。

图 4-47 “约束”对话框

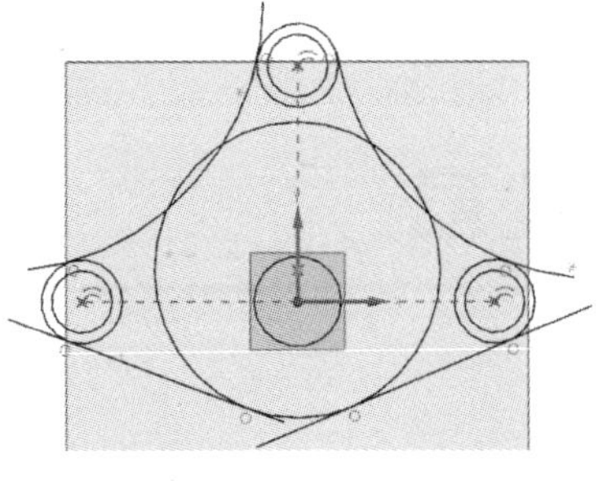

图 4-48 添加约束

（8）单击“草图工具”工具栏中的“快速修剪”按钮，修剪多余线段，结果如图 4-49 所示。

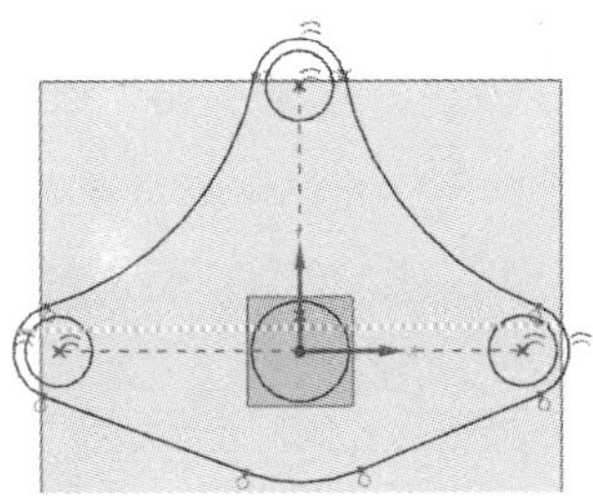

图 4-49 修剪多余线段

（9）单击“草图工具”工具栏中的“自动判断尺寸”按钮，打开如图 4-50 所示的“尺寸”对话框，选择标注对象，在表达式中修改尺寸，标注结果如图 4-43 所示。

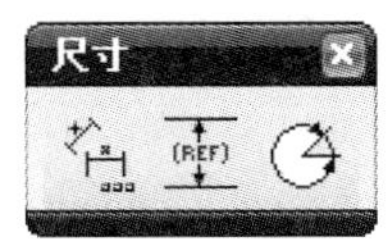

图 4-50 “尺寸”对话框

第 5 章

建模特征

相对于单纯的实体建模和参数化建模，UG 采用的是复合建模方法。该方法是基于特征的实体建模方法，是在参数化建模方法的基础上采用了一种所谓“变量化技术”的设计建模方法，对参数化建模技术进行了改进。本章主要介绍特征建模，特征操作以及特征编辑。

5.1 特征建模

5.1.1 拉伸

通过在指定方向上将截面曲线扫掠一个线性距离来生成体。

【执行方式】

- 菜单栏：选择菜单栏中的“插入”→“设计特征”→“拉伸”命令。
- 工具栏：单击“特征”工具栏中的“拉伸”按钮。

执行上述方式，打开如图 5-1 所示“拉伸”对话框。

图 5-1 “拉伸” 对话框

【选项说明】

1. 截面

（1）选择曲线：用于选择被拉伸

的曲线，如果选择的面则自动进入到草绘模式。

（2）绘制截面：用户可以通过该选项首先绘制拉伸的轮廓，然后进行拉伸。

2．方向

（1）指定矢量：用户通过该按钮选择拉伸的矢量方向，可以单击旁边的下拉菜单选择矢量选择列表。

（2）反向：如果在生成拉伸体之后，更改了作为方向轴的几何体，拉伸也会相应地更新，以实现匹配。显示的默认方向矢量指向选中几何体平面的法向。如果选择了面或片体，默认方向是沿着选中面端点的面法向。如果选中曲线构成了封闭环，在选中曲线的质心处显示方向矢量。如果选中曲线没有构成封闭环，开放环的端点将以系统颜色显示为星号。

3．极限

开始/结束：用于沿着方向矢量输入生成几何体的起始位置和结束位置，可以通过动态箭头来调整。其下有 6 个选项。

（1）值：由用户输入拉伸的起始和结束距离的数值，如图 5-2 所示。

（2）对称值：用于约束生成的几何体关于选取的对象对称，如图 5-3 所示。

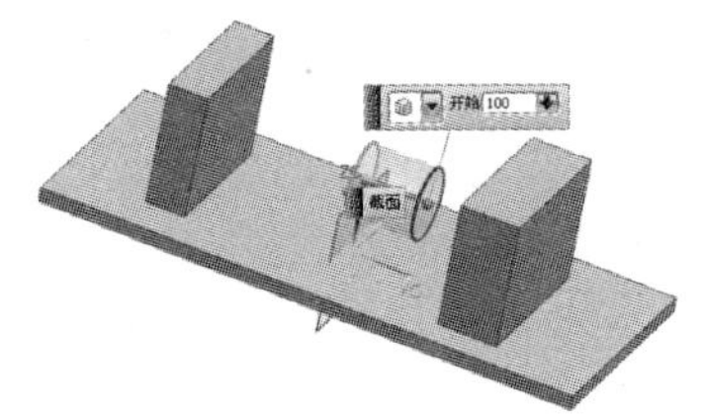

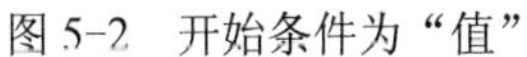
图 5-2　开始条件为“值”

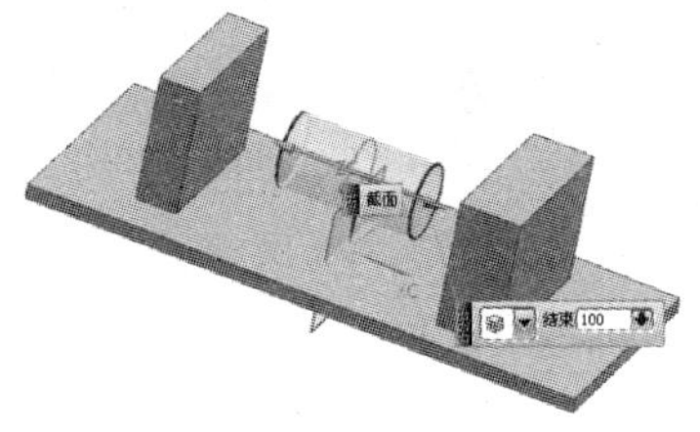

图 5-3　开始条件为“对称值”

（3）直至下一个：沿矢量方向拉伸至下一对象，如图 5-4 所示。

（4）直至选定对象：拉伸至选定的表面、基准面或实体，如图 5-5 所示。

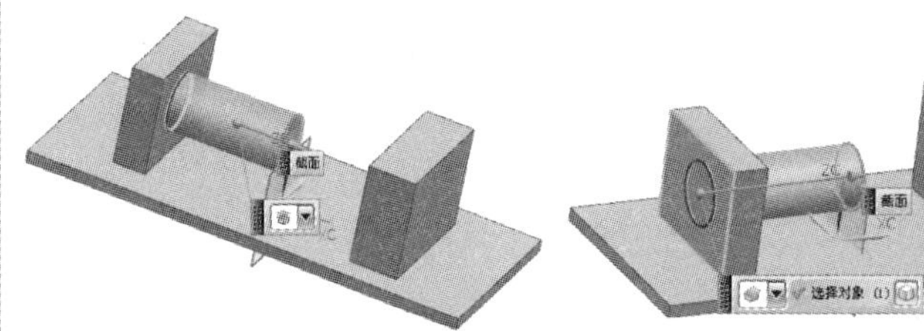

图 5-4　起始条件为“直至下一个”　图 5-5　开始条件为“直至选定对象”

（5）直至延伸部分：允许用户裁剪扫略体至一选中表面，如图 5-6 所示。

（6）贯通：允许用户沿拉伸矢量完全通过所有可选实体生成拉伸体，如图 5-7 所示。

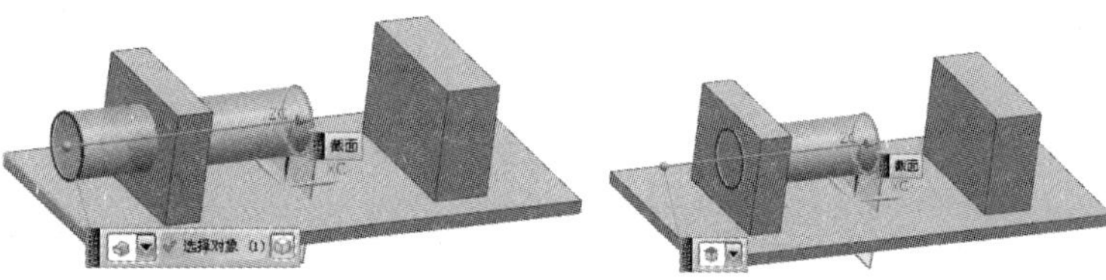

图 5-6　开始条件为“直至延伸部分”　图 5-7　开始条件为“贯通”

4. 布尔

用于指定生成的几何体与其他对象的布尔运算，包括：无、求交、求和、求差几种方式。

（1）无：创建独立的拉伸实体。

（2）求和：将拉伸体积与目标体合并为单个体。

（3）求差：从目标体移除拉伸体。

（4）求交：创建包含拉伸特征和与它相交的现有体共享的体积。

（5）自动判断：根据拉伸的方向矢量及正在拉伸的对象位置来确定概率最高的布尔运算。

5. 拔模

用于对面进行拔模。正角使得特征的侧面向内拔模（朝向选中曲线的中心）。负角使得特征的侧面向外拔模（背离选中曲线的中心）。

（1）从起始限制：允许用户从起始点至结束点创建拔模。

（2）从截面：允许用户从起始点至结束点创建的锥角与截面对齐。

（3）起始截面-不对称角：允许用户沿截面至起始点和结束点创建的不对称锥角。

（4）起始截面-对称角：允许用户沿截面至起始点和结束点创建的对称锥角。

（5）从截面匹配的端部：允许用户沿轮廓线至起始点和结束点创建的锥角，在梁端面处的锥面保持一致。

6．偏置

可以生成特征，该特征由曲线或边的基本设置偏置一个常数值。

（1）单侧：用于生成以单侧偏置实体。

（2）双侧：用于生成以双侧偏置实体。

（3）对称：用于生成以对称偏置实体。

5.1.2 实例——手柄

本例绘制如图 5-8 所示的手柄。

（1）单击“标准”工具栏中的“新建”按钮，打开“新建”对话框。在模板列表中选择“模型”，输入名称为 shoubing，单击“确定”按钮，进入建模环境。

（2）单击“特征”工具栏中的“任务环境中的草图”按钮，打开“创建草图”对话框。选择 XC-YC 平面为草图绘制平面，单击“确定”按钮。绘制如图 5-9 所示的草图。单击“完成草图”按钮，草图绘制完毕。

图 5-8 手柄

（3）单击“特征”工具栏中的“拉伸”按钮，打开如图 5-10 所示的“拉伸”对话框。选择上步绘制的草图为拉伸曲线。选择“ZC 轴”为拉伸方向。在“开始距离”和“结束距离”数值栏中输入 0，12.5，单击“确定”按钮，结果如图 5-8 所示。

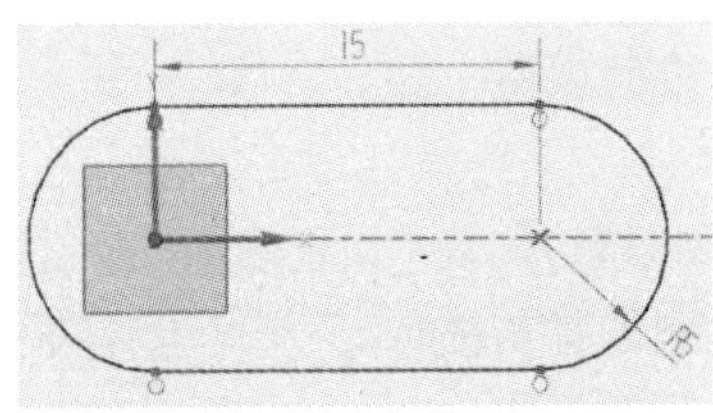

图 5-9　绘制草图

图 5-10 “拉伸”对话框

5.1.3　回转

通过绕给定的轴以非零角度旋转截面曲线来生成一个特征。可以从基本横截面开始并生成圆或部分圆的特征。

【执行方式】

- 菜单栏：选择菜单栏中的“插入”→“设计特征”→“旋转”命令。
- 工具栏：单击“特征”工具栏中的“回转”按钮。

执行上述方式，打开如图 5-11 所示“回转”对话框。

图 5-11　“回转”对话框

【选项说明】

1. 截面

（1）曲线 1：用于选择旋转的曲线，如果选择的面则自动进

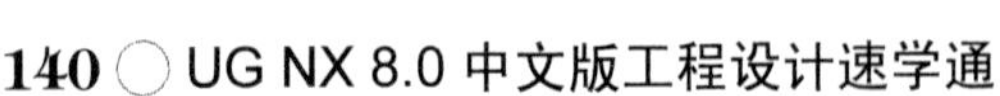

入到草绘模式。

（2）绘制截面：用户可以通过该选项首先绘制回转的轮廓，然后进行回转。

2. 轴

（1）指定矢量：该选项让用户指定旋转轴的矢量方向，也可以通过下拉菜单调出矢量构成选项。

（2）指定点：该选项让用户通过指定旋转轴上的一点，来确定旋转轴的具体位置。

（3）反向：与拉伸中的方向选项类似，其默认方向是生成实体的法线方向。

3. 极限

该选项方式让用户指定旋转的角度。其功能如下。

（1）开始/结束：指定旋转的开始/结束角度。总数量不能超过 360°。结束角度大于起始角旋转方向为正方向，否则为反方向。

（2）直至选定对象：该选项让用户把截面集合体旋转到目标实体上的选定面或基准平面。

4. 布尔

该选项用于指定生成的几何体与其他对象的布尔运算，包括：无、求交、求并、求差几种方式。配合起始点位置的选取可以实现多种拉伸效果。

5. 偏置

该选项方式让用户指定偏置形式，分为无和两侧。

（1）无：直接以截面曲线生成旋转特征。

（2）两侧：指在截面曲线两侧生成选转特征，以结束值和起始值之差为实体的厚度。

5.1.4 实例——阶梯轴

本例绘制如图 5-12 所示的阶梯轴。

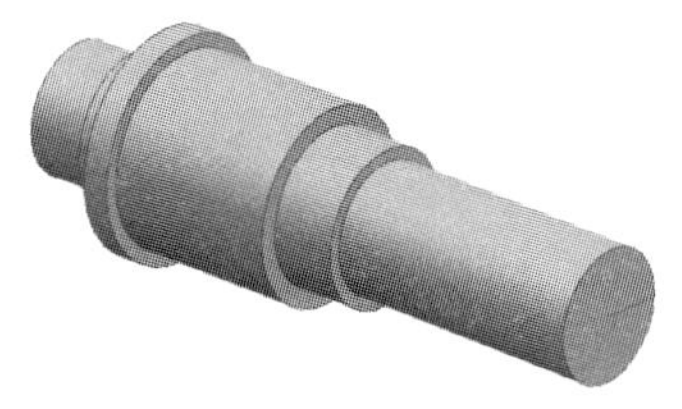

图 5-12　阶梯轴

（1）单击“标准”工具栏中的“新建”按钮，打开“新建”对话框。在模板列表中选择“模型”，输入名称为 shoubing，单击“确定”按钮，进入建模环境。

（2）单击“特征”工具栏中的“任务环境中的草图”按钮，打开“创建草图”对话框。选择 XC-YC 平面为草图绘制平面，单击“确定”按钮。绘制如图 5-13 所示的草图。单击“完成草图”按钮，草图绘制完毕。

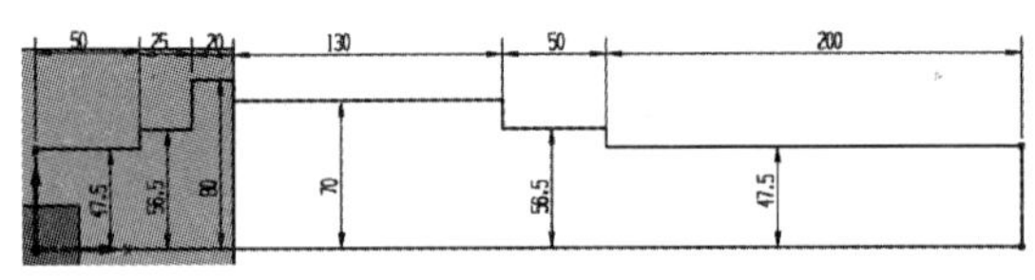

图 5-13　绘制草图

（3）单击“特征”工具栏中的“回转”按钮，打开如图 5-14 所示的“回转”对话框。选择上步绘制的草图为回转曲线。选择“XC 轴”为旋转轴，指定坐标原点为基点。其他采用默认设置，单击“确定”按钮，结果如图 5-12 所示。

5.1.5　沿导线扫掠

通过沿着由一个或一系列曲线、边或面构成的引导线串（路径）拉伸开放的或封闭的边界草图、曲线、边或面来生成单个体。

【执行方式】

- 菜单栏：选择菜单栏中的“插入”→“扫掠”→“沿导线扫掠”命令。

执行上述方式，打开如图 5-15 所示“沿引导线扫掠”对话框。

图 5-14 “回转”对话框

图 5-15 “沿引导线扫掠” 对话框

【选项说明】

（1）选择截面曲线：选择曲线、边或者曲线链，或是截面的边为截面。

（2）选择引导线：选择曲线、边或曲线链，或是引导线的边。引导线串中的所有曲线都必须是连续的。

（3）偏置。

1）第一偏置：增加扫掠特征的厚度。

2）第二偏置：使扫掠特征的基础偏离于截面线串。

注意：

（1）如果截面对象有多个环，则引导线串必须由线/圆弧构成。

（2）如果沿着具有封闭的、尖锐拐角的引导线串扫掠，建议把截面线串放置到远离尖锐拐角的位置。

（3）如果引导路径上两条相邻的线以锐角相交，或者如果引导路径中的圆弧半径对于截面曲线来说太小，则不会发生扫掠面操作。换言之，路径必须是光顺的、切向连续的。

5.1.6　长方体

创建基本块实体。

【执行方式】

- 菜单栏：选择菜单栏中的“插入”→“设计特征”→“长方体”命令。

执行上述方式后，打开如图 5-16 所示“块”对话框。

图 5-16　“块”对话框

【选项说明】

（1）原点和边长：该方式允许用户通过原点和 3 边长度来创建长方体。

1）指定点：通过捕捉点选项或者“点”对话框来定义块的原点。

2）尺寸。

① 长度：指定块长度的值。

② 宽度：指定块宽度的值。

③ 高度：指定块高度的值。

3）布尔。

① 无：新建与任何现有实体无关的块。

② 求和：将新建的块与目标体进行合并操作。

③ 求差：将新建的块行目标体中减去。

④ 求交：通过块与相交目标体共用的体积创建新块。

4）关联原点：勾选此复选框，使块原点和任何偏置点与定位几何体相关联。

（2）两点和高度：该方式允许用户通过高度和底面的两对角点来创建长方体。

从原点出发的点 XC，YC：用于将基于原点的相对拐角指定为块的第二点。

（3）两个对角点：该方式允许用户通过两个对角顶点来创建长方体。

从原点出发的点 XC，YC，ZC：用于指定块的 3D 对角相对点。

5.1.7 圆柱体

【执行方式】

- 菜单栏：选择菜单栏中的“插入”→“设计特征”→“圆柱体”命令。

执行上述命令，打开如图 5-17 所示“圆柱”对话框。

【选项说明】

（1）轴、直径和高度：该方式允许用户通过定义直径和圆柱高度值以及底面圆心来创建圆柱体，如图 5-17 所示。

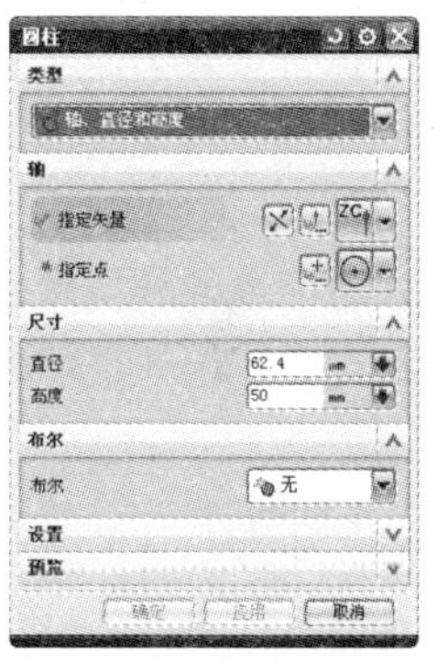

图 5-17 “圆柱”对话框

1）轴

① 指定矢量：在矢量下拉列表或者矢量对话框指定圆柱轴的矢量。

② 指定点：用于指定圆柱的原点。

2）尺寸

① 直径：指定圆柱的直径。

② 高度：指定圆柱的高度。

3）布尔

① 无：新建与任何现有实体无关的圆体。

② 求和：组合新圆柱与相交目标体的体积。

③ 求差：将新圆柱的体积从相交目标体中减去。

④ 求交：通过圆柱与相交目标体共用的体积创建新圆柱。

4）关联轴：使圆柱轴原点及其方向与定位几何体相关联。

（2）圆弧和高度：该方式允许用户通过定义圆柱高度值，选择一段已有的圆弧并定义创建方向来创建圆柱体。用户选取的圆弧不一定需要是完整的圆，且生成圆柱与弧不关联，圆柱方向可以选择是否反向。

（3）选择圆弧：选择圆弧或圆。圆柱的轴垂直于圆弧的平面，且穿过圆弧中心。

5.1.8 圆锥体

【执行方式】

- 菜单栏：选择菜单栏中的“插入”→“设计特征”→“圆锥”命令。

执行上述方式，打开如图 5-18 所示“圆锥”对话框。

图 5-18 “圆锥”对话框

【选项说明】

（1）直径和高度：该选项通过定义底部直径、顶部直径和高度值生成实体圆锥。

1）轴

① 指定矢量：在矢量下拉列表或者矢量对话框指定圆锥的轴。

② 指定点：在点下拉列表或者点对话框指定圆锥的原点。

2）尺寸

① 顶部直径：设置圆锥顶面圆弧直径的值。

② 高度：设置圆锥高度的值。

③ 半角：设置在圆锥轴顶点与其边之间测量的半角值。

（2）直径和半角：该选项通过定义底部直径、顶直径和半角值生成圆锥。

（3）底部直径：设置圆锥底面圆弧直径的值。

（4）底部直径、高度和半角：该选项通过定义底部直径、高度和半顶角值生成圆锥。

（5）顶部直径、高度和半角：该选项通过定义顶直径、高度和半顶角值生成圆锥。在生成圆锥的过程中，有一个经过原点的圆形平表面，其直径由顶直径值给出。底部直径值必须大于顶直径值。

（6）两个共轴的圆弧：该选项通过选择两条弧生成圆锥特征。

两条弧不一定是平行的。

5.1.9 球

【执行方式】

● 菜单栏：选择菜单栏中的“插入”→“设计特征”→“球”命令。

执行上述方式，打开如图 5-19 所示“球”对话框。

图 5-19 “球”对话框

【选项说明】

（1）中心点和直径：该选项通过定义直径值和中心生成球体。

1）指定中心点：在点下拉列表或“点”对话框中指定点为球的中心点。

2）直径：输入球的直径值。

（2）圆弧：该选项通过选择圆弧来生成球体，所选的弧不必为完整的圆弧。系统基于任何弧对象生成完整的球体。选定的弧定义球体的中心和直径。另外，球体不与弧相关；这意味着如果编辑弧的大小，球体不会更新以匹配弧的改变。

5.1.10 实例——陀螺

本节绘制如图 5-20 所示的陀螺。

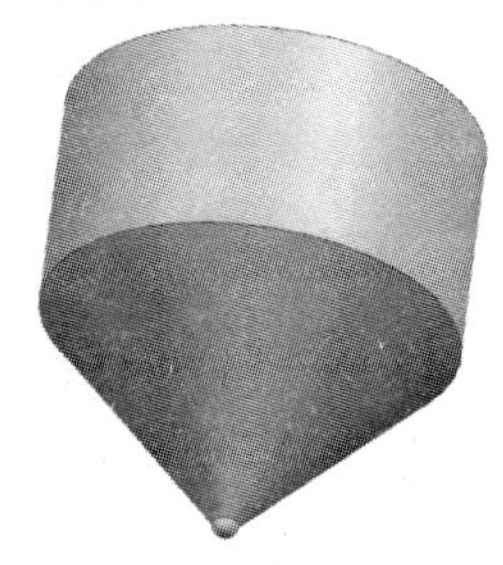

图 5-20 陀螺

（1）单击“标准”工具栏中的“新建”按钮，打开“新建”对话框。在模板列表中选择“模型”，输入名称为 tuoluo，单击“确定”按钮，进入建模环境。

（2）选择菜单栏中的“插入”→“设计特征”→“圆柱体”命令，打开如图 5-21 所示的“圆柱”对话框。选择“轴、直径和高度”类型。选择“ZC 轴”为圆柱体方向。单击“点对话框”按钮，打开“点”对话框，输入原点坐标为（0,0,0），单击“确定”按钮，返回到“圆柱”对话框。在“直径”和“高度”文本框中分别输入 20，10，单击“确定”按钮，生成模型如图 5-22 所示。

图 5-21 “圆柱”对话框

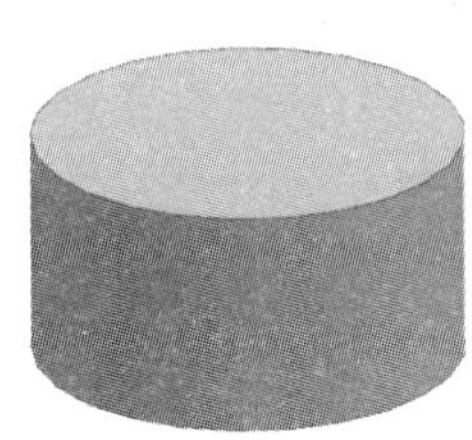

图 5-22 圆柱体

（3）选择菜单栏中的“插入”→“设计特征”→“圆锥”命令，打开如图 5-23 所示的“圆锥”对话框。选择“底部直径、高度和半角”类型。选择“-ZC 轴”为圆锥创建方向。单击“点对话框”按钮，打开“点”对话框，输入原点坐标为（0,0,0），单击“确定”按钮，返回到“圆锥”对话框。在“底部直径”、“高度”和“半角”文本框中分别输入 20，10 和 43，在布尔下拉列表中选择“求和”，单击“确定”按钮，生成模型如图 5-24 所示。

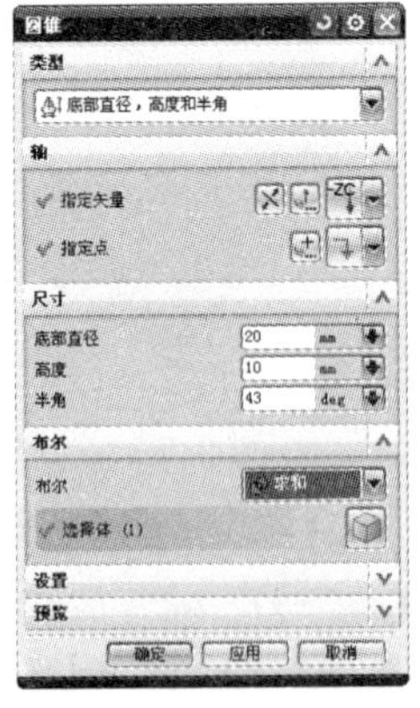

图 5-23 “圆锥”对话框

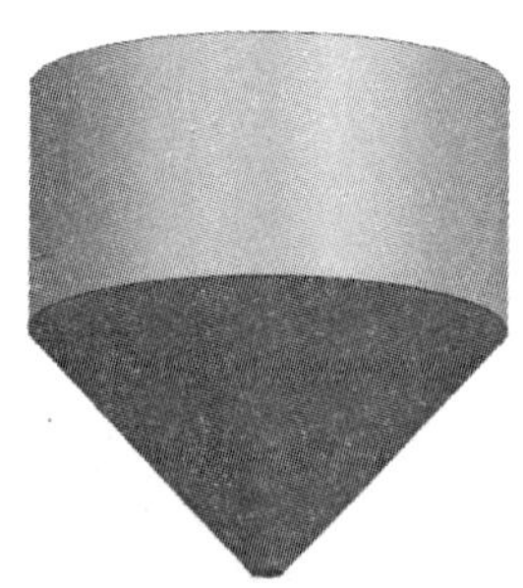

图 5-24 圆锥体

（4）选择菜单栏中的“插入”→“设计特征”→“球”命令，打开如图 5-25 所示的“球”对话框。选择“圆弧”类型。选择圆锥下端圆弧边线，在布尔下拉列表中选择“求和”，单击“确定”按钮，生成模型如图 5-20 所示。

图 5-25　“球”对话框

5.1.11　孔

【执行方式】

- 菜单栏：选择菜单栏中的“插入”→“设计特征”→“孔”命令。
- 工具栏：单击“特征”工具栏中的“孔”按钮。

执行上述方式，打开如图 5-26 所示“孔”对话框。

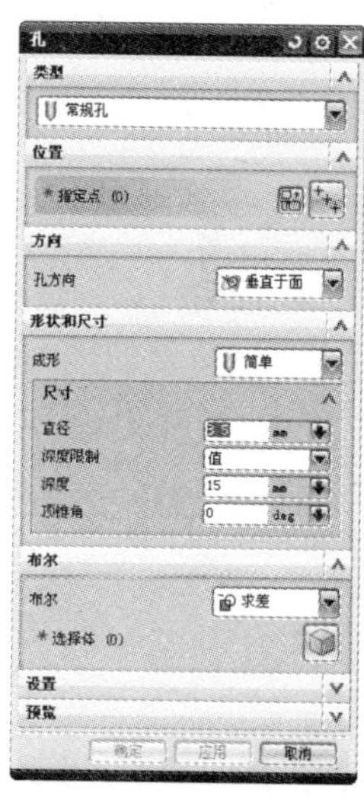

图 5-26　“孔”对话框

【选项说明】

（1）常规孔：创建指定尺寸的简单孔、沉头孔、埋头孔或锥孔特征。

1）位置：选择现有点或创建草图点来指定孔的中心。

2）方向：指定孔方向。

① 垂直于面：沿着与公差范围内每个指定点最近的面法向的反向定义孔的

方向。

② 沿矢量：沿指定的矢量定义孔方向。

3）形状和尺寸。

① 形状：指定孔特征的形状。

- 简单孔：创建具有指定直径、深度和尖端顶锥角的简单孔，如图 5-27 所示。
- 沉头孔：创建具有指定直径、深度、顶锥角、沉头直径和沉头深度和沉头孔，如图 5-28 所示。

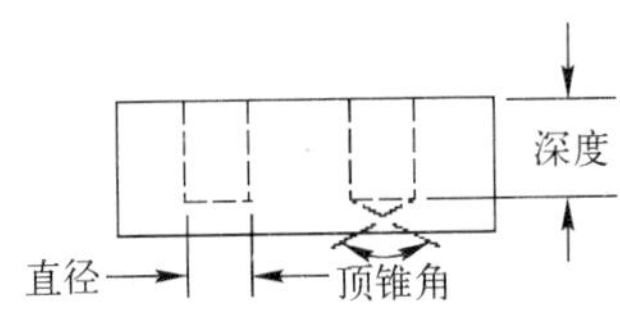

图 5-27 “简单孔”示意图

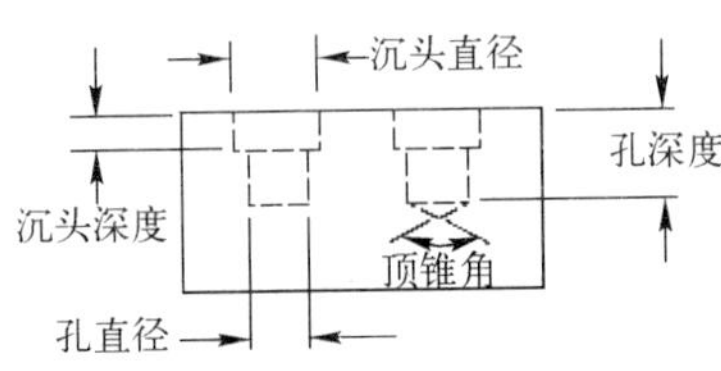

图 5-28 “沉头孔”示意图

- 埋头孔：创建有指定直径、深度、顶锥角、埋头直径和埋头角度的埋头孔，如图 5-29 所示。

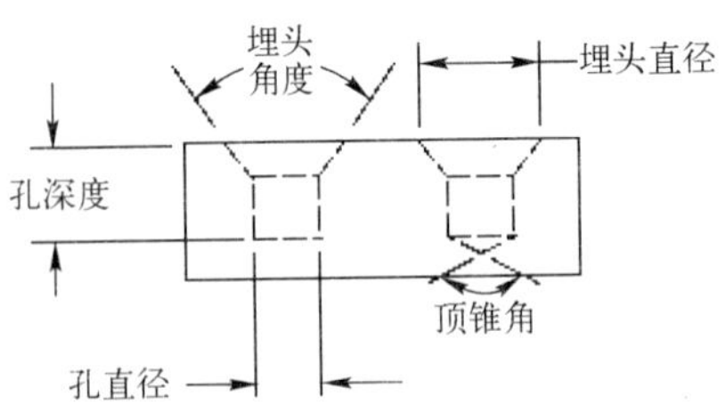

图 5-29 “埋头孔”示意图

锥形：创建具有指定锥角和直径的锥孔。

② 尺寸：设置相关参数。

（2）钻形孔：使用 ANSI 或 ISO 标准创建简单钻形孔特征。

1）大小：用于创建钻形孔特征的钻孔尺寸。

2）拟合：指定孔所需的等尺寸配对。

3）起始倒斜角：将起始倒斜角添加到孔特征。

4）退刀槽倒斜角：将退刀槽倒斜角添加到孔特征。

（3）螺钉间隙孔：创建简单、沉头或埋头通孔，为具体应用而设计。

1）螺钉类型：螺钉类型列表中可用的选项取决于将形状设置为简单孔、沉头还是埋头。

2）螺钉尺寸：用于创建螺钉间隙孔特征的选定螺钉类型指定螺钉尺寸。

3）等尺寸配对：指定孔所需的等尺寸配对。

（4）螺纹孔：创建螺纹孔，其尺寸标注由标准、螺纹尺寸和径向进刀定义。

1）大小：指定螺纹尺寸的大小。

2）径向进刀：选择径向进刀百分比，用于计算丝锥直径值的近似百分比。

3）丝锥直径：指定丝锥的直径。

4）用手习惯：指定螺纹为右手（顺时针方向）或是左手（逆时针方向）。

5）终止倒斜角：将终止倒斜角添加到孔特征。

（5）孔系列：创建起始、中间和结束孔尺寸一致的多形状、多目标体的对齐孔。

1）开始选项卡：指定起始孔参数。起始孔是在指定中心处开始的，具有简单、沉头或埋头孔形状的螺钉间隙通孔。

2）中间选项卡：指定中间孔参数。中间孔是与起始孔对齐的螺钉间隙通孔。

3）结束选项卡：指定终止孔参数。结束孔可以是螺钉间隙孔或螺钉孔。

4）颈部倒斜角：将颈部倒斜角添加到孔特征。

5.1.12 凸台

让用户能在平面或基准面上生成一个简单的凸台。

【执行方式】

- 菜单栏：选择菜单栏中的“插入”→“设计特征”→“凸台”命令。
- 工具栏：单击“特征”工具栏中的“凸台”按钮。

执行上述方式，打开如图 5-30 所示“凸台”对话框。“凸台”示意图如图 5-31 所示。

图 5-30 “凸台”对话框

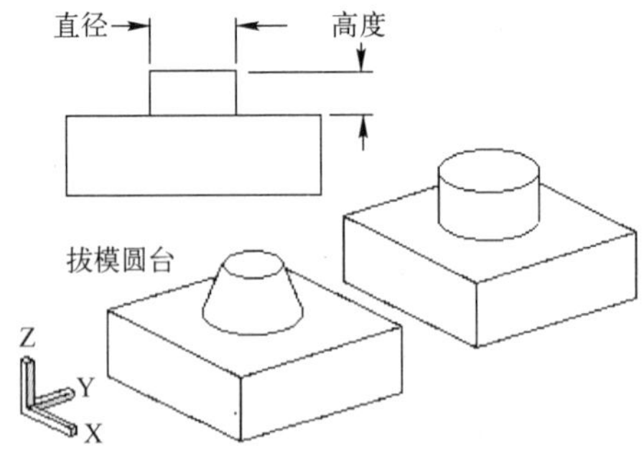

图 5-31 “凸台”示意图

【选项说明】

（1）选择步骤-放置面：用于指定一个平的面或基准平面，以在其上定位凸台。

（2）过滤器：通过限制可用的对象类型帮助用户选择需要的对象。这些选项是任意、面和基准平面。

（3）直径：输入凸台直径的值。

（4）高度：输入凸台高度的值。

（5）锥角：输入凸台的柱面壁向内倾斜的角度。该值可正可负。零值产生没有锥度的垂直圆柱壁。

（6）反侧：如果选择了基准面作为放置平面，则此按钮成为可用。点击此按钮使当前方向矢量反向，同时重新生成凸台的预览。

5.1.13 腔体

【执行方式】

● 菜单栏：选择菜单栏中的“插入”→“设计特征”→“腔体”命令。

● 工具栏：单击“特征”工具栏中的“腔体”按钮。

执行上述方式，打开如图 5-32 所示“腔体”对话框。

【选项说明】

（1）柱：选中该选项，在选定放置平面后，打开如图 5-33 所示的“圆柱形腔体”对话框，该选项让用户定义一个圆形的腔体，有一定的深度，有或没有圆角的底面，具有直面或斜面。“柱”示意图如图 5-34 所示。

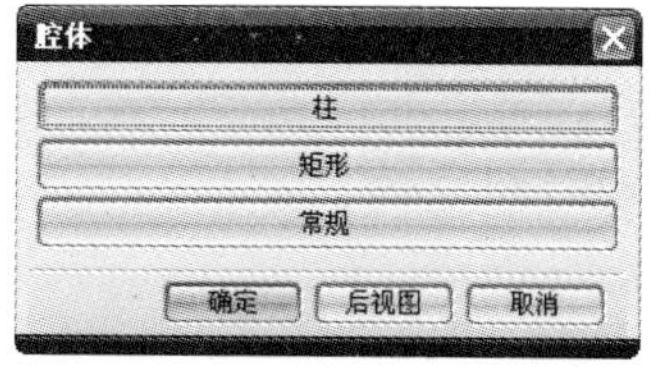

图 5-32 “腔体”对话框

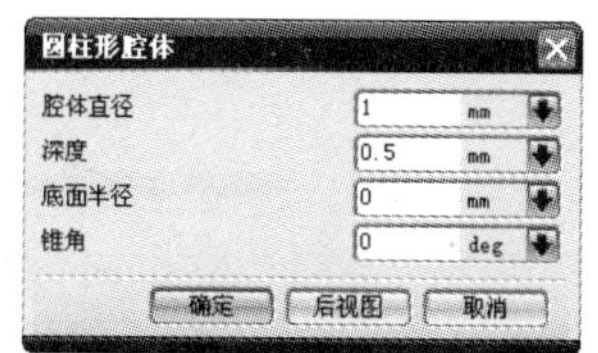

图 5-33 “圆柱形腔体”对话框

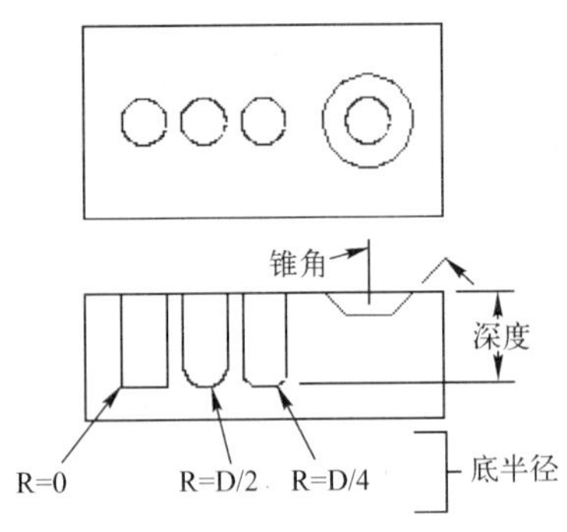

图 5-34 “柱”示意图

1）腔体直径：输入腔体的直径。

2）深度：沿指定方向矢量从原点测量的腔体深度。

3）底面半径：输入腔体底边的圆形半径。此值必须等于或大于零。

4）锥角：应用到腔壁的拔模角。此值必须等于或大于零。

需要注意的是：深度值必须大于底半径。

（2）矩形：选中该选项，在选定放置平面及水平参考面后系统会打开如图 5-35 对话框。该选项让用户定义一个矩形的腔体，按照指定的长度、宽度和深度，按照拐角处和底面上的指定的半径，具有直边或锥边，如图 5-36 所示。对话框各选项功能如下。

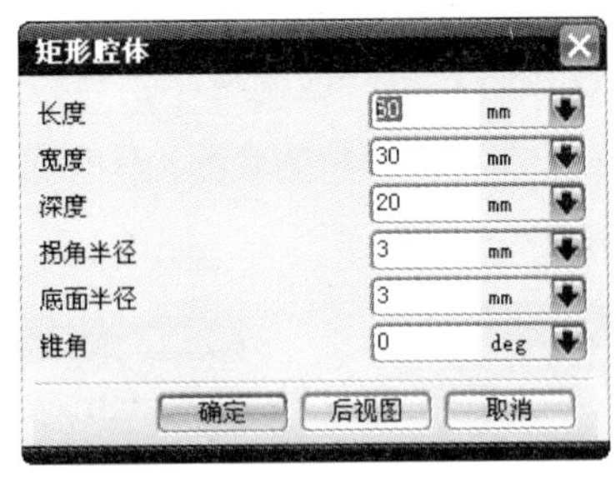

图 5-35 “矩形腔体”对话框

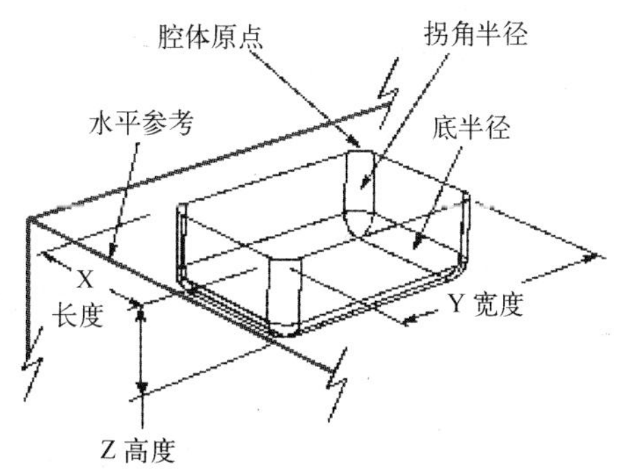

图 5-36 “矩形腔体”示意图

1）长度/宽度/深度：输入腔体的长度/宽度/高度值。

2）拐角半径：腔体竖直边的圆半径（大于或等于零）。

3）底部面半径：腔体底边的圆半径（大于或等于零）。

4）锥角：腔体的四壁以这个角度向内倾斜。该值不能为负。零值导致竖直的壁。

需要注意的是：拐角半径必须大于或等于底半径。

（3）常规：该选项所定义的腔体具有更大的灵活性，如图 5-37 所示。

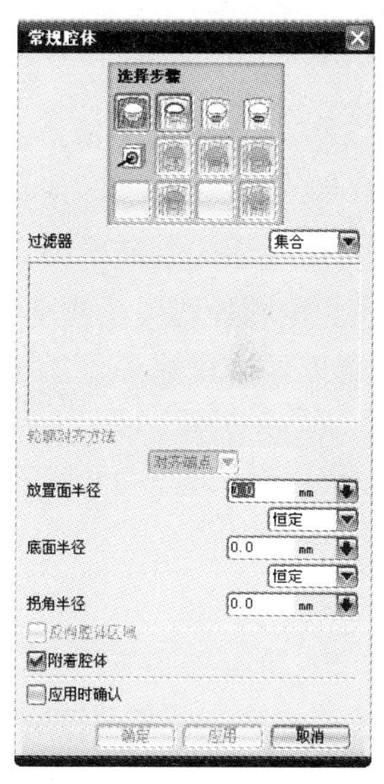

图 5-37 “常规腔体”对话框

1）选择步骤。

① 放置面：该选项是一个或多个选中的面，或是单个平面或基准平面。腔体的顶面会遵循放置面的轮廓。必要的话，将放置面轮廓曲线投影到放置面上。如果没有指定可选的目标体，第一个选中的面或相关的基准平面会标识出要放置腔体的实体或片体。（如果选择了固

定的基准平面，则必须指定目标体）面的其余部分可以来自于部件中的任何体。

② 放置面轮廓：该选项是在放置面上构成腔体顶部轮廓的曲线。放置面轮廓曲线必须是连续的（即端到端相连）。

③ 底面：该选项是一个或多个选中的面，或是单个平面或基准平面，用于确定腔体的底部。选择底面的步骤是可选的，腔体的底部可以由放置面偏置而来。

④ 底面轮廓曲线：该选项是底面上腔体底部的轮廓线。与放置面轮廓一样，底面轮廓线中的曲线（或边）必须是连续的。

⑤ 目标体：如果希望腔体所在的体与第一个选中放置面所属的体不同，则选择“目标体”。这是一个可选的选择如果没有选择目标体，则将由放置面进行定义。

⑥ 放置面轮廓线投影矢量：如果放置面轮廓曲线已经不在放置面上，则该选项用于指定如何将它们投影到放置面上。

⑦ 底面平移矢量：该选项指定了放置面或选中底面将平移的方向。

⑧ 底面轮廓投影矢量：如果底部轮廓曲线已经不在底面上，则底面轮廓投影矢量指定如何将它们投影到底面上。其他用法与“放置面轮廓投影矢量”类似。

⑨ 放置面上的对齐点：该选项是在放置面轮廓曲线上选择的对齐点。

⑩ 底面对齐点：该选项是在底面轮廓曲线上选择的对齐点。

2）轮廓对齐方法：如果选择了放置面轮廓和底面轮廓，则可以指定对齐放置面轮廓曲线和底面轮廓曲线的方式。

3）放置面半径：该选项定义放置面（腔体顶部）与腔体侧面之间的圆角半径。

① 恒定：用户为放置面半径输入恒定值。

② 规律控制：用户通过为底部轮廓定义规律来控制放置面半径。

4）底面半径：该选项定义腔体底面（腔体底部）与侧面之间的圆角半径。

5）拐角半径：该选项定义放置在腔体拐角处的圆角半径。拐角位于两条轮廓曲线/边之间的运动副处，这两条曲线/边的切线偏差的变化范围要大于角度公差。

6）附着腔体：该选项将腔体缝合到目标片体，或由目标实体减去腔体。如果没有选择该选项，则生成的腔体将成为独立的实体。

5.1.14 垫块

【执行方式】

- 菜单栏：选择菜单栏中的“插入”→“设计特征”→“垫块”命令。
- 工具栏：单击“特征”工具栏中的“垫块”按钮。

执行上述方式，打开如图 5-38 所示的“垫块”选项对话框。

【选项说明】

（1）矩形：单击该按钮，在选定放置平面及水平参考面后，将打开如图 5-39 所示的“矩形垫块”对话框。让用户定义一个有指定长度、宽度和深度，在拐角处有指定半径，具有直面或斜面的垫块。

图 5-38 “垫块”选项对话框

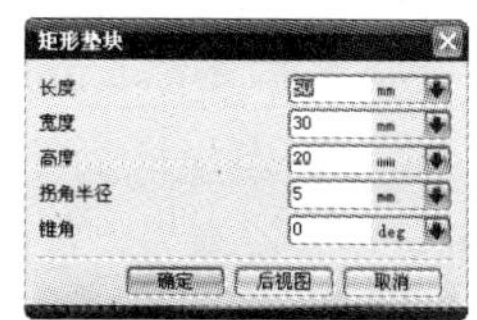

图 5-39 “矩形垫块”参数对话框

1）长度：输入垫块的长度。

2）宽度：输入垫块的宽度。

3）高度：输入垫块的高度。

4）拐角半径：输入垫块竖直边的圆角半径。

5）锥角：输入垫块的四壁向里倾斜的角度。

（2）常规：选中该按钮，打开如图 5-40 所示“常规垫块”对话框。与矩形垫块相比，该选项所定义的垫块具有更大的灵活性。该选项各功能与“腔体”的“常规”选项类似，此处从略。

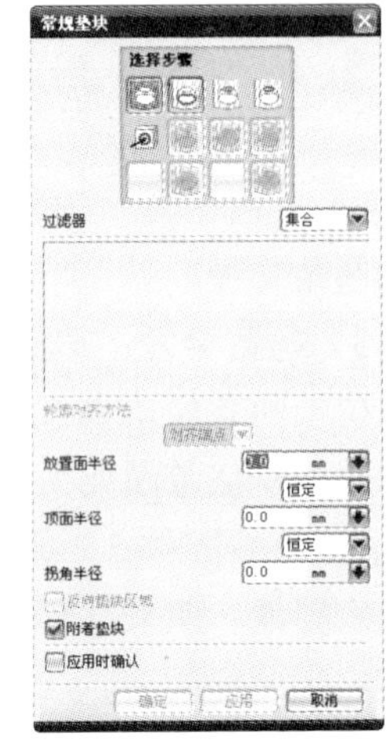

图 5-40 “常规垫块”对话框

5.1.15 实例——箱体

本节绘制如图 5-41 所示箱体。

（1）单击“标准”工具栏中的“新建”按钮，打开“新建”对话框。在模板列表中选择“模型”，输入名称为 xiangti，单击“确定”按钮，进入建模环境。

图 5-41 箱体

（2）选择菜单栏中的“插入”→“设计特征”→“长方体”命令，打开如图 5-42 所示的“块”对话框。选择“原点和边长”类型。单击“点对话框”按钮，打开“点”对话框，输入原点坐标为（0,0,0），单击“确定”按钮，返回到“块”对话框。在“长度”、“宽度”和“高度”文本框中分别输入 281.5，152.5 和 30，单击“确定”按钮，生成模型如图 5-43 所示。

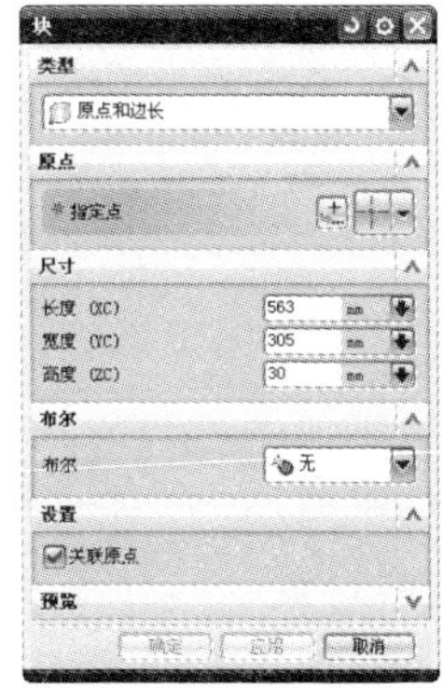

图 5-42 “块”对话框

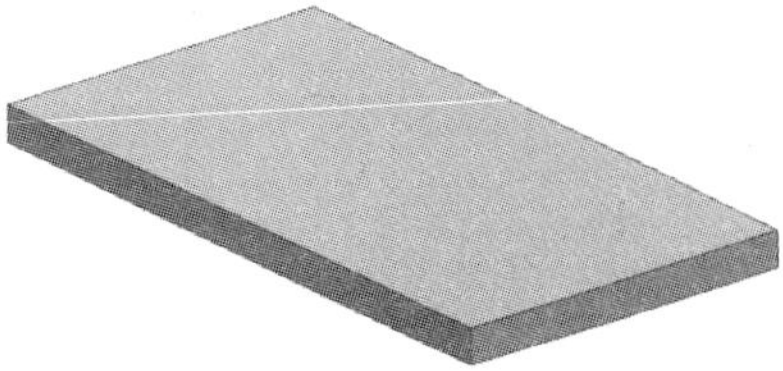

图 5-43 创建长方体

（3）单击“特征”工具栏中的“垫块”按钮，打开如图 5-44 所示的“垫块”对话框，单击“矩形”按钮，选择长方体上表面为垫块放置面，选择与 XC 轴平行边为水平参考，打开如图 5-45 所示的“矩形垫块”参数对话框，输入长度，宽度，高度和拐角半径为 523, 265, 140 和 20，单击“确定”按钮，打开“定位”对话框，采用“垂直”定位方式，分别选择垫块的两边和长方体的两边，距离为 20，单击“确定”按钮，创建垫块如图 5-46 所示。

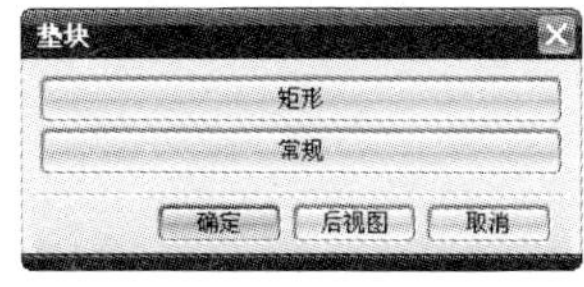

图 5-44 “垫块”对话框

图 5-45 参数对话框

（4）单击“特征”工具栏中的“腔体”按钮，打开如图 5-47 所示的“腔体”对话框，单击“矩形”按钮，选择长方体下表面为腔体放置面，选择与 XC 轴平行边为水平参考，打开如图 5-48 所示的“矩形腔体”参数对话框，输入长度，宽度，高度和拐角半径为 483, 225, 150 和 20，单击“确定”按钮，打开“定位”对话框，采用“垂直”定位方式，分别选择腔体的两相邻边和长方体的两相邻边，距离为 40，单击“确定”按钮，创建腔体如图 5-49 所示。

图 5-46　创建垫块

图 5-47　“腔体”对话框

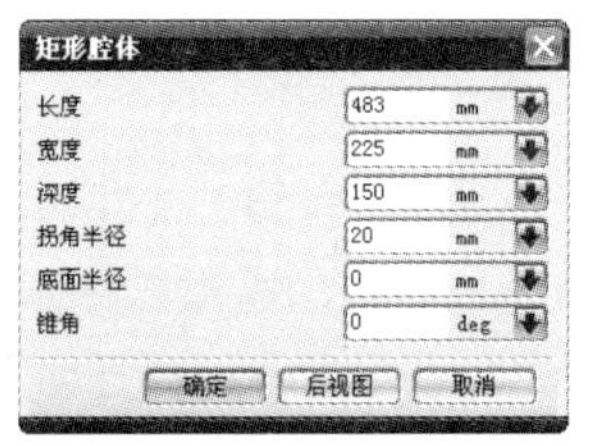

图 5-48　“矩形腔体”参数对话框

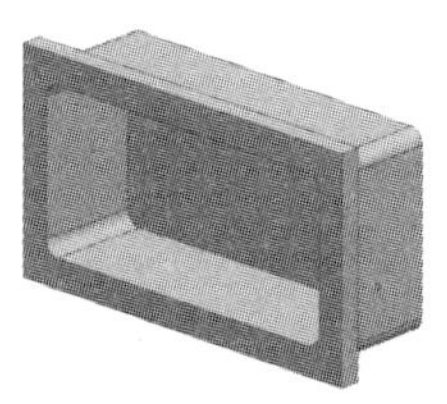

图 5-49　创建腔体

（5）单击“特征”工具栏中的“任务环境中的草图”按钮，打开“创建草图”对话框。选择上步创建的腔体底面为草图绘制平面，单击“确定”按钮。绘制如图 5-50 所示的草图。单击“完成草图”按钮，草图绘制完毕。

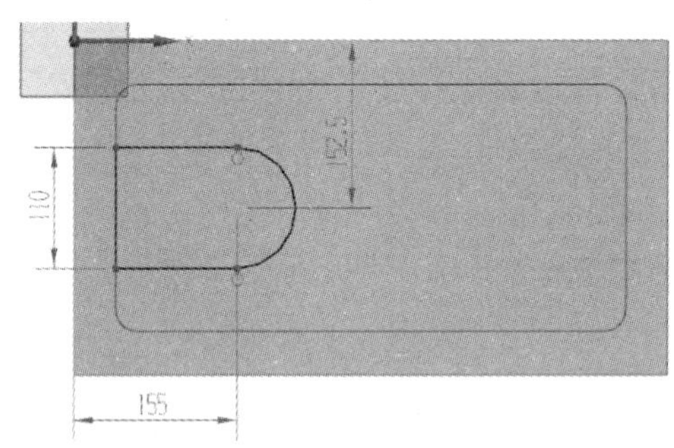

图 5-50　绘制草图

（6）单击“特征”工具栏中的“拉伸”按钮，打开如图 5-51 所示的“拉伸”对话框。选择上步绘制的草图为拉伸曲线。选择“-ZC 轴”为拉伸方向。在“开始距离”和“结束距离”数值栏中输入 0，30，在布尔下拉列表中选择“求和”，单击“确定”按钮，结果如图 5-52 所示。

图 5-51 “拉伸”对话框

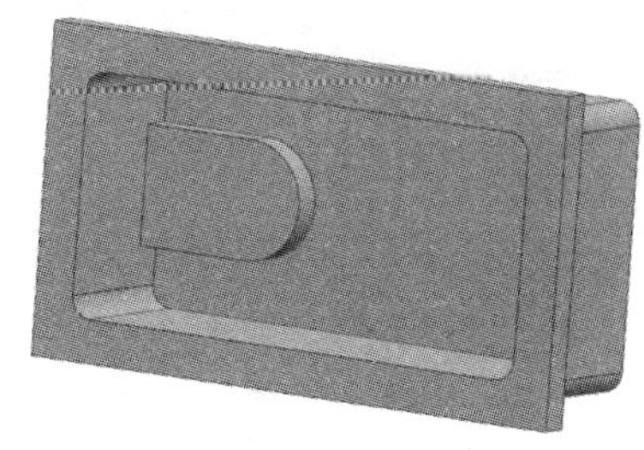

图 5-52 创建拉伸体

（7）单击“特征”工具栏中的“孔”按钮，打开如图 5-53 所示的“孔”对话框，选择“沉头”成形方式，输入沉头直径，沉头深度，直径和深度为 85, 20, 59 和 60，单击“绘制截面”按钮，选择垫块的上表面为孔放置面，绘制如图 5-54 所示的点，完成草图绘制返回到“孔”对话框，单击“确定”按钮，完成孔的创建，如图 5-55 所示。

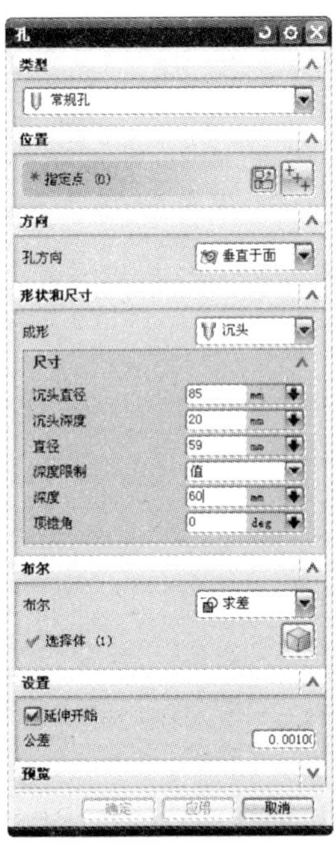

图 5-53 “孔”对话框

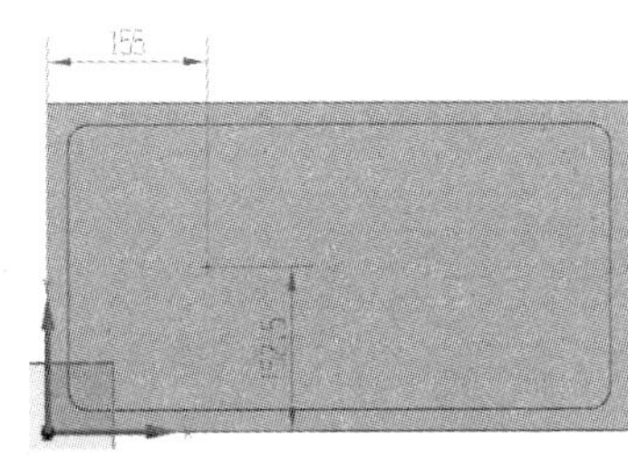

图 5-54 绘制草图

（8）单击“特征”工具栏中的“任务环境中的草图”按钮，打开“创建草图”对话框。选择图 5-55 中的面 1 为草图绘制平面，单击“确定”按钮。绘制如图 5-56 所示的草图。单击“完成草图”按钮，草图绘制完毕。

图 5-55 创建孔

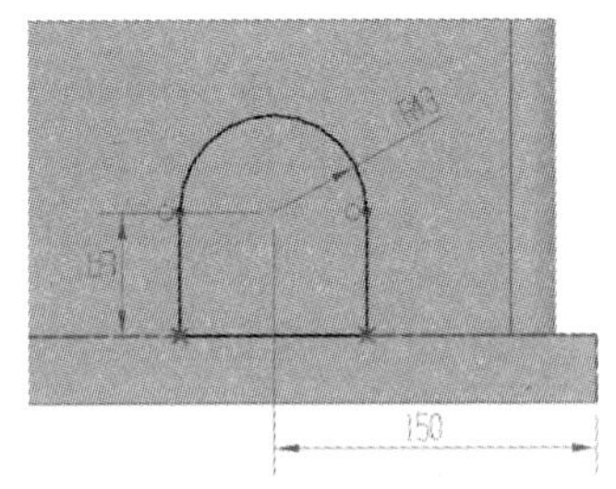

图 5-56 绘制草图

（9）单击“特征”工具栏中的“拉伸”按钮，打开如图 5-57 所示的“拉伸”对话框。选择上步绘制的草图为拉伸曲线。选择“-ZC 轴”为拉伸方向。输入“开始距离”为 0，在结束中选择“直至延伸部分”，选择如图 5-58 所示的面为结束面，在“布尔”下拉列表中选择“求和”，单击“确定”按钮，结果如图 5-59 所示。

图 5-57 “拉伸”对话框

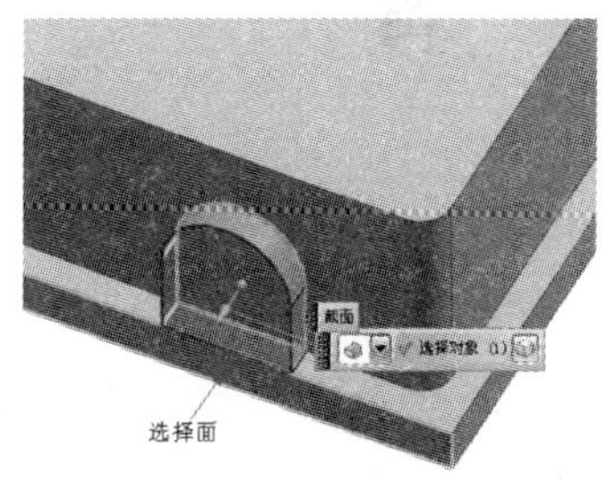

图 5-58 选择面

（10）单击“特征”工具栏中的“孔”按钮，打开“孔”对话框，选择“简单”成形方式，输入直径和深度为 62 和 40，捕捉如图 5-60 所示的圆心为孔放置位置，单击“确定”按钮，完成孔的创建，如图 5-41 所示。

图 5-59 创建拉伸体

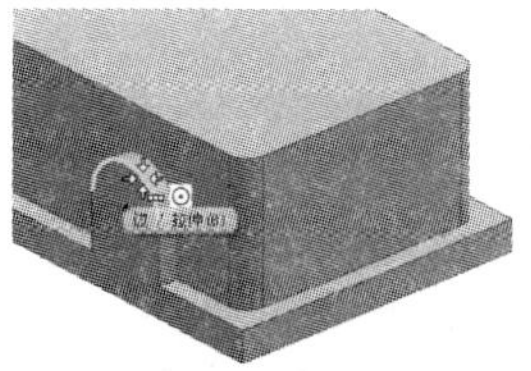

图 5-60 捕捉圆心

5.1.16 键槽

让用户生成一个直槽的通道通过实体或通到实体里面。在当前目标实体上自动在菜单栏中选择减去操作。所有槽类型的深度值按垂直于平面放置面的方向测量。

【执行方式】

- 菜单栏：选择菜单栏中的“插入”→“设计特征”→“键槽”命令。
- 工具栏：单击“特征”工具栏中的“键槽”按钮。

执行上述方式，打开如图 5-61 所示的“键槽”对话框。

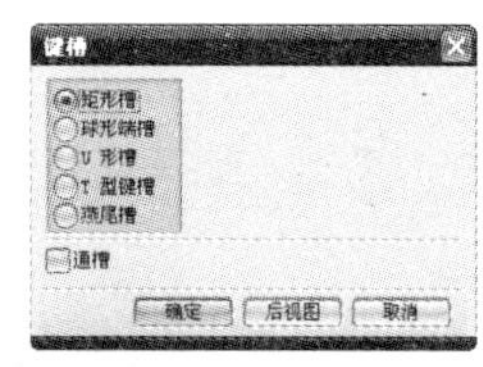

图 5-61 “键槽”对话框

【选项说明】

（1）矩形槽：选中该选项，在选定放置平面及水平参考面后，打开如图 5-62 所示“矩形键槽”对话框。选择该选项让用户沿着底边生成有尖锐边缘的槽，如图 5-63 所示。

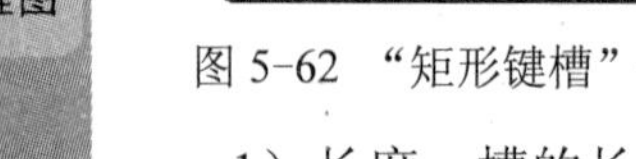

图 5-62 “矩形键槽”对话框

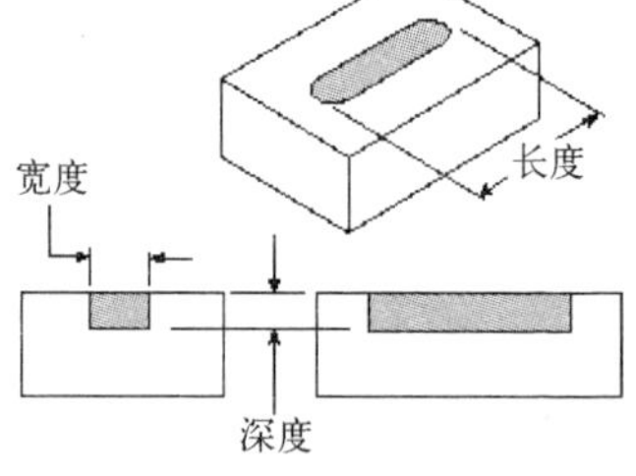

图 5-63 “矩形键槽”示意图

1）长度：槽的长度，按照平行于水平参考的方向测量。此值必须是正的。

2）宽度：槽的宽度值。

3）深度：槽的深度，按照和槽的轴相反的方向测量，是从原点到槽底面的距离。此值必须是正的。

（2）球形端槽：选中该选项，在选定放置平面及水平参考面后，打开如图 5-64 所示的“球形键槽”对话框。该选项让用户生成一个有完整半径底面和拐角的槽，示意图如图 5-65 所示。

球形键槽
球直径 5 mm
深度 5 mm
长度 30 mm
确定 后视图 取消

图 5-64 “球形键槽”对话框

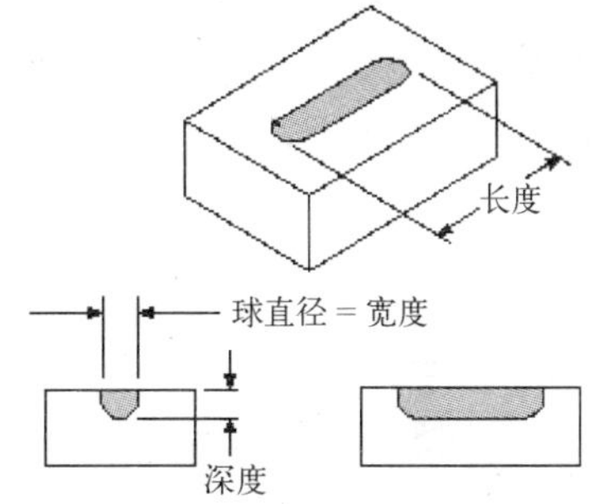

图 5-65 “球形键槽”示意图

（3）U 形槽：选中该选项，在选定放置平面及水平参考面后系统会打开如图 5-66 所示的“U 形槽”对话框。可以用此选项生成“U”形的槽。这种槽留下圆的转角和底面半径，示意图如图 5-67 所示。

U 形槽
宽度 10 mm
深度 6 mm
拐角半径 2 mm
长度 30 mm
确定 后视图 取消

图 5-66 “U 形槽”对话框

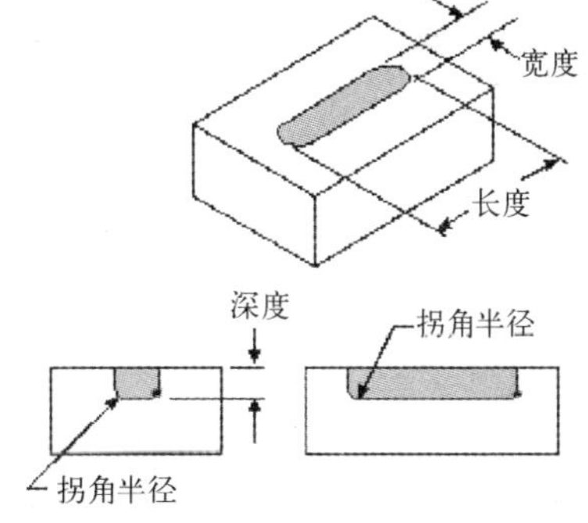

图 5-67 “U 形槽”示意图

1）宽度：槽的宽度（即切削工具的直径）。

2）深度：槽的深度，在槽轴的反方向测量，也即从原点到槽底的距离。这个值必须为正。

3）拐角半径：槽的底面半径（即切削工具边半径）。

4）长度：槽的长度，在平行于水平参考的方向上测量。这个值必须为正。

（4）T 形键槽：选中该选项，在选定放置平面及水平参考面，打开如图 5-68 所示的“T 形键槽”对话框。能够生成横截面为倒 T 字形的槽，如图 5-69 所示。

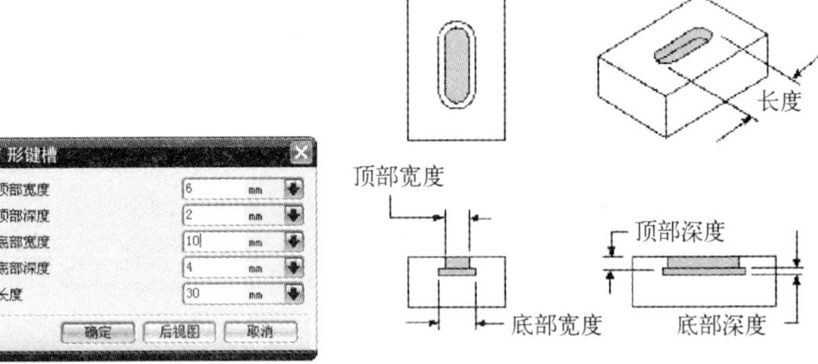

图 5-68 “T 形键槽”对话框　　图 5-69 “T 形键槽”示意图

1）顶部宽度：槽的较窄的上部宽度。

2）顶部深度：槽顶部的深度，在槽轴的反方向上测量，即从槽原点到底部深度值顶端的距离。

3）底部宽度：槽的较宽的下部宽度。

4）底部深度：槽底部的深度，在刀轴的反方向上测量，即从顶部深度值的底部到槽底的距离。

5）长度：槽的长度，在平行于水平参考的方向上测量。这个值必须为正。

注意：底部宽度要大于顶部宽度。

（5）燕尾槽：选中该选项，在选定放置平面及水平参考面后，打开如图 5-70 所示“燕尾槽”对话框。该选项生成“燕尾”形的槽。这种槽留下尖锐的角和有角度的壁，示意图如图 5-71 所示。

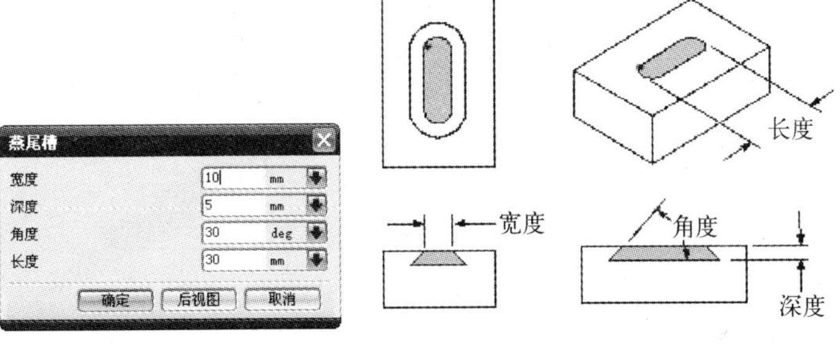

图 5-70 “燕尾槽”对话框　　图 5-71 “燕尾槽”示意图

1）宽度：实体表面上槽的开口宽度，在垂直于槽路径的方向上测量，以槽的原点为中心。

2）深度：槽的深度，在刀轴的反方向测量，也即从原点到槽底的距离。

3）角度：槽底面与侧壁的夹角。

4）长度：槽的长度，在平行于水平参考的方向上测量。这个值必须为正。

（6）通槽：该复选框让用户生成一个完全通过两个选定面的槽。有时如果在生成特殊的槽时碰到麻烦，尝试按相反的顺序选择通过面。槽可能会多次通过选定的面，这依赖于选定面的形状，如图 5-72 所示。

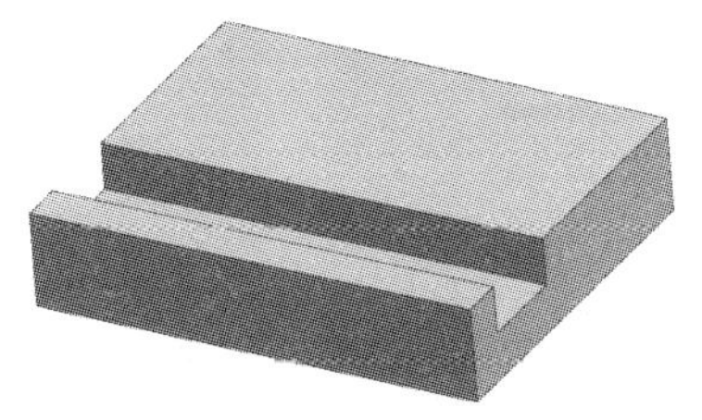

图 5-72 “通槽”示意图

5.1.17 实例——锤头

本节绘制如图 5-73 所示锤头。

（1）单击“标准”工具栏中的“新建”按钮，打开“新建”对话框。在模板列表中选择“模型”，输入名称为 chuitou，单击“确定”按钮，进入建模环境。

图 5-73　锤头

（2）选择菜单栏中的“插入”→“设计特征”→“长方体”命令，打开如图 5-74 所示的“块”对话框。选择“原点和边长”类型。单击“点对话框”按钮，打开“点”对话框，输入原点坐标为（0,0,0），单击“确定”按钮，返回到“块”对话框。在“长度”、“宽度”和“高度”文本框中分别输入 80，30 和 20，单击“确定”按钮，生成模型如图 5-75 所示。

图 5-74　“块”对话框

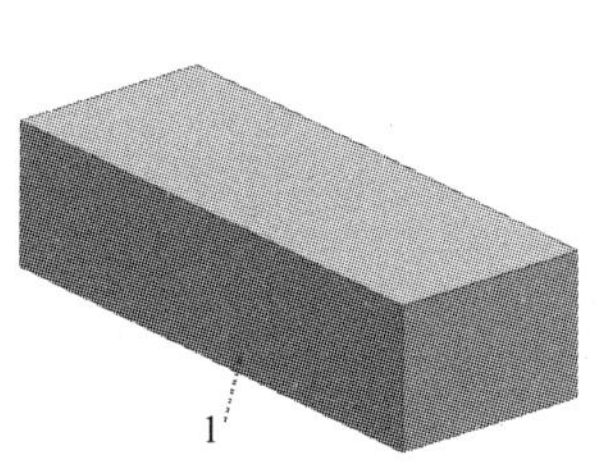

图 5-75　长方体

（3）单击“特征”工具栏中的“任务环境中的草图”按钮，打开“创建草图”对话框。选择如图 5-75 所示的面 1 为草图绘制平面，单击“确定”按钮。绘制如图 5-76 所示的草图。单击“完成草图”按钮，草图绘制完毕。

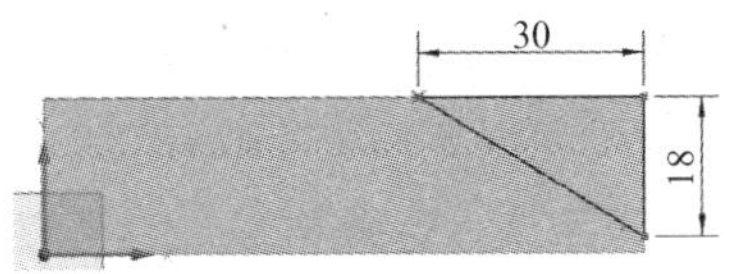

图 5-76　绘制草图

（4）单击“特征”工具栏中的“拉伸”按钮，打开如图 5-77 所示的“拉伸”对话框。选择上步绘制的草图为拉伸曲线。选择“ZC 轴”为拉伸方向。在“开始距离”和“结束距离”数值栏中输入 0，12.5，单击“确定”按钮，结果如图 5-78 所示。

图 5-77　“拉伸”对话框

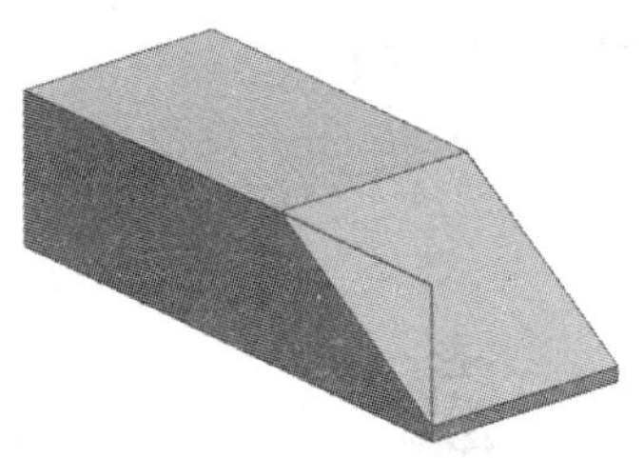

图 5-78　圆锥体

（5）单击“特征”工具栏中的“键槽”按钮，打开如图 5-79 所示的“键槽”对话框。选择“矩形槽”选项。打开如图 5-80 所示的“矩形键槽”放置面对话框，选择长方体的上表面为键槽放置面，打开“水平参考”对话框，选择

图 5-79　“圆锥”对话框

与 XC 轴平行的边线，打开如图 5-81 所示的“矩形键槽”参数对话框，输入长度，宽度和深度为 25, 10 和 30，打开“定位”对话框，选择“垂直”定位方式，选择长方体的长边和键槽长中心线，输入距离为 15；选择长方体的短边和键槽短中心线，输入距离为 22.5，单击“确定”按钮，生成模型如图 5-73 所示。

图 5-80　放置面对话框

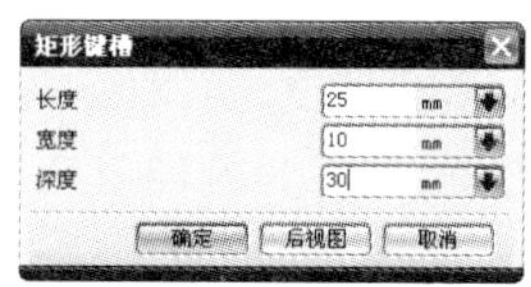

图 5-81　“矩形键槽”参数对话框

5.1.18　槽

该选项让用户在实体上生成一个槽，就好像一个成形刀具在旋转部件上向内（从外部定位面）或向外（从内部定位面）移动，如同车削操作。

【执行方式】

- 菜单栏：选择菜单栏中的“插入”→“设计特征”→“槽”命令。
- 工具栏：单击“特征”工具栏中的“槽”按钮。

执行上述方式，打开如图 5-82 所示的“槽”对话框。

【选项说明】

（1）矩形：选中该选项，在选定放置平面后系统会打开如图 5-83 所示的“矩形槽”对话框。该选项让用户生成一个周围为尖角的槽，如图 5-84 所示。

图 5-82　“槽”对话框

图 5-83　“矩形槽”对话框

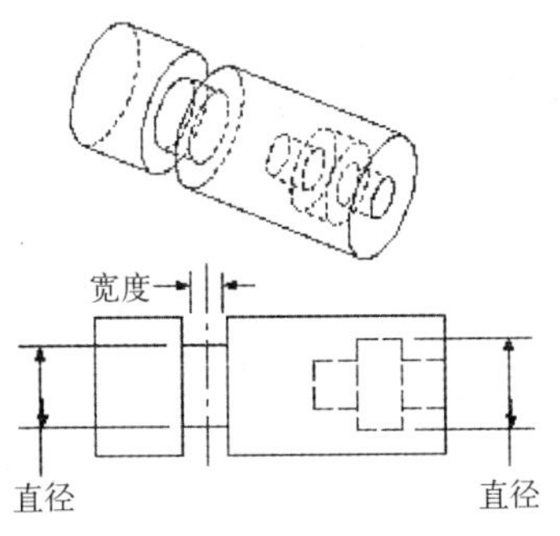

图 5-84 “矩形槽”示意图

1）槽直径：生成外部槽时，指定槽的内径，而当生成内部槽时，指定槽的外径。

2）宽度：槽的宽度，沿选定面的轴向测量。

（2）球形端槽：选中该选项，在选定放置平面后系统会打开如图 5-85 所示的“球形端槽”对话框。该选项让用户生成底部有完整半径的槽，如图 5-86 所示。

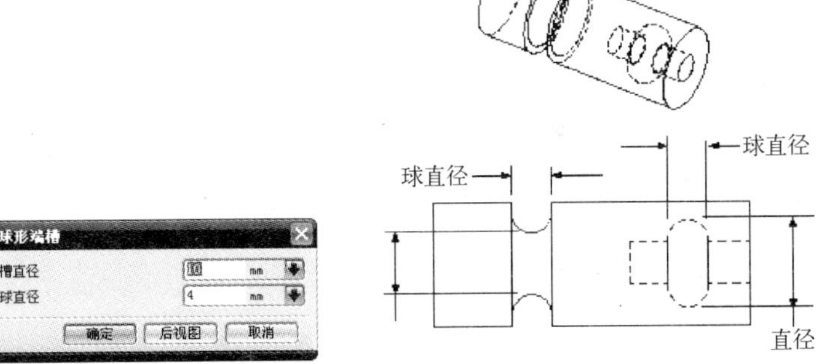

图 5-85 “球形端槽”对话框　　图 5-86 “球形端槽”示意图

1）槽直径：生成外部槽时，指定槽的内径，而当生成内部槽时，指定槽的外径。

2）球直径：槽的宽度。

（3）U 形槽： 选中该选项，在选定放置平面后系统打开如

图 5-87 所示的“U 形槽”对话框。该选项让用户生成在拐角有半径的槽。

1）槽直径：生成外部槽时，指定槽的内部直径，而当生成内部槽时，指定槽的外部直径。

2）宽度：槽的宽度，沿选择面的轴向测量。

3）拐角半径：槽的内部圆角半径。

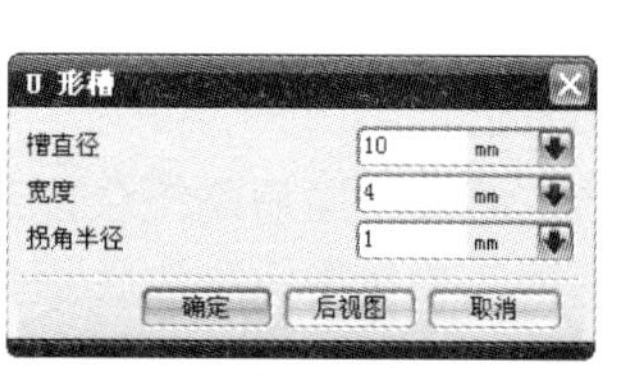

图 5-87 “U 形槽”对话框

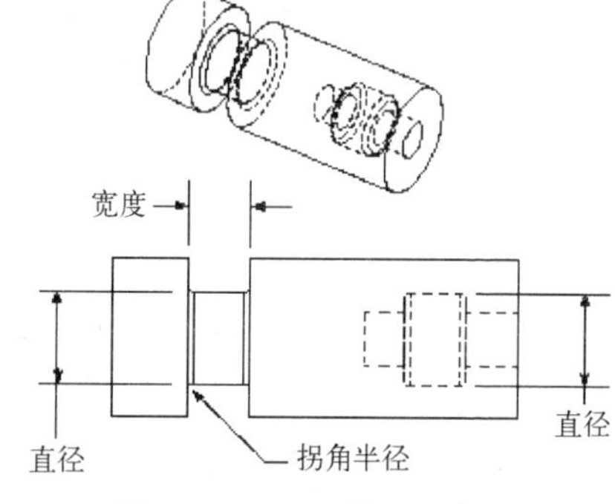

图 5-88 “U 形槽”示意图

5.1.19 螺纹

【执行方式】

- 菜单栏：选择菜单栏中的“插入”→“设计特征”→“螺纹”命令。
- 工具栏：单击“特征”工具栏中的“螺纹”按钮。

执行上述方式，打开如图 5-89 所示“螺纹”对话框。

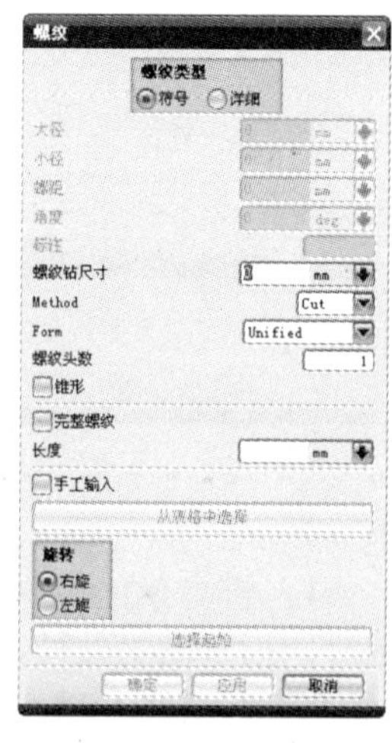

图 5-89 “螺纹”对话框

【选项说明】

（1）螺纹类型

1）符号：该类型螺纹以虚线圆的形式显示在要攻螺纹的一个或几个面上。符号螺纹使用外部螺纹表文件（可以根据特殊螺纹要求来定制这些文件），以确定默认参数。符号螺纹一旦生成就不能复制或阵列，但在生成时可以生成多个复制和可阵列复制。

2）详细：该类型螺纹看起来更实际，但由于其几何形状及显示的复杂性，生成和更新都需要长得多的时间。详细螺纹使用内嵌的默认参数表，可以在生成后复制或引用。详细螺纹是完全关联的，如果特征被修改，螺纹也相应更新。

（2）大径：为螺纹的最大直径。对于符号螺纹，提供默认值的是查找表。对于符号螺纹，这个直径必须大于圆柱面直径。只有当“手工输入”选项打开时您才能在这个字段中为符号螺纹输入值。

（3）小径：螺纹的最小直径。

（4）螺距：从螺纹上某一点到下一螺纹的相应点之间的距离，平行于轴测量。

（5）角度：螺纹的两个面之间的夹角，在通过螺纹轴的平面内测量。

（6）标注：引用为符号螺纹提供默认值的螺纹表条目。当“螺纹类型”是“详细”，或者对于符号螺纹而言“手工输入”选项可选时，该选项不出现。

（7）螺纹钻尺寸：轴尺寸出现于外部符号螺纹；丝锥尺寸出现于内部符号螺纹。

（8）Method：该选项用于定义螺纹加工方法，如 Rolled（滚）、Cut（切削）、Milled（磨）和 Ground（铣）。选择可以由用户在用户默认值中定义，也可以不同于这些例子。该选项只出现于“符号”螺纹类型。

（9）螺纹头数：该选项用于指定是要生成单头螺纹还是多头螺纹。

（10）锥形：勾选此复选框，则符号螺纹带锥度。

（11）完整螺纹：勾选此复选框，则当圆柱面的长度改变时符号螺纹将更新。

（12）长度：从选中的起始面到螺纹终端的距离，平行于轴测量。对于符号螺纹，提供默认值的是查找表。

（13）手工输入：该选项为某些选项输入值，否则这些值要由查找表提供。勾选此复选框，“从表格中选择”选项不能用。

（14）从表格中选择：对于符号螺纹，该选项可以从查找表中选择标准螺纹表条目。

（15）旋转：用于指定螺纹应该是“右旋”的（顺时针）还是“左旋”的（反时针）。

（16）选择起始：该选项通过选择实体上的一个平面或基准面来为符号螺纹或详细螺纹指定新的起始位置。

5.2 特征操作

5.2.1 边倒圆

该对话框用于在实体沿边缘去除材料或添加材料，使实体上的尖锐边缘变成圆滑表面（圆角面）。可以沿一条边或多条边同时进行倒圆操作。沿边的长度方向，倒圆半径可以不变也可以是变化的。

【执行方式】

- 菜单栏：选择菜单栏中的“插入”→“细节特征”→“边倒圆”命令。
- 工具栏：单击“特征”工具栏中的“边倒圆”按钮。

执行上述方式后，打开如图 5-90 所示的“边倒圆”对话框。

图 5-90 “边倒圆”对话框

【选项说明】

（1）要倒圆的边。

1）选择边：用于为边倒圆集选择边。

2）形状：用于指定圆角横截面的基础形状。

① 圆形：创建圆形倒圆。在半径中输入半径值。

② 二次曲线：控制对称边界边半径、中心半径和 Rho 值的组合，创建二次曲线倒圆。

3）二次曲线法：允许使用高级方法控制圆角形状，创建对称二次曲线倒圆。

① 边界和中心：指定边界半径和中心半径定义二次曲线倒圆截面。

② 边界和 Rho：通过指定对称边界半径和 Rho 值来定义二次曲线倒圆截面。

③ 中心和 Rho：通过指定中心半径和 Rho 值来定义二次曲线倒圆截面。

（2）可变半径点：通过沿着选中的边缘指定多个点并输入每一个点上的半径，可以生成一个可变半径圆角。对话框如图 5-91 所示；从而生成了一个半径沿着其边缘变化的圆角，如图 5-92 所示。

可变半径点

指定新的位置

V 半径 15 mm

位置 弧长百分比

弧长百分比 81.19924

列表

V 半径 1	15	p44=15
V 半径 2	15	p50=15
V 半径 3	10	p56=10
V 半径 4	18	p62=18

图 5-91 “可变半径点”对话框

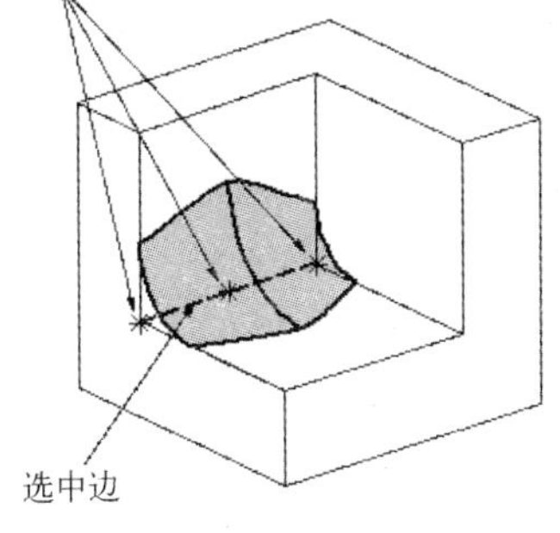

图 5-92 “可变半径点”示意图

1）指定新的位置：通过“点”对话框或点下拉列表中来添加新的点。

2）V 半径：指定选定点的半径值。

3）位置。

① 弧长：设置弧长的指定值。

② 弧长百分比：将可变半径点设置为边的总弧长的百分比。

③ 通过点：指定可变半径点。

（3）拐角倒角：该选项可以生成一个拐角圆角，业内称为球状圆角。该选项用于指定所有圆角的偏置值（这些圆角一起形成拐角），从而能控制拐角的形状。拐角的用意是作为非类型表面钣金冲压的一种辅助，并不意味着要用于生成曲率连续的面，对话框如图 5-93 所示。

1）选择端点：在边集中选择拐角终点。

2）点 1 倒角 3：在列表中选择倒角，输入倒角值。

（4）拐角突然停止：该选项通过添加中止倒角点，来限制边上的倒角范围，对话框如图 5-94 所示。示意图如图 5-95 所示。

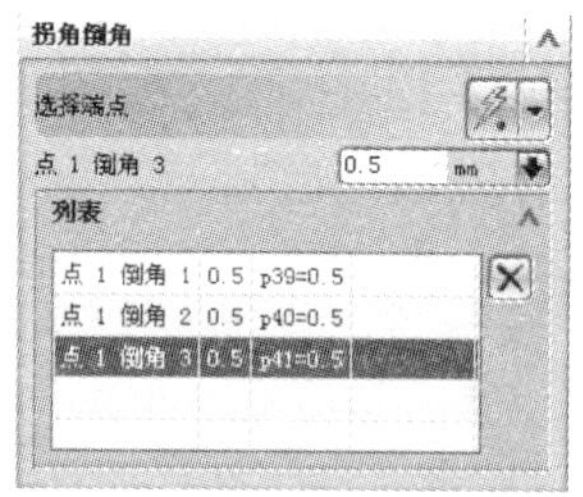

图 5-93 “拐角倒角”对话框

图 5-94 “拐角突然停止”对话框

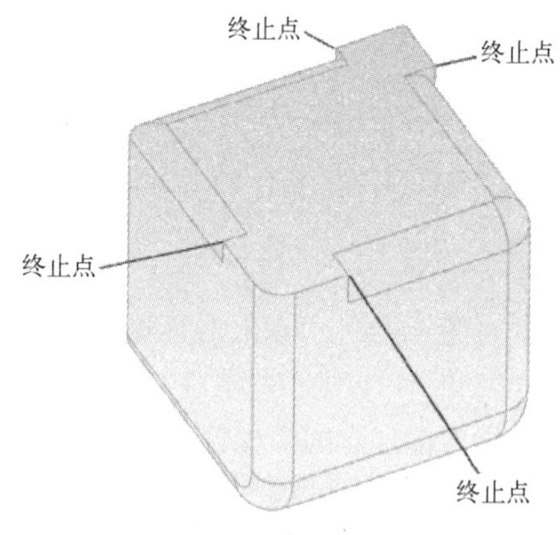

图 5-95 “拐角突然停止”示意图

1）选择端点：选择要倒圆的边上的倒圆终点及停止位置。

2）停止位置

① 按某一距离：在终点处突然停止倒圆。

② 交点处：在多个倒圆相交的选定顶点处停止倒圆。

3）位置

① 弧长：用于指定弧长值以在该处选择停止点。

② 弧长百分比：指定弧长的百分比用于在该处选择停止点。

③ 通过点：用于选择模型上的点。

（5）“修剪”对话框如图 5-96 所示。

1）用户选定的对象：勾选此复选框，可以指定用于修剪圆角面的对象和位置。

2）限制对象：列出使用指定的对象修剪边倒圆的方法。

① 平面：使用面集中的一个或多个平面修剪边倒圆。

② 面：使用面集中的一个或多个面修剪边倒圆。

③ 边：使用边集中的一条或多条边修剪边倒圆。

3）使用限制平面/面截断倒圆：使用平面或面来截断圆角。

4）指定点：在点对话框或指定点下来列表来指定离待截断倒圆的交点最近的点。

（6）溢出解：其对话框如图 5-97 所示。

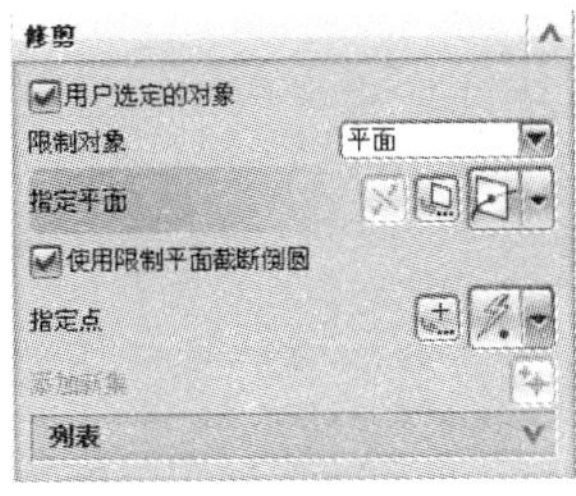

图 5-96 “修剪”对话框

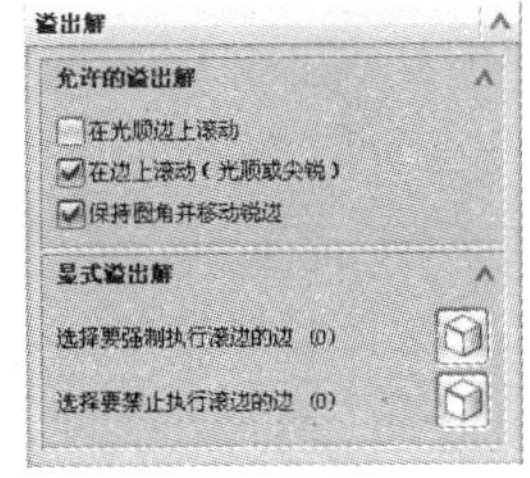

图 5-97 “溢出解”对话框

1）允许的溢出解。

① 在光顺边上滚动：该选项允许用户倒角遇到另一表面时，实现光滑倒角过渡，如图 5-98 所示。

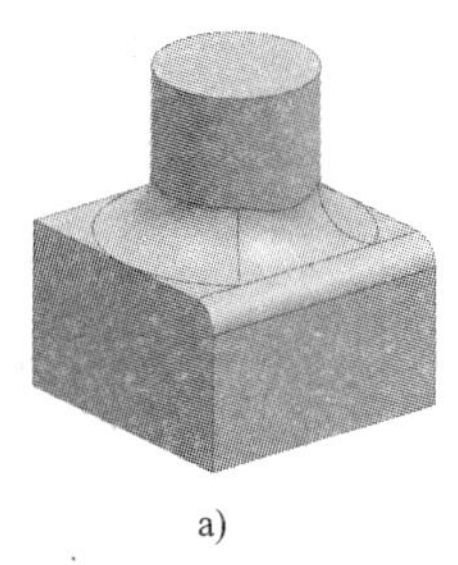

a)

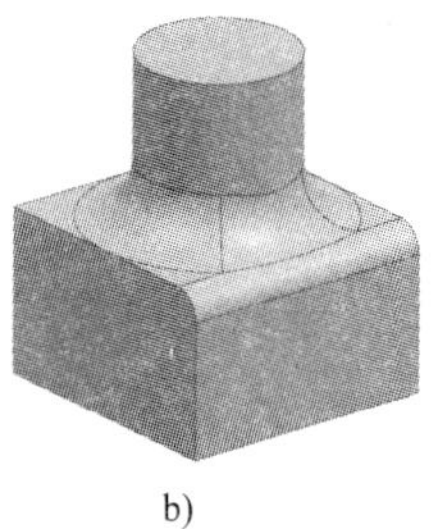

b)

图 5-98　在光顺边上滚动

a) 不勾选"在光顺边上滚动"复选框　b) 勾选"在光顺边上滚动"复选框

② 在边上滚动（光顺或尖锐）：该选项即以前版本中的允许陡峭边缘溢出，在溢出区域保留尖锐的边缘。

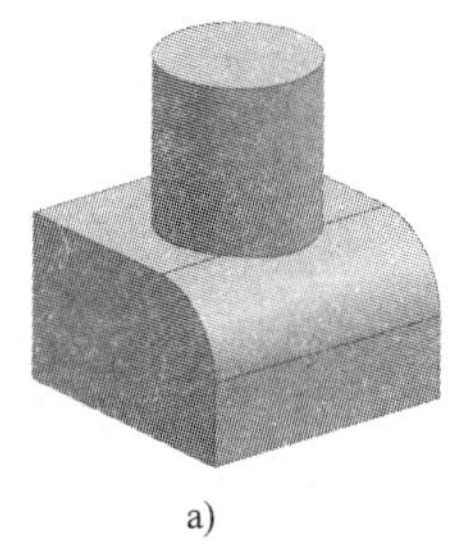

a)

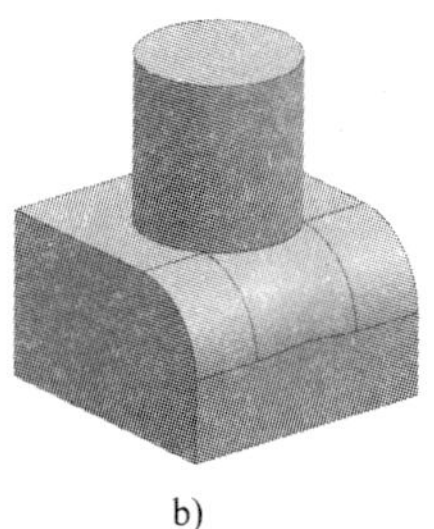

b)

图 5-99　在边上滚动（光顺或尖锐）

a) 不勾选"在边上滚动（光顺或尖锐）"复选框
b) 勾选"在边上滚动（光顺或尖锐）"复选框

③ 保持圆角并移动锐边：该选项允许用户在倒角过程中与定义倒角边的面保持相切，并移除阻碍的边。

2）显式溢出解。

① 选择要强制执行滚边的边：用于选择边以对其强制应用在边上滚动（光顺或尖锐）选项。

② 选择要禁止执行滚边的边：用于选择边以不对其强制应用在边上滚动（光顺或尖锐）选项。

（7）设置：其对话框如图 5-100 所示。

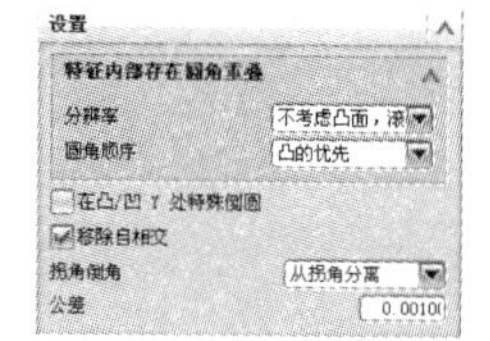

图 5-100 "设置"对话框

1）分辨率：指定如何解决重叠的圆角。

① 保存圆角和相交：忽略圆角自相交，圆角的两个部分都有相交曲线修剪。

② 如果凸面不同，则滚动：使圆角在其自身滚动。

③ 不考虑凸面，滚动：在圆角遇到其自身部分时使圆角在其自身滚动，无须考虑凸面的情况。

2）圆角顺序：指定创建圆角的顺序。

① 凸的优先：先创建凸圆角，再创建凹圆角。

② 凹的优先：先创建凸圆角，再创建凹圆角。

3）在凸/凹 Y 处特殊圆角：该选项即以前版本中的柔化圆角顶点选项，允许 Y 形圆角。当相对凸面的邻近边上的两个圆角相交三次或更多次时，边缘顶点和圆角的默认外形将从一个圆角滚动到另一个圆角上，Y 形顶点圆角提供在顶点处可选的圆角形状。

4）移除自相交：由于圆角的创建精度等原因从而导致了自相交面，该选项允许系统自动利用多边形曲面来替换自相交曲面。

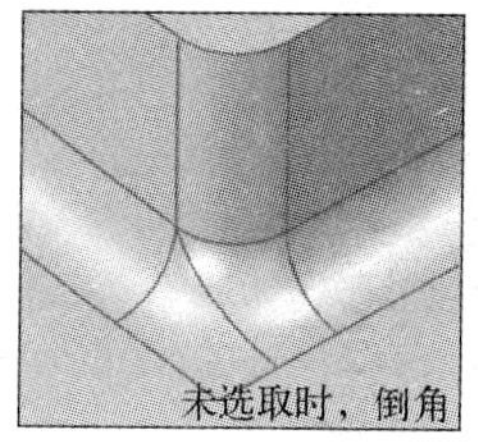

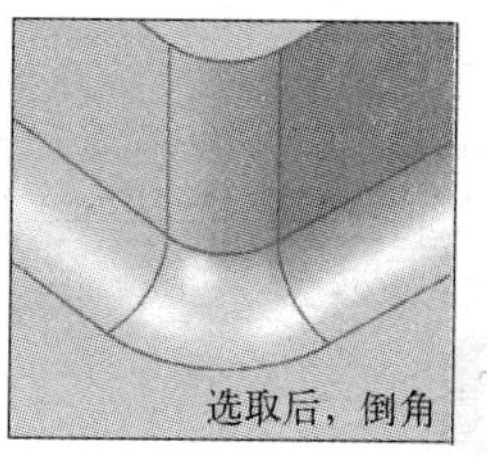

图 5-101 “在凸/凹 Y 处特殊圆角”示意图

5.2.2 倒斜角

该选项通过定义所需的倒角尺寸来在实体的边上形成斜角。

【执行方式】

- 菜单栏：选择菜单栏中的“插入”→“细节特征”→“倒斜角”命令。
- 工具栏：单击“特征”工具栏中的“倒斜角”按钮。

执行上述方式后，打开如图 5-102 所示“倒斜角”对话框。

【选项说明】

（1）选择边：选择要倒斜角的一条或多条边。

（2）横截面。

1）对称：该选项让用户生成一个简单的倒角，它沿着两个面的偏置是相同的。必须输入一个正的偏置值，如图 5-103 所示。

2）非对称：用于与倒角边邻接的两个面分别采用不同偏置值来创建倒角，必须输入“距离 1”值和“距离 2”值。这些偏置是从选择的边沿着面测量的。这两个值都必须是正的，如图 5-104 所示。在生成倒角以后，如果倒角的偏置和想要的方向相反，可以选择“反向”。

图 5-102 “倒斜角”对话框

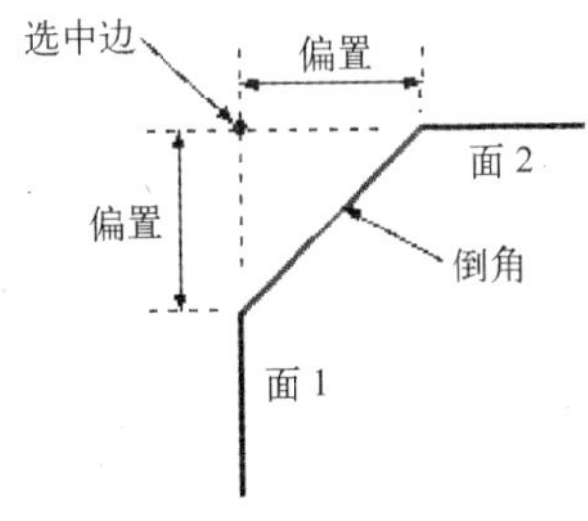

图 5-103 “对称”示意图

3）偏置和角度：该选项可以用一个角度来定义简单的倒角，如图 5-105 所示。

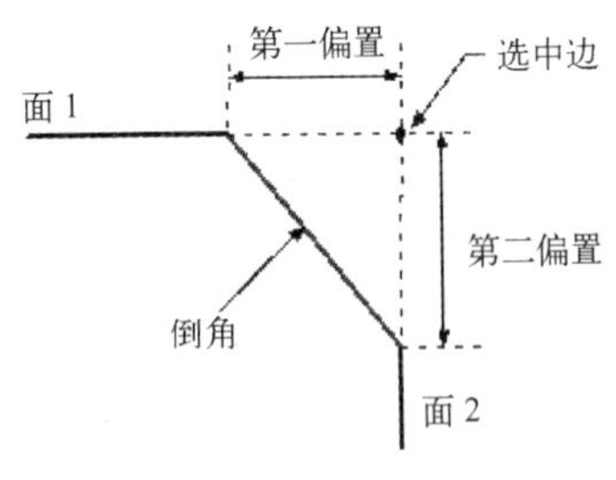

图 5-104 “非对称”示意图

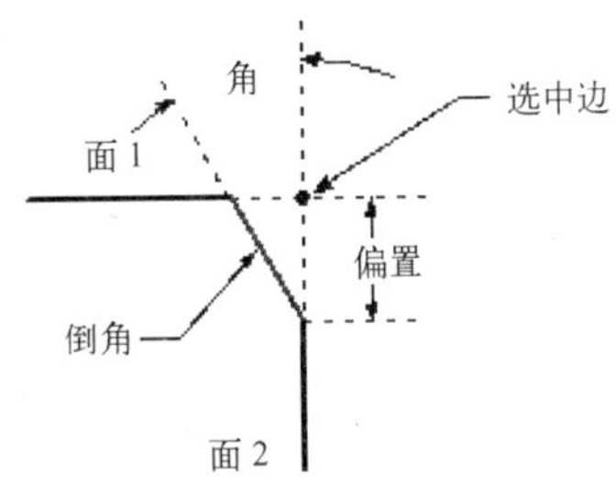

图 5-105 “偏置和角度”示意图

（3）偏置方法：指定一种方法以使用偏置距离值来定义新倒斜角面的边。

1）沿面偏置边：通过沿所选边的邻近面测量偏置距离值，定义新倒斜角面的边。

2）偏置面和修剪：通过偏置相邻面以及将偏置面的相交处垂直投影到原始面，定义新倒斜角的边。

5.2.3 拔模

该选项让用户相对于指定矢量和可选的参考点将拔模应用于面或边。

【执行方式】

- 菜单栏：选择菜单栏中的“插入”→“细节特征”→“拔模”命令。
- 工具栏：单击“特征”工具栏中的“拔模”按钮。

执行上述方式后，打开如图 5-106 所示“拔模”对话框。

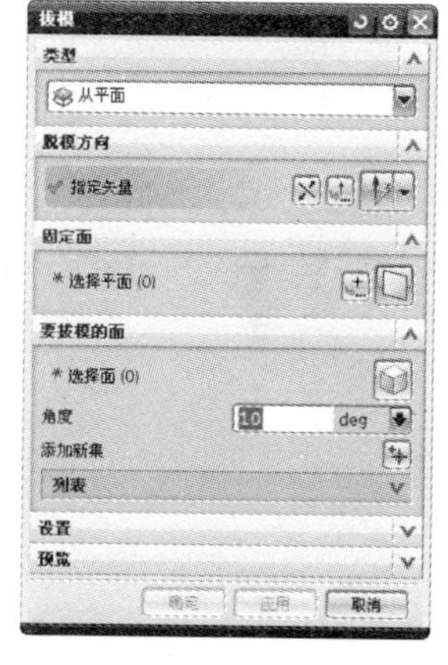

图 5-106 “拔模”对话框

【选项说明】

（1）从平面：该选项能将选中的面倾斜，示意图如图 5-107 所示。

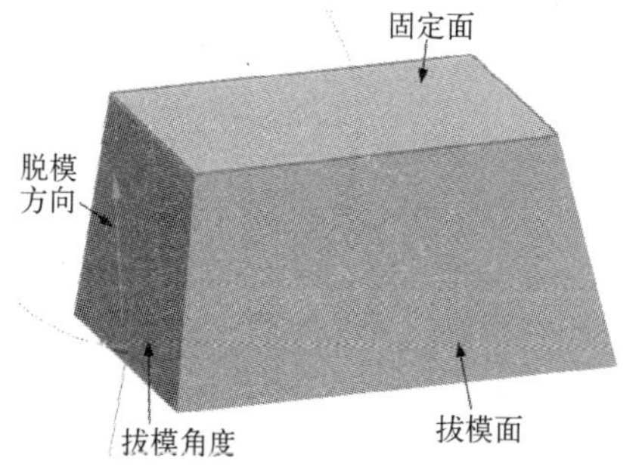

图 5-107 “从平面”示意图

1）脱模方向：定义拔模方向矢量。

2）固定面：定义拔模时不改变的平面。

3）要拔模的面：选择拔模操作所涉及的各个面。

4）角度：定义拔模的角度。

需要注意的是：用同样的固定面和方向矢量来拔模内部面和外部面，则内部面拔模和外部面拔模是相反的。

（2）从边：能沿一组选中的边，按指定的角度拔模。该选项能沿选中的一组边按指定的角度和参考点拔模，对话框如图 5-108 所示。

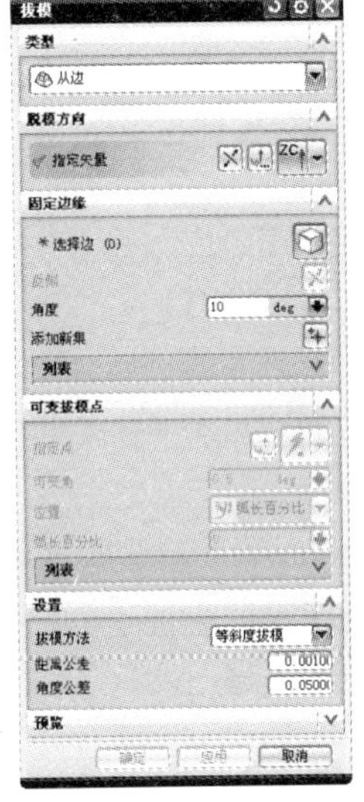

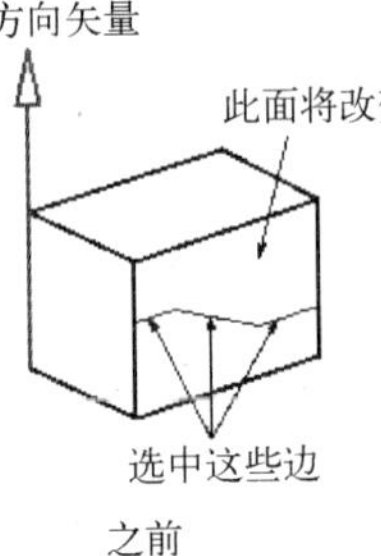

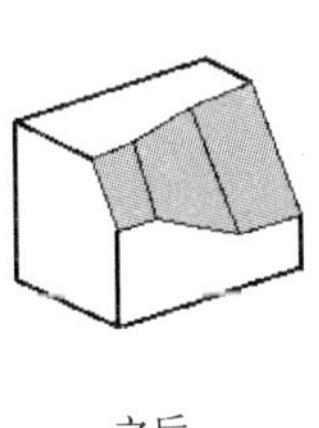

图 5-108 “从边”对话框与示意图

1）固定边缘：用于指定实体拔模的一条或多条实体边作为拔模的参考边。

2）可变拔模点：用于在参考边上设置实体拔模的一个或多个控制点，再为各控制点设置相应的角度和位置，从而实现沿参考边对实体进行变角度的拔模。其可变角定义点的定义可通过

"捕捉点"工具栏来实现。

如果选择的边是平滑的，则将被拔模的面是在拔模方向矢量所指一侧的面。

（3）与多个面相切：能以给定的拔模角拔模，开模方向与所选面相切。该选项按指定的拔模角进行拔模，拔模与选中的面相切，对话框如图 5-109 所示。用此角度来决定用作参考对象的等斜度曲线。然后就在离开方向矢量的一侧生成拔模面，示意图如图 5-110 所示。

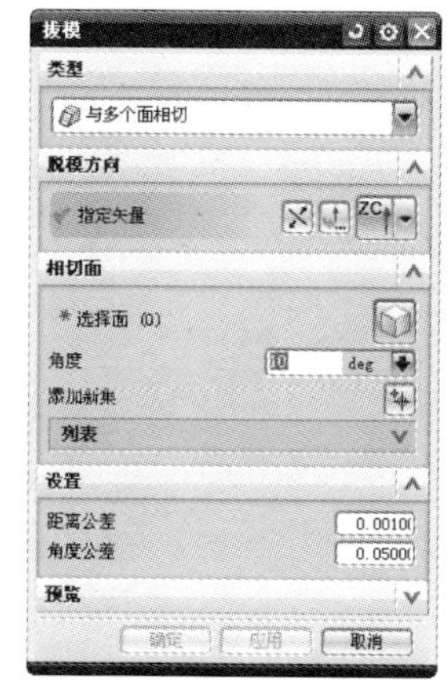

图 5-109 "与多个面相切"对话框

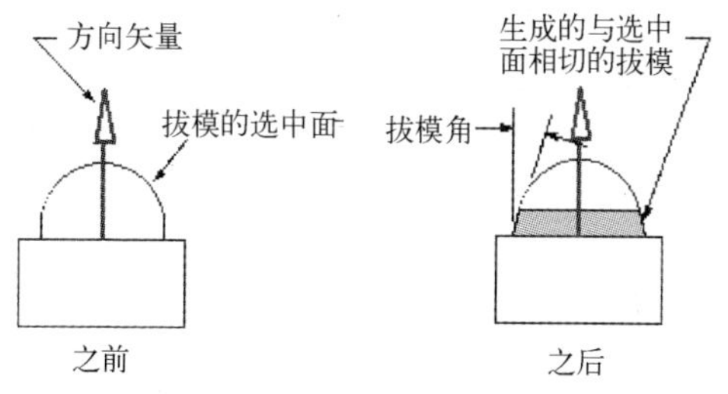

图 5-110 "与多个面相切"示意图

该拔模类型对于模铸件和浇注件特别有用，可以弥补任何可能的拔模不足。

相切面：用于一个或多个相切表面作为拔模表面。

（4）至分型边：能沿一组选中的边，用指定的多个角度和一个参考点拔模，对话框如图 5-111 所示。该选项能沿选中的一组边用指定的角度和一个固定面生成拔模。分隔线拔模生成垂直于参考方向和边的扫掠面，如图 5-112 所示。在这种类型的拔模中，改变了面但不改变分隔线。当处理模铸塑料部件时这是一个常用的操作。

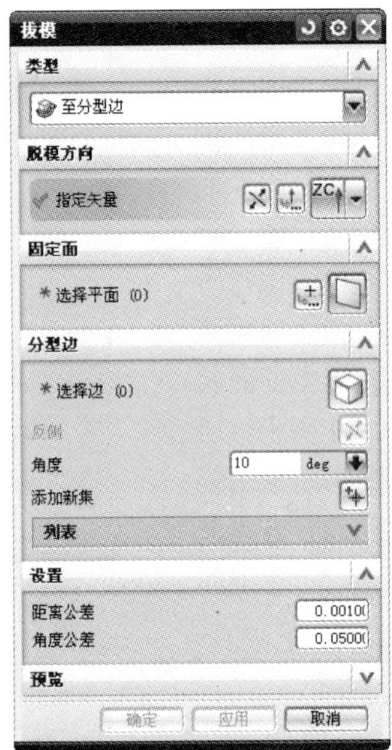

图 5-111 “拔模”对话框

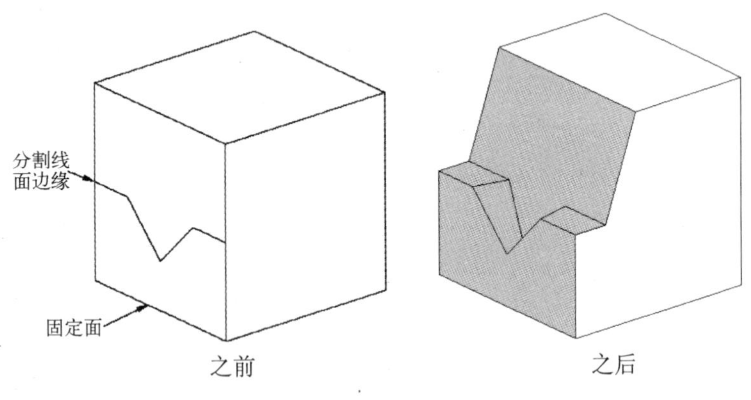

图 5-112 “至分型边”示意图

1）固定面：该图标用于指定实体拔模的参考面。在拔模过程中，实体在该参考面上的截面曲线不发生变化。

2）分型边：该图标用于选择一条或多条分割边作为拔模的参考边。其使用方法和通过边拔模实体的方法相同。

5.2.4 实例——圆锥销

本节绘制如图 5-113 所示圆锥销。

（1）单击“标准”工具栏中的“新建”按钮，打开“新建”对话框。在模板列表中选择“模型”，输入名称为 yuanzhuixiao，单击“确定”按钮，进入建模环境。

（2）选择菜单栏中的“插入”→“设计特征”→“圆柱体”命令，打开如图 5-114 所示的“圆柱”对话框。选择“轴、直径和高度”类型。选择“ZC 轴”为圆柱体方向。单击“点对话框”按钮，打开“点”对话框，输入原点坐标为（0,0,0），单击“确定”按钮，返回到“圆柱”对话框。在“直径”和“高度”文本框中分别输入 6，20，单击“确定”按钮，生成模型如图 5-115 所示。

图 5-113　圆锥销

图 5-114　“圆柱”对话框

（3）单击“特征”工具栏中的“拔模”按钮，打开如图 5-116

所示的“拔模”对话框。选择“从平面”类型。选择“ZC 轴”为拔模方向。选择如图 5-117 所示的固定面和要拔模的面，输入角度为 1，单击“确定”按钮，生成模型如图 5-118 所示。

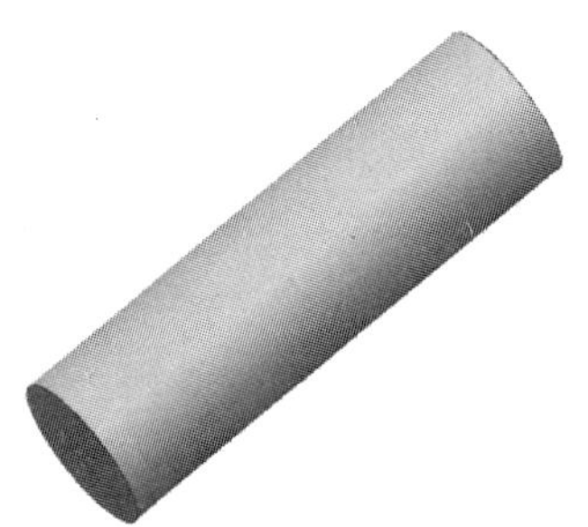

图 5-115 圆柱体

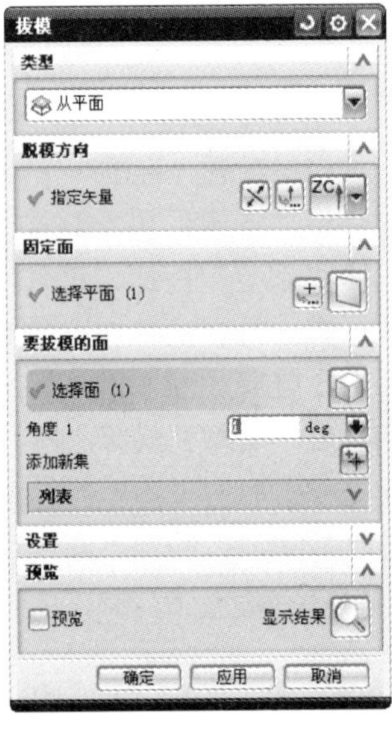

图 5-116 “拔模”对话框

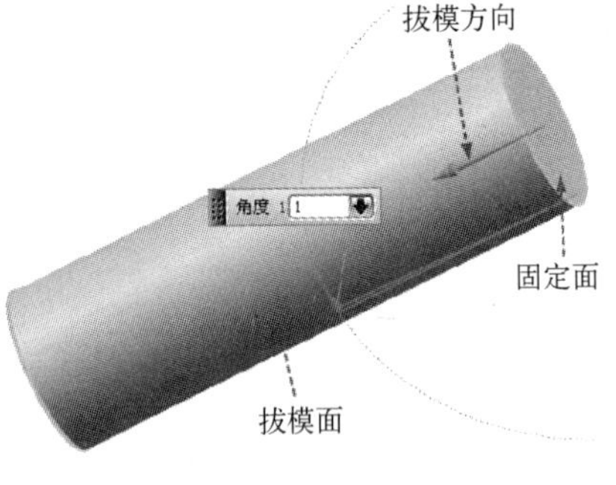

图 5-117 “拔模”示意图

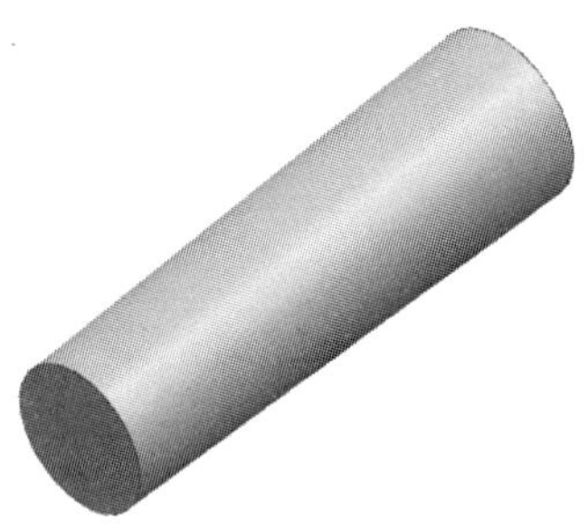

图 5-118 拔模

（4）单击“特征”工具栏中的“倒斜角”按钮，打开如

图 5-119 所示的“倒斜角”对话框。选择“对称”横截面和“偏置面并修剪”偏置方法。选择如图 5-120 所示的边，输入距离为 0.5，单击“确定”按钮，生成模型如图 5-113 所示。

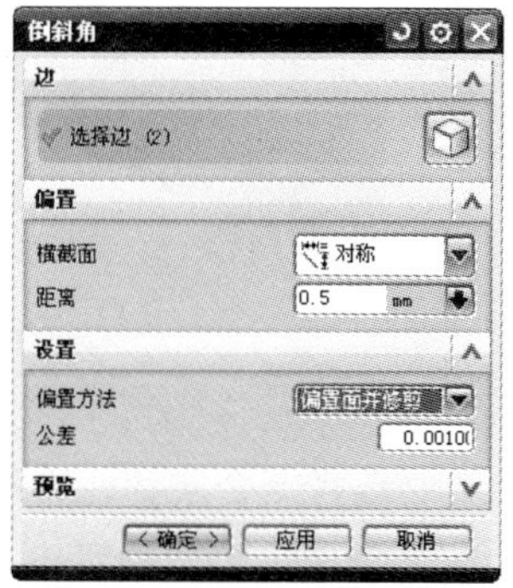

图 5-119　拔模

图 5-120　拔模

5.2.5　抽壳

使用此命令来进行抽壳来挖空实体或在实体周围建立薄壳。

【执行方式】

- 菜单栏：选择菜单栏中的“插入”→“偏置/缩放”→“抽壳”命令。
- 工具栏：单击“特征”工具栏中的“抽壳”按钮。

执行上述方式后，系统打开“抽壳”对话框，如图 5-121 所示。

【选项说明】

（1）类型。

1）移除面，然后抽壳：选择该方法后，所选目标面在抽壳操作后将被

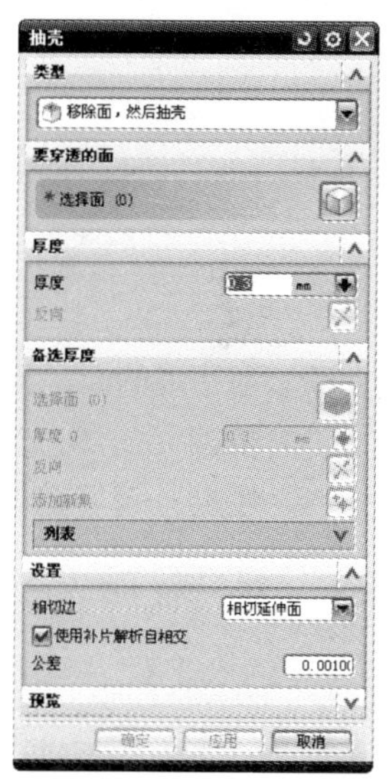

图 5-121　“抽壳”对话框

移除，如图 5-122 所示。

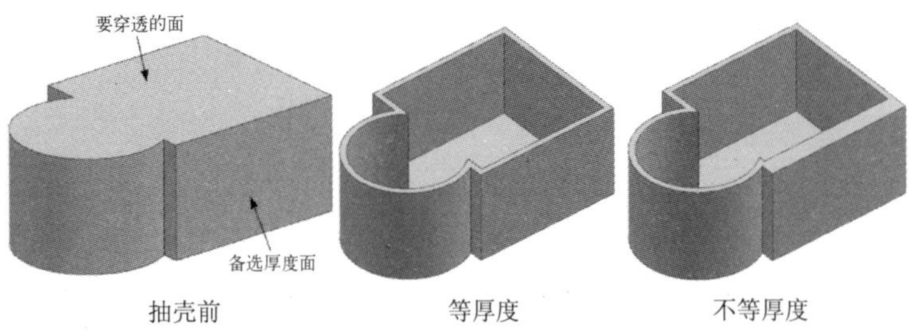

图 5-122 “移除面，然后抽壳”示意图

2）抽壳所有面：选择该方法后，需要选择一个实体，系统将按照设置的厚度进行抽壳，抽壳后原实体变成一个空心实体，如图 5-123 所示。

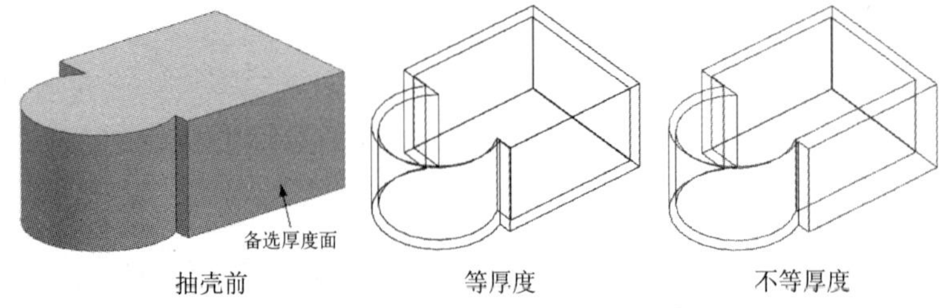

图 5-123 “抽壳所有面”示意图

（2）要穿透的面：从要抽壳的实体中选择一个或多个面移除。

（3）要抽壳的体：选择要抽壳的实体。

（4）厚度：设置壁的厚度。

5.2.6 对特征形成图样

【执行方式】

- 菜单栏：选择菜单栏中的“插入”→“关联复制”→“对特征形成图样”命令。

● 工具栏：单击“特征”工具栏“对特征形成图样”按钮。

执行上述方式后，打开如图 5-124 所示“对特征形成图样”对话框。

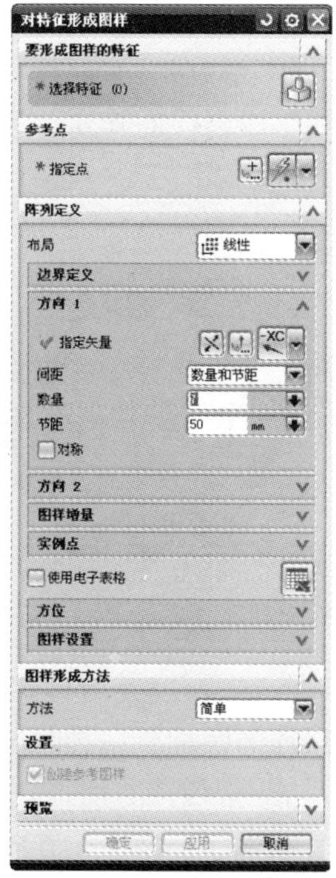

图 5-124 “对特征形成图样”对话框

【选项说明】

（1）要形成图样的特征：选择一个或多个要形成阵列的特征。

（2）参考点：通过点对话框或点下拉列表中选择点为输入特征指定位置参考点。

（3）阵列定义。

1）布局

① 线性：该选项从一个或多个选定特征生成图样的线性阵列。线性阵列既可以是二维的（在 XC 和 YC 方向上，即几行特征），也可以是一维的（在 XC 或 YC 方向上，即一行特征）。其操作后示意图如图 5-125 所示。

② 圆形：该选项从一个或多个选定特征生成圆形图样的阵列。其操作后示意图如图 5-126 所示。

图 5-125 “线性阵列”示意图

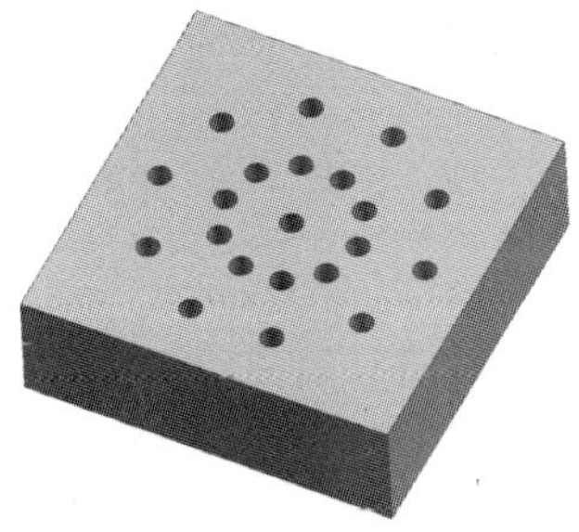

图 5-126 “圆形”示意图

③ 多边形：该选项从一个或多个选定特征按照绘制好的多

边形生成图样的阵列。示意图如图 5-127 所示。

④ 螺旋式：该选项从一个或多个选定特征按照绘制好的螺旋线生成图样的阵列。示意图如图 5-128 所示。

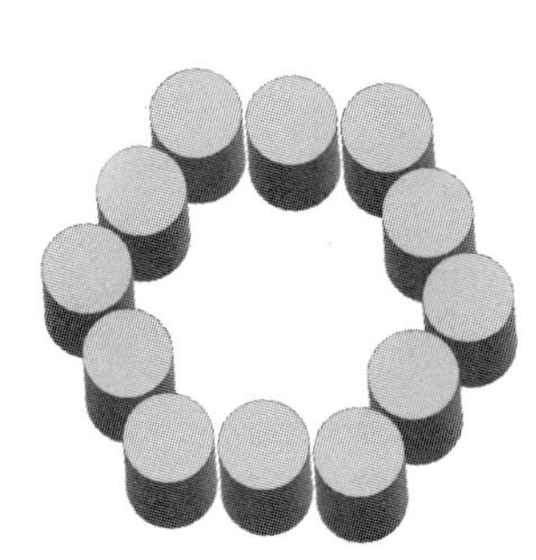

图 5-127 “多边形”示意图

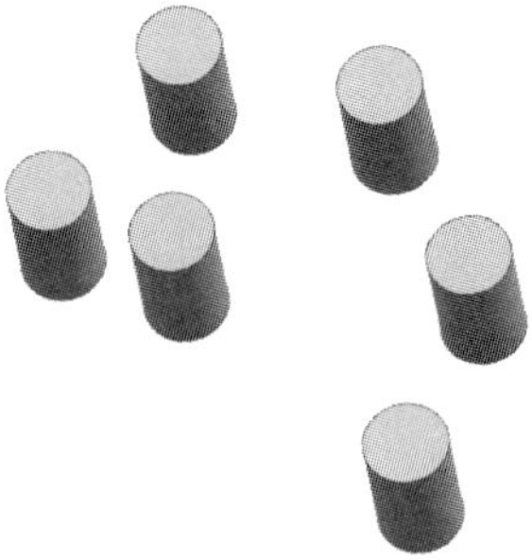

图 5-128 “螺旋式”示意图

⑤ 沿：该选项从一个或多个选定特征按照绘制好的曲线生成图样的阵列。示意图如图 5-129 所示。

⑥ 常规：该选项从一个或多个选定特征在指定点处生成图样。示意图如图 5-130 所示。

图 5-129 “沿”示意图

图 5-130 “常规”示意图

2）边界定义。

① 无：不定义边界。

② 面：用于选择面的边、片体边或区域边界曲线来定义阵列边界。

③ 曲线：用于通过选择一组曲线或创建草图来定义阵列边界。

④ 排除：用于通过选择曲线或创建草图来定义从阵列中排除的区域。

（3）图样形成方法。

1）变化：将多个特征作为输入以创建阵列特征对象，并评估每个实例位置的输入。

2）简单：将单个特征作为输入以创建阵列特征对象，只对输入特征进行有限评估。

5.2.7 实例——导流盖

本例绘制如图 5-131 所示的导流盖。

（1）单击“标准”工具栏中的“新建”按钮，打开“新建”对话框。在模板列表中选择“模型”，输入名称为 daoliugai，单击“确定”按钮，进入建模环境。

（2）单击“特征”工具栏中的“任务环境中的草图”按钮，打开“创建草图”对话框。选择 XC-YC 平面为草图绘制平面，单击“确定”按钮。绘制如图 5-132 所示的草图。单击“完成草图”按钮，草图绘制完毕。

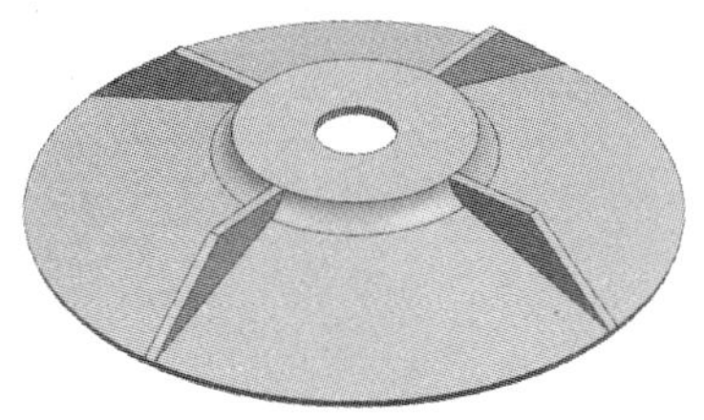

图 5-131 导流盖

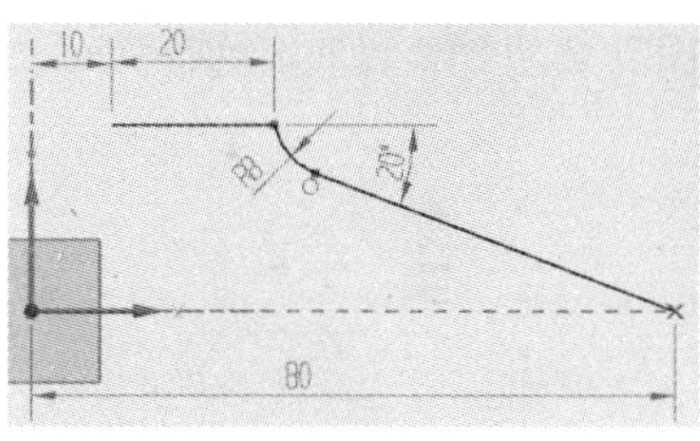

图 5-132 绘制草图

（3）单击“特征”工具栏中的“回转”按钮，打开如图 5-133 所示的“回转”对话框。选择上步绘制的草图为回转曲线。选择“YC 轴”为旋转轴，指定坐标原点为基点。选择“两侧”偏置，输入开始和结束为 0 和 2，其他采用默认设置，单击“确定”按钮，结果如图 5-134 所示。

图 5-133 “回转”对话框

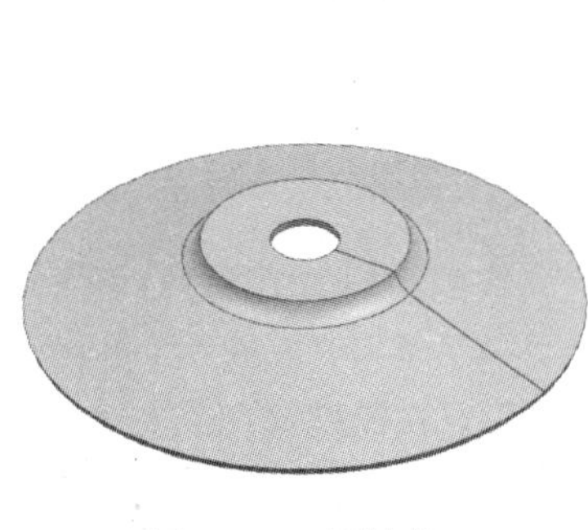

图 5-134 回转体

（4）单击“特征”工具栏中的“任务环境中的草图”按钮，打开“创建草图”对话框。选择 XC-YC 平面为草图绘制平面，单击“确定”按钮。绘制如图 5-135 所示的草图。单击“完成草图”按钮，草图绘制完毕。

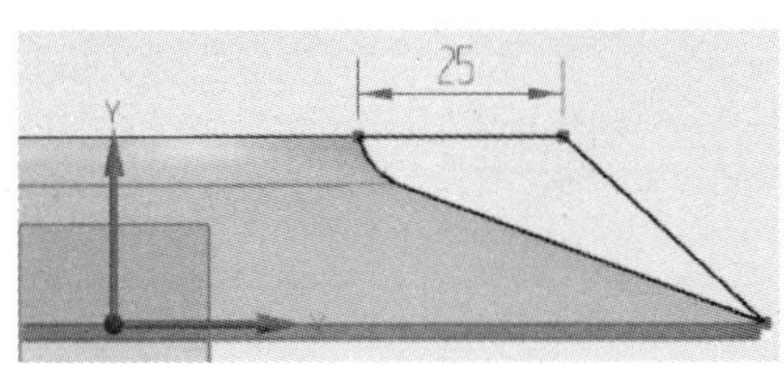

图 5-135 绘制草图

（5）单击“特征”工具栏中的“拉伸”按钮，打开如图 5-136 所示的“拉伸”对话框。选择上步绘制的草图为拉伸曲线。选择“ZC 轴”为拉伸方向。在“结束”中选择“对称”，输入距离为 1.5，单击“确定”按钮，结果如图 5-137 所示。

图 5-136 “拉伸”对话框

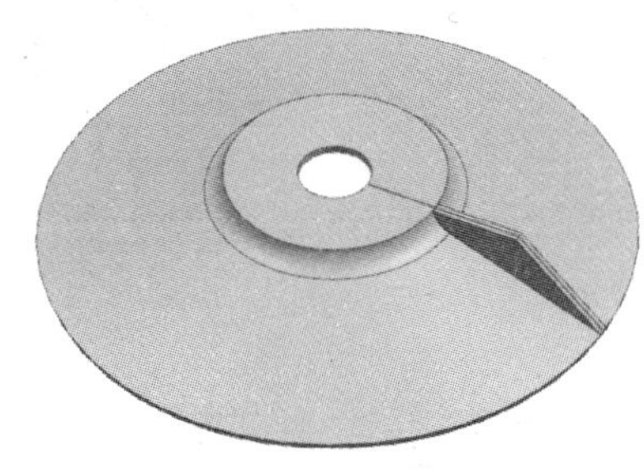

图 5-137 拉伸体

（6）单击“特征”工具栏中的“对特征形成图样”按钮，打开如图 5-138 所示的“对特征形成图样”对话框。选择拉伸特征为要阵列的特征，选择“圆形”类型。选择“YC 轴”为旋转轴，指定坐标原点为基点。输入数量为 4，节距角为 90，单击“确定”按钮，如图 5-131 所示。

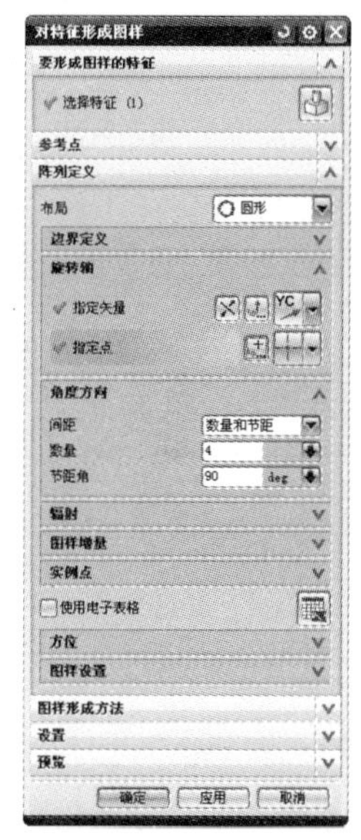

图 5-138 “对特征形成图样”对话框

5.2.8 镜像特征

通过基准平面或平面镜像选定特征的方法来生成对称的模型，镜像特征可以在体内镜像特征。

【执行方式】

- 菜单栏：选择菜单栏中的“插入”→“关联复制”→“镜像特征”

命令。

● 工具栏：单击“特征”工具栏中的“镜像特征”按钮。

执行上述方式后，打开如图 5-139 所示的“镜像特征”对话框。“镜像特征”示意图如图 5-140 所示。

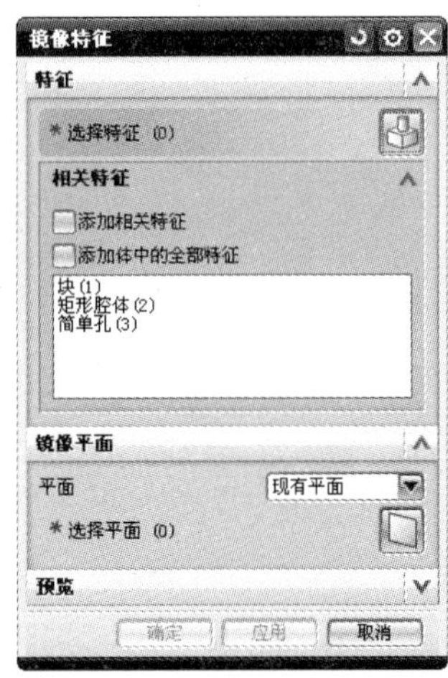

图 5-139 “镜像特征”对话框

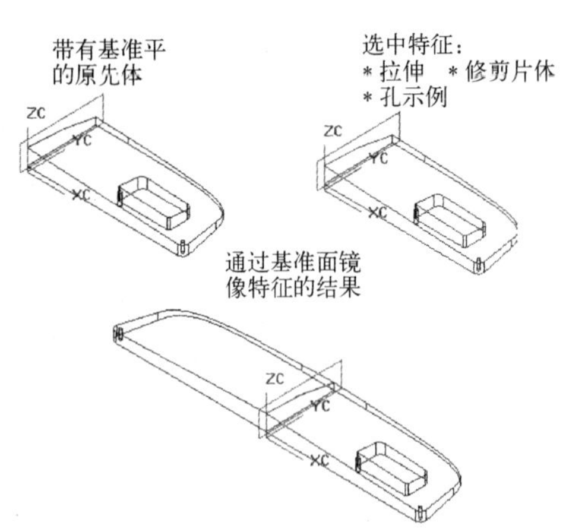

图 5-140 “镜像特征”示意图

【选项说明】

（1）选择特征：该选项用于选择想要进行镜像的部件中的特征。要指定需要镜像的特征，它在列表中高亮显示。

（2）相关特征。

1）添加相关特征：勾选该复选框，则将选定要镜像特征的相关特征也包括在“候选特征”的列表框中。

2）添加体中全部特征：勾选该复选框，则将选定要镜像的特征所在实体中的所有特征都包含在“候选特征”列表框中。

（3）镜像平面：该选项用于指定镜像选定特征所用的平面或基准平面。

5.2.9 实例——哑铃 1

本节绘制如图 5-141 所示哑铃。

（1）单击“标准”工具栏中的“新建”按钮，打开“新建”对话框。在模板列表中选择“模型”，输入名称为 laling1，单击“确定”按钮，进入建模环境。

图 5-141 哑铃

（2）选择菜单栏中的“插入”→“设计特征”→“球”命令，打开如图 5-142 所示的“球”对话框。选择“中心点和直径”类型，输入直径为 100，单击“点对话框”按钮，打开“点”对话框，输入原点坐标为（0,0,0），单击“确定”按钮，返回到“球”对话框。单击“确定”按钮，生成模型。

（3）单击“特征”工具栏中的“任务环境中的草图”按钮，打开“创建草图”对话框。选择 XC-YC 平面为草图绘制平面，单击“确定”按钮。利用“正六边形”命令，绘制半径为 20，角度为 30 的外接圆六边形，利用“圆角”命令，对六边形进行圆角处理，圆角半径为 5，如图 5-143 所示。单击“完成草图”按钮，草图绘制完毕。

图 5-142 “球”对话框

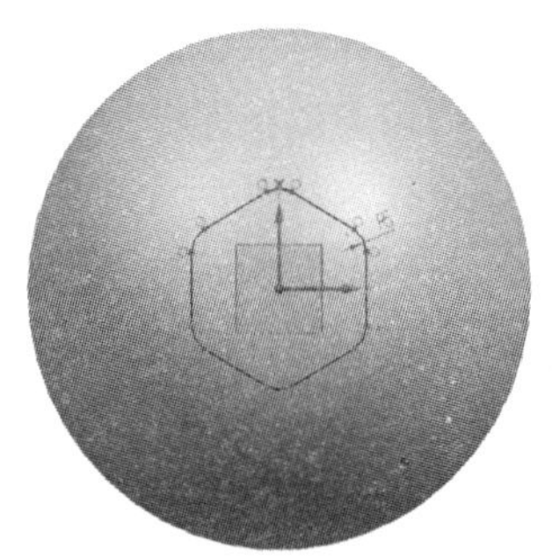

图 5-143 绘制草图

（4）单击“特征”工具栏中的“拉伸”按钮，打开如图 5-144 所示的“拉伸”对话框。选择上步绘制的草图为拉伸曲线。选择“ZC 轴”为拉伸方向。在“开始距离”和“结束距离”数值栏中输入 0，200，在“布尔”下拉列表中选择“求和”，单击“确定”按钮，结果如图 5-145 所示。

图 5-144 “拉伸”对话框

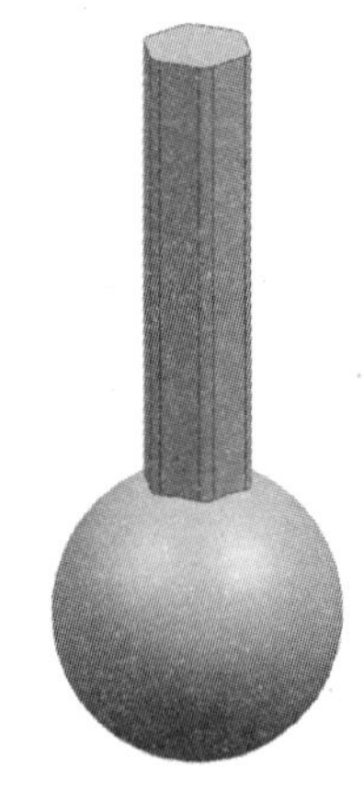

图 5-145 拉伸体

（5）单击“特征”工具栏中的“镜像特征”按钮，打开如图 5-146 所示的“镜像特征”对话框。在特征列表中选择球特征。在指定平面下拉列表中选择“XC-YC”平面，输入距离为 100，单击“确定”按钮，结果如图 5-141 所示。

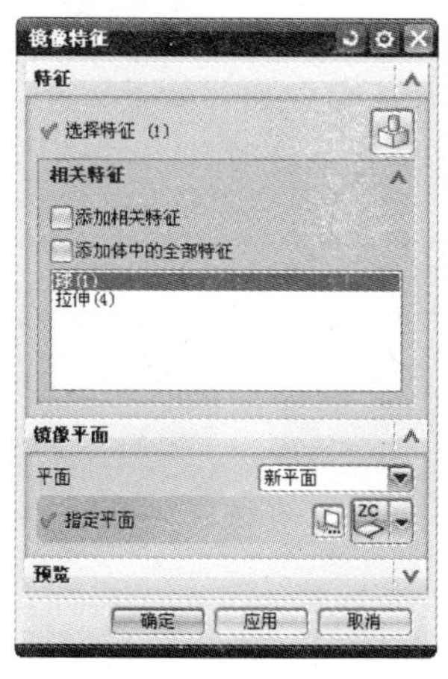

图 5-146 “镜像特征”对话框

5.2.10 镜像体

用于以基准平面来镜像所选的实体，镜像后的实体或片体和原实体或片体相关联，但本身没有可编辑的特征参数。

【执行方式】

- 菜单栏：选择菜单栏中的“插入”→“关联复制”→“镜像体”命令。
- 工具栏：单击“特征”工具栏中的“镜像体”按钮。

执行上述方式后，打开如图 5-147 所示的“镜像体”对话框。

图 5-147 “镜像体”对话框

【选项说明】

（1）镜像体：用于选择想要进行

镜像的部件中的特征。

(2) 镜像平面：用于指定镜像选定特征所用的平面或基准平面。

(3) 设置。

1) 固定于当前时间戳记：指定在创建后续特征期间，抽取的特征在部件导航器中保持其时间戳记顺序。

2) 复制螺纹：用于复制符号螺纹，让用户不需要重新创建与源体相同外观的其他符号螺纹。

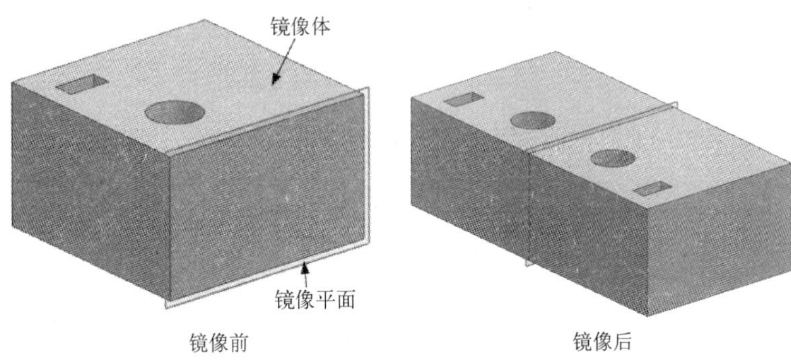

图 5-148 “镜像体”示意图

5.3 特征编辑

特征编辑主要是完成特征创建以后，对特征不满意的地方进行编辑的过程。用户可以重新调整尺寸、位置、先后顺序等，在多数情况下，保留与其他对象建立起来的关联性，以满足新的设计要求。

5.3.1 编辑特征参数

【执行方式】

- 菜单栏：选择菜单栏中的“编辑”→“特征”→“编辑参数”命令。
- 工具栏：单击“编辑特征”工具栏中的“编辑参数”按钮。

执行上述方式后，打开如图 5-149 所示的“编辑参数”对话框。

【选项说明】

（1）特征对话框：如图 5-150 所示，列出选中特征的参数名和参数值，并可在其中输入新值。所有特征都出现在此选项。

图 5-149 “编辑参数”对话框

图 5-150 “编辑参数”对话框

（2）重新附着：重新定义特征的特征参考，可以改变特征的位置或方向。可以重新附着的特征才出现此选项。其对话框如图 5-151 所示。

1）指定目标放置面：给被编辑的特征选择一个新的附着面。

2）指定水平参考：给被编辑的特征选择新的水平参考。

3）重新定义定位尺寸：选择定位尺寸并能重新定义它的位置。

4）指定第一通过面：重新定义被编辑的特征的第一通过面/裁剪面。

图 5-151 “重新附着”对话框

5）指定第二个通过面：重新定义被编辑的特征的第二个通过面/裁剪面。

6）指定工具放置面：重新定义用户定义特征（UDF）的工具面。

7）方向参考：用它可以选择想定义一个新的水平特征参考还是竖直特征参考。（默认始终是为已有参考设置的）

8）反向：将特征的参考方向反向。

9）反侧：将特征重新附着于基准平面时，用它可以将特征的法向反向。

10）指定原点：将重新附着的特征移动到指定原点，可以快速重新定位它。

11）删除定位尺寸：删除选择的定位尺寸。如果特征没有任何定位尺寸，该选项就变灰。

5.3.2　实例——哑铃 2

本节绘制如图 5-152 所示哑铃。

（1）单击“标准”工具栏中的“打开”按钮，打开“打开”对话框。选择“yaling1”文件，单击“OK”按钮，进入建模环境。

（2）单击“标准”工具栏中的“另存为”按钮，打开“另存为”对话框，输入文件为“yaling2”，单击“OK”按钮，保存文件。

（3）在部件导航器中选择“镜像特征”选项，单击鼠标右键，在弹出的快捷菜单中选择“删除”选项，如图 5-153 所示。删除镜像特征。

图 5-152　哑铃

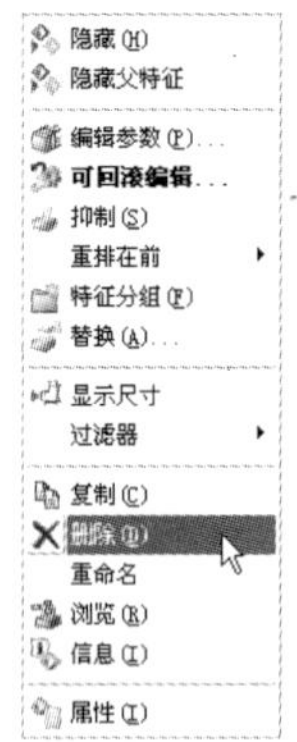

图 5-153　快捷菜单

(4) 在部件导航器中选择“拉伸”选项，单击鼠标右键，在弹出的快捷菜单中选择“编辑参数”选项，打开如图 5-154 所示“拉伸”对话框，修改结束距离为 100，单击“确定”按钮，完成修改，如图 5-155 所示。

图 5-154 “拉伸”对话框

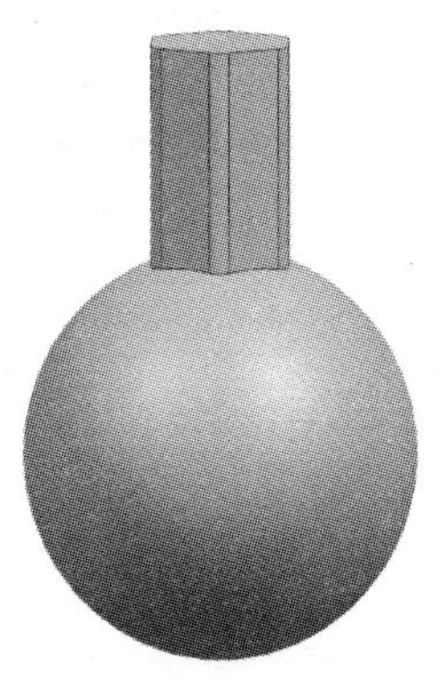

图 5-155 修改长度

(5) 单击“特征”工具栏中的“基准平面”按钮，打开如图 5-156 所示的“基准平面”对话框，选择“XC-YC 平面”类型，输入距离为 100，单击“确定”按钮，创建基准平面。

图 5-156 “基准平面”对话框

(6) 单击“特征”工具栏中的“镜像体”按钮，打开如图 5-157 所示的“镜像体”对话框，选择所有实体，选择上步创建的基准平面为镜像平面，单击“确定”按钮，完成实体的镜像，如图 5-158 所示。

图 5-157 “镜像体”对话框

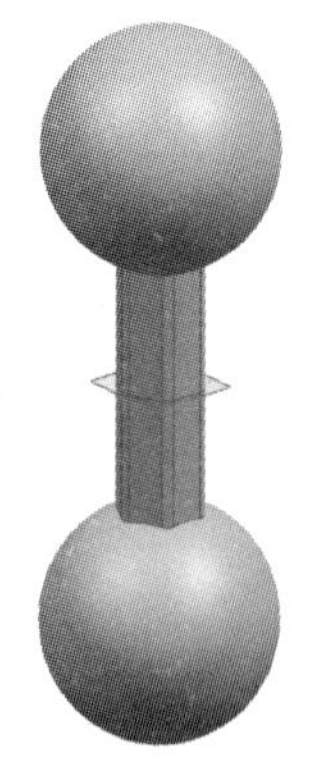

图 5-158 镜像体

（7）单击“特征”工具栏中的“求和”按钮，打开“求和”对话框，选择镜像前的实体和镜像后的实体进行求和，单击“确定”按钮，结果如图 5-152 所示。

5.3.3 特征尺寸

【执行方式】

- 菜单栏：选择菜单栏中的“编辑”→“特征”→“特征尺寸”命令。
- 工具栏：单击“编辑特征”工具栏中的“特征尺寸”按钮。

执行上述方式后，打开如图 5-159 所示的“特征尺寸”对话框。

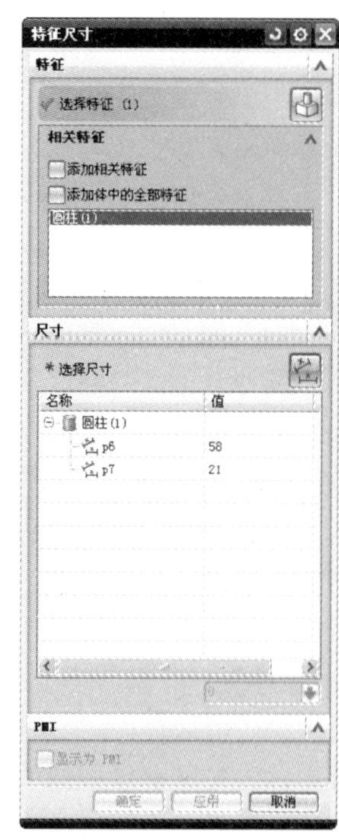

图 5-159 “特征尺寸”对话框

【选项说明】

1. 特征

（1）选择特征：选择要编辑的特征，以便用特征尺寸编辑。

（2）相关特征。

1）添加相关特征：添加选定特征的相关特征。

2）添加体中的全部特征：将选定体中的全部特征作为尺寸可查看和编辑的特征。

2. 尺寸

（1）选择尺寸：为选定的特征或草图选择单个尺寸。

（2）特征尺寸列表：显示选定特征或草图的可选尺寸的列表。

3. 显示为 PMI

用于将选定的特征尺寸转换为 PMI 尺寸。

5.3.4 编辑位置

通过编辑特征的定位尺寸来移动它。

【执行方式】

- 菜单栏：选择菜单栏中的“编辑”→“特征”→“编辑位置”命令。
- 工具栏：单击“编辑特征”工具栏中的“编辑位置”按钮。
- 快捷菜单：在右侧“资源栏”的“部件导航器”相应对象上右击鼠标，在打开的快捷菜单中来编辑定位，如图 5-160 所示。

执行上述方式后，打开如图 5-161 所示“编辑位置”对话框。

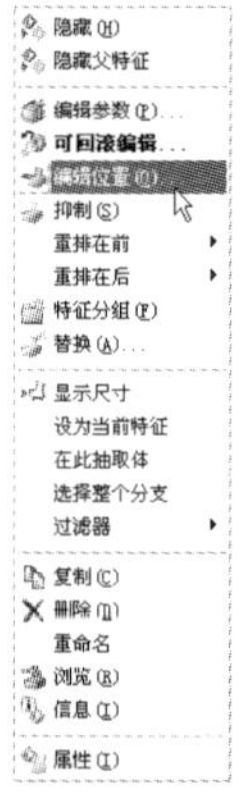

图 5-160　快捷菜单中的“编辑位置”

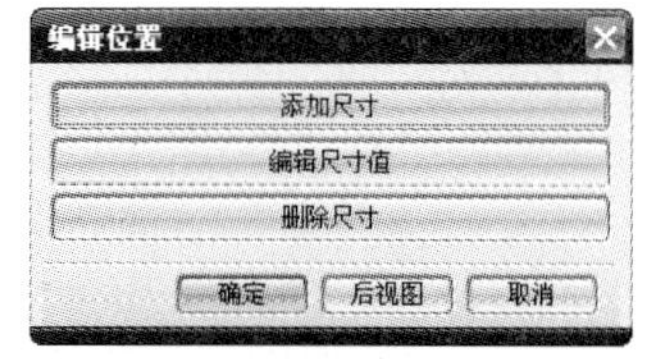

图 5-161　“编辑位置”对话框

【选项说明】

（1）添加尺寸：用它可以给特征增加定位尺寸。

（2）编辑尺寸值：允许通过改变选中的定位尺寸的特征值，来移动特征。

（3）删除尺寸：用它可以从特征删除选中的定位尺寸。

5.3.5 移动特征

使用此命令可将非关联的特征及非参数化的体移到新位置。

【执行方式】

- 菜单栏：选择菜单栏中的“编辑”→“特征”→“移动”命令。
- 工具栏：单击“编辑特征”工具栏中的“移动特征”按钮。

执行上述方式后，打开如图 5-162 所示的“移动特征”列表对话框。

【选项说明】

（1）DXC、DYC、DZC 增量：用矩形（XC 增量、YC 增量、ZC 增量）坐标指定距离和方向，可以移动一个特征。该特征相对于工作坐标系作移动。

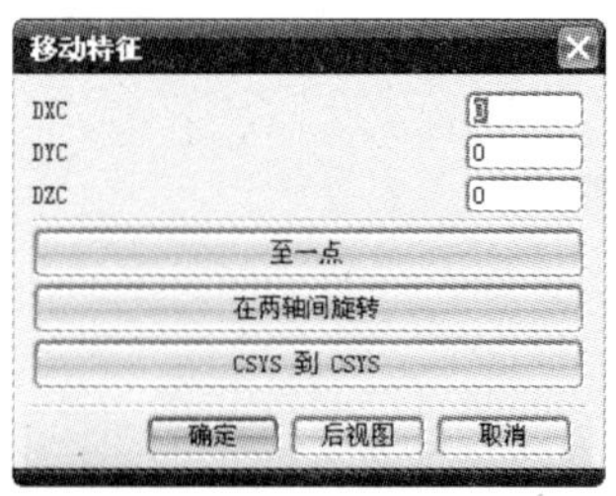

图 5-162 “移动特征”对话框

（2）至一点：用它可以将特征从参考点移动到目标点。

（3）在两轴间旋转：通过在参考轴和目标轴之间旋转特征来

移动特征。

（4）CSYS 到 CSYS：将特征从参考坐标系中的位置重定位到目标坐标系中。

5.3.6 特征重排序

用于更改将特征应用于体的次序。在选定参考特征之前或之后可对所需要的特征重排序。

【执行方式】

- 菜单栏：选择菜单栏中的“编辑”→“特征”→“重排序”命令。
- 工具栏：单击“编辑特征”工具栏中的“重排序”按钮。

执行上述方式后，打开如图 5-163 所示“特征重排序”对话框。

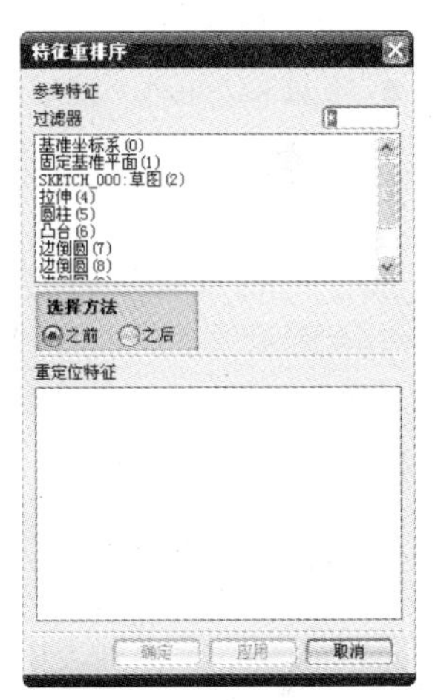

图 5-163 “特征重排序”对话框

【选项说明】

（1）参考特征：列出部件中出现的特征。所有特征连同其圆括号中的时间标记一起出现于列表框中。

（2）选择方法：该选项用来指定如何重排序“重定位”特征，允许选择相对“参考”特征来放置“重定位”特征的位置。

1）之前：选中的“重定位”特征将被移动到“参考”特征之前。

2）之后：选中的“重定位”特征将被移动到“参考”特征之后。

（3）“重定位特征”：允许选择相对于“参考”特征要移动的“重定位”特征。

5.3.7 抑制特征

允许临时从目标体及显示中删除一个或多个特征，当抑制有关联的特征时，关联的特征也被抑制。抑制特征用于减少模型的大小，可加速创建、对象选择、编辑和显示时间。抑制的特征依然存在于数据库中，只是将其从模型中删除。

【执行方式】

- 菜单栏：选择菜单栏中的“编辑”→“特征”→“抑制”命令。
- 工具栏：单击“编辑特征”工具栏中的“抑制”按钮 。

执行上述方式后，打开如图 5-164 所示的“抑制特征”对话框。

图 5-164 “抑制特征”对话框

【选项说明】

（1）列出相关对象：勾选此复选框，选择特征后，相关的特征都显示到选定特征列表中。

（2）选定的特征：在列表中选择的特征添加到此列表中，或者相关特征也添加到此列表中。

5.3.8 由表达式抑制

可利用表达式编辑器用表达式来抑制特征，此表达式编辑器提供一个可用于编辑的抑制表达式列表。

【执行方式】

- 菜单栏：选择菜单栏中的“编辑”→“特征”→“由表达式抑制”命令。
- 工具栏：单击“编辑特征”工具栏中的“表达式抑制”按

钮。

执行上述方式后，打开如图 5-165 所示的“由表达式抑制”对话框。

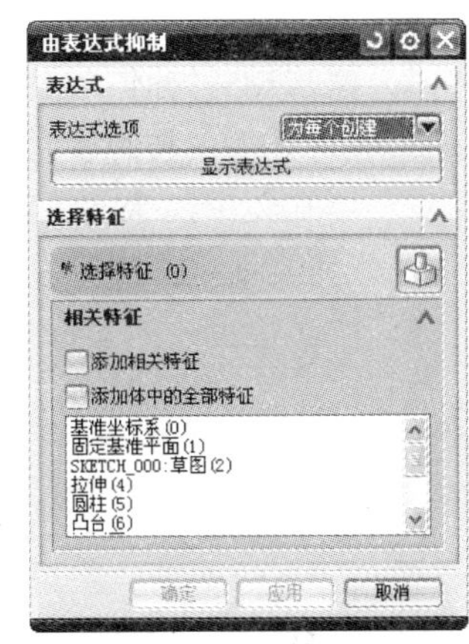

图 5-165 “由表达式抑制”对话框

【选项说明】

1. 表达式选项

（1）为每个创建：允许为每一个选中的特征生成单个的抑制表达式。对话框显示所有特征，可以是被抑制的，或者是被释放的以及无抑制表达式的特征。如果选中的特征被抑制，则其新的抑制表达式的值为 0，否则为 1。按升序自动生成抑制表达式（即 p22、p23、p24……）。

（2）创建共享的：允许生成被所有选中特征共用的单个抑制表达式。对话框显示所有特征，可以是被抑制的，或者是被释放的以及无抑制表达式的特征。所有选中的特征必须具有相同的状态，或者是被抑制的或者是被释放的。如果它们是被抑制的，则其抑制表达式的值为 0，否则为 1。当编辑表达式时，如果任何特征被抑制或被释放，则其他有相同表达式的特征也被抑制或被释放。

（3）为每个删除：允许删除选中特征的抑制表达式。对话框显示具有抑制表达式的所有特征。

（4）删除共享的：允许删除选中特征的共有的抑制表达式。对话框显示包含共有的抑制表达式的所有特征。如果选择特征，则对话框高亮显示共有该相同表达式的其他特征。

2. 显示表达式

在信息窗口中显示由抑制表达式控制的所有特征。

3. 选择特征

（1）选择特征：选择一个或多个要为其指定抑制表达式的

特征。

（2）相关特征。

1）添加相关特征：选择相关特征和所选的父特征。父特征及其相关特征都由抑制表达式控制。

2）添加体中的全部特征：选择所选体中的所有特征。体和体中的任何特征都由抑制表达式控制。

3）候选特征：列出符合被选择条件的所有特征。

5.3.9 编辑实体密度

可以改变一个或多个已有实体的密度和/或密度单位。改变密度单位，让系统重新计算新单位的当前密度值，如果需要也可以改变密度值。

【执行方式】

- 菜单栏：选择菜单栏中的“编辑”→“特征”→“编辑实体密度”命令。
- 工具栏：单击“编辑特征”工具栏中的“编辑实体密度”按钮。

执行上述方式后，打开如图 5-166 所示的“指派实体密度”对话框。

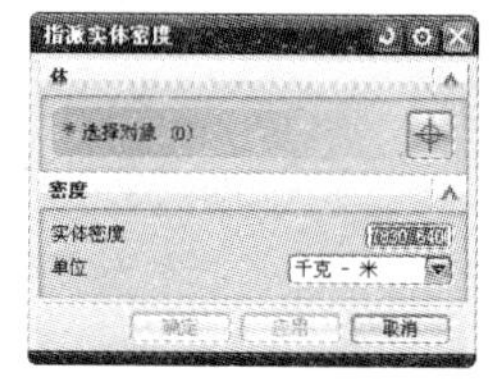

图 5-166 “编辑实体密度”对话框

【选项说明】

（1）体：选择要编辑的一个或多个实体。

（2）密度。

1）实体密度：指定实体密度的值。

2）单位：指定实体密度的单位。

第 6 章

曲面功能

UG 中不仅提供了基本的特征建模模块，同时提供了强大的自由曲面特征建模。UG 中提供了 20 多种自由曲面造型的创建方式，用户可以利用他们完成各种复杂曲面及非规则实体的创建。

6.1 创建曲面

本节中主要介绍最基本的曲面命令，即通过点和曲线构建曲面。再进一步介绍由曲面创建曲面的命令功能，掌握最基本的曲面造型方法。

6.1.1 通过点生成曲面

由点生成的曲面是非参数化的，即生成的曲面与原始构造点不关联，当构造点编辑后，曲面不会发生更新变化，但绝大多数命令所构造的曲面都具有参数化的特征。通过点构建的曲面通过全部用来构建曲面的点。

【执行方式】

- 菜单栏：选择菜单栏中的“插入”→“曲面”→“通过点”命令。

执行上述方式后，系统打开如图 6-1 所示的“通过点”对话

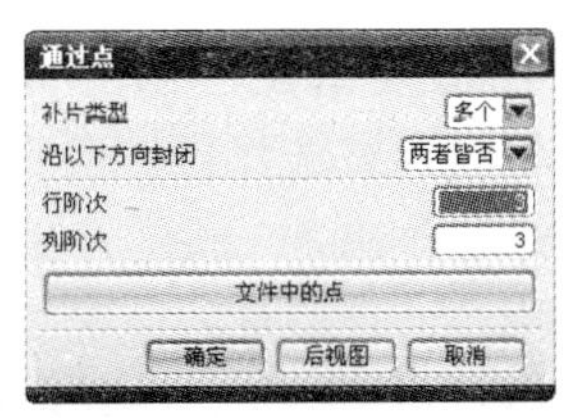

图 6-1 “通过点”对话框

框，其示意图如图 6-2 所示。

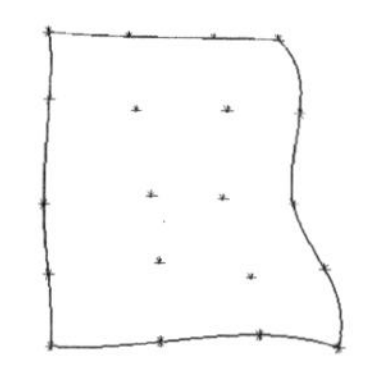

图 6-2 “通过点”示意图

【选项说明】

1. 补片的类型

样条曲线可以由单段或者多段曲线构成，片体也可以由单个补片或者多个补片构成。

（1）单个：所建立的片体只包含单一的补片。单个补片的片体是由一个曲面参数方程来表达的。

（2）多个：所建立的片体是一系列单补片的阵列。多个补片的片体是由两个以上的曲面参数方程来表达的。一般构建较精密片体采用多个补片的方法。

2. 沿以下方向封闭

设置一个多个补片片体是否封闭及它的封闭方式。4 个选项如下。

（1）两者皆否：片体以指定的点开始和结束，列方向与行方向都不封闭。

（2）行：点的第一列变成最后一列。

（3）列：点的第一行变成最后一行。

（4）两者皆是：指的是在行方向和列方向上都封闭。如果选择在两个方向上都封闭，生成的将是实体。

3. 行阶次/列阶次

（1）行阶次：定义了片体 U 方向阶数。

（2）列阶次：大致垂直于片体行的纵向曲线方向 V 方向的阶数。

4. 文中的点

可以通过选择包含点的文件来定义这些点。

单击“确定”按钮，如图 6-3 所示的“过点”对话框，用户可利用该对话框选取定义点。

（1）全部成链：全部成链用于链接窗口中以存在的定义点，单击后会打开如图 6-4 所示的对话框，它用来定义起点和终点，自动快速获取起点与终点之间链接的点。

图 6-3 “过点”对话框

图 6-4 “指定点”对话框

（2）在矩形内的对象成链：通过拖动鼠标形成矩形方框来选取所要定义的点，矩形方框内所包含的所有点将被链接。

（3）在多边形内的对象成链：通过鼠标定义多边形框来选取定义点，多边形框内的所有点将被链接。

（4）点对话框：通过点对话框来选取定义点的位置会打开如图 6-5 所示的对话框，需要一点一点的选取，所要选取的点都要单击到。每指定一列点后，系统都会打开对话框，提示是否确定当前所定义的点。

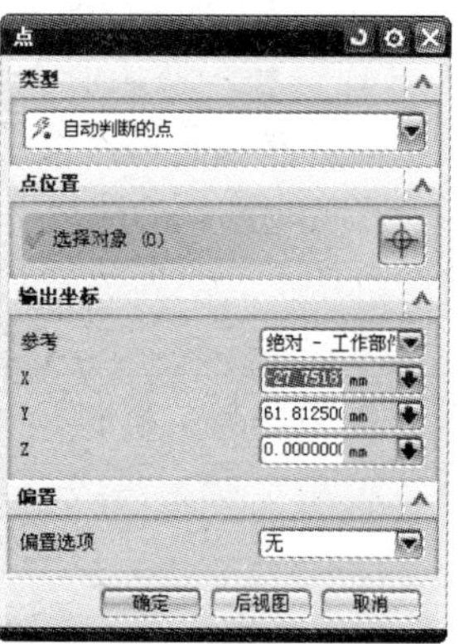

图 6-5 “点”对话框

6.1.2 从点云

该选项让用户生成一个片体，它近似于一个大的点“云”，通常由扫描和数字化产生。虽然有一些限制，但此功能让用户从很多点中用最少的交叉生成一个片体。得到的片体比用“过点”方式从相同的点生成的片体要“光顺”得多，但不如后者更接近于原始点。

【执行方式】

- 菜单栏：选择菜单栏中的“插入”→“曲面”→“从点云”命令。

执行上述方式后，系统会打开如图 6-6 所示“从点云”对话框。

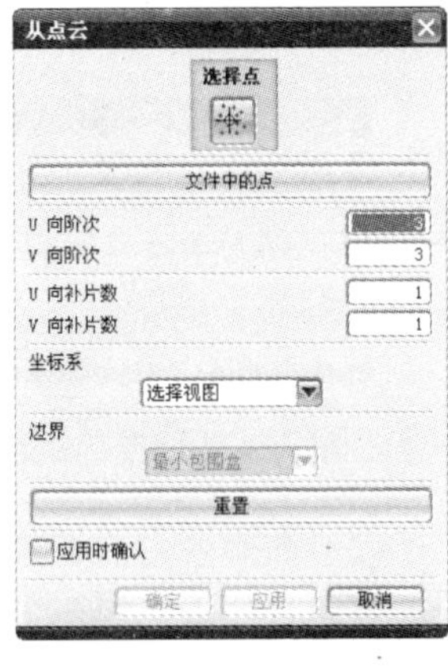

图 6-6 “从点云”对话框

【选项说明】

（1）选择点：当此图标激活时，让用户选择点。

（2）文件中的点：让用户通过选择包含点的文件来定义这些点。

（3）U/V 向阶次：让用户在 U 向和 V 向都控制片体的阶次。默认的阶次 3 可以改变为从 1～24 之间的任何值。（建议使用默认值 3。）

（4）U/V 向补片数：让用户指定各个方向的补片的数目。各个方向的阶次和补片数的结合控制着输入点和生成的片体之间的距离误差。

（5）坐标系：由一条近似垂直于片体的矢量（对应于坐标系的 Z 轴）和两条指明片体的 U 向和 V 向的矢量（对应于坐标系的 X 轴和 Y 轴）组成。

1）选择视图：U-V 平面在视图的平面内，并且法向矢量位于视图的法向。U 矢量指向右，并且 V 矢量指向上。如果在选择点以后，旋转视图（或以某种其他方式修改它），则此坐标系可能会与“当前视图”坐标系不同。记住此坐标系的法向矢量不需要精确是很重要的。仅须满足以下要求：当沿矢量从上到下的方向观察点时，它们不构成在其自身下面折叠的片体。很多矢量可以满足这个要求。如果指定的法向矢量妨碍这个要求，得到的片体将明显不同而且可能不是所需的。

2）WCS：当前的“工作坐标系”。

3）当前视图：当前工作视图的坐标系。

4）指定的 CSYS：选择由使用“指定新的 CSYS”事先定义的坐标系。如果没有定义 CSYS，这将只表现为“指定新的 CSYS”。

5）指定新的 CSYS：读卡坐标系对话框，可以用来指定任何坐标系。

（6）边界：让用户定义正在生成片体的边界。片体的默认边界是通过把所有选择的数据点投影到 U-V 平面上而产生的。

1）最小包围盒：包围这些点的最小矩形被找到并沿着法向矢量投影到点云上。

2）指定的边界：沿法线方向，并以选取框选取来指定新的边界。

3）指定新的边界：定义新边界，并应用于指定的边界。

（7）重置：该选项让用户生成另一个片体而不用离开对话框。

（8）应用时确认：勾选此复选框，单击“应用”按钮，打开“应用时确认”对话框，让用户预览结果，并接受、拒绝或分析它们。

6.1.3 直纹面

【执行方式】

- 菜单栏：选择菜单栏中的“插入”→“曲面”→“直纹”命令。
- 工具栏：单击“曲面”工具栏中的“直纹”按钮。

执行上述方式后，系统会打开如图 6-7 所示“直纹”对话框。示意图如图 6-8 所示。

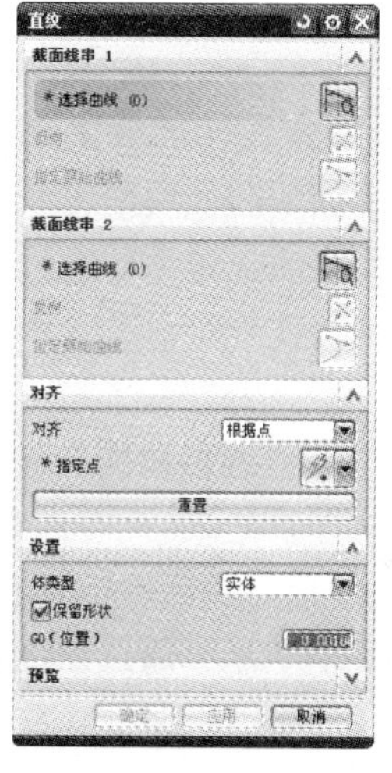

图 6-7 “直纹”对话框

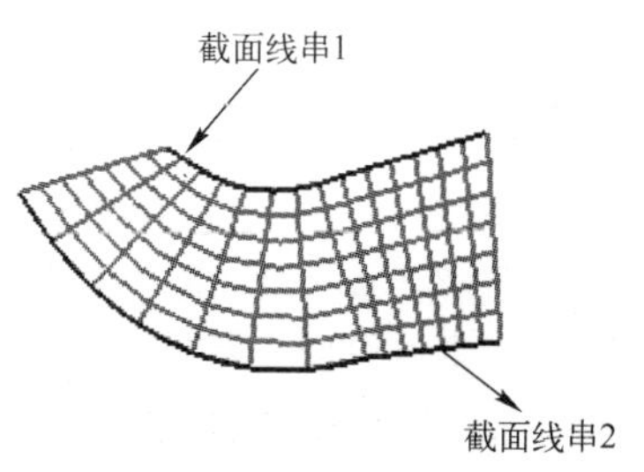

图 6-8 “直纹面”示意图

【选项说明】

1．截面线串 1

选择第一组截面曲线。

2．截面线串 2

选择第二组截面曲线。

3．对齐

（1）参数：在构建曲面特征时，两条截面曲线上所对应的点是根据截面曲线的参数方程进行计算的。所以两组截面曲线对应的直线部分，是根据等距离来划分连接点的；两组截面曲线对应的曲线部分，是根据等角度来划分连接点的。

（2）根据点：在两组截面线串上选取对应的点（同一点允许重复选取）作为强制的对应点，选取的顺序决定着片体的路径走向。一般在截面线串中含有角点时选择应用“根据点”方式。

4．设置

（1）体类型：用于为直纹特征指定片体实体。

（2）保留形状：不勾选此复选框，光顺截面线串中的任何尖角，使用较小的曲率半径。

6.1.4 通过曲线组

该选项让用户通过同一方向上的一组曲线轮廓线生成一个体。这些曲线轮廓称为截面线串。用户选择的截面线串定义体的行。截面线串可以由单个对象或多个对象组成。每个对象可以是曲线、实边或实面。

【执行方式】

- 菜单栏：选择菜单栏中的“插入”→“网格曲面”→“通过曲线组”命令。
- 工具栏：单击“曲面”工具栏中的“通过曲线组”按钮。

执行上述方式后，系统会打开如图 6-9 所示“通过曲线组”对话框。示意图如图 6-10 所示。

图 6-9 “通过曲线组”对话框

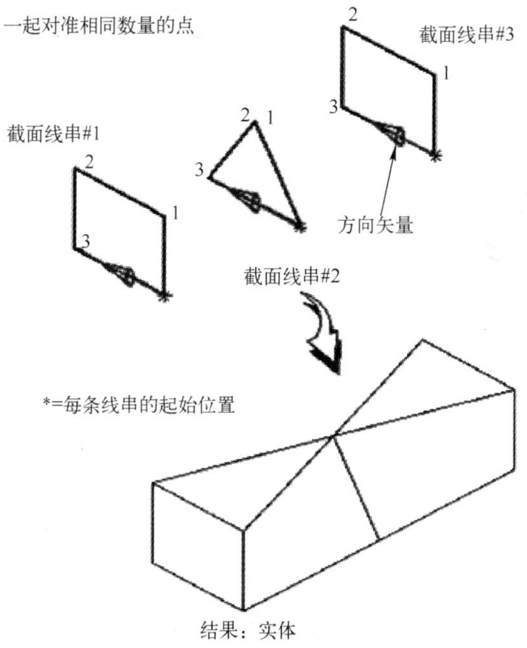

图 6-10 “通过曲线组”示意图

【选项说明】

1. 截面

(1) 选取曲线或点：选取截面线串时，一定要注意选取次序，而且每选取一条截面线，都要单击鼠标中键一次，直到所选取线串出现在“截面线串列表框”中为止，也可对该列表框中的所选截面线串进行删除、上移、下移等操作，以改变选取次序。

(2) 指定原始曲线：用于更改闭环中的原始曲线。

(3) 列表：向模型中添加截面集时，列出这些截面集。

2. 连续性

(1) 全部应用：将为一个截面选定的连续性约束施加于第一个和最后一个截面。

(2) 第一截面：用于选择约束面并指定所选截面的连续性。

(3) 最后截面：指定连续性。

(4) 流向：使用约束面曲面的模型。指定与约束曲面相关的流动方向。

3. 对齐

通过定义 UG NX 沿截面隔开新曲面的等参数曲线的方式，可以控制特征的形状。

(1) 参数：沿截面以相等的参数间隔来隔开等参数曲线连接点。

(2) 根据点：对齐不同形状的截面线串之间的点。

(3) 弧长：沿截面以相等的弧长间隔来分隔等参数曲线连接点。

(4) 距离：在指定方向上沿每个截面以相等的距离隔开点。

(5) 角度：在指定的轴线周围沿每条曲线以相等的角度隔开点。

(6) 脊线：将点放置在所选截面与垂直于所选脊线的平面的相交处。

4. 输出曲面选项

(1) 补片类型：用于指定 V 方向的补片是单个还是多个。

(2) V 向封闭：沿 V 方向的各个封闭第一个与最后一个截面之间的特征。

(3) 垂直于终止截面：使输出曲面垂直于两个终止截面。

（4）构造：用于指定创建曲面的构建方法。

1）法向：使用标准步骤创建曲线网格曲面。

2）样条点：使用输入曲线的点及这些点处的相切值来创建体。

3）简单：创建尽可能简单的曲线网格曲面。

6.1.5 实例——花瓶

本节绘制如图 6-11 所示花瓶。

（1）单击“标准”工具栏中的“新建”按钮，打开“新建”对话框。在模板列表中选择“模型”，输入名称为 huaping，单击“确定”按钮，进入建模环境。

（2）选择菜单栏中的“插入”→“曲线”→“基本曲线”命令，打开“基本曲线”对话框，选中“圆”按钮，在点方法下拉列表中选择“点构造器”图标，打开“点”对话框，输入圆心坐标为（0,0,0），单击“确定”按钮，输入半径坐标为（20,0,0），单击“确定”按钮，绘制圆 1；重复上述操作，分别在（0,0,20），（0,0,50），（0,0,80），（0,0, 90），（0,0,110）处绘制半径 30,10,20,12 和 8 的圆，结果如图 6-12 所示。

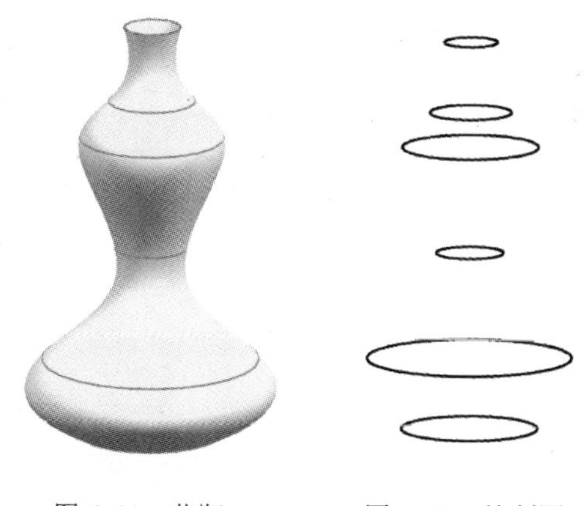

图 6-11　花瓶　　　　图 6-12　绘制圆

（3）单击“曲面”工具栏中的“通过曲线组”按钮，打开如图 6-13 所示的“通过曲线组”对话框，在设置选项组选择“片体”类型，选取视图中的圆为截面曲线，单击“确定”按钮创建曲面，如图 6-14 所示。

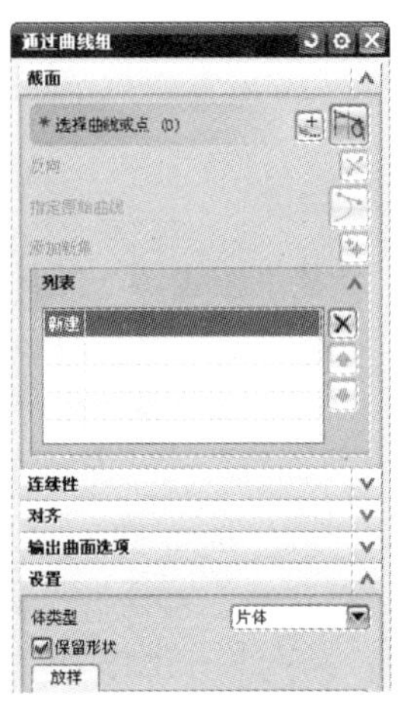

图 6-13 “通过曲线组”对话框

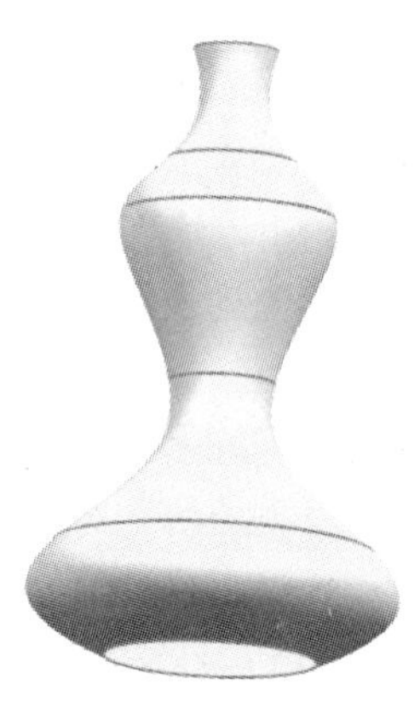

图 6-14 创建曲面

（4）选择菜单栏中的“插入”→“曲面”→“有界平面”命令，打开如图 6-15 所示“有界平面”对话框，选择图 6-16 中的下底面边线，单击“确定”按钮，完成曲面创建。

图 6-15 “有界平面”对话框

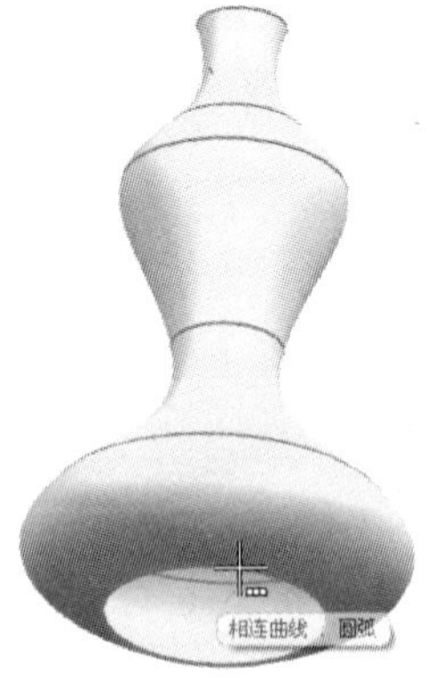

图 6-16 选取曲线

6.1.6 通过曲线网格

该选项让用户从沿着两个不同方向的一组现有的曲线轮廓（称为线串）上生成体。生成的曲线网格体是双三次多项式的。这意味着它在 U 向和 V 向的次数都是三次的（阶次为 3）。该选项只在主线串对和交叉线串对不相交时才有意义。如果线串不相交，生成的体会通过主线串或交叉线串，或两者均分。

【执行方式】

- 菜单栏：选择菜单栏中的“插入”→“网格曲面”→“通过曲线网格”命令。
- 工具栏：单击“曲面”工具栏中的“通过曲线网格”按钮。

执行上述方式后，系统打开如图 6-17 所示“通过曲线网格”对话框。示意图如图 6-18 所示。

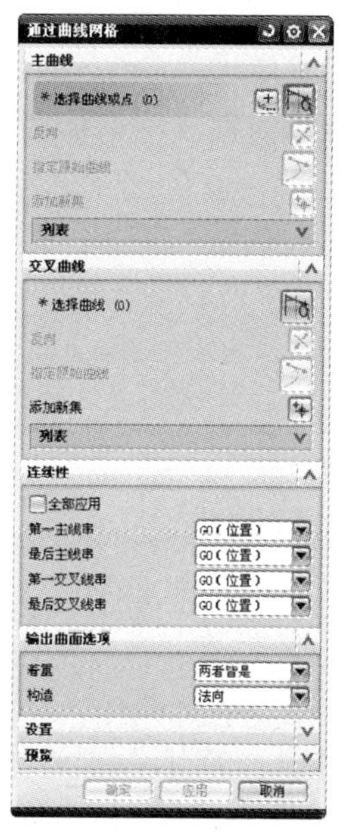

图 6-17 “通过曲线网格”对话框

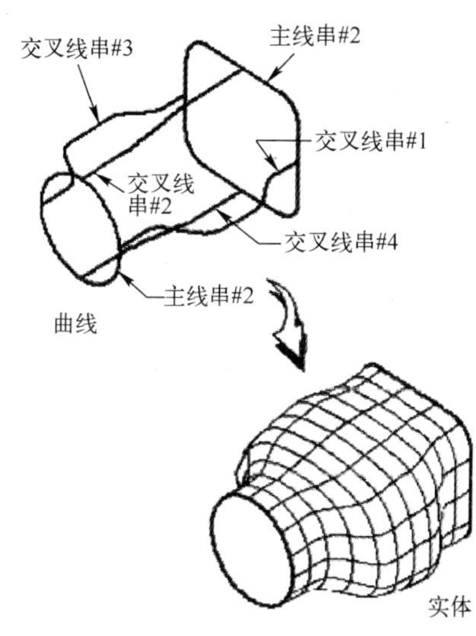

图 6-18 “通过曲线网格”示意图

【选项说明】

（1）主曲线：用于选择包含曲线、边或点的主截面集。

（2）交叉线串：选择包含曲线或边的横截面集。

（3）连续性：用于在第一主截面和最后主截面，以及第一横截面与最后横截面处选择约束面，并指定连续性。

1）全部应用：将相同的连续性设置应用于第一个及最后一个截面。

2）第一个主线串：用于为第一个与最后一个主截面及横截面设置连续性约束，以控制与输入曲线有关的曲面的精度。

3）最后主线串：让用户约束该实体使得它和一个或多个选定的面或片体在最后一条主线串处相切或曲率连续。

4）第一交叉线串：让用户约束该实体使得它和一个或多个选定的面或片体在第一交叉线串处相切或曲率连续。

5）最后交叉线串：让用户约束该实体使得它和一个或多个选定的面或片体在最后一条交叉线串处相切或曲率连续。

（4）输出曲面选项。

1）着重：让用户决定哪一组控制线串对曲线网格体的形状最有影响。

① 两个皆是：主线串和交叉线串（即横向线串）有同样效果。

② 主线串：主线串更有影响。

③ 交叉线串：交叉线串更有影响。

2）构造。

① 法向：使用标准过程建立曲线网格曲面。

② 样条点：让用户通过为输入曲线使用点和这些点处的斜率值来生成体。对于此选项，选择的曲线必须是有相同数目定义点的单根 B 曲线。

这些曲线通过它们的定义点临时地重新参数化（保留所有用户定义的斜率值）。然后这些临时的曲线用于生成体。这有助于用更少的补片生成更简单的体。

③ 简单：建立尽可能简单的曲线网格曲面。

（5）重新构建：该选项可以通过重新定义主曲线或交叉曲线的阶次和节点数来帮助用户构建光滑曲面。仅当“构造选项”为“法向”时，该选项可用。

1）无：不需要重构主曲线或交叉曲线。

2）阶次和公差：该选项通过手动选取主曲线或交叉曲线来替换原来曲线，并为生成的曲面其指定 U/V 向阶次。节点数会依据 G0、G1、G2 的公差值按需求插入。

3）自动拟合：该选项通过指定最小阶次和分段数来重构曲面，系统会自动尝试是利用最小阶次来重构曲面，如果还达不到要求，则会再利用分段数来重构曲面。

（6）G0/G1/G2：该数值用来限制生成的曲面与初始曲线间的公差。G0 默认值为位置公差；G1 默认值为相切公差；G2 默认值为曲率公差。

6.1.7 剖切曲面

该选项通过使用二次构造技巧定义的截面来构造体。截面自由形式特征作为位于预先描述平面内的截面曲线的无限族，开始和终止并且通过某些选定控制曲线。另外，系统从控制曲线直接获取二次端点切矢，并且使用连续的二维二次外形参数沿体改变截面的整个外形。

【执行方式】

- 菜单栏：选择菜单栏中的“插入”→“网络曲面”→“截面”命令。
- 工具栏：单击“曲面”工具栏中的“剖切曲面”按钮。

执行上述方式后，系统会打开如图 6-19 所示的“剖切曲面”对话框。

【选项说明】

（1）类型

1）端线-顶线-肩线：可以使用这个选项生成起始于第一条

选定曲线、通过一条称为肩曲线的内部曲线并且终止于第 3 条选定曲线的截面自由形式特征。每个端点的斜率由选定顶线定义。

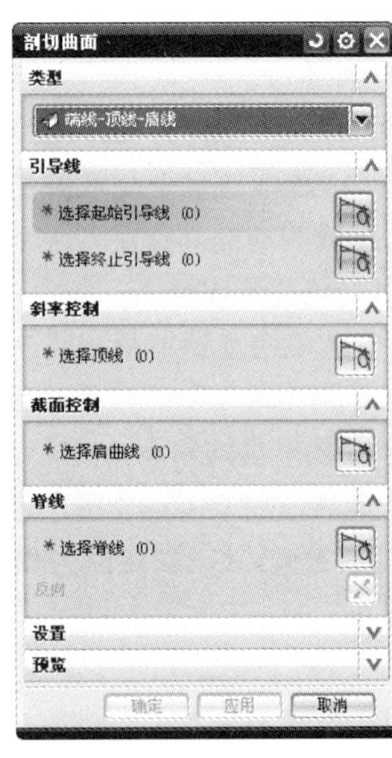

图 6-19 “剖切曲面”对话框

2）端线-斜率-肩线：该选项可以生成起始于第一条选定曲线、通过一条内部曲线（称为肩曲线）并且终止于第 3 条曲线的截面自由形式特征。切矢在起始点和终止点由两个不相关的切矢控制曲线定义。

3）圆角-肩线：可以使用这个选项生成截面自由形式特征，该特征在分别位于两个体上的两条曲线间形成光顺的圆角。体起始于第一条选定曲线，与第一个选定体相切，终止于第二条曲线，与第二个体相切，并且通过肩曲线。

4）三点-圆弧：该选项可以通过选择起始边曲线、内部曲线、终止边曲线和脊线曲线来生成截面自由形式特征。片体的截面是圆弧。

5）端线-顶线-rho：可以使用这个选项来生成起始于第一条

选定曲线并且终止于第二条曲线的截面自由形式特征。每个端点的切矢由选定的顶线定义。每个二次截面的完整性由相应的 rho 值控制。

6）端线-斜率-rho：该选项可以生成起始于第一条选定边曲线并且终止于第二条边曲线的截面自由形式特征。切矢在起始点和终止点由两个不相关的切矢控制曲线定义。每个二次截面的完整性由相应的 rho 值控制。

7）圆角-rho：可以使用这个选项生成截面自由形式特征，该特征在分别位于两个体上的两条曲线间形成光顺的圆角。每个二次截面的完整性由相应的 rho 值控制。

8）二点-半径：该选项生成带有指定半径圆弧截面的体。对于脊线方向，从第一条选定曲线到第二条选定曲线以逆时针方向生成体。半径必须至少是每个截面的起始边与终止边之间距离的 1/2。

9）端线-顶线-高亮显示：该选项可以生成带有起始于第一条选定曲线并终止于第二条曲线而且与指定直线相切的二次截面的体。每个端点的切矢由选定顶线定义。

10）端线-斜率-高亮显示：该选项可以生成带有起始于第一条选定边曲线并终止于第二条边曲线而且与指定直线相切的二次截面的体。切矢在起始点和终止点由两个不相关的切矢控制曲线定义。

11）圆角-高亮显示：可以使用这个选项生成带有在分别位于两个体上的两条曲线之间构成光顺圆角并与指定直线相切的二次截面的体。

12）端线-斜率-圆弧：该选项可以生成起始于第一条选定边曲线并且终止于第二条边曲线的截面自由形式特征。切矢在起始处由选定的控制曲线决定。片体的截面是圆弧。

13）四点-斜率：该选项可以生成起始于第一条选定曲线、通过两条内部曲线并且终止于第四条曲线的截面自由形式特征。也选择定义起始切矢的切矢控制曲线。

14）端线-斜率-三次：该选项生成带有截面的 S 形的体，该截面在两条选定边曲线之间构成光顺的三次圆角。切矢在起始点和终止点由两个不相关的切矢控制曲线定义。

15）圆角-桥接：该选项生成一个体，该体带有在位于两组面上的两条曲线之间构成桥接的截面。

16）点-半径-角度-圆弧：该选项可以通过在选定边、相切面、体的曲率半径和体的张角上定义起始点来生成带有圆弧截面的体。角度可以从-170º～0º，或从 0º～170º 变化，但是禁止通过零。半径必须大于零。曲面的默认位置在面法向的方向上，或者可以将曲面反向到相切面的反方向。

17）五点：该选项可以使用 5 条已有曲线作为控制曲线来生成截面自由形式特征。体起始于第一条选定曲线，通过 3 条选定的内部控制曲线，并且终止于第 5 条选定的曲线。而且提示选择脊线曲线。5 条控制曲线必须完全不同，但是脊线曲线可以为先前选定的控制曲线。

18）线性-相切：该选项可以生成与一个或多个面相切的线性截面曲面。选择其相切面、起始曲面和脊线来生成这个曲面。

19）圆相切：该选项可以生成与面相切的圆弧截面曲面。通过选择其相切面、起始曲线和脊线并定义曲面的半径来生成这个曲面。

20）圆：可以使用这个选项生成整圆截面曲面。选择引导线串、可选方向线串和脊线来生成圆截面曲面；然后定义曲面的半径。

（2）引导线：指定剖切曲面的起始和终止几何体。

（3）斜率控制：控制来自起始边或终止边的任一者或两者、单一顶点曲线或者起始面或终止面的剖切曲面的形状。

（4）截面控制：控制在剖切曲面中定义截面的方式。

（5）脊线：控制已计算剖切平面的方位。

6.1.8 艺术曲面

【执行方式】

● 菜单栏：选择菜单栏中的“插入”→“网格曲面”→“艺

术曲面”命令。

● 工具栏：单击“曲面”工具栏中的“艺术曲面”按钮。

执行上述方式后，系统打开如图 6-20 所示的“艺术曲面”对话框。示意图如图 6-21 所示。

图 6-20 “艺术曲面”对话框

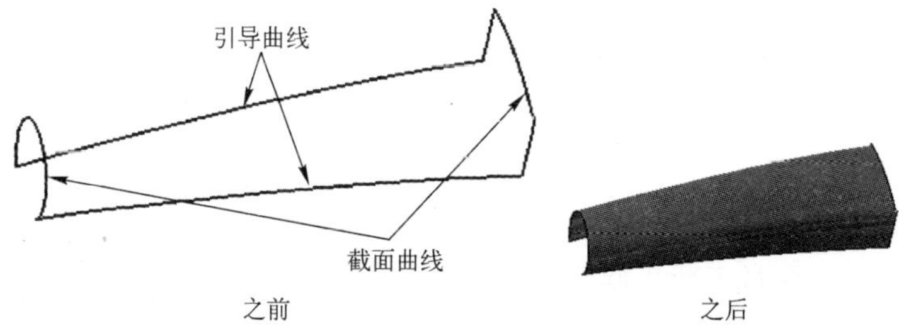

图 6-21 “艺术曲面”示意图

【选项说明】

1. 截面（主要）曲线

每选择一组曲线可以通过单击鼠标中键完成选择，如果方向相反可以单击该可面板中的“反向”按钮。

2. 引导（交叉）曲线

在选择交叉线串的过程中，如果选择的交叉曲线方向与已经选择的交叉线串的曲线方向相反，可以通过单击“反向”按钮将交叉曲线的方向反向。如果选择多组引导曲线，那么该面板的“列表”中能够将所有选择的曲线都通过列表方式表示出来。

3. 连续性

（1）G0（位置）方式，通过点连接方式和其他部分相连接。

（2）G1（相切）方式，通过该曲线的艺术曲面与其相连接的曲面通过相切方式进行连接。

（3）G2（曲率）方式，通过相应曲线的艺术曲面与其相连接的曲面通过曲率方式逆行连接，在公共边上具有相同的曲率半径，且通过相切连接，从而实现曲面的光滑过渡。

4. 输出曲面选项

（1）对齐

1）参数：截面曲线在生成艺术曲面时（尤其是在通过截面曲线生成艺术曲面时），系统将根据所设置的参数来完成各截面曲线之间的连接过渡。

2）圆弧长：截面曲线将根据各曲线的圆弧长度来计算曲面的连接过渡方式。

3）根据点：可以在连接的几组截面曲线上指定若干点，两组截面曲线之间的曲面连接关系将会根据这些点来进行计算。

（2）过渡控制

1）垂直于终止截面：连接的平移曲线在终止截面处，将垂直于此处截面。

2）垂直于所有截面线串：连接的平移曲线在每个截面处都

将垂直于此处截面。

3）三次：系统构造的这些平移曲线是三次曲线，所构造的艺术曲面即通过截面曲线组合这些平移曲线来连接和过渡。

4）线形和倒角：系统将通过线形方式并对连接生成的曲面进行倒角。

6.1.9 N 边曲面

使用此命令可以创建由一组端点相连的曲线封闭的曲面。

【执行方式】

- 菜单栏：选择菜单栏中的“插入”→“网格曲面”→“N 边曲面”命令。
- 工具栏：单击“曲面“工具栏中的“N 边曲面”按钮。

执行上述方式后，系统打开如图 6-22 所示的“N 边曲面”对话框。示意图如图 6-23 所示。

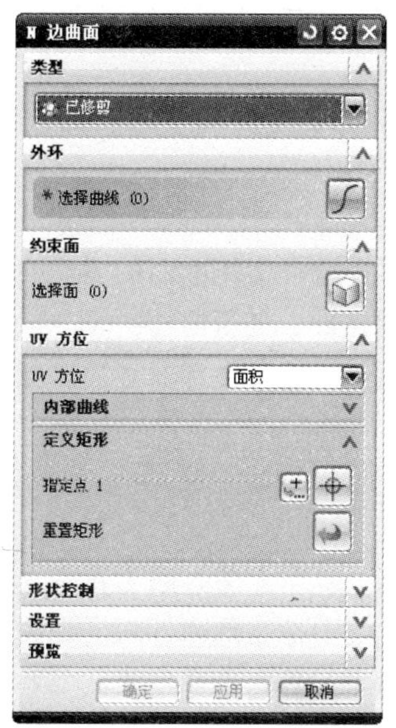

图 6-22 “N 边曲面”对话框

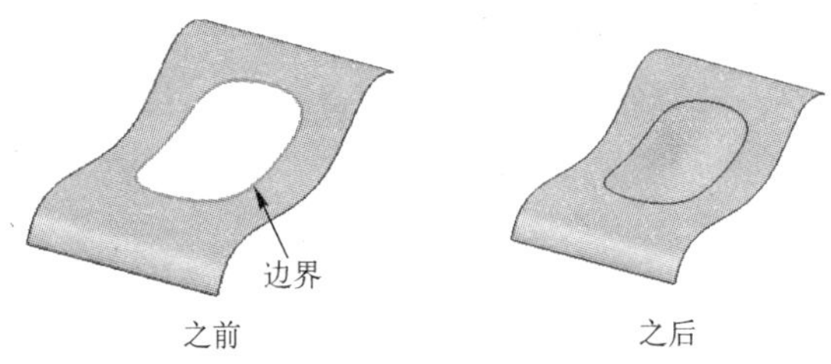

图 6-23 “修剪的 N 边曲面”示意图

【选项说明】

1. 类型

（1）已修剪：在封闭的边界上生成一张曲面，它覆盖被选定曲面封闭环内的整个区域。

（2）三角形：在已经选择的封闭曲线串中，构建一张由多个三角补片组成的曲面，其中的三角补片相交于一点。

2. 外环

用于选择曲线或边的闭环作为 N 边曲面的构造边界。

3. 约束面

用于选择面以将相切及曲率约束添加到新曲面中。

4. UV 方位

（1）UV 方位：用于指定构建新曲面的方向。

1）脊线：使用脊线定义新曲面的 V 方位。

2）矢量：使用矢量定义新曲面的 V 方位。

3）面积：用于创建连接边界曲线的新曲面。

（2）内部曲线。

1）选择曲线：用于指定边界曲线。通过创建所连接边界曲线之间的片体，创建新的曲面。

2）指定原始曲线：用于在内部边界曲线集中指定原点曲线。

3）添加新集：用于指定的内部边界曲线集。

4）列表：列出指定的内部曲线集。

（3）定义矩形：用于指定第一个和第二个对角点来定义新的 WCS 平面的矩形。

5．形状控制

用于控制新曲面的连续性与平面度。

6．修剪到边界

将曲面修剪到指定的边界曲线或边。

6.1.10 扫掠

用预先描述的方式沿一条空间路径移动的曲线轮廓线将扫掠体定义为扫掠外形轮廓。移动曲线轮廓线称为截面线串。该路径称为引导线串，因为它引导运动。

【执行方式】

- 菜单栏：选择菜单栏中的“插入”→“扫掠”→“扫掠”命令。
- 工具栏：单击“曲面”工具栏中的“扫掠”按钮。

执行上述方式后，打开如图 6-24 所示“扫掠”对话框。示意图如图 6-25 所示。

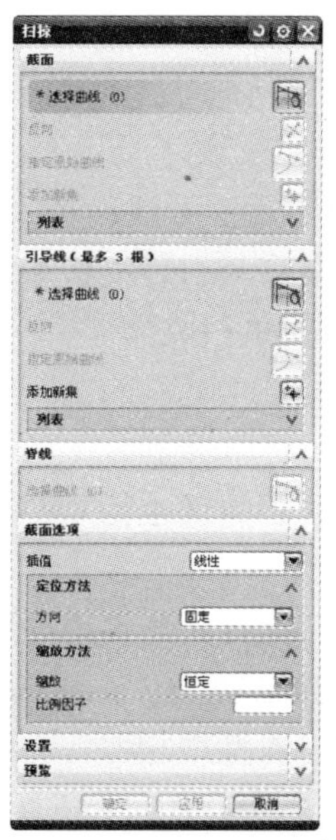

图 6-24 “扫掠”对话框

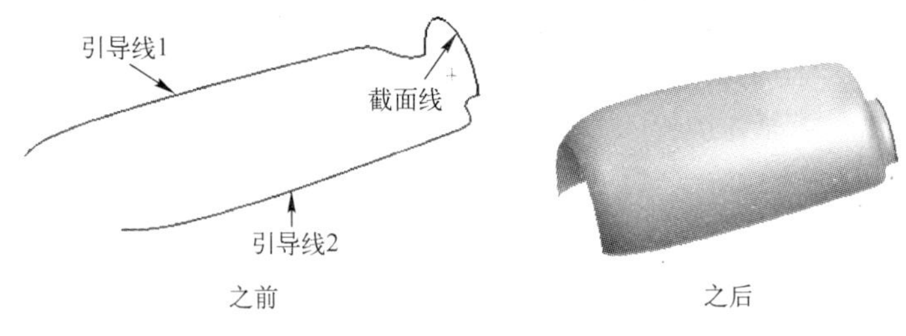

图 6-25 “扫掠”示意图

【选项说明】

1. 截面

（1）选择曲线：用于选择截面线串，可以多达 150 条。

（2）指定原始曲线：用过更改闭环中的原始曲线。

2. 引导线

选择多达三条线串来引导扫掠操作。

3. 脊线

可以控制截面线串的方位，并避免在导线上不均匀分布参数导致的变形。

4. 截面选项

（1）定位方法：在截面引导线移动时控制该截面的方位。

1）固定：在截面线串沿引导线移动时保持固定的方位，且结果是平行的或平移的简单扫掠。

2）面的法向：将局部坐标系的第二根轴与在引导线串长度上指定的矢量对齐。

3）矢量方向：可以将局部坐标系的第二根轴与在引导线串长度上指定的矢量对齐。

4）另一条曲线：使用通过连接引导线上相应的点和其他曲线获取的局部坐标系的第二根轴，来定向截面。

5）一个点：与另一条曲线相似，不同之处在于获取第二根轴的方法是通过引导线串和点之间的三面直纹片体的等价物。

6）强制方向：用于在截面线串沿引导线串扫掠时通过矢量

来固定剖切平面的方位。

（2）缩放方法：在截面沿引导线进行扫掠时，可以增大或减少该截面的大小。

1）恒定：指定沿整条引导线保持恒定的比例因子。

2）倒圆功能：在指定的起始与终止比例因子之间允许或三次缩放。

3）面积规律：通过规律子函数来控制扫掠体的横截面积。

4）均匀：在横向和竖向两个方向缩放截面线串。

6.1.11 实例——手柄

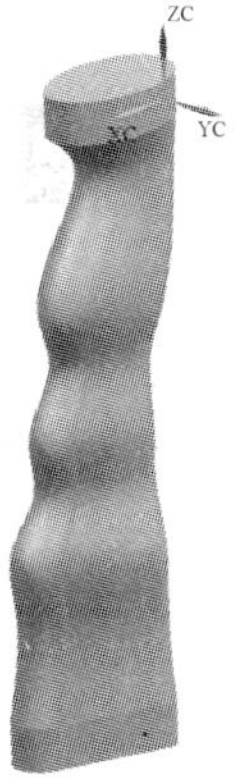

本例绘制手柄，如图 6-26 所示。

（1）单击“标准”工具栏中的“新建”按钮，打开“新建”对话框。在模板列表中选择“模型”，输入名称为 shoubing，单击“确定”按钮，进入建模环境。

（2）选择菜单栏中的“插入”→“曲线”→“椭圆”命令，打开“点”对话框，以坐标原点为椭圆中心，单击“确定”按钮。打开“椭圆”对话框，如图 6-27 所示。在长半轴、短半轴、起始角、终止角、旋转角度文本框中分别输入 6.5、8、0、360、0。单击“确定”按钮，生成椭圆如图 6-28 所示。

图 6-26 手柄

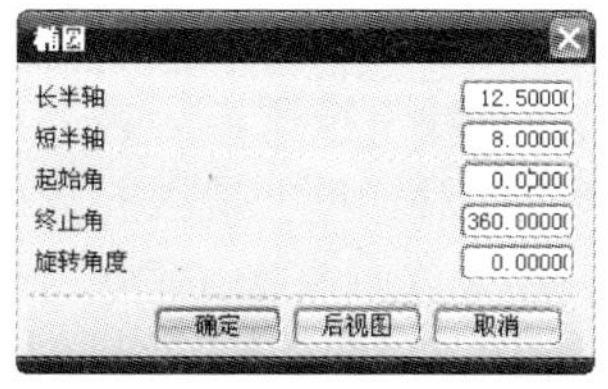

图 6-27 “椭圆”对话框

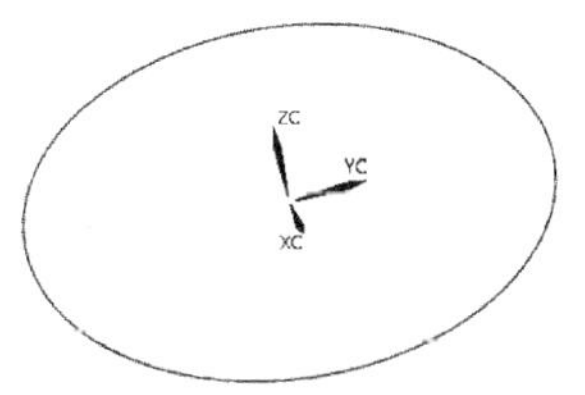

图 6-28 椭圆

（3）选择菜单栏中的“格式”→“WCS”→“原点”命令，打开“点”对话框。输入坐标为（20，0，–90），单击“确定”

按钮，完成新坐标原点设定，如图 6-29 所示。

（4）选择菜单栏中的“插入”→“曲线”→“基本曲线”命令，打开“基本曲线”对话框，单击“圆”按钮⊙，在“点方法”下拉菜单中选择“…”，打开“点”对话框，选择参考坐标为“WCS”，输入圆中心坐标（0，0，0），单击“确定”按钮。系统提示输入圆上一点坐标（5，0，0），单击“确定”按钮，完成圆的创建，生成的圆如图 6-30 所示。

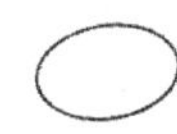

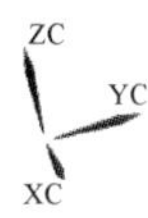

图 6-29　移动坐标系

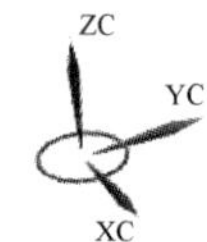

图 6-30　圆

（5）选择菜单栏中的“插入”→“曲线”→“基本曲线”命令，打开“基本曲线”对话框。单击“直线”按钮，在“点方式”下拉菜单中选择“…”，打开“点”对话框。输入起点坐标（–20，6.5，0），单击“确定”按钮。输入终点坐标（–20，–6.5，0），单击“确定”按钮，完成直线 1 创建，如图 6-31 所示。以直线 1 的起点为起点，圆的一象限点为终点创建直线 2；以直线 1 的终点为起点，圆的另一象限点为终点创建直线 3，模型如图 6-32 所示。

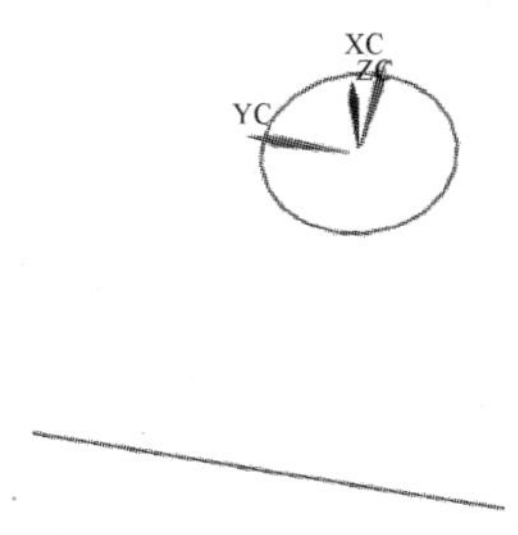

图 6-31　直线 1

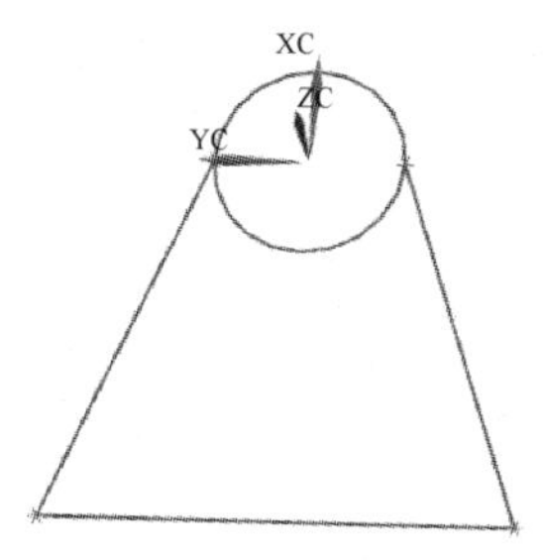

图 6-32　模型

（6）选择菜单栏中的“插入”→“曲线”→“基本曲线”命令，打开“基本曲线”对话框。单击对话框中“倒角”按钮，打开如图 6-33 所示的“曲线倒圆”对话框。单击对话框中的“简单倒圆”按钮。输入“半径”为 2，分别选择相邻直线段，生成模型如图 6-34 所示。

图 6-33　“曲线倒圆”对话框

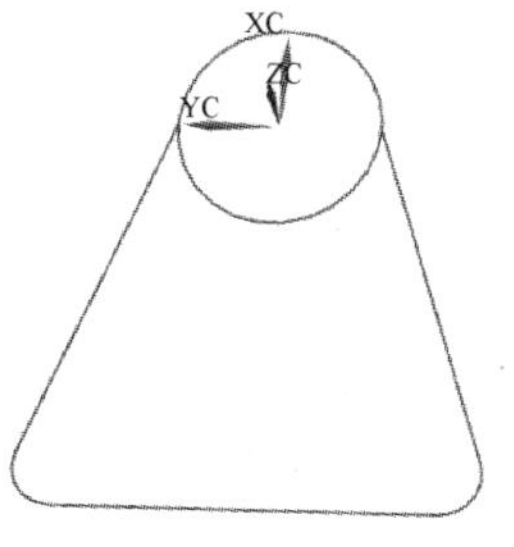

图 6-34　曲线模型

（7）选择菜单栏中的“编辑”→“曲线”→“修剪”命令，打开“裁剪曲线”对话框如图 6-35 所示，接受系统默认设置。根据选择步骤，如图 6-36 所示，第一边界选择直线 2，第二边界选择直线 3。选择圆弧 1 为要修剪的曲线，如图 6-36 所示，生成曲线如图 6-37 所示。

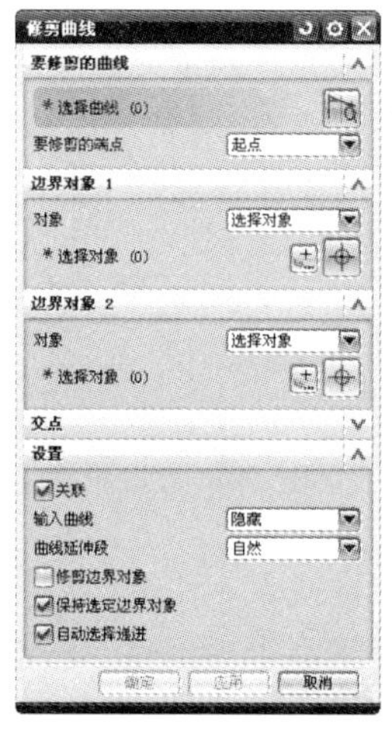

图 6-35 “修剪曲线”对话框

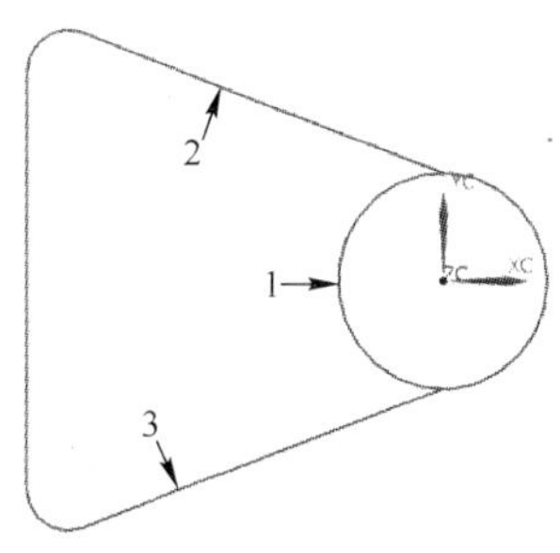

图 6-36 修剪曲线示意图

（8）选择菜单栏中的“格式”→“WCS”→“原点”命令，打开“点”对话框，输入坐标为（-32.5，0，90）。单击“确定”按钮，完成新坐标原点移动，如图 6-38 所示。

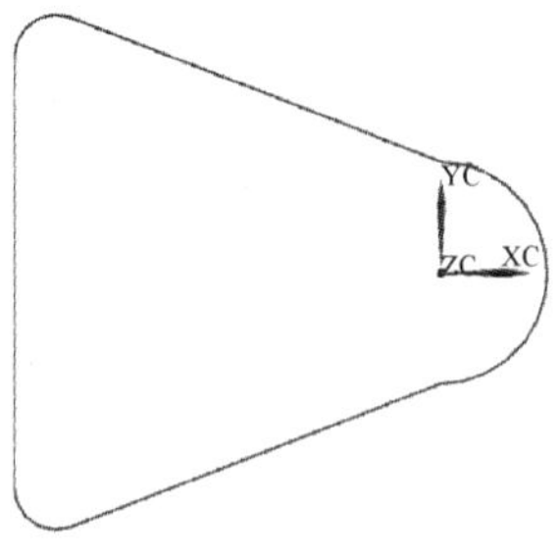

图 6-37 曲线模型

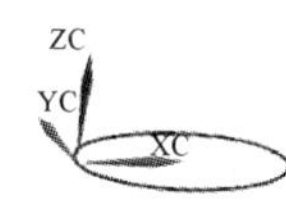

图 6-38 移动坐标系

（9）选择菜单栏中的“插入”→“曲线”→“样条”命令，打开如图 6-39 所示的“样条”对话框。单击对话框中“通过点”按钮，打开如图 6-40 所示的“通过点生成样条”对话框。接受系统默认选项，单击“确定”按钮。打开如图 6-41 所示的“样条”对话框，单击“点构造器”按钮。打开“点”对话框，根据系统提示依次输入表 6-1 所示的坐标点，打开如图 6-42 所示的“指定点”对话框，单击“是”按钮。打开“通过点生成样条”对话框，单击“确定”按钮，生成样条 1 如图 6-43 所示。

同上步骤，输入表 6-2 所示坐标点，生成样条 2。曲线模型如图 6-44 所示。

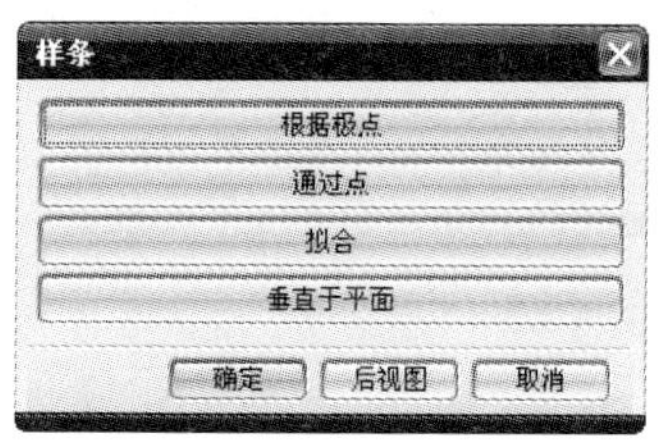

图 6-39 “样条”对话框

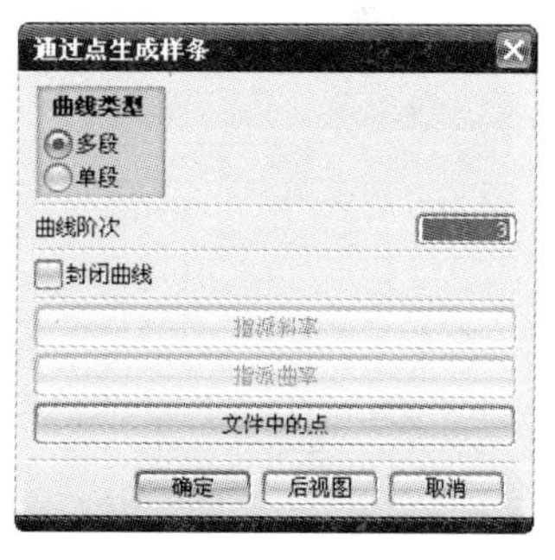

图 6-40 “通过点生成样条”对话框

表 6-1 样条曲线 1 的坐标值

	XC	YC	ZC
1	0	0	0
2	1	0	–9
3	2	0	–15
4	5	0	–25
5	9	0	–35
6	11	0	–50
7	12	0	–70
8	6.5	0	–90

表 6-2　样条曲线 2 的坐标值

	XC	YC	ZC
1	25	0	0
2	20	0	–5
3	30	0	–28
4	28	0	–35
5	33	0	–46
6	32	0	–55
7	37	0	–63
8	36	0	–73
9	37.5	0	–90

样条
全部成链
在矩形内的对象成链
在多边形内的对象成链
点构造器
确定　后视图　取消

图 6-41　选择点创建方式

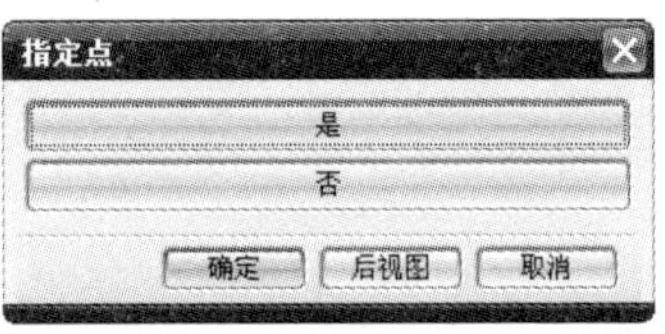

图 6-42　“指定点”对话框

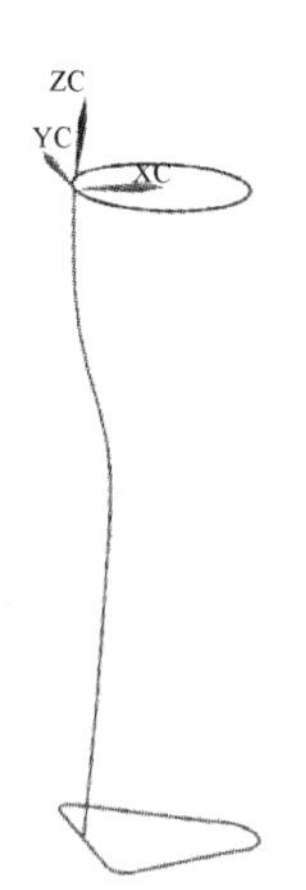

图 6-43　样条 1

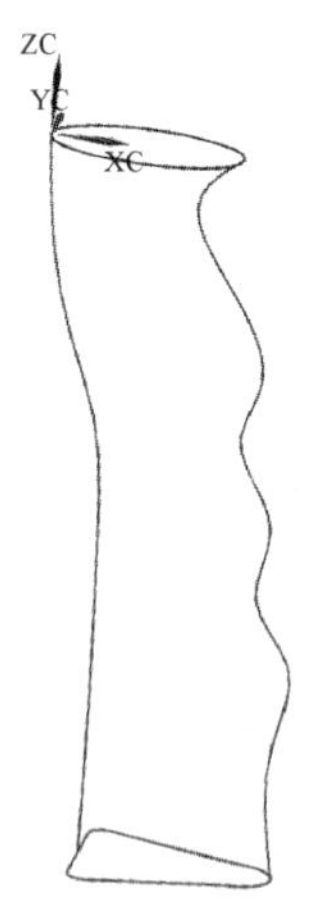

图 6-44　曲线模型

（10）单击“曲面”工具栏中的“扫掠”按钮，打开如图 6-45 所示的“扫掠”对话框。选择屏幕中的椭圆曲线为截面线串 1，单击鼠标中键完成截面 1 的选取。选择屏幕中由直线和圆组成的封闭曲线为截面线串 2（截面线串上箭头方向应保持一致，符合右手法则），如图 6-44 所示。单击鼠标中键完成截面 2 的选取。如图 6-44 所示选择屏幕中样条曲线 1 为第一引导线串，单击鼠标中键。选择样条曲线 2 为第二引导线串，单击鼠标中键完成选取。单击“确定”按钮。完成扫掠的创建，生成模型如图 6-46 所示。

图 6-45 “扫掠”对话框

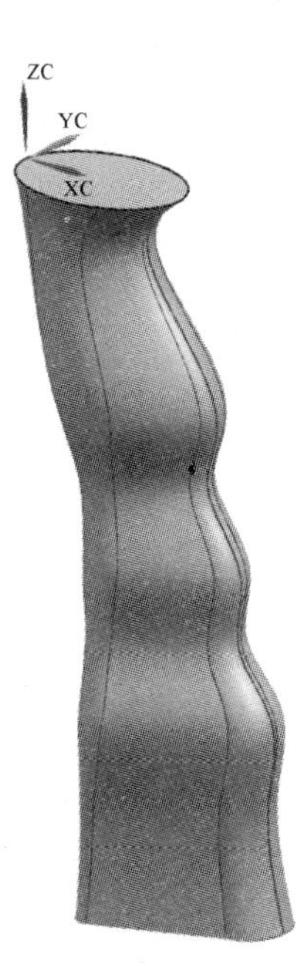

图 6-46 模型

（11）单击“特征”工具栏中的“拉伸”按钮，打开“拉伸”对话框，如图 6-47 所示。选择如图 6-48 所示椭圆曲线为拉伸曲线。选择“ZC 轴”为拉伸方向，输入起始距离 0，结束距离为 7。在布尔下拉列表中选择“求和”，单击“确定”按钮，完成拉伸操作，创建拉伸实体 1，如图 6-48 所示。

同上步骤选择由直线和圆弧组成的封闭曲线，“起始距离”和“结束距离”中分别输入 0、7，拉伸方向为-ZC 轴向，创建拉伸实体 2，如图 6-49 所示。

图 6-47 “拉伸”对话框

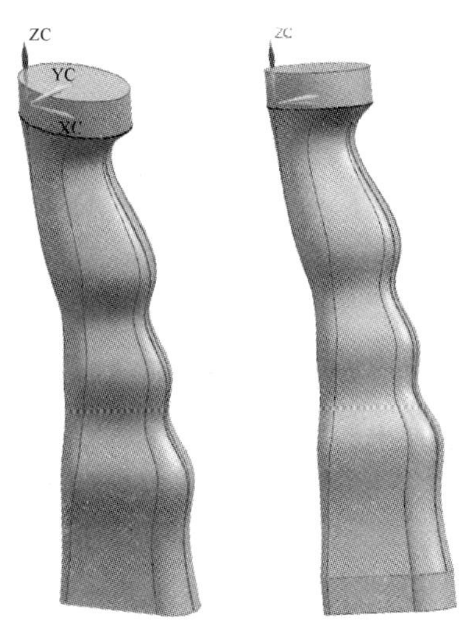

图 6-48 模型 2　　图 6-49 模型 3

6.2 曲面操作

6.2.1 延伸

让用户从现有的基片体上生成切向延伸片体、曲面法向延伸片体、角度控制的延伸片体或圆弧控制的延伸片体。

【执行方式】

- 菜单栏：选择菜单栏中的“插入”→“弯边曲面”→“延伸”命令。
- 工具栏：单击“曲面”工具栏中的“延伸曲面”按钮。

执行上述方式后，系统打开如图 6-50 所示“延伸曲面”对话框。示意图 6-51 所示。

图 6-50 “延伸曲面”对话框

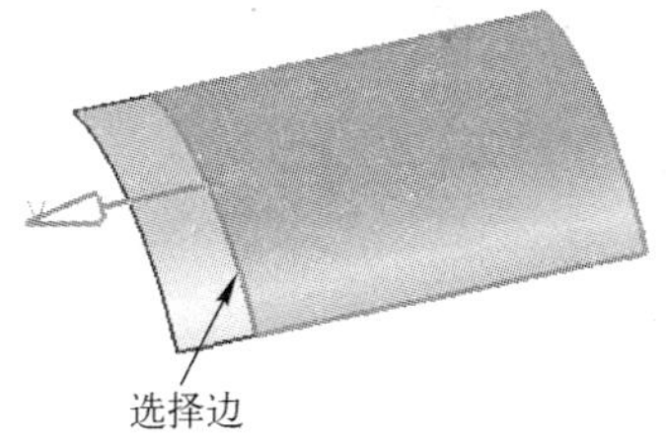

图 6-51 “延伸曲面”示意图

【选项说明】

（1）边：选择要延伸的边后，选择延伸方法并输入延伸的长度或百分比延伸曲面，示意图如图 6-51 所示。

1）选择要延伸的边：选择与要指定的边接近的面。

2）相切：该选项让用户生成相切于面、边或拐角的体。切向延伸通常是相邻于现有基面的边或拐角而生成，这是一种扩展基面的方法。这两个体在相应的点处拥有公共的切面，因而，它们之间的过渡是平滑的。

3）圆形：该选项让用户从光顺曲面的边上生成一个圆弧的延伸。该延伸遵循沿着选定边的曲率半径。

要生成圆弧的边界延伸，选定的基曲线必须是面的未裁剪的边。延伸的曲面边的长度不能大于任何由原始曲面边的曲率确定半径的区域的整圆的长度。

（2）拐角：选择要延伸的曲面，在%U 和%V 长度输入拐角长度。

1）选择要延伸的拐角：选择与要指定的拐角接近的面。

2）%U 长度/%V 长度：设置 U 和 V 方向上的拐角延伸曲面的长度。

6.2.2 规律延伸

通过此命令，根据距离规律及延伸的角度来延伸现有的曲面或片体。

【执行方式】

- 菜单栏：选择菜单栏中的“插入”→“弯边曲面”→“按规律延伸”命令。
- 工具栏：单击“曲面”工具栏中的“规律延伸”按钮。

执行上述方式，打开如图 6-52 所示“规律延伸”对话框。

图 6-52 “规律延伸”对话框

【选项说明】

1. 类型

（1）面：指定使用一个或多个面来为延伸曲面组成一个参考坐标系。参考坐标系建立在“基本曲线串”的中点上。

（2）矢量：指定在沿着基本曲线线串的每个点处计算和使用一个坐标系来定义延伸曲面。此坐标系的方向是这样确定的：使 0° 角平行于矢量方向，使 90° 轴垂直于由 0° 轴和基本轮廓切线矢量定义的平面。此参考平面的计算是在“基本轮廓”的中点上进行的，示意图如图 6-53 所示。

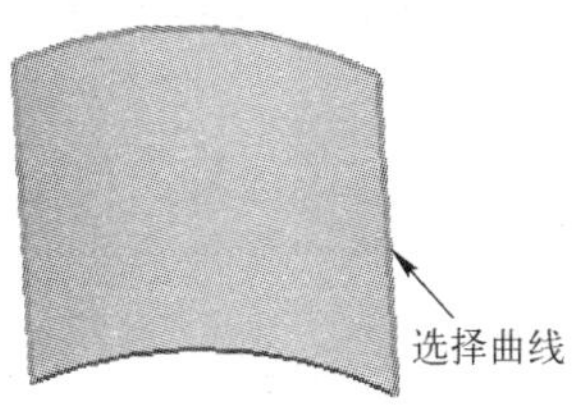

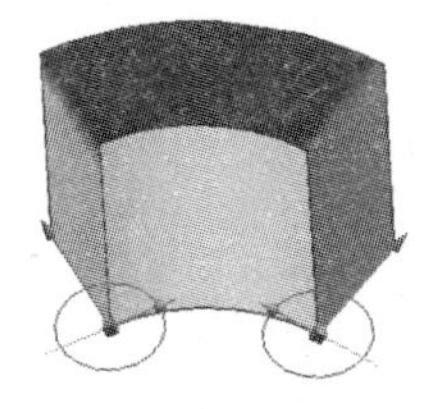

图 6-53 “规律延伸”示意图

2. 基本轮廓

让用户选择一条基本曲线或边界线串，系统用它在它的基边上定义曲面轮廓。

3. 参考面

让用户选择一个或多个面来定义用于构造延伸曲面的参考方向。

4. 参考矢量

让用户通过使用标准的“矢量方式”或“矢量构造器”指定一个矢量，用它来定义构造延伸曲面时所用的参考方向。

5. 长度规律类型

让用户指定用于延伸长度的规律方式以及使用此方式的适当的值。

（1）恒定：使用恒定的规则（规律），当系统计算延伸曲面时，它沿着基本曲线线串移动，截面曲线的长度保持恒定的值。

（2）线性：使用线性的规则（规律），当系统计算延伸曲面时，它沿着基本曲线线串移动，截面曲线的长度从基本曲线线串起始点的起始值到基本曲线线串终点的终止值呈线性变化。

（3）三次：使用三次的规则（规律），当系统计算延伸曲面时，它沿着基本曲线线串移动，截面曲线的长度从基本曲线线串起始点的起始值到基本曲线线串终点的终止值呈非线性变化。

（4）根据方程：使用表达式及参数表达式变量来定义规律。

（5）根据规律曲线：用于选择一串光顺连接曲线来定义规律函数。

（6）多重过渡：用于通过所选基本轮廓的多个节点或点来定义规律。

6. 角度规律

让用户指定用于延伸角度的规律方式以及使用此方式的适当的值。

7. 延伸类型

指定是否在基本曲线串的相反侧上生成规律延伸。

（1）无：不创建相反侧延伸。

（2）对称：使用相同的长度参数在基本轮廓的两侧延伸曲面。

（3）非对称：在基本轮廓线串的每个点处使用不同的长度以在基本轮廓的两侧延伸曲面。

8. 脊线

指定可选的脊线线串会改变系统确定局部坐标系方向的方法。

9. 设置

（1）尽可能合并面：将规律延伸作为单个片体进行创建。

（2）锁定终止长度/角度手柄：锁定终止长度/角度手柄，以便针对所有端点和基点的长度和角度值。

（3）重新构建：通过重新定义基本轮廓的度数和结点，可以构造与面连接的延伸。

1）阶次和公差：指定最大阶次和公差以控制输出曲线的参数化。

2）自动拟合：在指定的最小阶次、最大阶次、最大段数和公差数下重新构建最光顺的曲面，以控制输出曲线的参数化。

3）保持参数化：可以继承输入面中的阶次、分段、极点结构和结点结构，并将其应用到输出曲面。

6.2.3 偏置曲面

系统用沿选定面的法向偏置点的方法来生成正确的偏置曲面。指定的距离称为偏置距离，并且已有面称为基面。可以选择任何类型的面作为基面。如果选择多个面进行偏置，则产生多个偏置体。

【执行方式】

- 菜单栏：选择菜单栏中的“插入”→“偏置/缩放”→“偏置曲面”命令。
- 工具栏：单击“特征”工具栏中的“偏置曲面”按钮。

执行上述方式后，打开如图 6-54 所示的“偏置曲面”对话框。示意图 6-55 所示。

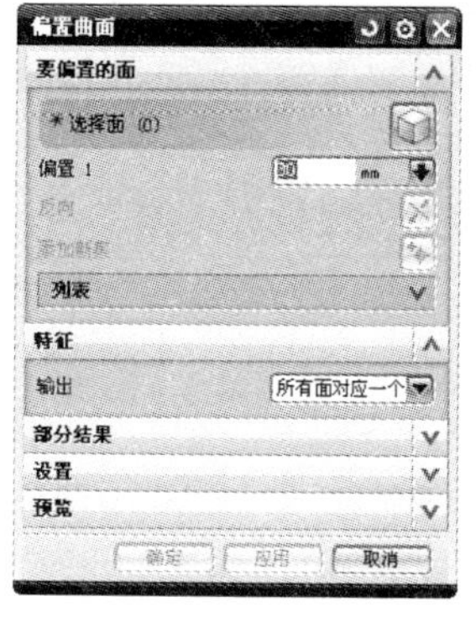

图 6-54 “偏置曲面”对话框

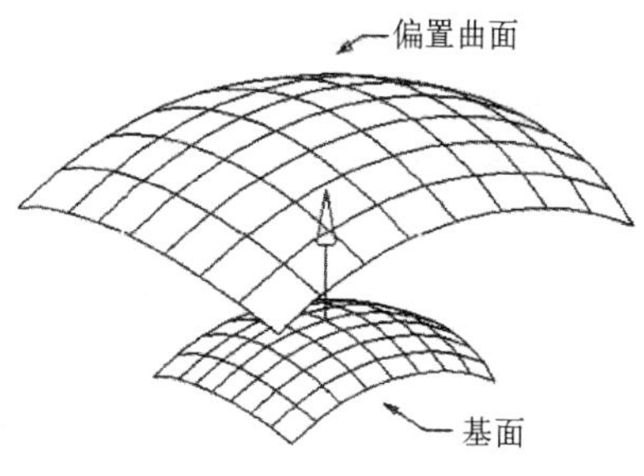

图 6-55 “偏置曲面”示意图

【选项说明】

1. 要偏置的面

选择要偏置的面。

2．输出

确定输出特征的数量。

（1）所有面对应一个特征：为所有选定并相连的面创建单个偏置曲面特征。

（2）每个面对应一个特征：为每个选定的面创建偏置曲面的特征。

3．部分结果

（1）启用部分偏置：无法从指定的几何体获取完整结果时，提供部分偏置结果。

（2）动态更新排除列表：在偏置操作期间检测到问题对象会自动添加到排除列表中。

（3）要排除的最大对象数：在获取部分结果时控制要排除的问题对象的最大数量。

（4）局部移除问题顶点：使用具有球形刀具半径中指定半径的刀具球头，从部件中减去问题顶点。

（5）球形刀具半径：控制用于切除问题顶点的球头的大小。

4．相切边

（1）在相切边添加支撑面：在以有限距离偏置的面和以零距离偏置的相切面之间的相切边处创建步进面。

（2）不添加支撑面：将不在相切边处创建任何支撑面。

6.2.4 大致偏置

该选项让用户使用大的偏置距离从一组列面或片体生成一个没有自相交、尖锐边界或拐角的偏置片体。该选项让用户从一系列面或片体上生成一个大的粗略偏置，用于当“偏置面”和“偏置曲面”功能不能实现时。

【执行方式】

- 菜单栏：选择菜单栏中的“插入”→“偏置/缩放”→“大致偏置”命令。

执行上述方式后，系统打开如图 6-56 所示“大致偏置”对话框。示意图如图 6-57 所示。

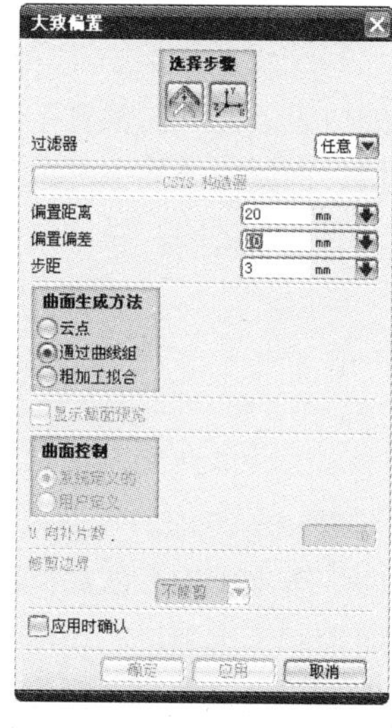

图 6-56 “大致偏置”对话框

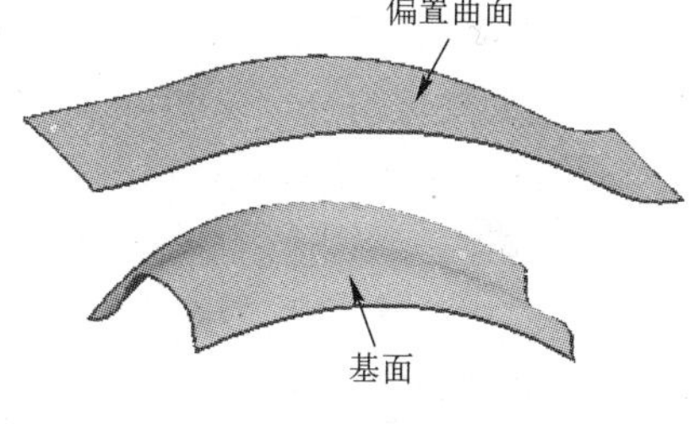

图 6-57 “大致偏置”示意图

【选项说明】

1. 选择步骤

（1）偏置面/片体：选择要偏置的面或片体。如果选择多个面，则不会使它们相互重叠。相邻面之间的缝隙应该在指定的建模距离公差范围内。但是，此功能不检查重叠或缝隙，如果碰到了，则会忽略缝隙，如果存在重叠，则会偏置顶面。

（2）偏置 CSYS：让用户为偏置选择或建立一个坐标系，其中 Z 方向指明偏置方向，X 方向指明步进或截取方向，Y 方向指明步距方向。默认的坐标系为当前的工作坐标系。

2. CSYS 构造器

通过使用标准的CSYS对话框为偏置选择或构造一个CSYS。

3. 偏置距离

让用户指定偏置的距离。此字段值和“偏置偏差”中指定的值一同起作用。如果希望偏置背离指定的偏置方向，则可以为偏置距离输入一个负值。

4. 偏置偏差

让用户指定偏置的偏差。用户输入的值表示允许的偏置距离范围。该值和“偏置距离”值一同起作用。例如，如果偏置距离是 10 且偏差是 1，则允许的偏置距离在 9 和 11 之间。通常偏差值应该远大于建模距离公差。

5. 步距

让用户指定步进距离。

6. 曲面生成方法

让用户指定系统建立粗略偏置曲面时使用的方法。

（1）云点：系统使用和“由点云构面”选项中的方法相同的方法建立曲面。选择此方法则启用“曲面控制”选项，它让用户指定曲面的片数。

（2）通过曲线组：系统使用和“通过曲线”选项中的方法相同的方法建立曲面。

（3）粗加工拟合：当其他方法生成曲面无效时（例如有自相交面或者低质量），系统利用该选项创建一低精度曲面。

7. 曲面控制

让用户决定使用多少补片来建立片体。此选项只用于“云点”曲面生成方法。

（1）系统定义的：在建立新的片体时系统自动添加计算数目的 U 向补片来给出最佳结果。

（2）用户定义：启用“U 向补片数”字段，该字段让用户指定在建立片体时，允许使用多少 U 向补片。该值必须至少为 1。

8. 修剪边界

（1）不修剪：片体以近似矩形图案生成，并且不修剪。

（2）修剪：片体根据偏置中使用的曲面边界修剪。

（3）边界曲线：片体不被修剪，但是片体上会生成一条曲线，它对应于在使用“修剪”选项时发生修剪的边界。

6.2.5 修剪片体

【执行方式】

- 菜单栏：选择菜单栏中的“插入”→“修剪”→“修剪片体”命令。
- 工具栏：单击“特征”工具栏中的“修剪片体”按钮。

执行上述方式后，打开如图 6-58 所示“修剪片体”对话框。

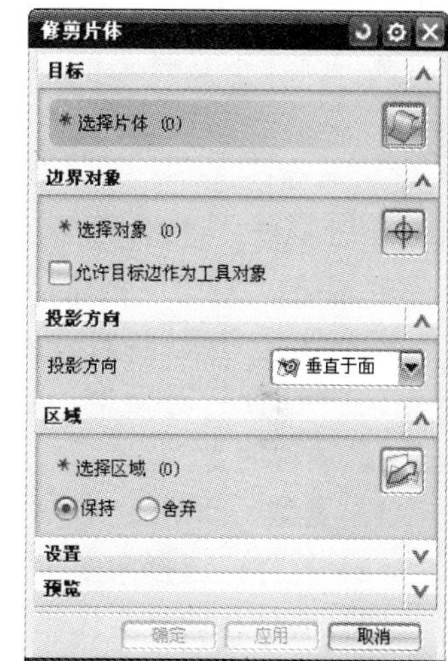

图 6-58 “修剪片体”对话框

【选项说明】

1. 目标

选择要修剪的目标曲面体。

2. 边界对象

（1）选择对象：选择修剪的工具对象，该对象可以是面、边、曲线和基准平面。

（2）允许目标边作为工具对象：帮助将目标片体的边作为修剪对象过滤掉。

3. 投影方向

可以定义要作标记的曲面/边的投影方向。

（1）垂直于面：通过曲面法向投影选定的曲线或边。

（2）垂直于曲线平面：将选定的曲线或边投影到曲面上，该曲面将修剪为垂直于这些曲线或边的平面。

（3）沿矢量：用于定义沿矢量方向定义为投影方向。

4. 区域

可以定义在修剪曲面时选定的区域是保留还是舍弃。

（1）选择区域：用于选择在修剪曲面时将保留或舍弃的区域。

（2）保持：在修剪曲面时保留选定的区域。

（3）舍弃：在修剪曲面时舍弃选定的区域。

6.2.6 缝合

可将两个或多个片体连接成单个片体。如果选择的片体包围一定的体积，则趁机一个实体。

【执行方式】

- 菜单栏：选择菜单栏中的“插入”→“组合”→“缝合”命令。
- 工具栏：单击“特征”工具栏中的“缝合”按钮。

执行上述方式后，打开如图 6-59 所示的“缝合”对话框。

图 6-59 “缝合”对话框

【选项说明】

1. 类型

（1）片体：选择曲面作为缝合对象。

（2）实体：选择实体作为缝合对象。

2. 目标

（1）选择片体：当类型为片体时目标为选择片体，用来选择目标片体，但只能选择一个片体作为目标片体。

（2）选择面：当类型为实体时目标为选择面，用来选择目标实体面。

3. 刀具

（1）选择片体：当类型为片体时刀具为选择片体，用来选择工具片体，但可以选择多个片体作为工具片体。

（2）选择面：当类型为实体时刀具为选择面，用来选择工具实体面。

4. 设置

（1）输出多个片体：勾选此复选框，缝合的片体为封闭时，缝合后生成的是片体；不勾选此复选框，缝合后生成的是实体。

（2）公差：用来设置缝合公差。

6.2.7 加厚

使用此命令可将一个或多个相连面或片体偏置实体。加厚是通过将选定面沿着其法向进行偏置然后创建侧壁而生成。

【执行方式】

- 菜单栏：选择菜单栏中的“插入”→“偏置/缩放”→“加厚”命令。
- 工具栏：单击“特征”工具栏中的“加厚”按钮。

执行上述方式后，系统打开如图 6-60 所示“加厚”对话框。

图 6-60 “加厚”对话框

【选项说明】

（1）面：选择要加厚的面或片体。

（2）偏置 1/偏置 2：指定一个或两个偏置值。

（3）Check-Mate：如果出现加厚片体错误，则此按钮可用。点击此按钮会识别导致加厚片体操作失败的可能的面。

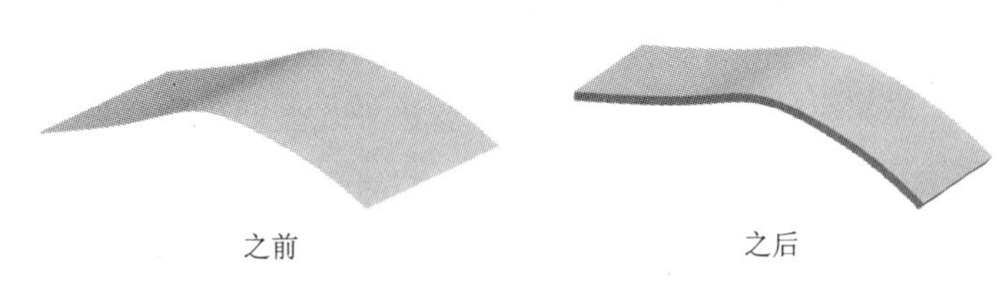

图 6-61 “加厚”示意图

6.2.8 实例——油烟机腔体

本例绘制如图 6-62 所示的油烟机腔体。

（1）单击“标准”工具栏中的“新建”按钮，打开“新建”对话框。在模板列表中选择“模型”，输入名称为 dizuo，单击“确定”按钮，进入建模环境。

（2）单击“特征”工具栏中的“任务环境中的草图”按钮，打开“创建草图”对话框。选择 XC-YC 平面为草图绘制平面，单击“确定”按钮。绘制如图 6-63 所示的草图。单击“完成草图”按钮，草图绘制完毕。

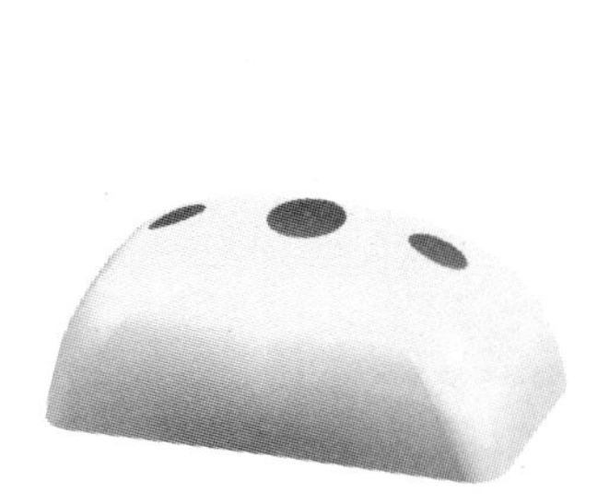

图 6-62 油烟机腔体

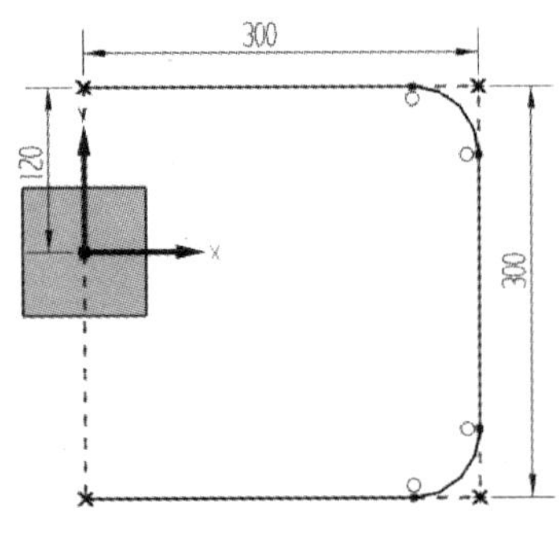

图 6-63 绘制草图 1

（3）单击“特征”工具栏中的“任务环境中的草图”按钮，打开“创建草图”对话框。选择 XC-YC 平面，输入距离为 200，单击“确定”按钮。绘制如图 6-64 所示的草图。单击“完成草图”按钮，草图绘制完毕。

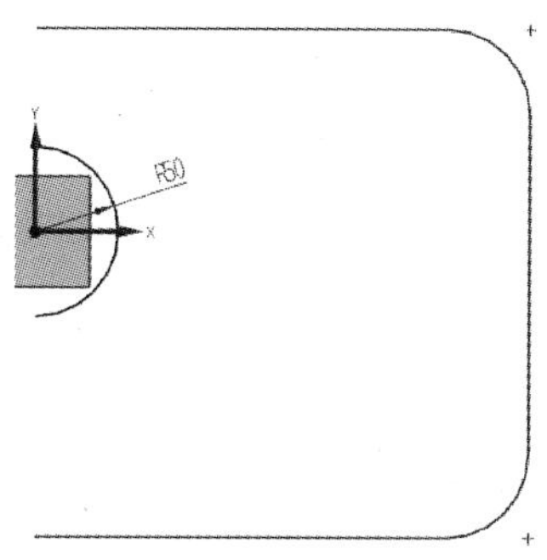

图 6-64　绘制草图 2

（4）单击“特征”工具栏中的“任务环境中的草图”按钮，打开“创建草图”对话框。选择 YC-ZC 平面为草图绘制平面，单击“确定”按钮。绘制如图 6-65 所示的样条曲线。单击“完成草图”按钮，草图绘制完毕。

（5）单击“特征”工具栏中的“任务环境中的草图”按钮，打开“创建草图”对话框。选择 YC-ZC 平面为草图绘制平面，单击“确定”按钮。绘制如图 6-66 所示的样条曲线。单击“完成草图”按钮，草图绘制完毕。

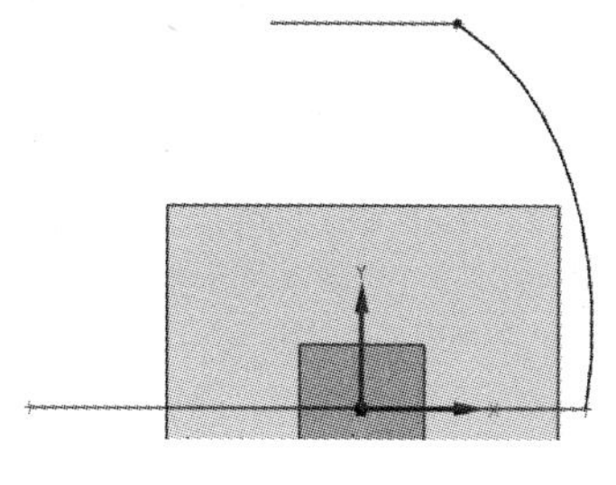

图 6-65　绘制样条曲线 1

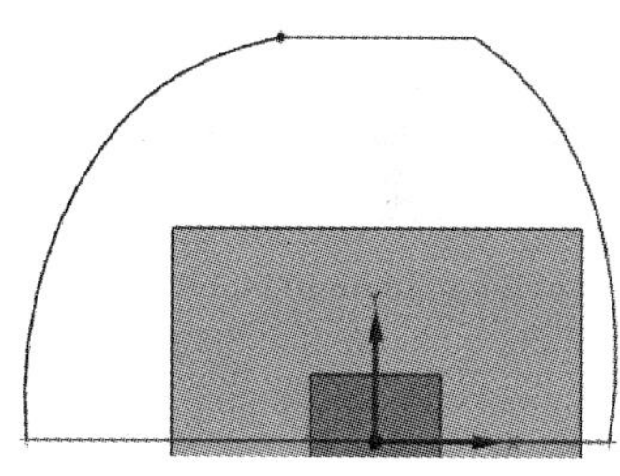

图 6-66　绘制样条曲线 2

（6）单击“特征”工具栏中的“任务环境中的草图”按钮，打开“创建草图”对话框。选择 XC-ZC 平面为草图绘制平面，单击“确定”按钮。绘制如图 6-67 所示的样条曲线。单击“完成草图”按钮，草图绘制完毕。

（7）单击“曲面”工具栏中的“扫掠”按钮，打开如图 6-68 所示的“扫掠”对话框，在视图中选择如图 6-69 所示的截面曲线和引导线，单击“确定”按钮，结果如图 6-70 所示。

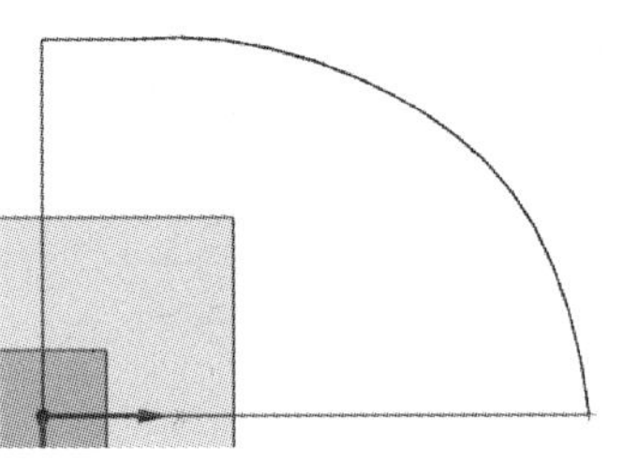

图 6-67　绘制样条曲线 3

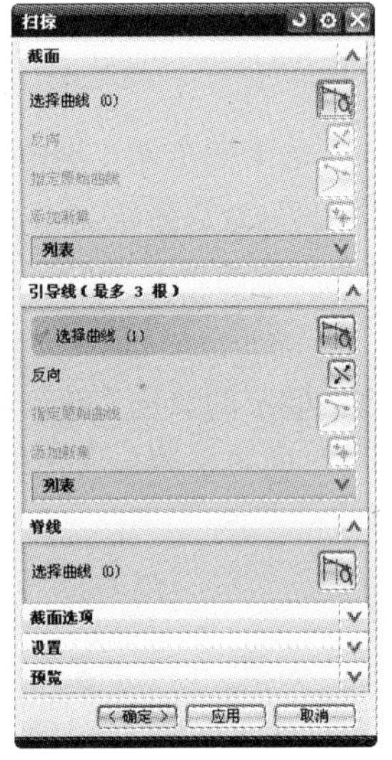

图 6-68　“扫掠”对话框

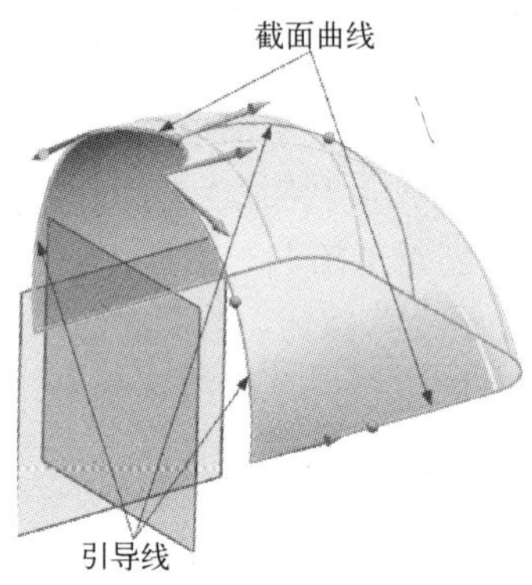

图 6-69　选择截面曲线和引导线

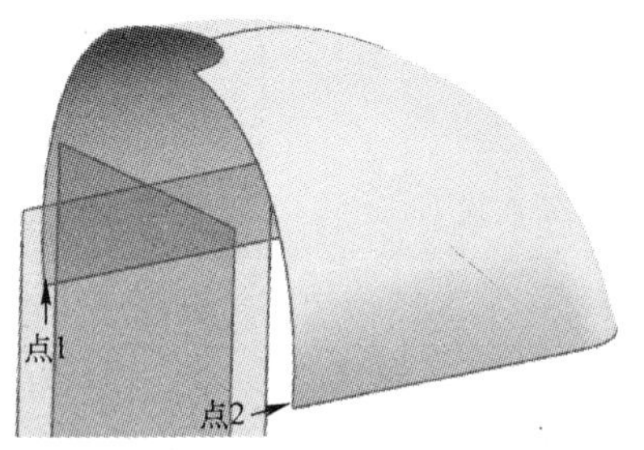

图 6-70　扫掠曲面

（8）单击“特征”工具栏中的“基准轴”按钮，打开如图 6-71 所示的“基准轴”对话框，选择“两点”类型，选择图 6-70 中的两点，单击“确定”按钮，结果如图 6-72 所示。

图 6-71 “基准轴”对话框

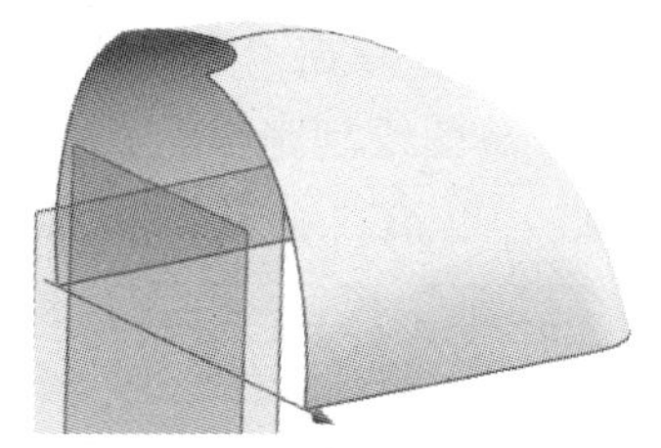

图 6-72 创建基准轴

（9）单击“特征”工具栏中的“基准平面”按钮，打开如图 6-73 所示的“基准平面”对话框，选择“成一角度”类型，选择 YC-ZC 平面为平面参考，选择上步创建的基准轴为通过轴，输入角度值为-60，单击“确定”按钮，结果如图 6-74 所示。

图 6-73 “基准平面”对话框

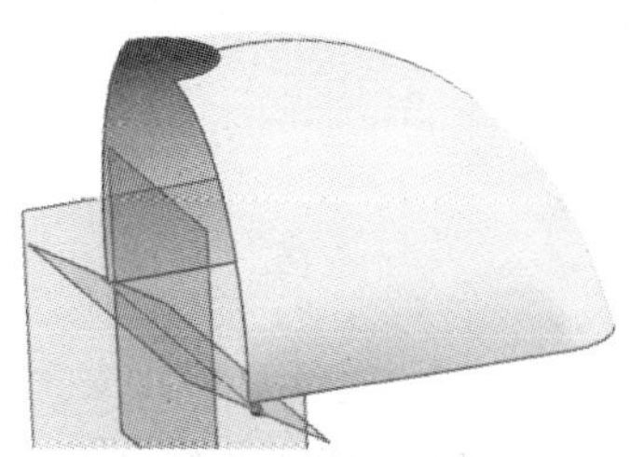

图 6-74 创建基准平面

（10）单击“特征”工具栏中的“任务环境中的草图”按钮，打开“创建草图”对话框。选择上步创建的基准平面为草图绘制平面，单击“确定”按钮。绘制大半径为 40，小半径为 30 的椭圆，如图 6-75 所示。单击“完成草图”按钮，草图绘制完毕。

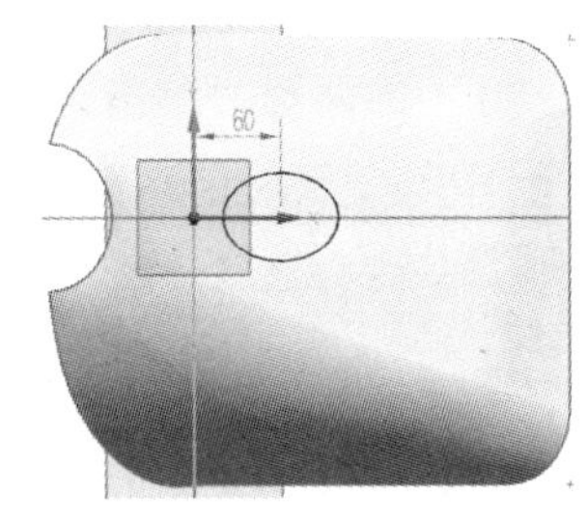

图 6-75　绘制草图

（11）单击“特征”工具栏中的“拉伸”按钮，打开如图 6-76 所示的“拉伸”对话框。选择上步绘制的草图为拉伸曲线。选择“面/平面法向”为拉伸方向。在“开始距离”和“结束距离”数值栏中输入 0，300，在布尔下拉列表中选择“求差”，单击“确定”按钮，结果如图 6-77 所示。

图 6-76　“拉伸”对话框

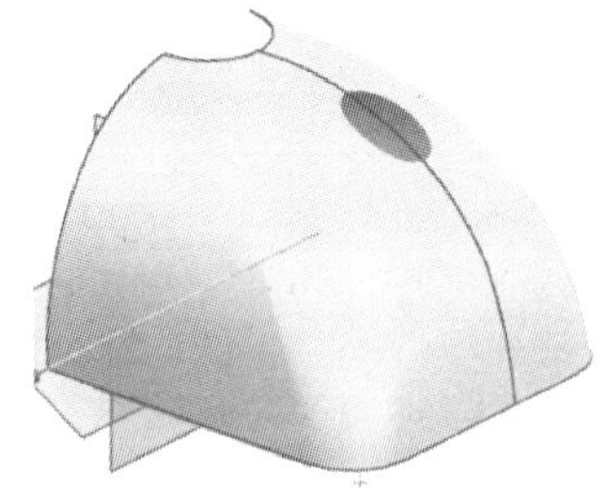

图 6-77　切除孔

（12）单击“曲面”工具栏中的“延伸曲面”按钮，打开如图 6-78 所示的“延伸曲面”对话框，选择“边”类型，选择“圆形”方法，输入长度为 30，选择曲面，单击“确定”按钮，结果如图 6-79 所示。

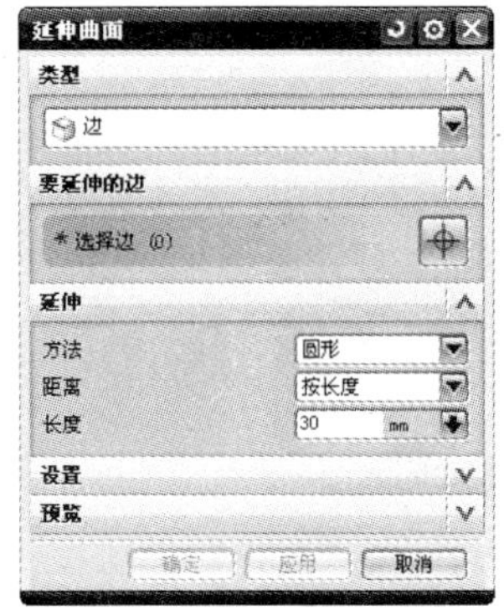

图 6-78 “延伸曲面”对话框

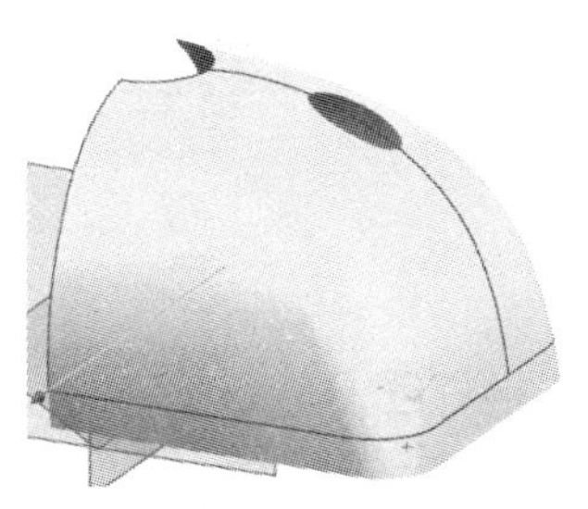

图 6-79 延伸曲面

（13）单击“特征”工具栏中的“镜像特征”按钮，打开如图 6-80 所示的“镜像特征”对话框。在特征列表中选择前面创建的所有特征。在指定平面下拉列表中选择“YC-ZC”平面为镜像面，单击“确定”按钮，结果如图 6-81 所示。

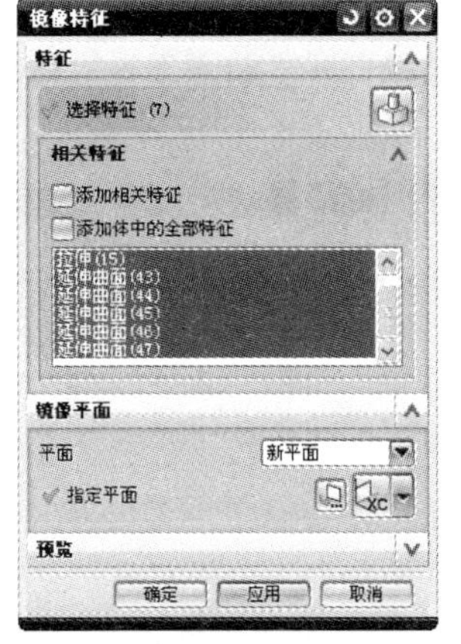

图 6-80 “镜像特征”对话框

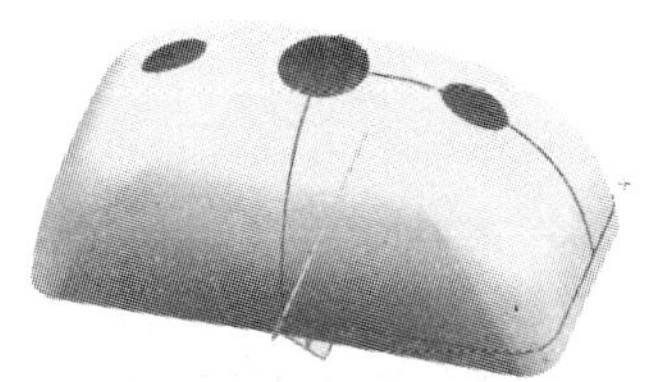

图 6-81 镜像特征

（14）单击“特征”工具栏中的“缝合”按钮，打开如图 6-82 所示的“缝合”对话框，选择“片体”类型，将视图中的所有曲面进行缝合操作。

图 6-82 “缝合”对话框

6.3 曲面编辑

6.3.1 移动定义点

【执行方式】

- 菜单栏：选择菜单栏中的“编辑”→“曲面”→“移动定义点”命令。
- 工具栏：单击“编辑曲面”工具栏中的“移动定义点”按钮。

执行上述方式后，打开如图 6-83 所示“移动定义点”对话框。

【选项说明】

（1）名称：可以在该文本框中输入曲面的名称来选择曲面。

（2）编辑原先的片体：系统将对原有的曲面进行编辑。

（3）编辑副本：系统将编辑后的曲面作为一个新的曲面生成。

选择曲面后，系统会打开如图 6-84 所示“移动点”对话框。

选项说明如下。

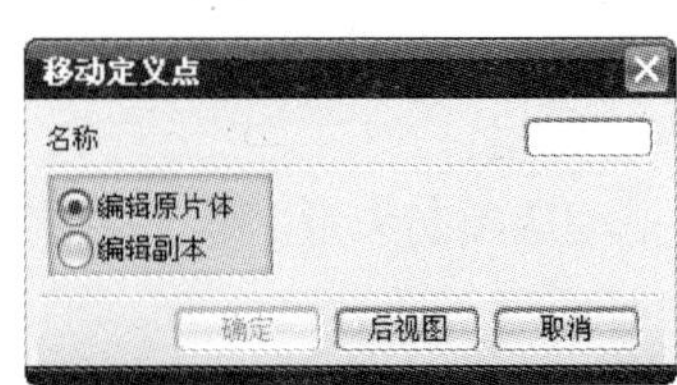

图 6-83 “移动定义点”选取编辑面对话框

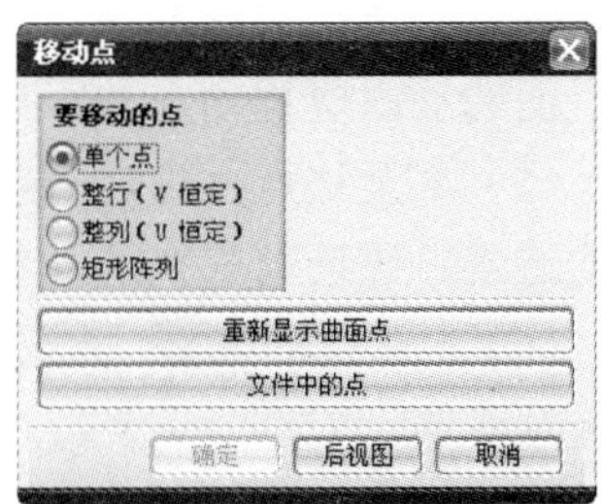

图 6-84 “移动点”对话框

（1）要移动的点

1）单个点：指定要移动的单个点。该项为默认选项。

2）整行（V 恒定）：移动同一行（V 恒定）内的所有点。选择要移动的行内的一个点即可移动该行。

3）整列（U 恒定）：移动同一列内（U 恒定）内的所有点。选择要移动的列内的一点即可移动该列。

4）矩形阵列：移动包含在矩形区域内的点。选择要移动的矩形的两个对角点即可移动该区域。

（2）重新显示曲面点：重新显示符合选择条件的点。

（3）文件中的点：读入文件中的点以替换原先的点。

在选择完需要被移动的点后，系统会打开如图 6-85 所示“移动定义点”对话框。选项说明如下。

图 6-85 “移动定义点”对话框

（1）增量：指定增量偏置，通过增量偏置来移动点。

（2）沿法向的距离：将点沿其所在处的面的法向方向移动一指定的距离。对于极点而言，该选项变灰。

（3）DXC/DYC/DZC：如果选择增量，则这些字段是激活的，以便指定要在 XC、YC 和 ZC 方向上移动点的数量。

（4）距离：如果选择沿法向的距离，则该字段激活，以便指定沿面的法向要移动点的距离。可以输入正或负的距离值。

（5）移至移点：指定一点以将选中的点移动至该点，可使用点构造器。该选项只在选择单个点时可用。

（6）定义拖动矢量：定义用于拖动选项的矢量。对于点而言，该选项变灰。

（7）拖动：将极点拖动至新位置。对于点而言，该选项变灰。

（8）重新选择点：返回“移动点”对话框，重新选择移动点。

6.3.2 移动极点

该选项可以移动片体的极点。这在曲面外观形状的交互设计中，如消费品或汽车车身，非常有用。当要修改曲面形状以改善其外观或使其符合一些标准时，如与其他几何元素的最小距离或偏差，就要移动极点。

可以沿法向矢量拖动极点至曲面或与其相切的平面上。拖动行或列，保留在边处的曲率或切向。可以使用“偏差检查”和“截面分析”选项来提供相对于其他参考几何体的曲面编辑的可视反馈。

【执行方式】

- 菜单栏：选择菜单栏中的“编辑”→“曲面”→“移动极点”命令。
- 工具栏：单击“编辑曲面”工具栏中“移动极点”按钮。

执行上述方式后，系统打开如图 6-86 所示“移动极点”对话框。

图 6-86 “移动极点”对话框

【选项说明】

（1）名称：可以在该文本框中输入曲面的名称来选择曲面。

（2）编辑原先片体：系统将对原有的曲面进行编辑。

（3）编辑副本：系统将编辑后的曲面作为一个新的曲面生成。

选择曲面后打开如图 6-87 所示“移动极点”对话框。选项说明如下。

（1）单个极点：用于指定要移动的单个极点。

（2）整行（V 恒定）：用于移动同一行（常数 V）内所有点。

（3）整列（U 恒定）：用于移动同一列（常数 U）内的所有点。

（4）矩形阵列：用于移动包含在矩形区域内的点。

选择完需要被移动的点后，系统打开如图 6-88 所示对话框。选项说明如下。

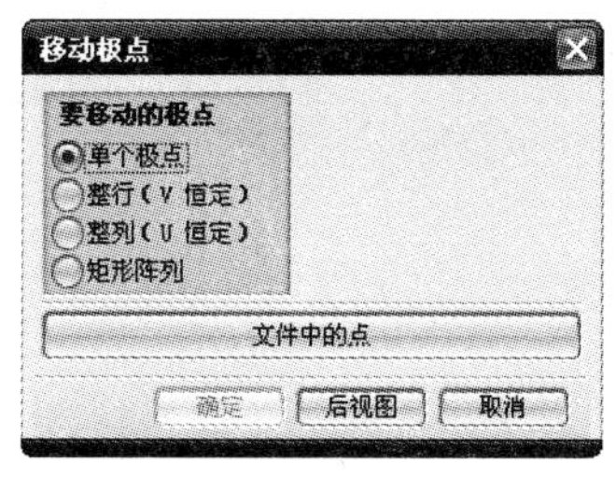

图 6-87　移动极点对话框

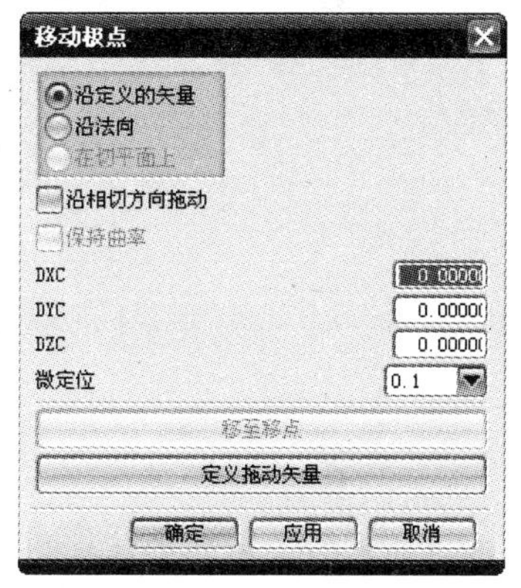

图 6-88　移动极点方式对话框

（1）在切平面上：在与被投影的极点处的曲面相切的平面上拖动极点。仅对“单个极点”选项可用。

（2）沿相切方向拖动：拖动一行或一列极点，保留相应边处的切向。

（3）保持曲率：拖动一行或一列极点，保留相应边处的曲率。该选项的可用性根据与表面拓扑相关的选中的行或列的位置而变化。选择要移动的极点行或列必须是从前导边或尾随边开始数的第二或三行或列。

（4）DXC/DYC/DZC：指定在 XC、YC 和 ZC 方向上移动点的数量。

（5）微定位：指定使用微调选项时动作的灵敏度或精细度。灵敏度的级别有 0.1、0.01、0.001 和 0.0001。小数位置序号越大，拖动极点时所能达到的动作精细度越高。拖动时按住〈Ctrl〉+左键，即可进行微调。

（6）移至移点：通过点对话框指定一点以移动选中的点。

（7）定义拖动矢量：用于定义拖动选项所用的矢量。

示意图如图 6-89 所示。

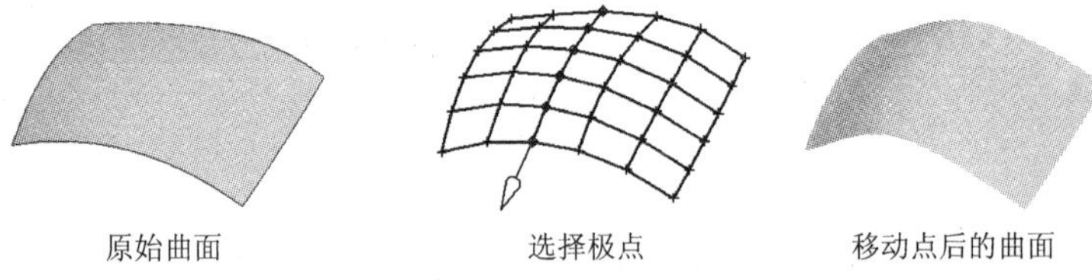

图 6-89 “移动极点”示意图

6.3.3 扩大

让用户改变未修剪片体的大小，方法是生成一个新的特征，该特征和原始的、覆盖的未修剪面相关。

用户可以根据给定的百分率改变 ENLARGE（扩大）特征的每个未修剪边。

【执行方式】

- 菜单栏：选择菜单栏中的“编辑”→“曲面”→“扩大”命令。
- 工具栏：单击“编辑曲面”工具栏中“移动极点”按钮。

执行上述方式后，打开如图 6-90 所示的“扩大”对话框。

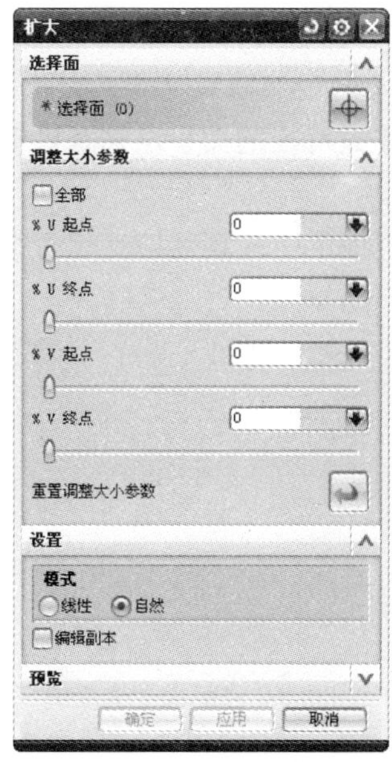

图 6-90 “扩大”对话框

【选项说明】

（1）选择面：选择要修改的面。

（2）调整大小参数。

1）全部：让用户把所有的“U/V 最小/最大”滑尺作为一个组来控制。当此开关为开时，移动任一单个的滑尺，所有的滑尺会同时移动并保持它们之间已有的百分率。若关闭“所有的”开关，使得用户可以对滑尺和各个未修剪的边进行单独控制。

2）%U 起点/%U 终点/%V 起点/%V 终点：使用滑尺或它们各自的数据输入字段来改变扩大片体的未修剪边的大小。在数据输入字段中输入的值或拖动滑尺达到的值是原始尺寸的百分比。可以在数据输入字段中输入数值或表达式。

3）重置调整大小参数：把所有的滑尺重设回它们的初始位置。

（3）模式：

1）线性：在一个方向上线性地延伸扩大片体的边。使用线性可以增大扩大特征的大小，但不能减小它。

2）自然：沿着边的自然曲线延伸扩大片体的边。如果用“自然的类型”来设置扩大特征的大小，则既可以增大也可以减小它的大小。

“扩大”示意图如图 6-91 所示。

图 6-91 “扩大”示意图

6.3.4 更改阶次

该选项可以改变体的阶次。但只能增加带有底层多面片曲面的体的阶次。也只能增加所生成的“封闭”体的阶次。

【执行方式】

- 菜单栏：选择菜单栏中的“编辑”→“曲面”→“阶次”命令。
- 工具栏：单击“编辑曲面”工具栏中的“更改次数”按钮。

执行上述方式后，打开“更改阶次”对话框如图 6-92 所示。

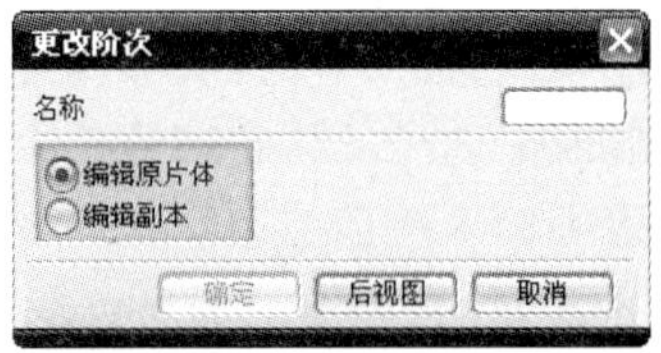

图 6-92 “更改阶次”对话框

【选项说明】

增加体的阶次不会改变它的形状，却能增加其自由度。这可增加对编辑体可用的极点数。

降低体的阶次会降低试图保持体的全形和特征的阶次。降低阶次的公式（算法）是这样设计的：如果增加阶次随后又降低，那么所生成的体将与开始时的一样。这样做的结果是，降低阶次有时会导致体的形状发生剧烈改变。如果对这种改变不满意，则可以放弃并恢复到以前的体。何时发生这种改变是可以预知的，因此完全可以避免。

通常，除非原先体的控制多边形与更低阶次体的控制多边形类似，因为低阶次体的拐点（曲率的反向）少，否则都要发生剧烈改变。

6.3.5 改变刚度

改变刚度命令是改变曲面 U 和 V 方向参数线的阶次，曲面的形状有所变化。

【执行方式】

- 菜单栏：选择菜单栏中的“编辑”→“曲面”→“改变刚度”命令。
- 工具栏：单击“编辑曲面”工具栏中的“更改刚度”按钮。

执行上述方式后，打开如图 6-93 所示的“更改刚度”对话框。

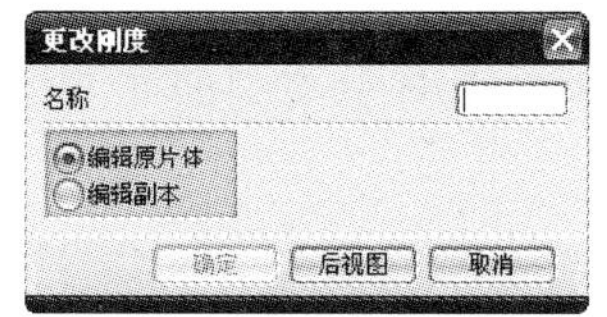

图 6-93 “更改刚度”对话框

【选项说明】

使用改变刚度功能，增加曲面阶次，曲面的极点不变，补片减少，曲面更接近它的控制多边形，反之则相反。封闭曲面不能改变刚度。

6.3.6 法向反向

法向反向命令是用于创建曲面的反法向特征。

【执行方式】

- 菜单栏：选择菜单栏中的“编辑”→“曲面”→“法向反向”命令。
- 工具栏：单击“编辑曲面”工具栏中的“法向反向”按钮。

执行上述方式后，打开如图 6-94 所示的“法向反向”对话框。

图 6-94 “法向反向”对话框

【选项说明】

使用法向反向功能，创建曲面的反法向特征。改变曲面的法线方向。改变法线方向，可以解决因表面法线方向不一致造成的表面着色问题和使用曲面修剪操作时因表面法线方向不一致而引起的更新故障。

6.3.7 光顺极点

通过计算选定极点相对于周围曲面的合适分布来修改极点分布。

【执行方式】

- 菜单栏：选择菜单栏中的“编辑”→“曲面”→“光顺极点”命令。
- 工具栏：单击“编辑曲面”工具栏中的“光顺极点”按钮。

执行上述方式后，打开如图 6-95 所示的“光顺极点”对话框。

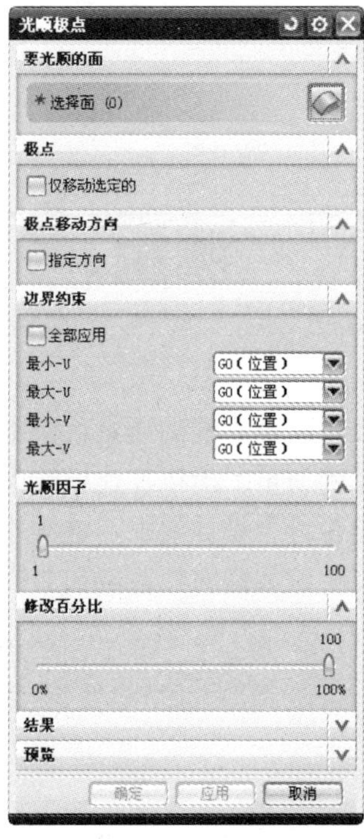

图 6-95 “光顺极点”对话框

【选项说明】

（1）要光顺的面：选择面来光顺极点。

（2）仅移动选定的：显示并指定用于曲面光顺的极点。

（3）指定方向：指定极点移动方向。

（4）边界约束。

1）全部应用：将指定边界约束分配给要修改的曲面的所有 4 条边界边。

2）最小–U/最大–U/最小–V/最大–V：对要修改的曲面的 4 条边界边指定 U 向和 V 向上的边界约束。

（5）光顺因子：拖动滑块来指定连续光顺步骤的数目。

（6）修改百分比：拖动滑块控制应用于曲面或选定极点的光顺百分比。

第 7 章

测量、分析和查询

在 UG 建模过程中，点、线的质量直接影响了构建实体的质量，从而影响了产品的质量。所以在建模结束后，需要分析实体的质量来确定曲线是否符合设计要求，这样才能保证生产出合格的产品。本章将简要讲述如何对特征点和曲线的分布进行查询和分析。

7.1 测量

在使用 UG 设计分析过程中，需要经常性地获取当前对象的几何信息。该功能可以对距离、角度、偏差、弧长等多种情况进行分析，详细指导用户设计工作。

7.1.1 距离

可以计算两个对象之间的距离、曲线长度或圆弧、圆周边或圆柱面的半径。用户可以选择的对象有点、线、面、体、边等，需要注意的是，如果在曲线获取曲面上有多个点与另一个对象存在最短距离，那应该制定一个起始点加以区分。

【执行方式】

- 菜单栏：选择菜单栏中的“分析”→“测量距离”命令。
- 工具栏：单击“实用工具”工具栏中的“测量距离”按钮。

执行上述方式后，打开如图 7-1 所示“测量距离”对话框。

图 7-1 “测量距离”对话框

【选项说明】

1. 类型

（1）距离：测量两个对象或点之间的距离。

（2）投影距离：测量两个对象之间的投影距离。

（3）屏幕距离：测量屏幕上对象的距离。

（4）长度：测量选定曲线的真实长度。

（5）半径：测量指定曲线的半径。

（6）点在曲线上：测量一组相连曲线上的两点间的最短距离。

2. 距离

（1）终点：计算选定起点和终点之间沿指定的矢量方向的距离。

（2）最小值：计算选定对象之间沿指定的矢量方向的最小距离。

（3）最小值（局部）：计算两个指定对象或屏幕上的对象之间的最小距离。

（4）最大值：计算选定对象之间沿指定的矢量方向的最大距离。

3. 结果显示

（1）显示信息窗口：勾选此复选框，在打开的信息窗口中显示测量结果。

（2）注释。

1）无：不显示注释。

2）显示尺寸：在图形窗口中显示尺寸。

3）创建直线：创建测量距离的直线。

7.1.2 角度

用户可以在绘图工作区中选择几何对象，该功能可以计算两个对象之间如曲线之间、两平面间、直线和平面间的角度。包括两个选择对象的相应矢量在工作平面上的投影矢量间的夹角和在三维空间中两个矢量的实际角度。

【执行方式】

- 菜单栏：选择菜单栏中的“分析”→“测量角度”命令。
- 工具栏：单击“实用工具”工具栏中的“测量角度”按钮。

执行上述方式后，打开“测量角度”对话框，如图 7-2 所示。

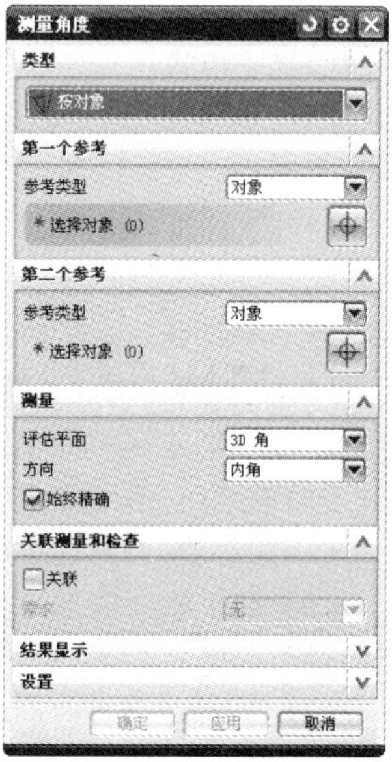

当两个选择对象均为曲线时，若两者相交，则系统会确定两者的交点并计算在交点处两曲线的切向矢量的夹角；否则，系统会确定两者相距最近的点，并计算这两点在各自所处曲线上的切向矢量间的夹角。切向矢量的方向取决于曲线的选择点与两曲线相距最近点的相对方位，其方向为由曲线相距最近点指向选择点的一方。

当选择对象均为平面时，计算结果是两平面的法向矢量间的最小夹角。

图 7-2 “测量角度”对话框

【选项说明】

（1）类型：用于选择测量方法，包括：按对象，按 3 点和按屏幕点。

（2）参考类型：用于设置选择对象的方法，包括对象，特征和矢量。

（3）测量

1）评估平面：用于选择测量角度，包括 3D 角度、WCS XY 平面里的角度、真实角度。

2）方位：用于选择测量类型，有外角和内角两种类型。

7.1.3 长度

用于测量曲线或直线的圆弧长。

【执行方式】

● 菜单栏：选择菜单栏中的“分析”→“测量长度”命令。

执行上述方式后，打开如图 7-3 所示的“测量长度”对话框。

图 7-3 “测量长度”对话框

【选项说明】

（1）选择曲线：用于选择要测量的曲线。

（2）关联测量和检查。

1）关联：启用测量的关联需求。

2）需求

① 无：无需求检查与测量相关联。

② 新的：启用指定需求选项。

③ 现有的：启用选择需求选项。

7.2 偏差

7.2.1 偏差检查

可以根据过某点斜率连续的原则，即将第一条曲线、边缘或表面上的检查点与第二条曲线上的对应点进行比较，检查选择对象是否相接、相切以及边界是否对齐等，并得到所选对象的距离偏移值和角度偏移值。

【执行方式】

● 菜单栏：选择菜单栏中的“分析”→“偏差”→“检查”命令。

● 工具栏：单击“形状分析”工具栏中的“偏差度量”按钮。

执行上述方式后，打开如图 7-4 所示“偏差检查”对话框。

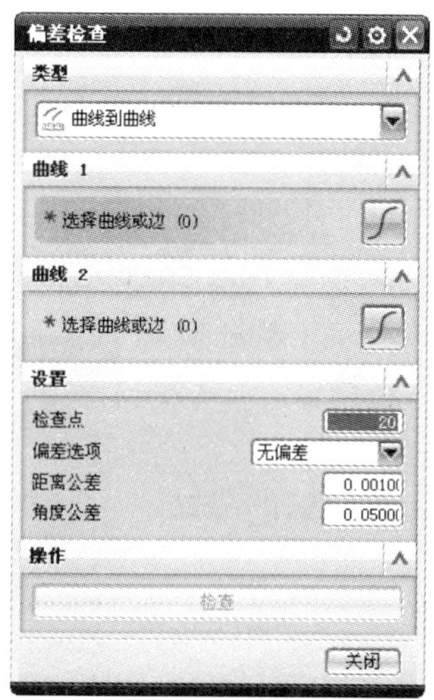

图 7-4 “偏差检查”对话框

【选项说明】

（1）曲线到曲线：用于测量两条曲线之间的距离偏差以及曲线上一系列检查点的切向角度偏差。

（2）曲线到面：系统依据过点斜率的连续性，检查曲线是否真位于表面上。

（3）边到面：用于检查一个面上的边和另一个面之间的偏差。

（4）面到面：系统依据过某点法相对齐原则，检查两个面的偏差。

（5）边到边：用于检查两条实体边或片体边的偏差。

7.2.2 邻边偏差分析

该功能用于检查多个面的公共边的偏差。

【执行方式】

- 菜单栏：选择菜单栏中的“分析”→“偏差”→“检查”命令。

执行上述方式后，打开如图 7-5 所示的“相邻边”对话框。

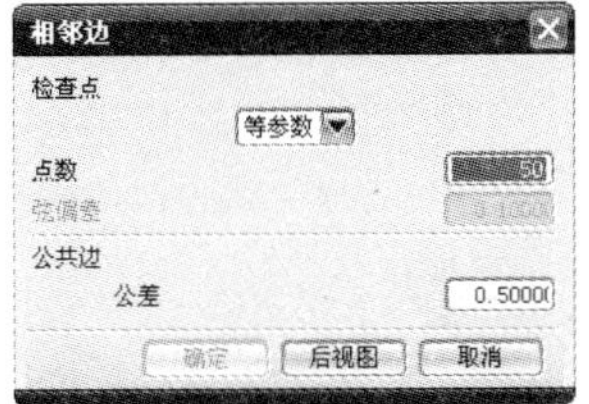

图 7-5 “相邻边”对话框

7.2.3 偏差度量

该功能用于在第一组几何对象（曲线或曲面）和第二组几何对象（可以是曲线、曲面、点、平面、定义点等对象）之间度量偏差。

【执行方式】

- 菜单栏：选择菜单栏中的“分析”→“偏差”→“度量”命令。
- 工具栏：单击”形状分析”工具栏中的“偏差度量”按钮。

执行上述方式后，打开如图 7-6 所示的“偏差度量”对话框。

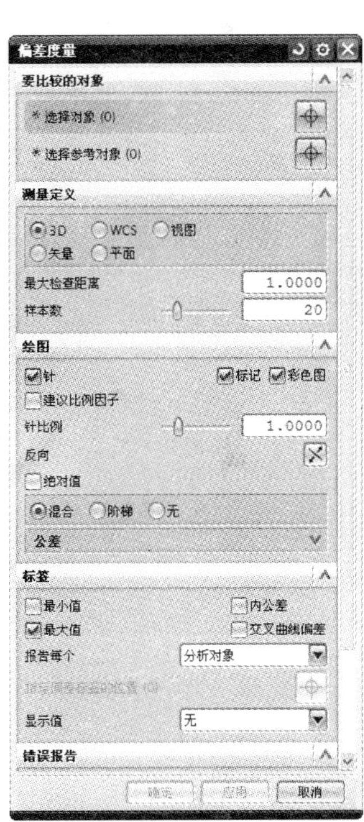

图 7-6 “偏差度量”对话框

【选项说明】

（1）测量定义：在该选项下拉列表框中选择用户所需的测量方法。

（2）最大检查距离：用于设置最人检查的距离。

（3）标记：用于设置输出针叶的数目，可直接输入数值。

（4）标签：用于设置输出标签的类型，是否插入中间物，若插入中间物，要在“偏差矢量间隔”设置间隔几个针叶插入中间物。

（5）彩色图：用于设置偏差矢量起始处的图形样式。

7.3 几何对象检查

【执行方式】

● 菜单栏：选择菜单栏中的“分析”→“检查几何体”命令。

执行上述方式后，打开如图 7-7 所示“检查几何体”对话框。该功能可以用于计算分析各种类型的几何体对象，找出错误的或无效的几何体，也可以分析面和边等几何对象，找出其中无用的几何对象和错误的数据结构。

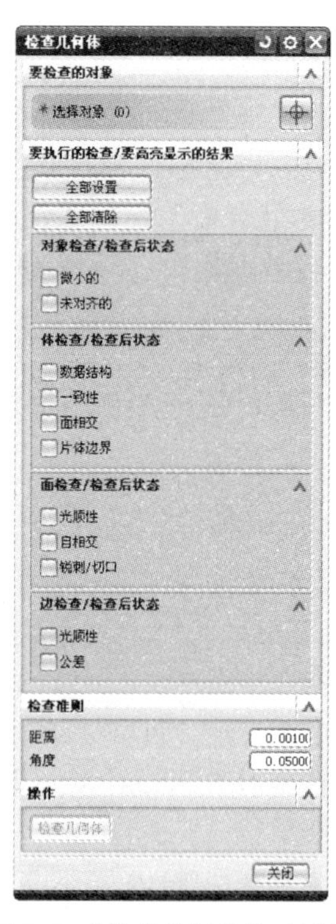

图 7-7 “检查几何体”对话框

【选项说明】

（1）对象检查/检查后状态：该选项组用于设置对象的检查功能，其中包括“微小的”和“未对齐的”两个选项。

1）微小的：用于在所选几何对象中查找所有微小的实体、面、曲线和边。

2）未对齐的：用于检查所有几何对象和坐标轴的对齐情况。

（2）体检查/检查后状态：该选项用于设置实体的检查功能，包括以下 4 个选项。

1）数据结构：用于检查每个选择实体中的数据结构有无问题。

2）一致性：用于检查每个所选实体的内部是否有冲突。

3）面相交：用于检查每个所选实体的表面是否相互交叉。

4）片体边界：用于查找所选片体的所有边界。

（3）面检查/检查后状态：该选项组用于设置表面的检查功能，包括以下 3 个选项。

1）光顺性：用于检查 B-表面的平滑过渡情况。

2）自相交：用于检查所有表面是否有自相交情况。

3）锐刺/切口：用于检查表面是否有被分割情况。

（4）边检查/检查后状态：该选项组用于设置边缘的检查功能，包括以下 2 个选项。

1）光顺性：用于检查所有与表面连接但不光滑的边。

2）公差：用于在所选择的边组中查找超出距离误差的边。

（5）检查准则：该选项组用于设置临界公差值的大小，包括“距离”和“角度”2 个选项，分别用来设置距离和角度的最大公差值大小。依据几何对象的类型和要检查的项目，在对话框中选择相应的选项并确定所选择的对象后，在信息窗口中会列出相应的检查结果，并弹出高亮显示对象对话框。根据用户需要，在对话框中选择了需要高亮显示的对象之后，即可以在绘图工作区中看到存在问题的几何对象。

运用检查几何对象功能只能找出存在问题的几何对象，而不能自动纠正这些问题，但可以通过高亮显示找到有问题的几何对象，利用相关命令对该模型做修改，否则会影响到后续操作。

7.4 曲线分析

【执行方式】

- 菜单栏：选择菜单栏中的“分析”→“曲线”→“曲率梳”命令。
- 工具栏：单击“形状分析”工具栏中的“曲线分析”按钮右边的。

执行上述方式后，打开如图 7-8 所示的“曲线分析”对话框。

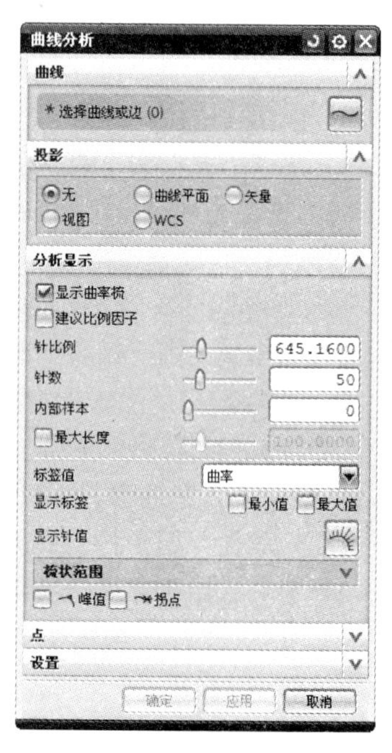

图 7-8 “曲线分析”对话框

【选项说明】

（1）投影：该选项允许指定分析曲线在其上进行投影的平面。可以选择下面某个选项。

1）无：指定不使用投射平面，表明在原先选中的曲线上进行曲率分析。

2）曲线平面：根据选中曲线的形状计算一个平面（称为“曲线的平面”）。例如，一个平面曲线的曲线平面是该曲线所在的平面。3D 曲线的曲线平面是由前两个主长度构成的平面。这是默认设置。

3）矢量：能够使“矢量”选项按钮可用，利用该按钮可定义曲线投影的具体方向。

4）视图：指定投射平面为当前的“工作视图”。

5）WCS：指定投影方向为 XC/YC/ZC 矢量。

（2）分析显示：

1）显示曲率梳：勾选此复选框，显示已选中曲线、样条或边的曲率梳。

2）建议比例因子：该复选框可将比例因子自动设置为最合适的大小。

3）针比例：该选项允许通过拖动比例滑尺控制梳状线的长度或比例。比例的数值表示梳状线上齿的长度（该值与曲率值的乘积为梳状线的长度）。

4）针数：该选项允许控制梳状线中显示的总齿数。齿数对应于需要在曲线上采样的检查点的数量（在 U 起点和 U 最大值指定的范围内）。此数字不能小于 2。默认值为 50。

5）最大长度：该复选框允许指定梳状线元素的最大允许长度。如果为梳状线绘制的线比此处指定的临界值大，则将其修剪至最大允许长度。在线的末端绘制星号（*）表明这些线已被修剪。

（3）点：

1）创建峰值点：该选项用于显示选中曲线、样条或边的峰值点，即局部曲率半径（或曲率的绝对值）达到局部最大值的地方。

2）创建拐点：该选项用于显示选中曲线、样条或边上的拐点，即曲率矢量从曲线一侧翻转到另一侧的地方，清楚地表示出曲率符号发生改变的任何点。

7.5 曲面分析

UG 提供了 4 种平面分析方式：半径、反射、斜率和距离，下面就主要菜单命令做一介绍。

7.5.1 面分析半径

用于分析曲面的曲率半径变化情况，并且可以用各种方法显示和生成。

【执行方式】

- 菜单栏：选择菜单栏中的“分析”→“形状”→“半径”命令。
- 工具栏：单击“形状分析”工具栏中的“面分析半径”按钮。

执行上述方式后，打开如图 7-9 所示的“面分析-半径”对话框。

图 7-9 “面分析-半径”对话框

【选项说明】

（1）半径类型：用于指定欲分析的曲率半径类型，“高斯”的下拉列表框中包括 8 种半径类型。

（2）显示类型：用于指定分析结果的显示类型，“云图”的下拉列表框中包括 3 种显示类型。图形区的右边将显示一个“色谱表”，分析结果与“色谱表”比较就可以由“色谱表”上的半径数值了解表面的曲率半径，如图 7-10 所示。

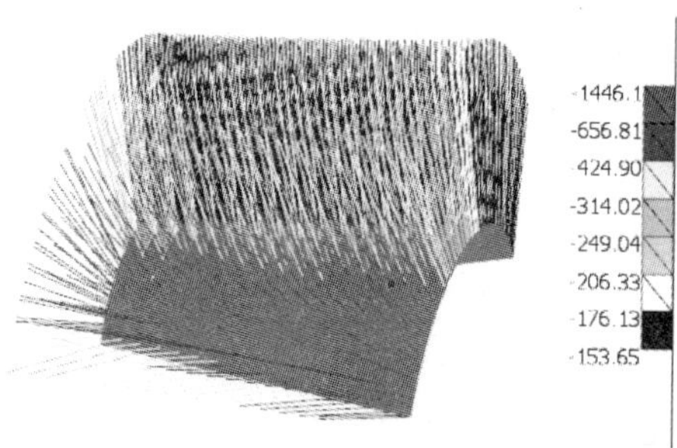

图 7-10　刺猬梳显示分析结果及色谱表

（3）保留固定的数据范围：勾选该复选框，可以输入最大值、最小值来扩大或缩小“色谱表”的量程；也可以通过拖动滑动按钮来改变中间值使量程上移或下移。去掉勾选，“色谱表”的量程恢复默认值，此时只能通过拖动滑动按钮来改变中间值使量程上移或下移，最大最小值不能通过输入改变。需要注意的是，因为“色谱表”的量程可以改变，所以一种颜色并不固定地表达一种半径值，但是“色谱表”的数值始终反映的是表面上对应颜色区的实际曲率半径值。

（4）范围比例因子：拖动滑动按钮通过改变比例因子扩大或所选“色谱表”的量程。

（5）重置数据范围：恢复“色谱表”的默认量程。

（6）参考矢量：分析法向（正常）半径时，由此按钮通过矢量构造器指定参考矢量。

（7）参考平面：分析截面的半径时，由此按钮通过平面构造器指定参考平面。

（8）刺猬梳的锐刺长度：用于设置刺猬式针的长度。

（9）显示曲率分辨率：用于指定分析公差。其公差越小，分析精度越高，分析速度也越慢。“标准”的下拉列表框包括 7 种公差类型。

（10）显示小平面边缘：单击此按钮，显示由曲率分辨率决定的小平面的边。显示曲率分辨率越高小平面越小。关闭此按钮小平面的边消失。

（11）重新高亮显示面：使被分析过的表面重新高亮显示，便于除选或选取其他平面。

（12）更改曲面法向：通过两种方法之一来改变被分析表面的法线方向。通过在表面的一侧指定一个点来指示表面的内侧，从而决定法线方向；通过选取表面，使被选取的表面的法线方向反转。

（13）颜色图例控制："圆角"表示表面的色谱逐渐过渡；"尖锐"表示表面的色谱无过渡色。

7.5.2　面分析反射

分析曲面的连续性。这是在飞机、汽车设计中最常用的曲面分析命令，它可以很好地表现一些严格曲面的表面质量。

【执行方式】

- 菜单栏：选择菜单栏中的"分析"→"形状"→"反射"命令。
- 工具栏：单击"形状分析"工具栏中的"反射"按钮。

执行上述方式后，打开如图 7-11 所示的"面分析-反射"对话框。

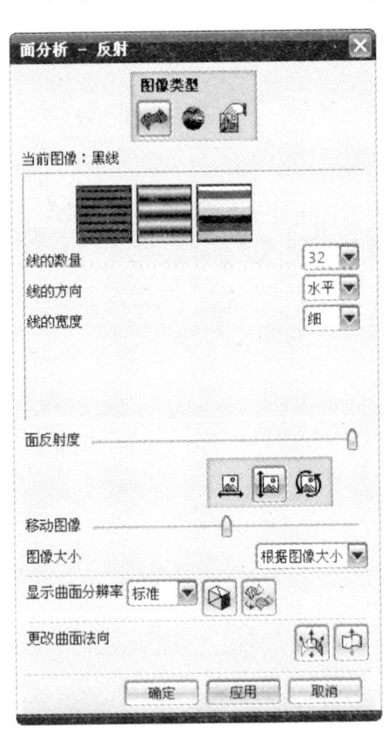

图 7-11　"面分析-反射"对话框

【选项说明】

（1）图像类型：该选项用于选择使用哪种方式的图像来表现图片的质量。可以选择软件推荐的图片，也可以使用自己的图片。UG 将使用这些图片体和在目标表面上，对曲面进行分析。

（2）当前图像：对应每一种类型，可以选用不同的图片。最常使用的是第二种斑马纹分析。可以详细设置其中的条纹数目等。

1）数的数量：通过下拉列表框指定黑色条纹或彩色条纹的数量。

2）线的方向：通过下拉列表框正定条纹的方向。

3）线的宽度：通过下拉列表框指定黑色条纹的粗细。

（3）面反射度：该选项用于调整面的反光效果，以便更好观察。

（4）移动图像：通过滑块，可以移动图片在曲面上的反光位置。

（5）图像大小：该选项用于指定用来反射的图片的大小。

（6）显示曲面分辨率：该选项用于指定分辨率的大小。

（7）更改曲面法向：该选项用于改变曲面的法向。

通过使用反射分析这种方法可以分析曲面的C0、C1、C2连续性。

7.5.3 面分析斜率

可以用来分析曲面的斜率变化。在模具设计中，正的斜率代表可以直接拔模的地方，因此这是模具设计最常用的分析功能。

【执行方式】

- 菜单栏：选择菜单栏中的“分析”→“形状”→“斜率”命令。
- 工具栏：单击“形状分析”工具栏中的“面分析斜率”按钮。

执行上述方式后，打开如图 7-12 所示的“矢量”对话框。指定参考矢量，单击“确定”按钮，打开如图 7-13 所示“面分析-斜率”对话框。可以用来分析曲面的斜率变化。

【选项说明】

该对话框中的选项功能与前述对话框选项用法差异不大，在这里就不再详细介绍。

图 7-12 “矢量”对话框

图 7-13 “面分析-斜率”对话框

7.6 信息查询

在设计过程中或对已完成的设计模型，经常需要从文件中提取其各种几何对象和特征的信息，UG 针对操作的不同需求，提供了大量的信息命令，用户可以通过这些命令来详细地查找需要的几何、物理和数学信息。

7.6.1 对象信息

【执行方式】

- 菜单栏：选择菜单栏中的“信息”→“对象”命令。

打开“类选择”对话框，选择要查询的对象。打开“信息”对话框，系统会列出其所有相关的信息，一般的对象都具有一些共同的信息，如创建时间、作者、当前部件名、图层、线宽、单位信息等。

【选项说明】

（1）点：当获取点时，系统除了列出一些共同信息之外，还会列出点的坐标值。

（2）直线：当获取直线时，系统除了列出一些共同信息之外，还会列出直线的长度、角度、起点坐标、终点坐标等信息。

（3）样条曲线：当获取样条曲线时，系统除列出一些共同信息之外，还会列出样条曲线的闭合状态、阶数、控制点数目、段数、有理状态、定义数据、近似 rho 等信息。如图 7-14 所示，获取信息完后，对工作区的图像可按〈F5〉键或“刷新”命令来刷新屏幕。

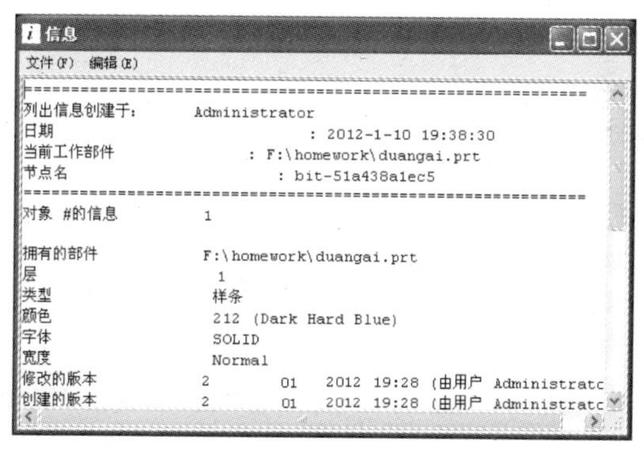

图 7-14 样条曲线的“信息”对话框

7.6.2 点信息

【执行方式】

● 菜单栏：选择菜单栏中的“信息”→“点”命令。

执行上述方式后，打开“点”对话框。选择查询点后，打开“信息”对话框。

可以查询指定点的信息，在信息栏中会列出该点的坐标值及单位，其中的坐标值包括“点在绝对坐标系”和“WCS 坐标系中的坐标值”，如图 7-15 所示。

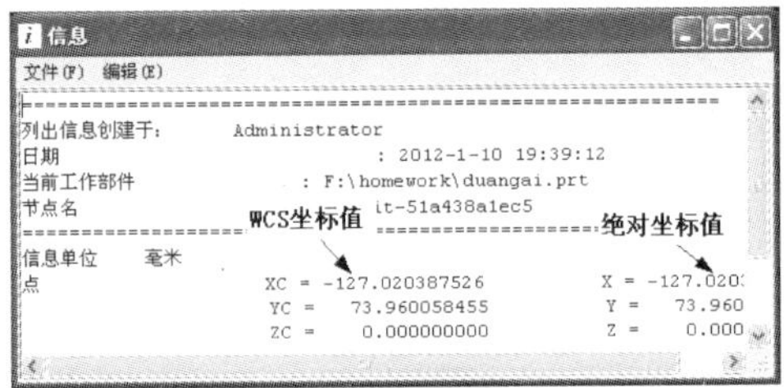

图 7-15 “信息”对话框

7.6.3 样条分析

【执行方式】

● 菜单栏：选择菜单栏中的“插入”→“样条”命令。

执行上述方式后，打开如图 7-16 所示“样条分析”对话框。设置需要显示的信息，对话框上部包括显示结点、显示极点、显示定义点 3 个复选框，选取选项后，相应的信息就会显示出来。

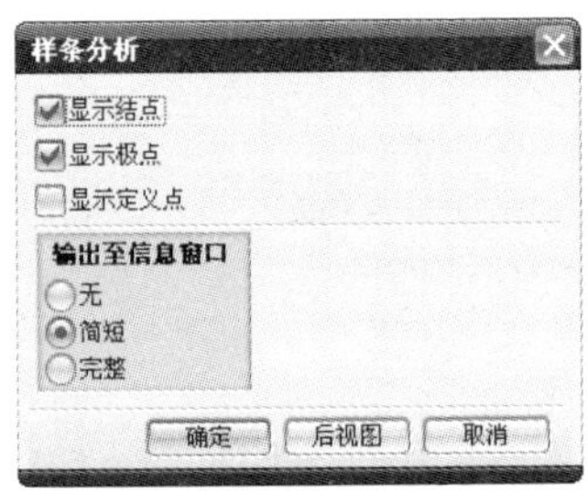

图 7-16 “样条分析”对话框

【选项说明】

（1）无：表示窗口不输出任何信息。

（2）简短：表示向窗口中输出样条曲线的次数、极点数目、阶数目、有理状态、定义数据、比例约束、近似 rho 等简短信息。

（3）完整：表示向窗口中输出样条曲线的除简短信息外还包括每个极点的坐标及其连续性（即 G0、G1、G2），每个极点的坐标及其权重，每个定义点的坐标、最小二乘权重等全部信息。

7.6.4 B-曲面分析

以查询 B-曲面的有关信息，包括列出曲面的 U、V 方向的阶数，U、V 方向的补片数、法面数、连续性等信息。

【执行方式】

● 菜单栏：选择菜单栏中的“信息”→“B 曲面”命令。

执行上述方式后，打开如图 7-17 所示“B 曲面分析”对话框。

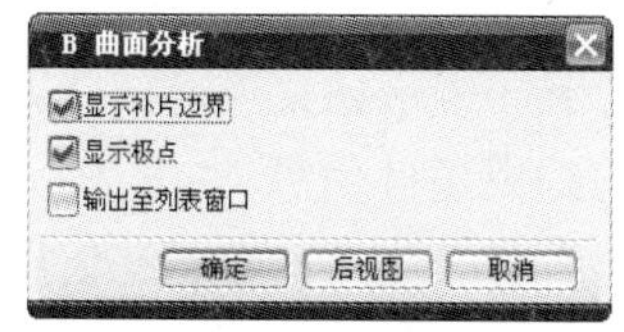

图 7-17 “B 曲面分析”对话框

【选项说明】

（1）显示补片边界：用于控制是否显示 B-曲面的面片信息。

（2）显示极点：用于控制是否显示 B-曲面的极点信息。

（3）输出至列表窗口：控制是否输出信息到窗口显示。

7.6.5 表达式信息

【执行方式】

● 菜单栏：选择菜单栏中的“信息”→“表达式”下拉菜单命令，如图 7-18 所示。

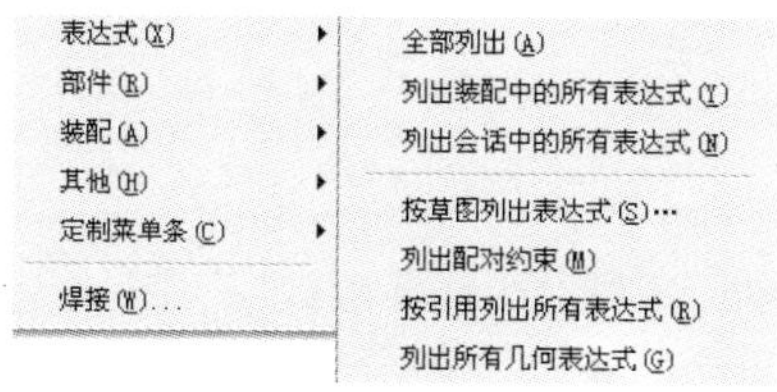

图 7-18 “表达式”下拉菜单

【选项说明】

（1）全部列出：表示在信息窗口中列出当前工作部件中的所有表达式信息。

（2）列出装配中的所有表达式：表示在信息窗口中列出当前显示装配件部件的每一组件中的表达式信息

（3）列出会话中的所有表达式：表示在信息窗口中列出当前操作中的每一部件的表达式信息。

（4）按草图列出表达式：表示在信息窗口中列出选择草图中的所有表达式信息。

（5）列出配对约束：表示如果当前部件为装配件，则在信息窗口中列出其匹配的约束条件信息。

（6）按引用列出所有表达式：表示在信息窗口中列出当前工作部件中包括特征、草图、匹配约束条件、用户定义的表达式信息等。

（7）列出所有几何表达式：表示在信息窗口中列出工作部件中所有几何表达式及相关信息，如特征名和表达式引用情况等。

7.6.6 其他信息

【执行方式】

● 菜单栏：选择菜单栏中的“信息”→“其他”下拉菜单命令，如图 7-19 所示。

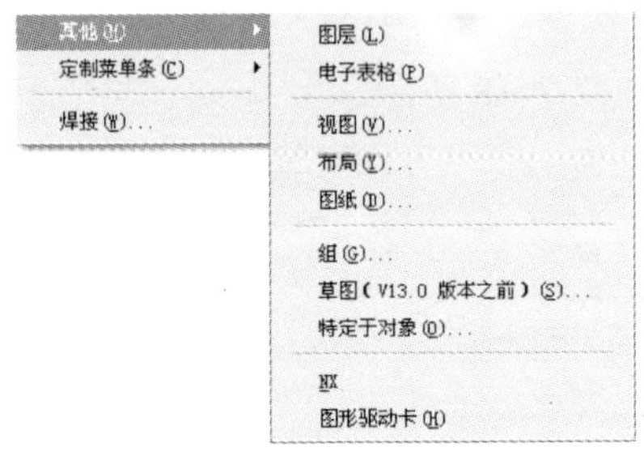

图 7-19 “其他”信息查询子菜单

【选项说明】

（1）图层：在信息窗口中列出当前每一个图层的状态。

（2）电子表格：在信息窗口中列出相关电子表格信息。

（3）视图：在信息窗口中列出一个或多个工程图或模型视图的信息。

（4）布局：在信息窗口中列出当前文件中视图布局数据信息。

（5）图纸：在信息窗口中列出当前文件中工程图的相关信息。

（6）组：在信息窗口中列出当前文件中群组的相关信息。

（7）草图（V17.0 版本之前）：在信息窗口中列出 V17.0 版本之前所作的草图几何约束和相关约束是否通过检测的信息。

（8）特定于对象：在信息窗口中列出当前文件中特定对象的信息。

（9）NX：在信息窗口中列出当前文件中显示用户当前所用的 Parasolid 版本、计划文件目录、其他文件目录和日志信息。

（10）图形驱动卡：在信息窗口中列出显示有关图形驱动的特定信息。

第 8 章

装配建模

UG 的装配模块不仅能快速组合零部件成为产品，而且在装配中，可以参考其他部件进行部件关联设计，并可以对装配建模型进行间隙分析、重量管理等相关操作。在完成装配模型后，还可以建立爆炸视图和动画。

8.1 装配基础

8.1.1 进入装配环境

（1）单击“标准”工具栏中的“新建”按钮，打开如图 8-1 所示的“新建”对话框。

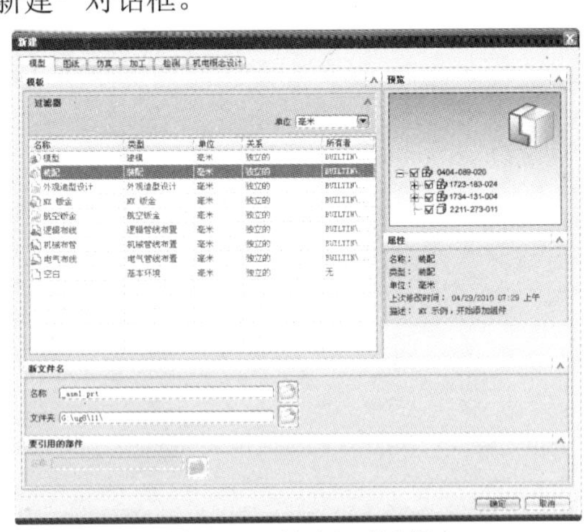

图 8-1 “新建”对话框

（2）选择“装配”模板，单击“确定”按钮，打开“添加组件”对话框。

（3）在“添加组件”对话框，单击“打开”按钮，打开装配零件后进入装配环境。

8.1.2 相关术语和概念

以下主要介绍装配中的常用术语。

（1）装配：指在装配过程中建立部件之间的连接功能。由装配部件和子装配组成。

（2）装配部件：由零件和子装配构成的部件。在 UG 中允许任何一个 prt 文件中添加部件构成装配，因此任何一个 prt 文件都可以作为装配部件。UG 中零件和部件不必严格区分。需要注意的是：当存储一个装配时，各部件的实际几何数据并不是储存在装配部件文件中，而是储存在相应的部件（即零件文件）中。

（3）子装配：在高一级装配中被用作组件的装配，子装配也拥有自己的组件。子装配是一个相对概念，任何一个装配可在更高级的装配中作为子装配。

（4）组件对象：一个从装配部件链接到部件主模型的指针实体。一个组件对象纪录的信息有部件名称、层、颜色、线型、线宽、引用集和配对条件等。

（5）组件部件：也就是装配里组件对象所指的部件文件。组件部件可以是单个部件（即零件），也可以是子装配。需要注意的是，组件部件是装配体引用而不是复制到装配体中的。

（6）单个零件：指在装配外存在的零件几何模型，它可以添加到一个装配中去，但它本身不能含有下级组件。

（7）主模型：利用 Master Model 功能来创建的装配模型，它是由单个零件组成的装配组件。是供 UG 模块共同引用的部件模型。同一主模型，可同时被工程图、装配、加工、机构分析和有限元分析等模块引用，当主模型修改时，相关引用自动更新。

（8）自顶向下装配：在装配级中创建与其他部件相关的部件模型，是在装配部件的顶级向下生成子装配和部件（即零件）的装配方法。

（9）自底向上装配：先创建部件几何模型，再组合成子装配，最后生成装配部件的装配方法。

（10）混合装配：将自顶向下装配和自底向上装配结合在一起的装配方法。例如，先创建几个主要部件模型，再将其装配到一起，然后在装配中设计其他部件，即为混合装配。

8.2 装配导航器

装配导航器也叫装配导航工具，它提供了一个装配结构的图形显示界面，也被称为“树形表”。如图 8-2 所示，掌握了装配导航器才能灵活地运用装配的功能

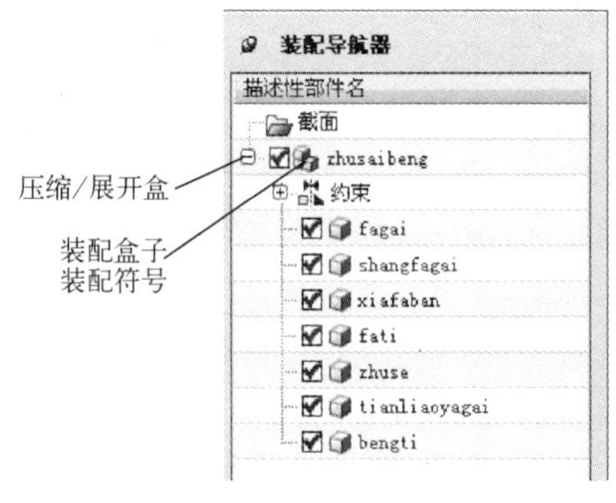

图 8-2 “树形表”示意图

8.2.1 功能概述

（1）节点显示：采用装配树形结构显示，非常清楚地表达了各个组件之间的装配关系。

（2）装配导航器图标：装配结构树中用不同的图标来表示装配中子装配和组件的不同。同时，各零部件不同的装载状态也用不同的图标表示。

1）![icon]：表示装配或子装配。

① 如果图标是黄色，则此装配在工作部件内。

② 如果是黑色实线图标，则此装配不在工作部件内。

③ 如果是灰色虚线图标，则此装配已被关闭。

2）：表示装配结构树组件。

① 如果图标是黄色，则此组件在工作部件内。

② 如果是黑色实线图标，则此组件不在工作部件内。

③ 如果是灰色虚线图标，则此组件已被关闭。

（3）检查盒：检查盒提供了快速确定部件工作状态的方法，允许用户用一个非常简单的方法装载并显示部件。部件工作状态用检查盒指示器表示。

1）□：表示当前组件或子装配处于关闭状态。

2）☑：表示当前组件或子装配处于隐藏状态，此时检查框显灰色。

3）☑：表示当前组件或子装配处于显示状态，此时检查框显红色。

（4）打开菜单选项：如果将光标移动到装配树的一个节点或选择若干个节点并单击右键，则打开快捷菜单，其中提供了很多便捷命令，以方便用户操作，如图 8-3 所示。

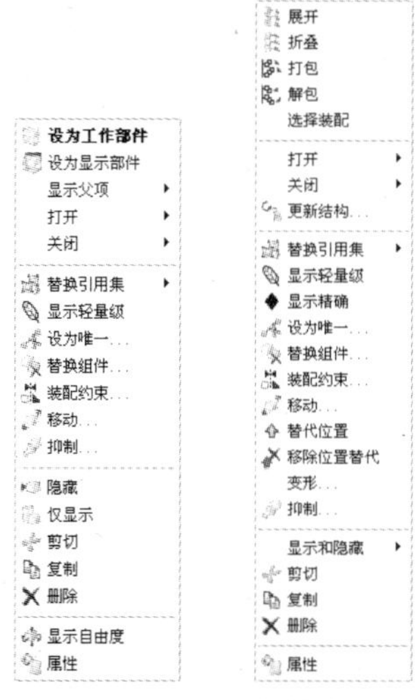

图 8-3　打开的快捷菜单

8.2.2 预览面板和依附性面板

“预览”面板是装配导航器的一个扩展区域，显示装载或未装载的组件。此功能在处理大装配时，有助于用户根据需要打开组件，更好地掌握其装配性能。

“依附性”面板是装配导航器和部件导航器的一个特殊扩展。装配导航器的依附性面板允许查看部件或装配内选定对象的依附性，包括配对约束和 WAVE 依附性，可以用它来分析修改计划对部件或装配的潜在影响。

8.3 引用集

在装配中，各部件含有草图、基准平面及其他辅助图形对象，如果在装配中列出显示所有对象不但容易混淆图形，而且还会占用大量内存，不利于装配工作的进行。通过引用集命令能够限制加载于装配图中的装配部件的不必要信息量。

引用集是用户在零部件中定义的部分几何对象，它代表相应的零部件参与装配。引用集可以包含下列数据对象：零部件名称、原点、方向、几何体、坐标系、基准轴、基准平面和属性等。创建完引用集后，就可以单独装配到部件中。一个零部件可以有多个引用集。

【执行方式】

- 菜单栏：选择菜单栏中的“装配”→“组件”→“添加组件”命令。
- 工具栏：单击“装配”工具栏中的“添加组件”按钮。

执行上述方式后，系统打开如图 8-4 所示“引用集”对话框。

【选项说明】

（1）创建：可以创建新的引用集。输入使用于引用集的名称，并选取对象。

（2）删除：已创建的引用集的项目中可以选择性的删除，

删除引用集只不过是在目录中被删除而已。

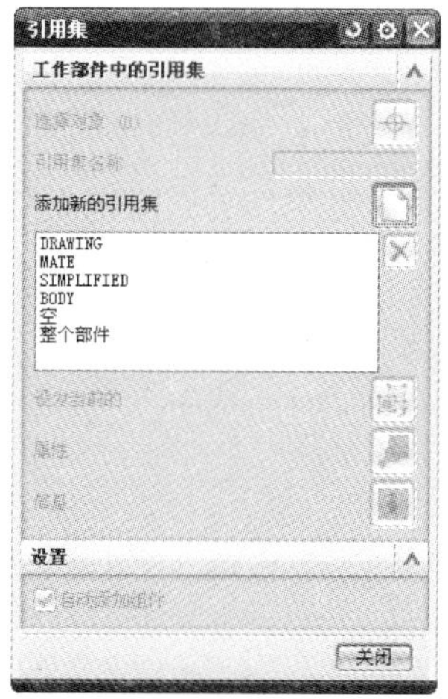

图 8-4 “引用集”对话框

(3) 设置当前的：把对话框中选取的引用集设定为当前的引用集。

(4) 编辑属性：编辑引用集的名称和属性。

(5) 信息：显示工作部件的全部引用集的名称和属性，个数等信息。

8.4 组件

自底向上装配的设计方法是常用的装配方法，即先设计装配中的部件，再将部件添加到装配中，由底向上逐级进行装配。

8.4.1 添加组件

【执行方式】

- 菜单栏：选择菜单栏中的“装配”→“组件”→“添加组件”命令。
- 工具栏：单击“装配”工具栏中的“添加组件”按钮。

执行上述方式后，打开如图 8-5 所示“添加组件”对话框。

图 8-5 “添加组件”对话框

【选项说明】

1. 部件

指定要添加到组件中的部件。

（1）选择部件：选择要添加到工作中的一个或多个部件。

（2）已加载的部件：列出当前已加载的部件。

（3）最近访问的部件：列出最近添加的部件。

（4）打开：单击此按钮，打开“部件名”对话框，选择要添加到工作部件中的一个或多个部件。

2. 定位

（1）绝对原点：按照绝对定位方式确定部件在装配图中的位置。

（2）选择原点：用于按绝对定位方式添加组件到装配的操作，用于指定组件在装配中的目标位置。

（3）通过约束：按照几何对象之间的配对关系指定部件在装配图中的位置。

（4）移动：该选项用于在部件添加到装配图以后，重新对其进行定位。

3．多重添加

（1）无：仅添加一个组件实例。

（2）添加后重复：用于添加一个新添加组件的其他组件。

（3）添加后生产阵列：用于创建新添加组件的阵列。

4．设置

（1）名称：将当前所选组件的名称设置为指定的名称。

（2）引用集：设置已添加组件的引用集。

（3）图层选项：该选项用于指定部件放置的目标层。

1）工作：该选项用于将指定部件放置到装配图的工作层中。

2）原先的：该选项用于将部件放置到部件原来的层中。

3）按指定的：该选项用于将部件放置到指定的层中。选择该选项，在其下端的指定“层”文本框中输入需要的层号即可。

8.4.2 实例——手锤装配 1

本节绘制如图 8-6 所示的手锤装配。

（1）单击“标准”工具栏中的“新建”按钮，打开“新建”对话框。在模板列表中选择“装配”，输入名称为 shouchui1，单击“确定”按钮，进入装配环境。

（2）单击“装配”工具栏中的“添加组件”按钮，打开如图 8-7 所示的“添加组件”对话框，单击“打开”按钮，打开如图 8-8 所示的“部件名”对话框，选择“chuitou”文件，单击“OK”按钮，打开如图 8-9 所示的“组件预览”窗口。在定位下拉列表中选择“绝对原点”选项，其他采用默认设置，单击“确定”按钮，将锤头定位在坐标原点，如图 8-10 所示。

图 8-6　手锤装配 1

图 8-7　“添加组件”对话框

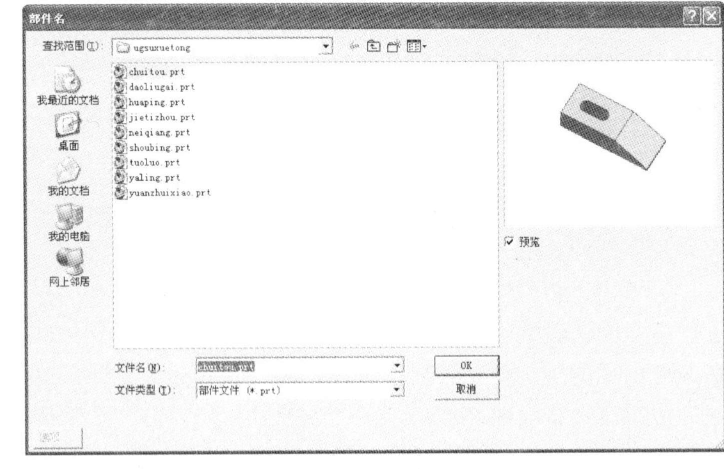

图 8-8　“部件名”对话框

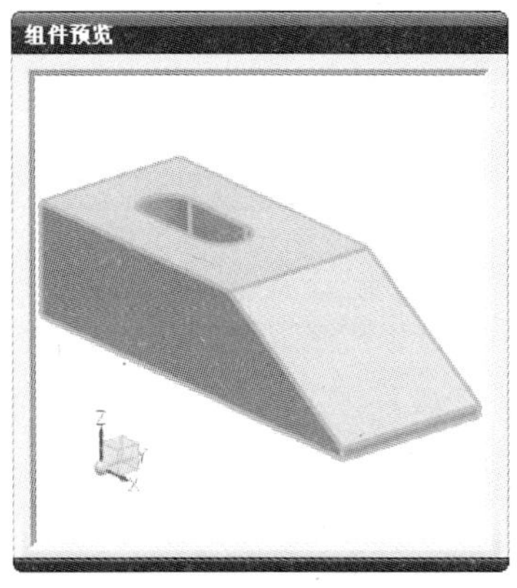

图 8-9 “组件预览”窗口

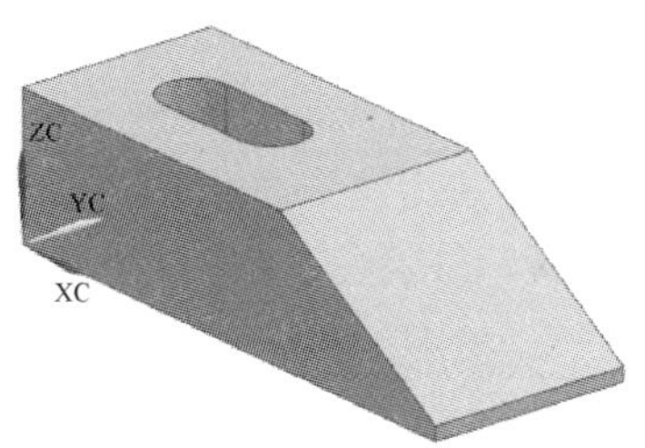

图 8-10 定位锤头

（3）单击“装配”工具栏中的“添加组件”按钮，打开“添加组件”对话框，单击“打开”按钮，打开“部件名”对话框，选择“shoubing”文件，单击“OK”按钮，打开如图 8-11 所示的“组件预览”窗口。在定位下拉列表中选择“选择原点”选项，其他采用默认设置，单击“确定”按钮，打开如图 8-12 所示的“点”对话框，输入坐标点为（15,15,0），单击“确定”按钮，将手柄定位在如图所示的位置。

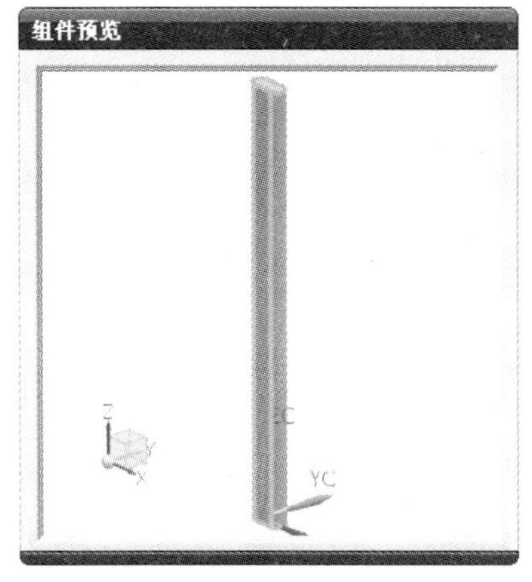

图 8-11 “组件预览”窗口

图 8-12 “点”对话框

8.4.3 新建组件

【执行方式】

- 菜单栏：选择菜单栏中的“装配”→“组件”→“新建组件”命令。
- 工具栏：单击“装配”工具栏中的“新建组件”按钮。

执行上述方式后，打开“新建组件”对话框，如图 8-13 所示。

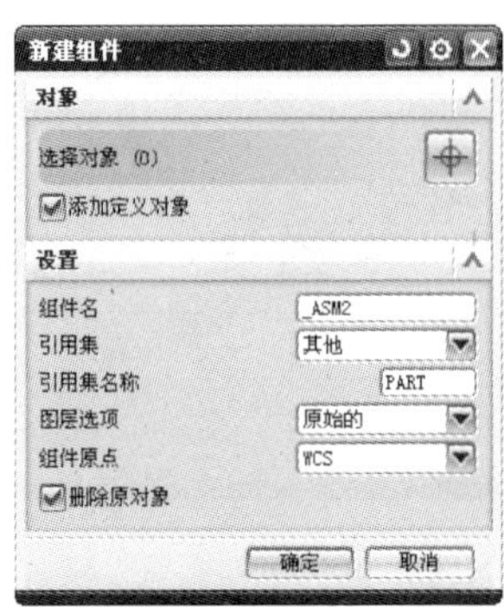

图 8-13 “新建组件”对话框

【选项说明】

1．对象

（1）选择对象：允许选择对象，以创建为包含几何体的组件。

（2）添加定义对象：勾选此复选框，可以在新组件部件文件中包含所有参数对象。

2．设置

（1）组件名：指定新组件名称。

（2）引用集：在要添加所有选定几何体的新组件中指定引用集。

（3）引用集名称：指定组件引用集的名称。

（4）组件原点：指定绝对坐标系在组件部件内的位置。

1）WCS：指定绝对坐标系的位置和方向与显示部件的 WCS 相同。

2）绝对：指定对象保留其绝对坐标位置。

3．删除原对象

勾选此复选框，删除原始对象，同时将选定对象移至新部件。

8.4.4 替换组件

使用此命令，移除现有组件，并用另一个类型为.prt 文件的组件将其替换。

【执行方式】

- 菜单栏：选择菜单栏中的“装配”→“组件”→“替换组件”命令。
- 工具栏：单击“装配”工具栏中的“替换组件”按钮。

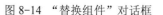

执行上述方式后，打开如图8-14所示的“替换组件”对话框。

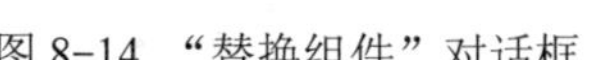

图 8-14 “替换组件”对话框

【选项说明】

1. 选择要替换的组件

选择一个或多个要替换的组件。

2. 替换件

（1）选择部件：在图形窗口、已加载列表或未加载列表中选择替换组件。

（2）已加载的部件：在列表中显示所有加载的组件。

（3）未加载的部件：显示候选替换部件列表的组件。

（4）浏览：浏览到包含部件的目录。

3. 设置

（1）维持关系：指定在替换组件后是否尝试维持关系。

（2）替换装配中的所有事例：在替换组件时是否替换所有事例。

（3）组件属性：允许指定替换部件的名称、引用集和图层属性。

8.4.5 创建组件阵列

使用此命令，为装配中的组件创建命名的关联阵列。

【执行方式】

- 菜单栏：选择菜单栏中的“装配”→“组件”→“创建组件阵列”命令。
- 工具栏：单击“装配”工具栏中的“创建组件阵列”按钮。

执行上述方式后，打开“类选择”对话框，选择要阵列的组件，单击“确定”按钮，打开如图 8-15 所示的“创建组件阵列”对话框。

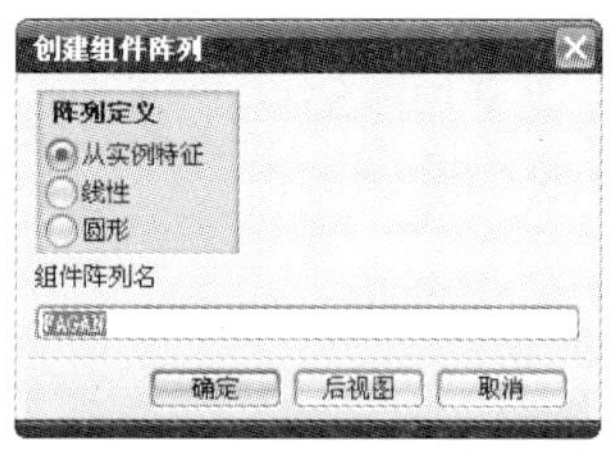

图 8-15 “创建组件阵列”对话框

【选项说明】

1. 阵列定义

（1）从实例特征：创建基于模板组件的阵列，该组件约束到一个特征实例。

（2）线性：创建线性阵列，可以采用 XC 和 YC 的二维模式，也可以是采用 XC 或 YC 的一维模式。

（3）圆形：根据选定的组件创建组件的圆形阵列。

2. 组件阵列名

用于指定组件阵列的名称。

8.5 组件装配

8.5.1 移除组件

使用此命令可在装配中移动并有选择地复制组件，可以选择并移动具有同一父项的多个组件。

【执行方式】

- 菜单栏：选择菜单栏中的“装配”→“组件位置”→“移动组件”命令。

● 工具栏：单击“装配”工具栏中的“移动组件”按钮。执行上述方式，打开如图 8-16 所示“移动组件”对话框。

图 8-16 “移动组件”对话框

【选项说明】

1. 变换

（1）运动。

1）动态：用于通过拖动、使用图形窗口中的输入框或通过点对话框来重定位组件。

2）通过约束：用于通过创建移动组件的约束来移动组件。

3）点到点：用于采用点到点的方式移动组件。单击该图标，打开“点”对话框，提示先后选择两个点，系统根据这两点构成的矢量和两点间的距离，来沿着这个矢量方向移动组件。

4）增量 XYZ：用于沿 X、Y 和 Z 坐标轴方向移动一个距离。如果输入的值为正，则沿坐标轴正向移动。反之，沿负向移动。

5）角度：用于指定矢量和轴点旋转组件。在“角度”文本框，输入要旋转的角度值。

6）CSYS 到 CSYS：用于采用移动坐标方式移动所选组件。选择一种坐标定义方式定义参考坐标系和目标坐标系，则组件从参考坐标系的相对位置移动到目标坐标系中的对应位置。

7）轴到矢量：用于在选项的两轴之间旋转所选的组件。

8）根据三点旋转：用于在两点间旋转所选的组件。单击图标，系统会打开“点”对话框，要求先后指定 3 个点，WCS 将原点落到第一个点，同时计算 1、2 点构成的矢量和 1、3 点构成的矢量之间的夹角，按照这个夹角旋转组件。

（2）“只移动手柄”：选中此复选框，用于只拖动 WCS 手柄。

2. 模式

（1）不复制：在移动过程中不复制组件。

（2）复制：在移动过程中自动复制组件。

（3）手动复制：在移动过程中复制组件，并允许控制副本的创建时间。

3. 设置

（1）仅移动选定的组件：用于移动选定的组件。约束到所选组件的其他组件不会移动。

（2）布置：指定约束如何影响其他布置中的组件定位。

（3）动画步骤：在图形窗口中设置组件移动的步数。

（4）动态定位：勾选此复选框，对约束求解并移动组件。

（5）移动曲线和管线布置对象：勾选此复选框，对对象和非关联曲线进行布置，使其在用于约束中进行移动。

（6）动态更新管线布置实体：勾选此复选框，可以在移动对象时动态更新管线布置对象位置。

（7）碰撞动作：用于设置碰撞动作选项。该下拉列表框包括“无”、“高亮显示碰撞”和“在碰撞前停止”3 个选项。

8.5.2 组件的装配约束

约束关系是指组件的点、边、面等几何对象之间的配对关系，以此确定组件在装配中的相对位置。这种装配关系是由一个或者多个关联约束组成，通过关联约束来限制组件在装配中的自由度。对组件的约束效果有：

（1）完全约束：组件的全部自由度都被约束，在图形窗口中看不到约束符号。

（2）欠约束：组件还有自由度没被限制，称为欠约束，在装配中允许欠约束存在。

【执行方式】

- 菜单栏：选择菜单栏中的“装配”→“组件位置”→“装配约束”命令。
- 工具栏：单击“装配”工具栏中的“装配约束”按钮。

执行上述方式，打开如图8-17所示“装配约束”对话框。

图 8-17 “装配约束”对话框

【选项说明】

（1）接触对齐：

1）接触：定义两个同类对象相一致。

2）对齐：对齐匹配对象。

3）自动判断中心/轴：使圆锥、圆柱和圆环面的轴线重合。

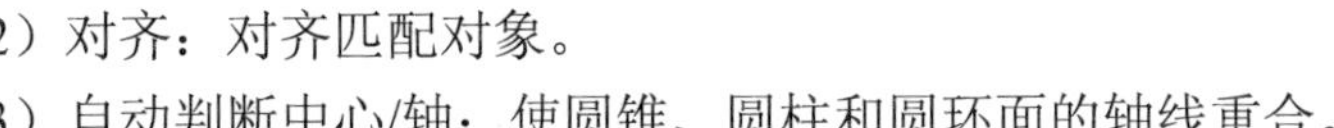

（2）同心：将相配组件中的一个对象定位到基础组件中的一个对象的中心上，其中一个对象必须是圆柱体或轴对称实体。

（3）距离：该配对类型约束用于指定两个相配对象间的最小距离，距离可以是正值也可以是负值，正负号确定相配组件在基础组件的哪一侧。距离“距离表达式”选项的数值确定。

（4）固定：将组件固定在其当前位置上。

（5）平行：约束两个对象的方向矢量彼此平行。

（6）垂直：约束两个对象的方向矢量彼此垂直。

（7）拟合：将半径相等的两个圆柱面结合在一起。

（8）胶合：将组件焊接在一起，使它们作为刚体移动。

（9）中心：该配对类型约束两个对象的中心，使其中心对齐。

1）“1 对 2”：将相配组件中的一个对象定位到基础组件中的两个对象的中心上。

2）“2 对 1”：将相配组件中的两个对象定位到基础组件中的一个对象的中心上，并与其对称。

3）“2 对 2”：将相配组件中的两个对象定位到基础组件中的两个对象成对称布置。

（10）角度：该配对类型是在两个对象之间定义角度，用于约束匹配组件到正确的方向上。

8.5.3 实例——手锤装配 2

本节绘制如图 8-18 所示手锤装配 2。

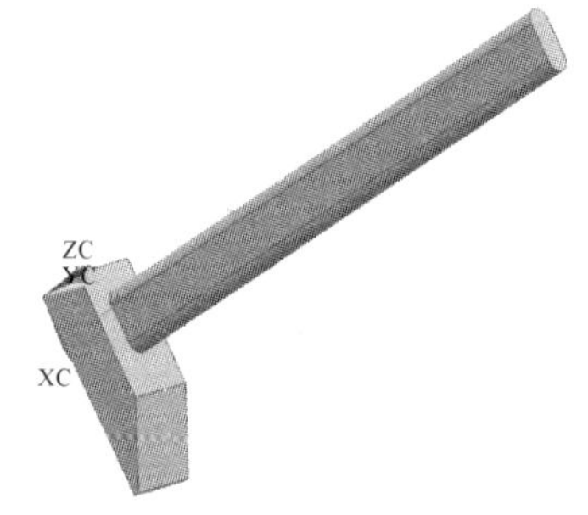

图 8-18 手锤装配 2

（1）单击“标准”工具栏中的“新建”按钮，打开“新建”对话框。在模板列表中选择“装配”，输入名称为 shouchui2，单击“确定”按钮，进入装配环境。

（2）单击“装配”工具栏中的“添加组件”按钮，打开“添加组件”对话框，单击“打开”按钮，打开“部件名”对话框，选择“chuitou”文件，单击“OK”按钮，打开“组件预览”窗口。在定位下拉列表中选择“绝对原点”选项，其他采用默认设置，单击“确定”按钮，将锤头定位在坐标原点。

（3）单击“装配”工具栏中的“添加组件”按钮，打开“添加组件”对话框，单击“打开”按钮，打开“部件名”对话框，选择“shoubing”文件，单击“OK”按钮，打开“组件预览”窗口。在“定位”下拉列表中选择“通过约束”选项，其他采用默认设置，单击“确定”按钮，打开如图 8-19 所示“装配约束”对话框，选择“接触对齐”类型，并在方位下拉列表中选择“对齐”，选取如图 8-20 所示的锤头下端底面和手柄底面，单击“应用”按钮；在方位下拉列表中选择“自动判断中心”，选择如图 8-21 所示的锤头键槽圆柱面和手柄圆柱面，单击“确定”按钮，结果如图 8-22 所示。

图 8-19 “装配约束”对话框

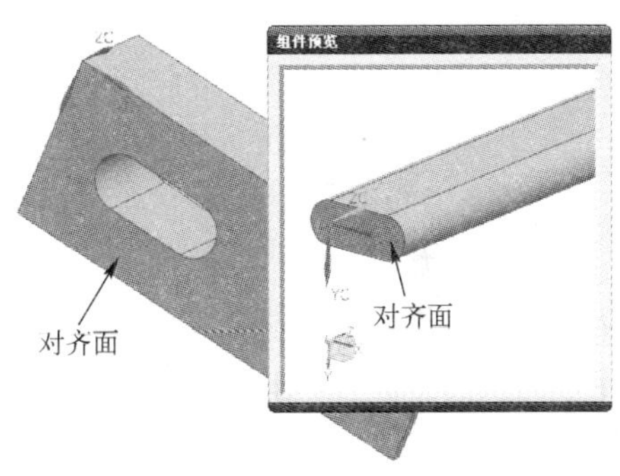

图 8-20 选择对齐面

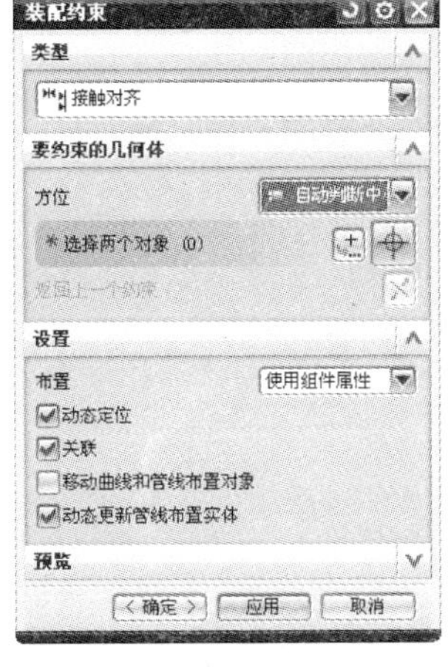

图 8-21 “装配约束”对话框

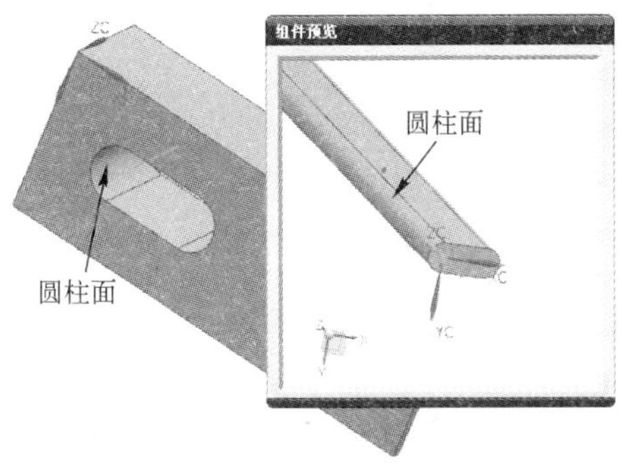

图 8-22 选择圆柱面

8.5.4 显示和隐藏约束

使用此命令可以控制选定的约束、与选定组件相关联的所有约束和选定组件之间的约束。

【执行方式】

- 菜单栏：选择菜单栏中的“装配”→“组件位置”→“显示和隐藏约束”命令。
- 工具栏：单击“装配”工具栏中的“显示和隐藏约束”按钮。

执行上述方式后，打开如图 8-23 所示“显示和隐藏约束”对话框。

图 8-23 “显示和隐藏约束”对话框

【选项说明】

1. 选择组件或约束

选择操作中使用的约束所属组件或各个约束。

2. 设置

（1）可见约束：用于指定在操作之后可见约束是为选定组件之间的约束，还是与任何选定组件相连接的所有约束。

（2）更改组件可见性：用于指定是否仅仅是操作结果中涉及的组件可见。

（3）过滤装配导航器：用于指定是否在装配导航器中过滤操作结果中未涉及的组件。

8.6 装配爆炸图

爆炸图是在装配环境下把组成装配的组件拆分开来，更好地表达整个装配的组成状况，便于观察每个组件的一种方法。爆炸图是一个已经命名的视图，一个模型中可以有多个爆炸图。UG 默认的爆炸图名为 explosion，后加数字扩展名。用户也可根据需要指定爆炸图名称。

8.6.1 新建爆炸图

使用此命令可创建新的爆炸图，组件将在其中以可见方式重定位，生成爆炸图。

【执行方式】

- 菜单栏：选择菜单栏中的“装配”→“爆炸图”→“新建爆炸图”命令。
- 工具栏：单击“装配”工具栏中的“新建爆炸图”按钮。

执行上述方式，打开如图 8-24 所示“新建爆炸图”对话框。

【选项说明】

在该对话框中输入爆炸视图的名称，或者接受默认名。

图 8-24 “新建爆炸图”对话框

8.6.2 自动爆炸视图

使用此命令可以定义爆炸图中一个或多个选定组件的位置。沿基于组件的装配约束的矢量，偏置每个选定的组件。

【执行方式】

- 菜单栏：选择菜单栏中的“装配”→“爆炸图”→“自动爆炸组件”命令。
- 工具栏：单击“装配”工具栏中的“自动爆炸组件”按钮。

执行上述方式，打开“类选择”对话框。选择要爆炸的组件，打开如图 8-25 所示的“自动爆炸组件”对话框。

图 8-25 “自动爆炸组件”对话框

【选项说明】

（1）距离：该选项用于设置自动爆炸组件之间的距离。

（2）添加间隙：该选项用于设置增加爆炸组件之间的间隙。它控制着自动爆炸的方式。如果关闭该选项，则指定的距离为绝对距离；如果打开该选项，则指定的距离为组件相对于关联组件移动的相对距离。

8.6.3 编辑爆炸图

使用此命令，重新定位爆炸图中选定的一个或多个组件。

【执行方式】

- 菜单栏：选择菜单栏中的“装配”→“爆炸图”→“编辑爆炸图”命令。
- 工具栏：单击“装配”工具栏中的“编辑爆炸图”按钮。

执行上述方式后，系统打开如图 8-26 所示“编辑爆炸图”对话框。

图 8-26 “编辑爆炸视图”对话框

【选项说明】

（1）选择对象：选择要爆炸的组件。

（2）移动对象：用于移动选定的组件。

（3）只移动手柄：用于移动拖动手柄而不移动任何其他对象。

（4）距离/角度：设置距离或角度以重新定位所选组件。

（5）捕捉增量：选中此复选框，可以拖动手柄时移动的距离或旋转的角度设置捕捉增量。

（6）取消爆炸：将选定的组件移回其未爆炸的位置。

（7）原始位置：将所选组件移回它在装配中的原始位置。

8.6.4 实例——手锤爆炸图

本节绘制如图 8-27 所示手锤爆炸图。

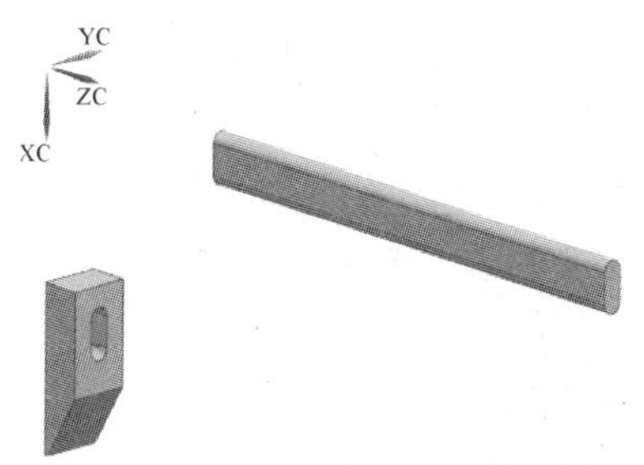

图 8-27　手锤爆炸

（1）单击“标准”工具栏中的“打开”按钮，打开“打开”对话框。选择“shouchui2”文件，单击“OK”按钮，打开手锤装配体。

（2）单击“装配”工具栏中的“新建爆炸图”按钮，打开如图 8-28 所示“新建爆炸图”对话框，输入名称为“shouchui”，单击“确定”按钮，创建爆炸图。

图 8-28　“新建爆炸图”对话框

（3）单击“装配”工具栏中的“自动爆炸组件”按钮，打开“类选择”对话框，选择手柄，单击“确定”按钮，打开如图 8-29 所示的“自动爆炸组件”对话框，输入距离为-100，单击“确定”按钮，结果如图 8-30 所示。

图 8-29　“自动爆炸组件”对话框

图 8-30　自动爆炸图

（4）单击“装配”工具栏中的“编辑爆炸图”按钮，打开如图 8-31 所示的“编辑爆炸图”对话框，选择锤头零件，在对话框中选择“移动对象”选项，视图中锤头上显示如图 8-32 所示的动态坐标系，选择 XC 轴，输入距离为 100，如图 8-33 所示，单击“确定”按钮。

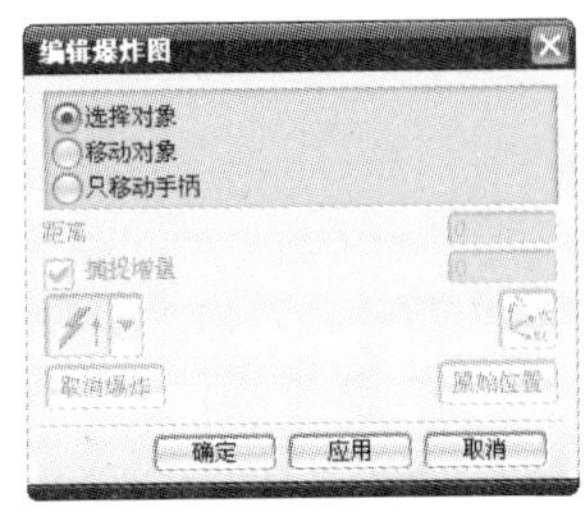

图 8-31 “编辑爆炸图”对话框

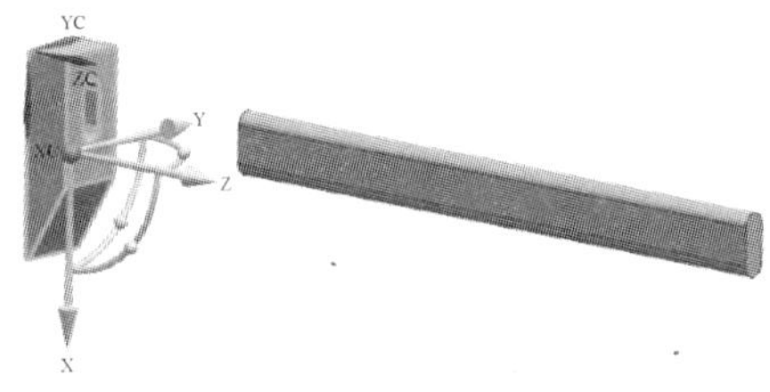

图 8-32 显示动态坐标系

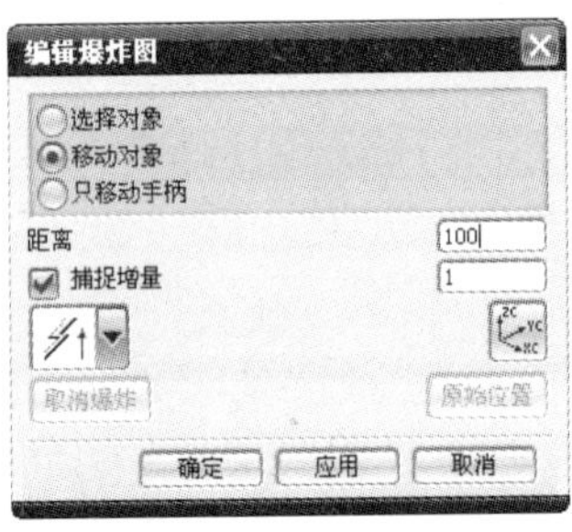

图 8-33 输入距离值

8.7 部件族

组件族提供通过一个模板零件快速定义一类类似的组件（零件或装配）族方法。该功能主要用于建立一系列标准件，可以一次生成所有的相似组件。

【执行方式】

- 菜单栏：选择菜单栏中的“工具”→“部件族”命令。

执行上述方式，打开如图 8-34 所示“部件族”对话框。

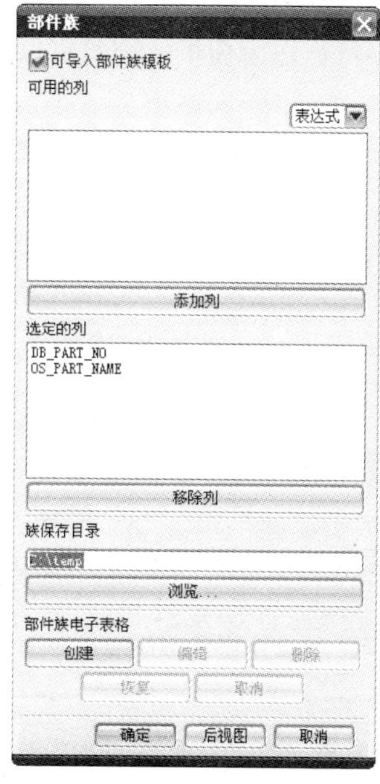

图 8-34 “部件族”对话框

【选项说明】

（1）可导入部件族模板：该选项用于连接 UG/Manager 和 IMAN 进行产品管理,一般情况下，保持默认选项即可。

（2）可用的列：该下拉列表框中列出了用来驱动系列组件的参数选项：

1）表达式：选择表达式作为模板，使用不同的表达式值来生成系列组件。

2）属性：将定义好的属性值设为模板，可以为系列件生成不同的属性值。

3）组件：选择装配中的组件作为模板，用以生成不同的装配。

4）镜像：选择镜像体作为模板，同时可以选择是否生成镜像体。

5）密度：选择密度作为模板，可以为系列件生成不同的密度值。

6）特征：选择特征作为模板，同时可以选择是否生成指定的特征。

（3）族保存目录：可以利用“浏览...”按钮来指定生成的系列件的存放目录。

（4）部件族电子表格：该选项组用于控制如何生成系列件。

1）创建：选中该选项后，系统会自动调用 Excel 表格，选中的相应条目会被列举在其中，如图 8-35 所示。

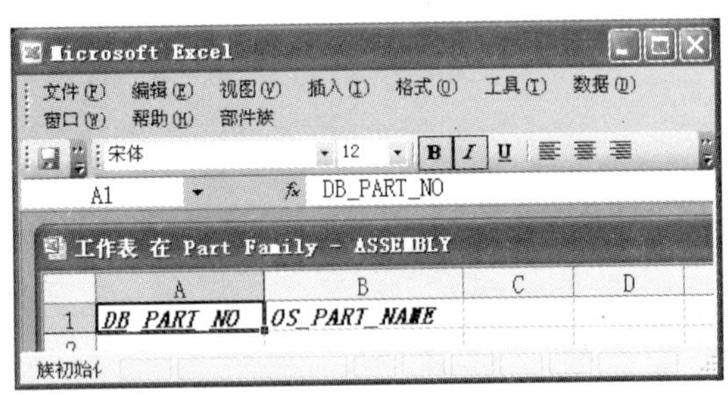

图 8-35　创建 Excel 表格

2）编辑：保存生成的 Excel 表格后，返回 UG 中，单击该按钮可以重新打开 Excel 表格进行编辑。

3）删除：删除已定义的 Part Family 文件。

4）恢复：在切换到 UG 环境后，单击该选项可以再回到 Excel 编辑环境。

5）取消：用于取消对于 Excel 的当前编辑操作，Excel 中还保持上次保存过的状态。一般在“确认部件”以后发现参数不正确，可以利用该选项取消这编辑。

第 9 章

工程图

利用 UG 建模功能中创建的零件和装配模型，可以被引用到 UG 制图功能中快速生成二维工程图，UG 制图功能模块建立的工程图是由投影三维实体模型得到的，因此，二维工程图与三维实体模型完全关联。模型的任何修改都会引起工程图的相应变化。

9.1 进入工程图环境

本节介绍工程图的应用及如何进入工程图环境。

在 UG NX 8.0 中，可以运用“制图”模块，在建模基础上生成平面工程图。由于建立的平面工程图是由三维实体模型投影得到的，因此，平面工程图与三维实体完全相关，实体模型的尺寸、形状，以及位置的任何改变都会引起平面工程图的相应更新，更新过程可由用户控制。

工程图一般可实现如下功能。

（1）对于任何一个三维模型，可以根据不同的需要，使用不同的投影方法、不同的图幅尺寸以及不同的视图比例建立模型视图、局部放大视图、剖视图等各种视图；各种视图能自动对齐；完全相关的各种剖视图能自动生成剖面线并控制隐藏线的显示。

（2）可半自动对平面工程图进行各种标注，且标注对象与基于它们所创建的视图对象相关；当模型变化和视图对象变化时，各种相关的标注都会自动更新。标注的建立与编辑方式基本相同，其过程也是即时反馈的，使得标注更容易和有效。

（3）可在工程图中加入文字说明、标题栏、明细栏等注释。提供了多种绘图模板，也可自定义模板，使标号参数的设置更容易、方便和有效。

（4）可用打印机或绘图仪输出工程图。

（5）拥有更直观和容易使用的图形用户接口，使得图纸的建立更加容易和快捷。

进入工程图环境的步骤如下。

（1）选择菜单栏中的“文件”→“新建”命令或单击“标准”工具栏中的“新建”按钮，打开如图 9-1 所示的“新建”对话框。

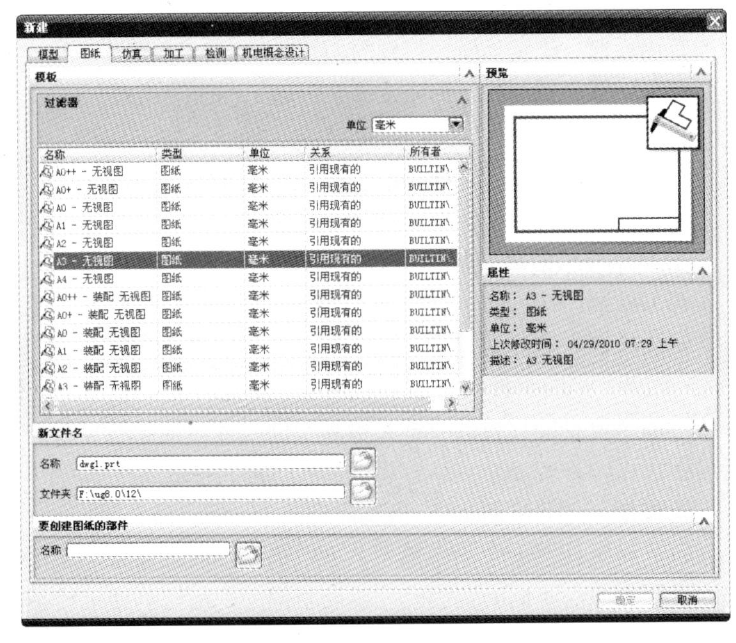

图 9-1 “新建”对话框

（2）在对话框中选择“图纸”选项卡，在模板列表框中选择适当的模板，并输入文件名称和路径。

（3）单击要创建图纸的部件中的“打开”按钮，打开“选择主模型部件”对话框，如图 9-2 所示。

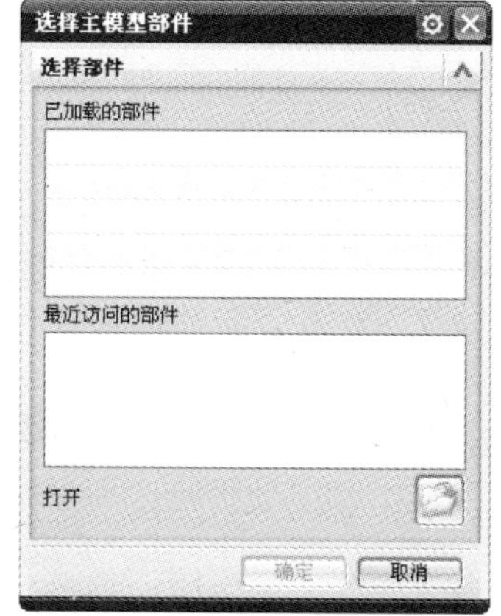

图 9-2 “选择主模型部件”对话框

（4）单击“打开”按钮，打开“部件名”对话框，选择要创建图纸的零件。单击“OK”按钮，连续“确定”按钮，进入工程图环境，进入工程图环境，如图 9-3 所示。

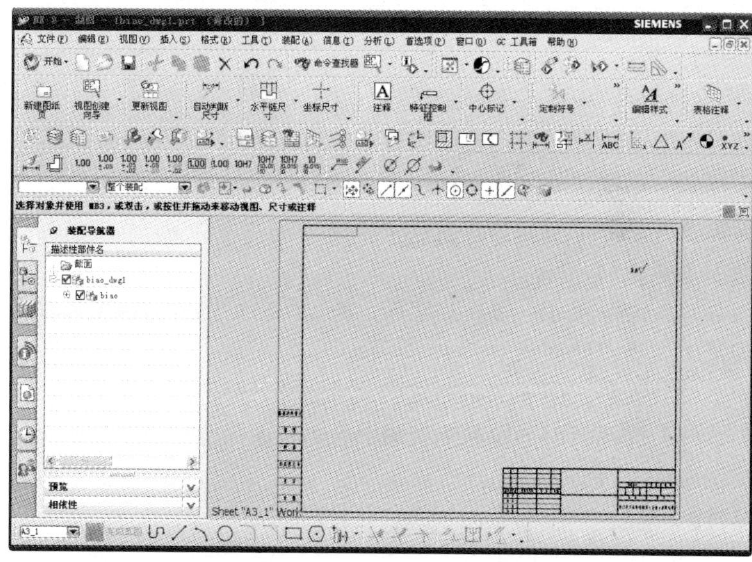

图 9-3 进入工程图环境

9.2 图纸管理

在 UG 中，任何一个三维模型，都可以通过不同的投影方法、不同的图样尺寸和不同的比例创建灵活多样的二维工程图。本节包括了工程图纸的创建、打开、删除和编辑。

9.2.1 新建工程图

【执行方式】

- 菜单栏：选择菜单栏中的“插入”→“图纸页”命令。
- 工具栏：单击“图纸”工具栏中的“新建图纸”按钮。

执行上述方式后，打开如图 9-4 所示“图纸页”对话框。

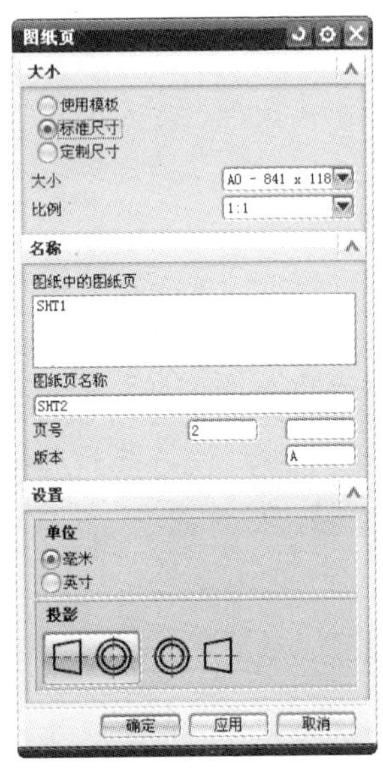

图 9-4 “图纸页”对话框

【选项说明】

1. 大小

（1）使用模板：选择此选项，在该对话框中选择所需的模板即可。

（2）标准尺寸：选择此选项，通过图 9-4 所示的对话框设置标准图纸的大小和比例。

（3）定制尺寸：选择此选项，通过此对话框可以自定义设置图纸的大小和比例。

（4）大小：用于指定图纸的尺寸规格。

（5）比例：用于设置工程图中各类视图的比例大小，系统默认的设置比例为 1∶1。

2. 名称

（1）图纸中的图纸页：列出工作部件中的所有图纸页。

（2）图纸页名称：设置默认的图纸页名称。

(3) 页号：图纸页编号由初始页号、初始次级编号，以及可选的次级页号分隔符组成。

(4) 版本：用于简述新图纸页的唯一版次代字。

3. 设置

(1) 单位：指定图纸页的单位。

(2) 投影：指定第一角投影或第三角投影。

9.2.2 编辑工程图

在进行视图添加及编辑过程中，有时需要临时添加剖视图、技术要求等，那么新建过程中设置的工程图参数可能无法满足要求（例如比例不适当），这时需要对已有的工程图进行修改编辑。

在下拉菜单中选择“编辑”→“图纸页”命令，打开图 9-4 所示“图纸页”对话框。在对话框中修改已有工程图的名称、尺寸、比例和单位等参数。完成修改后，系统会按照新的设置对工程图进行更新。需要注意的是：在编辑工程图时，投影角度参数只能在没有产生投影视图的情况下进行修改，否则，需要删除所有的投影视图后执行投影视图的编辑。

9.3 视图管理

创建完工程图之后，下面就应该在图纸上绘制各种视图来表达三维模型。生成各种投影是工程图最核心的问题，UG 制图模块提供了各种视图的管理功能，包括添加各种视图、对齐视图和编辑视图等。

9.3.1 基本视图

使用此命令可将保存在部件中的任何标准建模或定制视图添加到图纸页中。

【执行方式】

- 菜单栏：选择菜单栏中的“插入”→“视图”→“基本视

图”命令。

● 工具栏：单击“图纸”工具栏中的“基本视图”按钮。

执行上述方式后，打开如图 9-5 所示“基本视图”对话框。

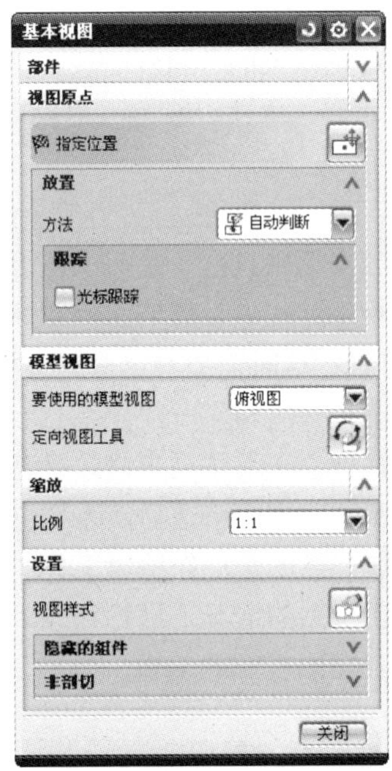

图 9-5 “基本视图”对话框

【选项说明】

1．部件

（1）已加载的部件：显示所有已加载部件的名称。

（2）最近访问的部件：选择一个部件，以便从该部件加载并添加视图。

（3）打开：用于浏览和打开其他部件，并从这些部件添加视图。

2．视图原点

（1）指定位置：使用光标来指定一个屏幕位置。

（2）放置：建立视图的位置。

1）方法：用于选择其中一个对齐视图选项。

2）光标跟踪：开启 XC 和 YC 跟踪。

3. 模型视图

（1）要使用的模型视图：用于选择一个要用作基本视图的模型视图。

（2）定向视图工具：单击此按钮，打开定向视图工具并且可用于定制基本视图的方位。

4. 比例

在向图纸页添加制图视图之前，为制图视图指定一个特定的比例。

5. 设置

（1）视图样式：打开视图样式对话框并且可用于设置视图的显示样式。

（2）隐藏的组件：只用于装配图纸。能够控制一个或多个组件在基本视图中的显示。

（3）非剖切：用于装配图纸。指定一个或多个组件为未切削组件。

9.3.2 投影视图

通过此命令从现有基本、图纸、正交视图或辅助视图投影视图。

【执行方式】

- 菜单栏：选择菜单栏中的“插入”→“视图”→“投影”命令。
- 工具栏：单击“图纸”工具栏中的“投影视图”按钮。

执行上述方式后，打开如图 9-6 所示“投影视图”对话框。“投影视图”示意图如图 9-7 所示。

【选项说明】

1. 父视图

该选项用于在绘图工作区选择视图作为基本视图（父视图），并从它投影出其他视图。

图 9-6 “投影视图”对话框

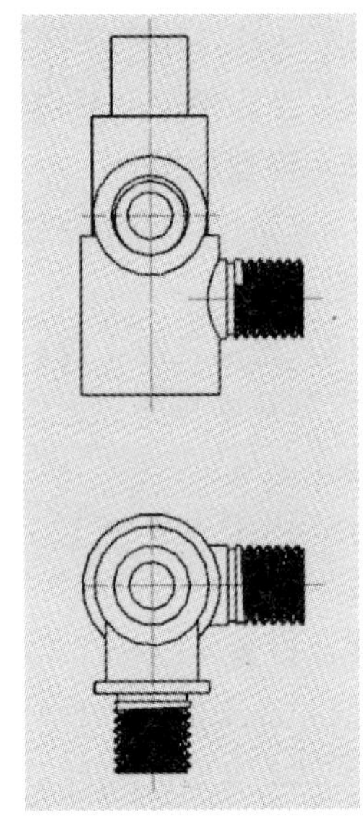

图 9-7 “投影视图”示意图

2. 铰链线

（1）矢量选项：包括自动判断和已定义。

1）自动判断：为视图自动判断铰链线和投影方向。

2）已定义：允许为视图手工定义铰链线和投影方向。

（2）反转投影方向：镜像铰链线的投影箭头。

（3）关联：当铰链线与模型中平的面平行时，将铰链线自动关联该面。

视图原点和设置和基本视图中的选项相同，在此就不详细介绍。

9.3.3 局部放大图

局部放大图包含一部分现有视图。局部放大图的比例可根据其俯视图单独进行调整，以便更容易地查看在视图中显示的对象并对其进行注释。

【执行方式】

● 菜单栏：选择菜单栏中的“插入”→“视图”→“局部放

大图”命令。

● 工具栏：单击“图纸”工具栏中的“局部放大图”按钮。

执行上述方式后，打开如图 9-8 所示“局部放大图”对话框。

图 9-8 “局部放大图”对话框

【选项说明】

1. 类型

（1）圆形：创建有圆形边界的局部放大图。

（2）按拐角绘制矩形：通过选择对角线上的两个拐角点创建矩形局部放大图边界。

（3）按中心和拐角绘制矩形：通过选择一个中心点和一个拐角点创建矩形局部放大图边界。

2. 边界

（1）指定拐角点 1：定义矩形边界的第一个拐角点。

（2）指定拐角点 2：定义矩形边界的第二个拐角点。

（3）指定中心点：定义圆形边界的中心。

（4）指定边界点：定义圆形边界的半径。

3. 父视图

选择一个父视图。

4. 原点

（1）指定位置：指定局部放大图的位置。

（2）移动视图：在局部放大图的过程中移动现有视图。

5. 比例

默认局部放大图的比例因子大于父视图的比例因子。

6. 标签

提供下列在父视图上放置标签的选项。

（1）无：无边界。

（2）圆：圆形边界，无标签。

（3）注释：有标签但无指引线的边界。

（4）标签：有标签和半径指引线的边界。

（5）内嵌的：标签内嵌在带有箭头的缝隙内的边界。

（6）边界：显示实际视图边界。

示意图如图 9-9 所示。

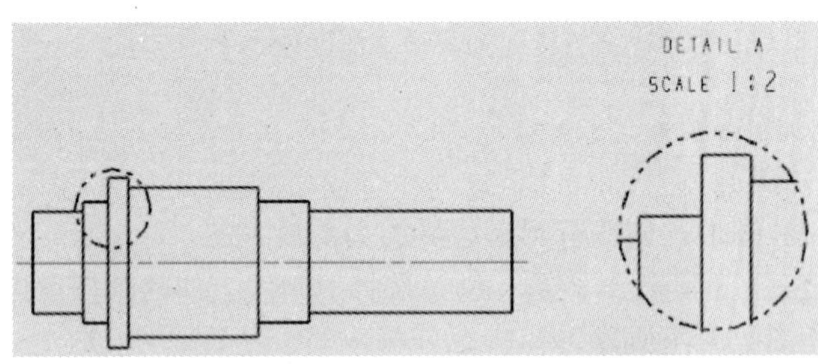

图 9-9 “局部放大图”示意图

9.3.4 局部剖视图

通过移除部件的某个外部区域来查看其部件内部。

【执行方式】

- 菜单栏：选择菜单栏中的“插入”→“视图”→“截面”→“局部剖”命令。
- 工具栏：单击“图纸”工具栏中的“局部剖视图”按钮。

执行上述方式后，打开如图 9-10 所示的“局部剖”对话框。

图 9-10 “局部剖”对话框

【选项说明】

（1）创建：激活局部剖视图创建步骤。

（2）编辑：修改现有的局部剖视图。

（3）删除：从主视图中移除局部剖。

（4）选择视图：用于选择要进行局部剖切的视图。

（5）指出基点：用于确定剖切区域沿拉伸方向开始拉伸的参考点，该点可通过“捕捉点”工具栏指定。

（6）指出拉伸矢量：用于指定拉伸方向，可用矢量构造器指定，必要时可使拉伸反向，或指定为视图法向。

（7）选择曲线：用于定义局部剖切视图剖切边界的封闭曲线。当选择错误时，可单击“取消选择上一个”按钮，取消上一个选择。定义边界曲线的方法是：在进行局部剖切的视图边界上单击鼠标右键，在打开的快捷菜单中选择“扩展成员视图”，进入视图成员模型工作状态。用曲线功能在要产生局部剖切的位置创建局部剖切边界线。完成边界线的创建后，在视图边界上单击鼠标右键，再从快捷菜单中选择“扩展成员视图”命令，恢复到工程图界面。这样，就建立了与选择 视图相关联的边界线。

（8）修改边界曲线：用于修改剖切边界点，必要时可用于修改剖切区域。

（9）切透模型：勾选该复选框，则剖切时完全穿透模型。

示意图如图 9-11 所示。

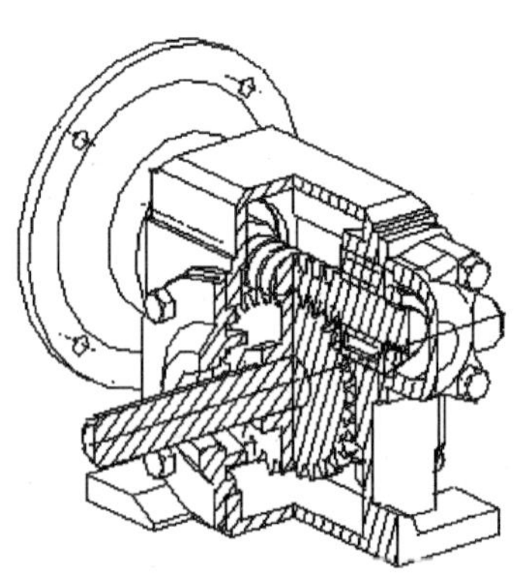

图 9-11 “局部剖”示意图

9.3.5 断开视图

利用此命令添加多个水平或竖直断开视图。

【执行方式】

- 菜单栏：选择菜单栏中的“插入”→“视图”→“断开视图”命令。
- 工具栏：单击“图纸”工具栏中的“断开视图”按钮。

执行上述方式后，打开如图 9-12 所示的“断开视图”对话框。“断开视图”示意图如图 9-13 所示。

图 9-12 “断开视图”对话框

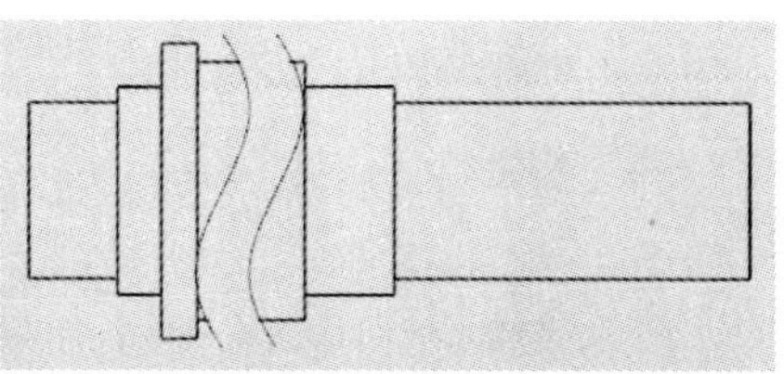

图 9-13 “断开视图”示意图

【选项说明】

1．类型

（1）常规：创建具有两条表示图样上概念缝隙的断裂线的断开视图。

（2）单侧：创建具有一条断裂线的断开视图。

2．主模型视图

用于当前图样页中选择要断开的视图。

3．方向

断开的方向垂直于断裂线。

（1）方位：指定与第一个断开视图相关的其他断开视图的方向。

（2）指定矢量：添加第一个断开视图。

4．断裂线、断裂线 1、断裂线 2

（1）关联：将断开位置锚点与图纸的特征点关联。

（2）指定锚点：用于指定断开位置的锚点。

（3）偏置：设置锚点与断裂线之间的距离。

5．设置

（1）缝隙：设置两条断裂线之间的距离。

（2）样式：指定断裂线的类型。包括简单、直线、锯齿线、长断裂线、管状线、实心管状线、实心杆状线、拼图线、木纹线、复制曲线和模板曲线。

（3）幅值：设置用作断裂线的曲线的幅值。

（4）延伸 1/延伸 2：设置穿过模型一侧的断裂线的延伸长度。

（5）显示断裂线：显示视图中的断裂线。

（6）颜色：指定断裂线颜色。

（7）宽度：指定断裂线的密度。

9.3.6 剖视图

【执行方式】

● 菜单栏：选择菜单栏中的“插入”→“视图”→“截面”

→“简单/阶梯剖”命令。

● 工具栏：单击“图纸”工具栏中的“剖视图”按钮。

执行上述方式后，打开如图 9-14 所示“剖视图”对话框。

图 9-14 “剖视图”对话框

【选项说明】

（1）选择父视图：在当前图样页中选择视图，视图中将显示剖切线符号。

（2）截面线型：单击此按钮，打开“剖视图”对话框，设置截面线参数。如图 9-15 所示。

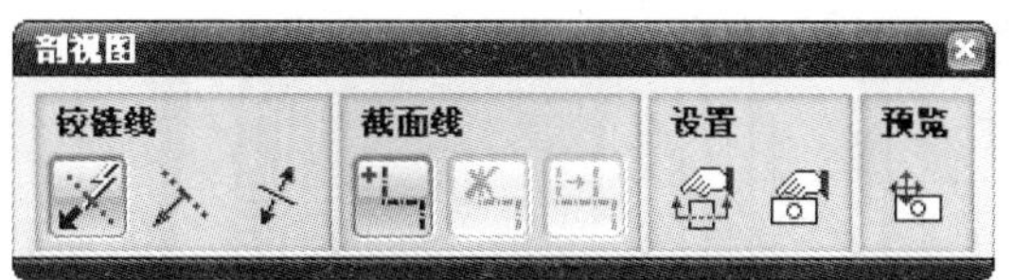

图 9-15 “剖视图”对话框

（3）自动判断铰链线：放置剖切线。

（4）定义铰链线：单击此按钮在自动判断的矢量列表中选择矢量来定义关联铰链线。

（5）反向：反转剖切线箭头的方向。

（6）添加段：在将剖切线放置到父视图中后可用，为阶梯剖视图添加剖切段。

（7）删除段：删除剖切线上的剖切段。

（8）移除段：在父视图中移动剖切线符号的单个段，同时保留与相邻段的角度和连接。

示意图如图 9-16 所示。

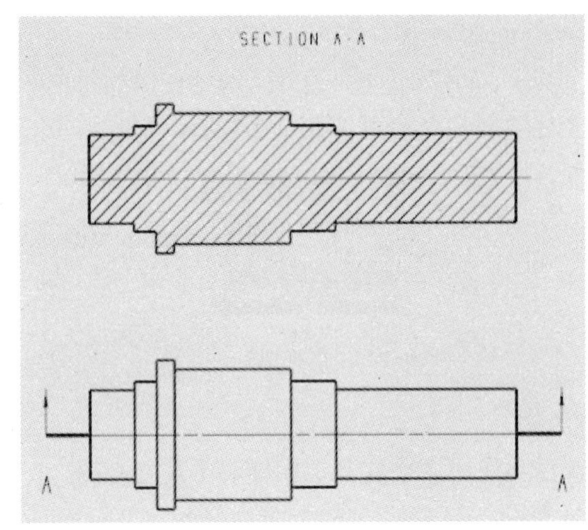

图 9-16 “剖视图”示意图

9.3.7 半剖视图

【执行方式】

- 菜单栏：选择菜单栏中的“插入”→“视图”→“截面”→“半剖”命令。
- 工具栏：单击“图纸”工具栏中的“半剖视图”按钮。

执行上述方式后，打开“剖视图”对话框。选择父视图，打开如图 9-17 所示“半剖视图”对话框。

图 9-17 “半剖视图”对话框

9.3.8 旋转剖视图

创建围绕圆柱形或锥形部件的公共轴旋转的剖视图。

【执行方式】

● 菜单栏：选择菜单栏中的“插入”→“视图”→“截面”→“旋转剖”命令。

● 工具栏：单击“图纸”工具栏中的“旋转剖视图”按钮。

执行上述方式后，打开如图 9-18 所示的“旋转剖视图”对话框。选择父视图，打开如图 9-19 所示“旋转剖视图”对话框。

图 9-18 “旋转剖视图”对话框 1

图 9-19 “旋转剖视图”对话框 2

9.3.9 折叠剖视图

使用此命令创建的视图中含有多个段剖切而没有折弯，折叠剖视图与父视图中的铰链线成正交对齐。

【执行方式】

● 菜单栏：选择菜单栏中的“插入”→“视图”→“截面”→“折叠剖”命令。

执行上述方式后，打开如图 9-20 所示的“折叠剖视图”对话框。

图 9-20 “折叠剖视图”对话框

9.3.10 实例——创建箱体视图

本例创建箱体视图，如图 9-21 所示。

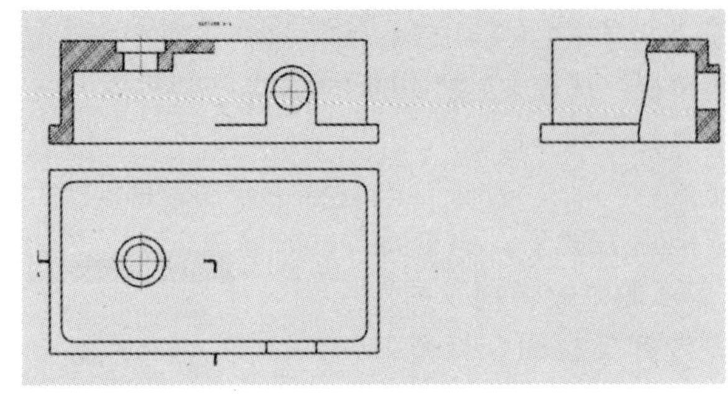

图 9-21　箱体视图

（1）单击“标准”工具栏中的“新建”按钮，打开“新建”对话框。在“图纸”选项卡中选择“A1-无视图”模型，如图 9-22 所示。单击“打开”按钮，打开如图 9-23 所示的“选择主模型部件”对话框，单击“打开”按钮，打开“部件名”对话框，选择 xiangti 部件，单击“OK”按钮，再单击“确定”按钮。

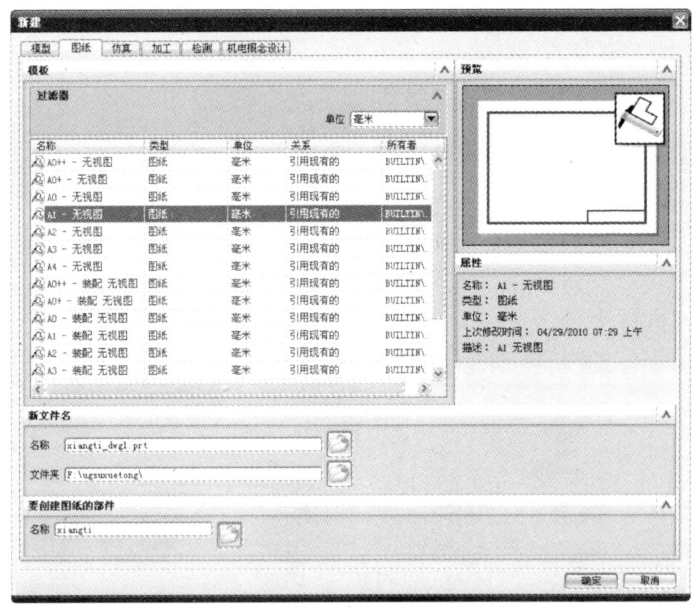

图 9-22　“新建”对话框

图 9-23 “选择主模型部件”对话框

（2）单击“图纸”工具栏中的“基本视图”按钮，打开如图 9-24 所示的“基本视图”对话框。选择“俯视图”，设置比例为 1∶2。在图纸中适当的地方放置基本视图，如图 9-25 所示。单击“关闭”按钮，关闭基本视图。

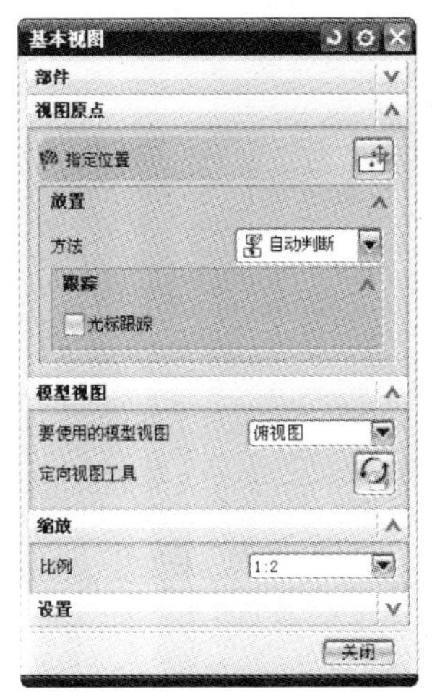

图 9-24 “基本视图”对话框

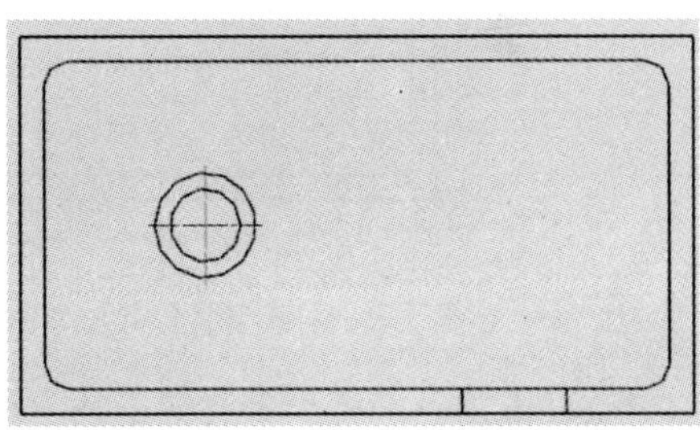

图 9-25 创建基本视图

（3）单击“图纸”工具栏中的“半剖视图”按钮，打开如

图 9-26 所示的“半剖视图”对话框，选择上步创建的基本视图为俯视图，打开如图 9-27 所示的“半剖视图”对话框，捕捉圆心为铰链线中心，然后捕捉水平边线中点放置铰链线，将视图放置到俯视图上方适当位置，如图 9-28 所示。

图 9-26 “半剖视图”对话框 1

图 9-27 “半剖视图”对话框 2

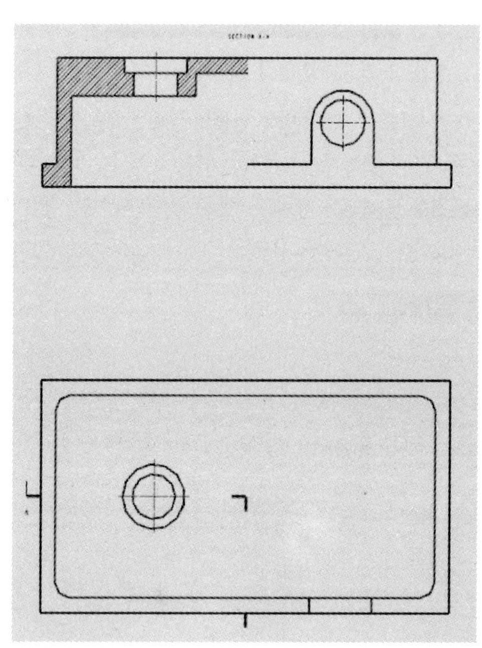

图 9-28 创建半剖视图

（4）单击“图纸”工具栏中的“投影视图”按钮，打开如图 9-29 所示的“投影视图”对话框。选择上步创建的半剖视图为父视图，选择投影方向，如图 9-30 所示，将投影放置在图纸中适当的位置，如图 9-31 所示。

图 9-29 “投影视图”对话框

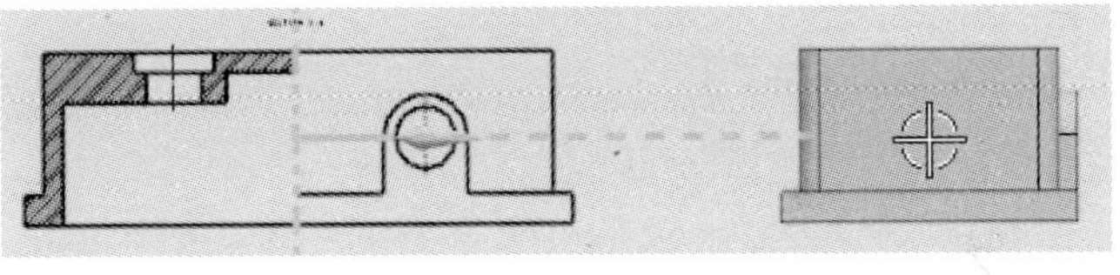

图 9-30 选择投影方向

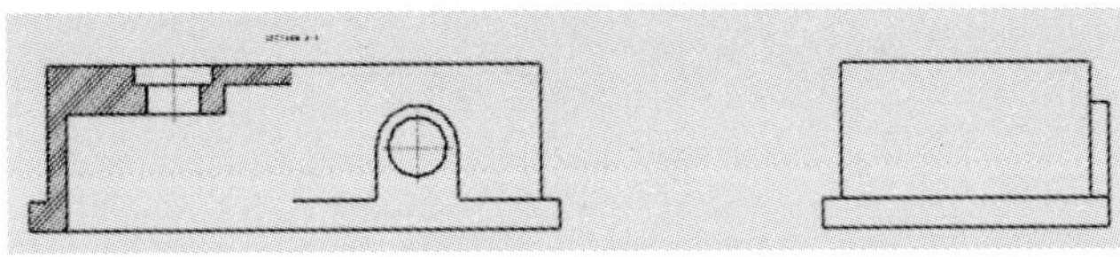

图 9-31 放置适当的位置

（5）选择左视图，单击鼠标右键，在打开的如图 9-32 所示的快捷菜单中选择“扩展”选项，单独显示左视图，如图 9-33

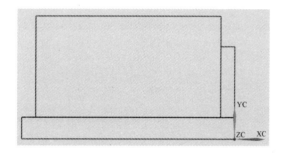

所示。单击“曲线”工具栏中的“艺术样条”按钮，打开如图 9-34 所示的“艺术样条”对话框，绘制一个封闭曲线，如图 9-35 所示。在背景上单击鼠标右键，在打开的如图 9-36 所示的快捷菜单栏中取消“扩展”选项。返回到之前的环境中。

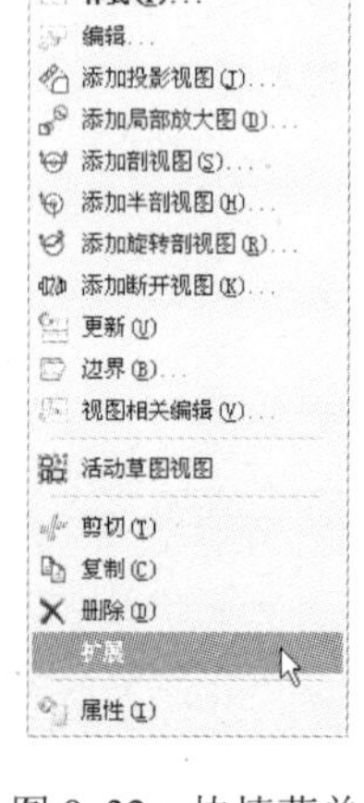

图 9-32　快捷菜单

YC
ZC　XC

图 9-33　左视图

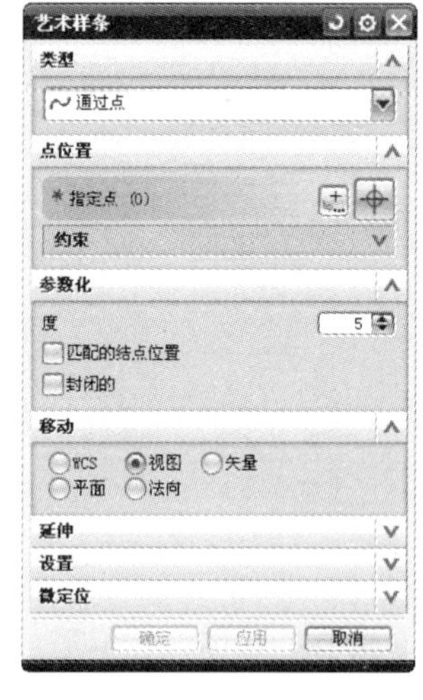

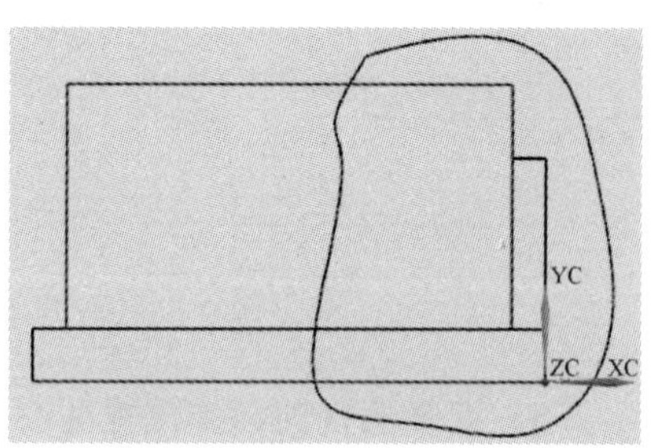

图 9-34　“艺术样条”对话框

图 9-35　绘制曲线

（6）单击“图纸”工具栏中的“局部剖视图”按钮，打开如图 9-37 所示的“局部剖”对话框。选择右视图为要剖切的视图。捕捉如图 9-38 所示的圆心为基点，采用默认矢量方向。选择如图 9-38 所示的样条曲线为截面范围，单击“应用”按钮，局部视图 1，如图 9-39 所示。

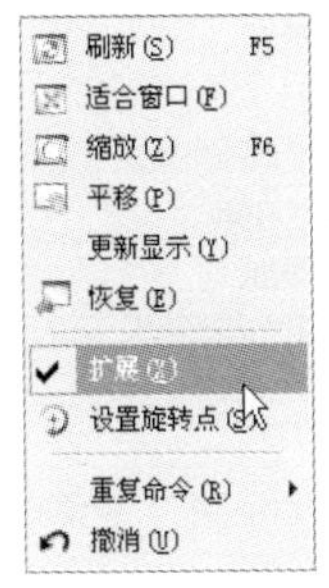

图 9-36　快捷菜单

图 9-37　“局部剖”对话框

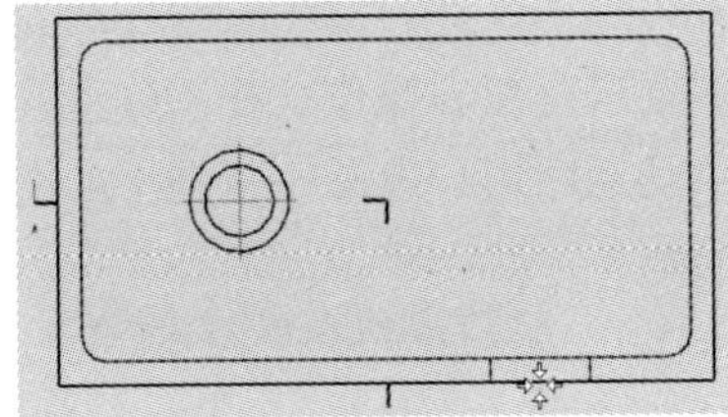

图 9-38　选择基点

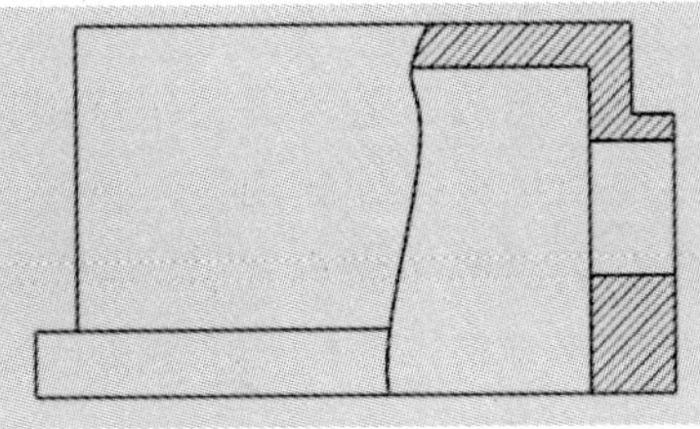

图 9-39　局部剖视图

9.4　视图编辑

（1）编辑整个视图：选中需要编辑的视图，在其中单击右健打开快捷菜单，如图 9-40 所示，可以更改视图样式、添加各种投影视图等。主要功能与前面介绍的相同，此处不再介绍了。

（2）视图的详细编辑：视图的详细编辑命令集中在“编辑”→“视图”子菜单下，如图 9-41 所示。

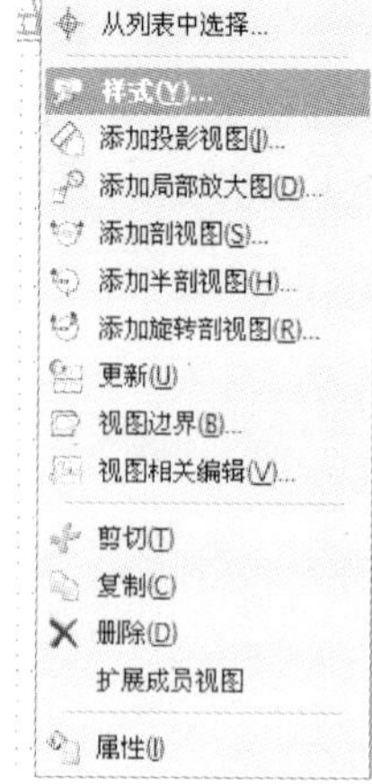

图 9-40　快捷菜单

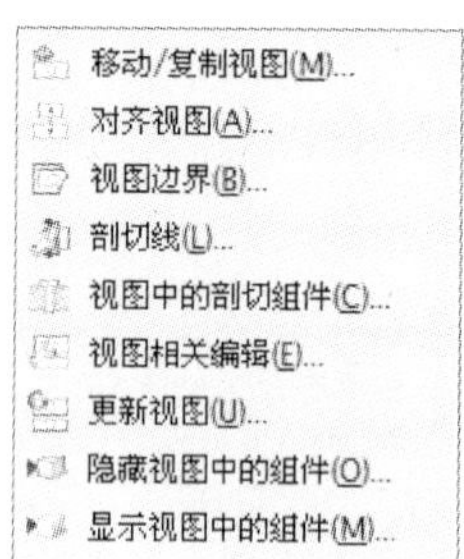

图 9-41　“视图”子菜单

9.4.1　对齐视图

一般而言，视图之间应该对齐，但 UG 在自动生成视图时是可以任意放置的，需要用户根据需要进行对齐操作。在 UG 制图中，用户可以拖动视图，系统会自动判断用户意图（包括中心对齐、边对齐多种方式），并显示可能的对齐方式，基本上可以满足用户对于视图放置的要求。

图 9-42　“对齐视图”对话框

【执行方式】

- 菜单栏：选择菜单栏中的“编辑”→“视图”→“对齐”命令。

执行上述方式后，打开如图 9-42 所示的“对齐视图”对话框。

【选项说明】

(1) 列表框：在列表框中列出了所有可以进行对齐操作的视图。

(2) 叠加：即重合对齐，系统会将视图的基准点进行重合对齐。

（3）水平：系统会将视图的基准点进行水平对齐。

（4）竖直：系统会将视图的基准点进行竖直对齐。

（5）垂直于直线：系统会将视图的基准点垂直于某一直线对齐。

（6）自动判断：该选项中，系统会根据选择的基准点，判断用户意图，并显示可能的对齐方式。

（7）对齐方式：

1）模型点：使用模型上的点对齐视图。

2）视图中心：使用视图中心点对齐视图。

3）点到点：移动视图上的一个点到另一个指定点来对齐视图。

（8）矢量构造选项：在列表中选择一种矢量方法来定义矢量。

（9）取消选择视图：清除所有选择，并重新开始对齐过程。

9.4.2　编辑截面线

创建旋转剖视图、简单剖视图、半剖视图后，可以通过添加、删除、编辑等操作来修整其剖面。

【执行方式】

- 菜单栏：选择菜单栏中的“编辑”→“视图”→“截面线”命令。
- 工具栏：单击“制图编辑”工具栏中的“截面线”按钮。

执行上述方式后，打开如图9-43所示“截面线”对话框。

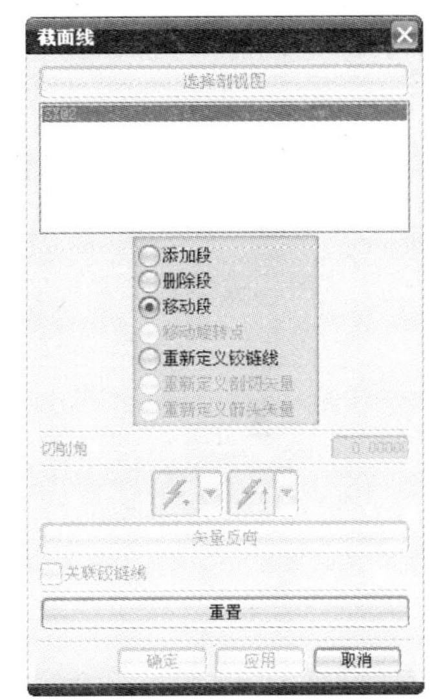

图 9-43　“截面线”对话框

【选项说明】

（1）添加段：该选项可以向剖切线符号中指定附加剖切线段。通过该选项可以将简单的剖视图转换成阶梯剖视图，生成阶梯剖视图时还可以指定弯折位置。

（2）删除段：该选项用于在选择的剖切线上删除剖切线段。删除剖切线后系统会自动更新视图。

（3）移动段：该选项用于移动所选剖切线中的某一段位置。利用移动点位置的方法来编辑剖切线，根据需要将剖切线与模型的其他特征或光标位置关联起来。

（4）移动旋转点：该选项只用于移动旋转剖视图的旋转中心点的位置。

（5）重新定义铰链线：该选项用于重新定义折页线方向，可以利用矢量构造器和反向功能来编辑或指定新的折页线。

（6）重新定义剖切矢量：该选项用于重新定义剖切矢量。

（7）重新定义箭头矢量：该选项用于重新定义箭头方向。

（8）切削角：该选项用于为展开剖视图指定一个新的剖切角度。

9.4.3 视图相关编辑

【执行方式】

- 菜单栏：选择菜单栏中的“编辑”→“视图”→“视图相关编辑”命令。
- 工具栏：单击“制图编辑”工具栏中的“视图相关编辑”按钮。

执行上述方式后，打开如图 9-44 所示的“视图相关编辑”对话框。

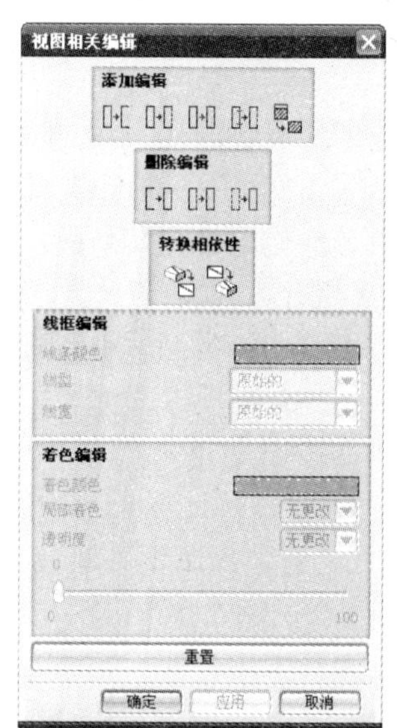

图 9-44 “视图相关编辑”对话框

【选项说明】

1. 添加编辑

（1）擦除对象：擦除选择的对象，如曲线、边等。擦除并不是删除，只是使被擦除的对象不可见而已，使用“擦除对象”按钮可使被擦除的对象重新显示。

（2）编辑完全对象：在选定的视图或图样页中编辑对象的显示方式，包括颜色、线型和线宽。

（3）编辑着色对象：用于控制视图中对象的局部着色和透明度。

（4）编辑对象段：编辑部分对象的显示方式，用法与编辑整个对象相似。再选择编辑对象后，可选择一个或两个边界，则只编辑边界内的部分。

（5）编辑剖视图背景：编辑剖视图背景线。在建立剖视图时，可以有选择地保留背景线，而使背景线编辑功能，不但可以删除已有的背景线，而且还可添加新的背景线。

2．删除编辑

（1）删除选择的擦除：恢复被擦除的对象。单击该按钮，将高显已被擦除的对象，选择要恢复显示的对象并确认。

（2）删除选择的编辑：恢复部分编辑对象在原视图中的显示方式。

（3）删除所有编辑：恢复所有编辑对象在原视图中的显示方式。

3．转换相依性

（1）模型转换到视图：转换模型中单独存在的对象到指定视图中，且对象只出现在该视图中。

（2）视图转换到模型：转换视图中单独存在的对象到模型视图中。

4．线框编辑

（1）线条颜色：更改选定对象的颜色。

（2）线型：更改选定对象的线型。

（3）线宽：更改几何对象的线宽。

5．着色编辑

（1）着色颜色：用于从颜色对话框中选择着色颜色。

（2）局部着色

1）无更改：有关此选项的所有现有编辑将保持不变。

2）原始：移除有关此选项的所有编辑，将对象恢复到原先的设置。

3）否：从选定的对象禁用此编辑设置。

4）是：将局部着色应用选定的对象。

（3）透明度

1）无更改：保留当前视图的透明度。

2）原始：移除有关此选项的所有编辑，将对象恢复到原先的设置。

3）否：从选定的对象禁用此编辑设置。

4）是：允许使用滑块来定义选定对象的透明度。

9.4.4 移动/复制视图

该对话框用于在当前图样上移动或复制一个或多个选定的视图，或者把选定的视图移动或复制到另一张图样中。

【执行方式】

- 菜单栏：选择菜单栏中的“编辑”→“视图”→“移动/复制”命令。

执行上述方式后，打开如图 9-45 所示的“移动/复制视图”对话框。

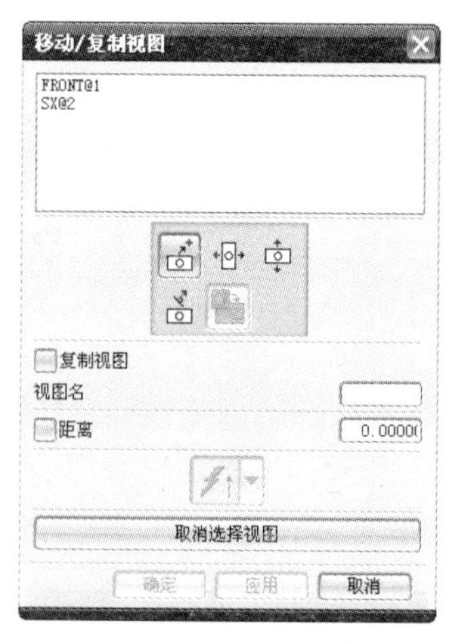

图 9-45 “移动/复制视图”对话框

【选项说明】

（1）至一点：移动或复制选定的视图到指定点，该点可用光标或坐标指定。

（2）水平：在水平方向上移动或复制选定的视图。

（3）竖直：在竖直方向上移动或复制选定的视图。

（4）垂直于直线：在垂直于指定方向移动或复制视图。

（5）至另一图样：移动或复制选定的视图到另一张图样中。

（6）复制视图：勾选该复选框，用于复制视图，否则移动视图。

（7）视图名称：在移动或复制单个视图时，为生成的视图指定名称。

（8）距离：勾选该复选框，用于输入移动或复制后的视图与原视图之间的距离值。若选择多个视图，则以第一个选定的视图作为基准，其他视图将与第一个视图保持指定的距离。若不勾选该复选框，则可移动光标或输入坐标值指定视图位置。

（9）矢量构造器列表：用于选择指定矢量的方法，视图将垂直于该矢量移动或复制。

（10）取消选择视图：清除视图选择。

9.4.5 视图边界

该对话框用于重新定义视图边界，既可以缩小视图边界只显示视图的某一部分，也可以放大视图边界显示所有视图对象。

【执行方式】

- 菜单栏：选择菜单栏中的“编辑”→“视图”→“边界”命令。
- 快捷菜单：在要编辑视图边界的视图的边界上单击鼠标右键，在打开的菜单中选择“边界”命令。

执行上述方式后，打开如图 9-46 所示的“视图边界”对话框。

图 9-46 “视图边界”对话框

【选项说明】

（1）视图选择列表：显示当前图纸页上可选视图的列表。

（2）边界类型。

1）断裂线/局部放大图：定义任意形状的视图边界，使用该选项只显示出被边界包围的视图部分。用此选项定义视图边界，则必须先建立与视图相关的边界线。当编辑或移动边界曲线时，视图边界会随之更新。

2）手工生成矩形：以拖动方式手工定义矩形边界，该矩形边界的大小是由用户定义的，可以包围整个视图，也可以只包围视图中的一部分。该边界方式主要用在一个特定的视图中隐藏不要显示的几何体。

3）自动生成矩形：自动定义矩形边界，该矩形边界能根据视图中几何对象的大小自动更新，主要用在一个特定的视图中显示所有的几何对象。

4）由对象定义边界：由包围对象定义边界，该边界能根据被包围对象的大小自动调整，通常用于大小和形状随模型变化的矩形局部放大视图。

（3）链：用于选择一个现有曲线链来定义视图边界。

（4）取消选择上一个：在定义视图边界时取消选择上一个选定曲线。

（5）锚点：用于将视图边界固定在视图对象的指定点上，从而使视图边界与视图相关，当模型变化时，视图边界会随之移动。锚点主要用在局部放大视图或用手工定义边界的视图。

（6）边界点：用于指定视图边界要通过的点。该功能可使任意形状的视图边界与模型相关。当模型修改后，视图边界也随之变化，也就是说，当边界内的几何模型的尺寸和位置变化时，该模型始终在视图边界之内。

（7）包含的点：视图边界要包围的点，只用于由“对象定义的边界”定义边界的方式。

（8）包含的对象：选择视图边界要包围的对象，只用于由“由对象定义边界”定义边界的方式。

（9）重置：恢复当前更改并重置对话框。

（10）父项上的标签：控制边界曲线在局部放大图的父视图

上显示的外观。

9.4.6 更新视图

使用此命令可以手工更新选定的制图视图，以反映自上次更新视图以来模型发生的更改。

【执行方式】

- 菜单栏：选择菜单栏中的“编辑”→“视图”→“更新”命令。
- 工具栏：单击“图纸”工具栏中的“更新视图”按钮。

执行上述方式后，打开如图 9-47 所示“更新视图”对话框。

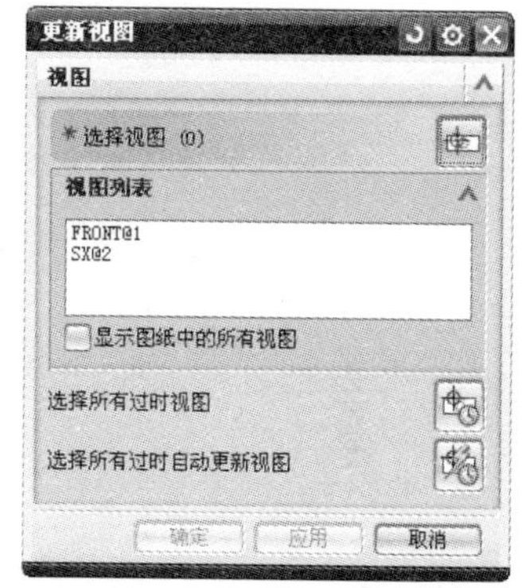

图 9-47 “更新视图”对话框

【选项说明】

（1）选择视图：选择要更新的视图。

（2）视图列表：显示当前图样中可供选择的视图的名称。

（3）显示图纸中的所有视图：该选项用于控制在列表框中是否列出所有的视图，并自动选择所有过期视图。选取该复选框之后，系统会自动在列表框中选取所有过期视图，否则，需要用户自己更新过期视图。

（4）选择所有过时视图：用于选择当前图样中的过期视图。

（5）选择所有过时自动更新视图：在图样上选择所有自动过期视图。

9.5 中心线

9.5.1 中心标记

使用此命令可以创建通过点或圆弧的中心标记。

【执行方式】

- 菜单栏：选择菜单栏中的“插入”→“中心线”→“中心标记”命令。
- 工具栏：单击“注释”工具栏中的“中心标记”按钮⊕。

执行上述方式后，打开如图 9-48 所示“中心标记”对话框。

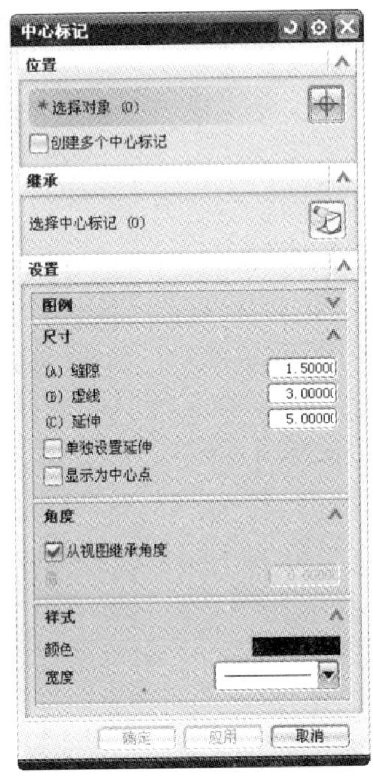

图 9-48 “中心标记”对话框

【选项说明】

1. 位置

（1）选择对象：选择有效的几何对象。

（2）创建多个中心标记：对于共线的圆弧，绘制一条穿过圆弧中心的直线。勾选此复选框，创建多个中心标记。

2. 选择中心标记

选择要修改的中心标记。

3．位置

（1）尺寸

1）缝隙：为缝隙大小输入值。

2）虚线：为中心十字的大小输入值。

3）延伸：为支线延伸的长度输入值。

4）单独设置延伸：勾选此复选框，关闭延伸输入框，分别调整中心线的长度。

5）显示为中心点：勾选此复选框，中心标记符号为一个点。

（2）角度

1）从视图继承角度：当创建一条关联中心线时，从辅助视图继承角度。选择此复选框，系统将忽略中心线角度，并使用铰链线的角度作为辅助视图的中心线。

2）值：指定旋转角度。旋转采用逆时针方向。

（3）样式

1）颜色：设置中心线颜色。

2）宽度：设置中心线的宽度。

9.5.2 螺栓圆

使用此命令创建通过点或圆弧的完整或不完整螺栓圆。螺栓圆的半径始终等于从螺栓圆中心到选择第一个点的距离。

【执行方式】

- 菜单栏：选择菜单栏中的“插入”→“中心线”→“螺栓圆”命令。
- 工具栏：单击“注释”工具栏中的“螺栓圆”按钮。

执行上述方式后，打开如图 9-49 所示“螺栓圆中心线”对话框。

【选项说明】

1．类型

（1）通过 3 个或更多点：指定中心点通过的三个或更多点。

（2）中心点：指定中心的位置以及圆形中心线上的关联点。

图 9-49 “螺栓圆中心线”对话框

2. 放置

（1）选择对象：为完整或不完整螺栓圆选择圆弧。

（2）整圆：勾选此复选框，创建完整螺栓圆。

9.5.3 2D 中心线

可以在两条边、两条曲线或两个点之间创建 2D 中心线。可以使用曲线或控制点来限制之下的长度。

【执行方式】

- 菜单栏：选择菜单栏中的“插入”→“中心线”→“2D 中心线”命令。
- 工具栏：单击“注释”工具栏中的“2D 中心线”按钮。

执行上述方式后，打开如图 9-50 所示“2D 中心线”对话框。

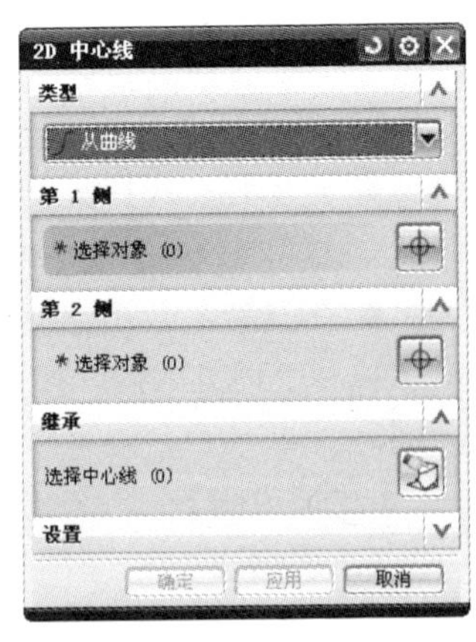

图 9-50 “2D 中心线”对话框

【选项说明】

（1）类型

1）从曲线：从选定的曲线创建中心线。

2）根据点：根据选定的点创建中心线。

（2）第 1 侧/第 2 侧：选择第一/第二条曲线。

（3）点 1/点 2：选择第一/第二点。

9.5.4　3D 中心线

使用此命令可以根据圆柱面或圆锥面的轮廓创建中心线符号。面可以是任意形式的非球面或扫掠面，其后紧跟线性或非线性路径。

【执行方式】

- 菜单栏：选择菜单栏中的“插入”→“中心线”→“3D 中心线”命令。
- 工具栏：单击“注释”工具栏中的“3D 中心线”按钮。

执行上述方式后，打开如图 9-51 所示“3D 中心线”对话框。

图 9-51　“3D 中心线”对话框

【选项说明】

1．面

（1）选择对象：选择有效的几何对象。

（2）对齐中心线：勾选此复选框，第一条中心线的端点投影到其他面的轴上，并创建对齐的中心线。

2. 方法

（1）无：不偏置中心线。

（2）距离：在与绘制中心线处有指定距离的位置创建圆柱中心线。

（3）对象：在图纸或模型上指定一个偏置位置，在某一偏置距离处创建圆柱中心线。

示意图如图 9-52 所示。

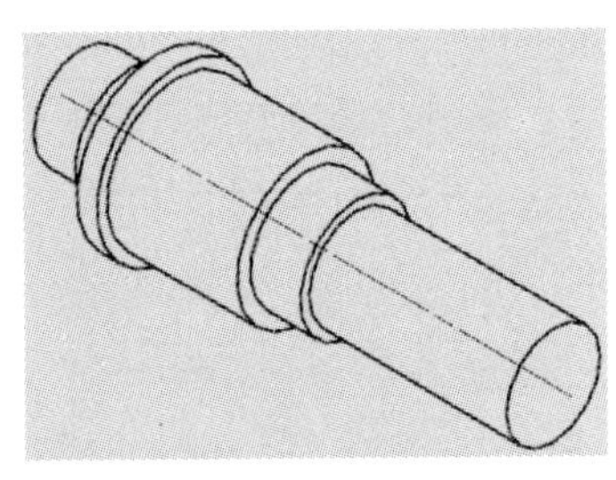

图 9-52 创建 3D 中心线

9.5.5 实例——补全箱体视图

本例补全箱体视图，如图 9-53 所示。

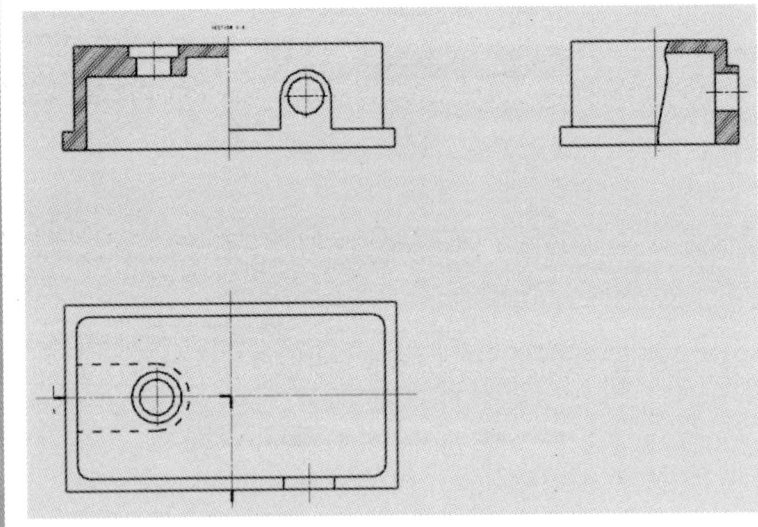

图 9-53 补全箱体视图

（1）单击“标准”工具栏中的“打开”按钮，打开“打开”对话框。选择 xiangti_dwg 文件，单击“OK”按钮，进入工程制图环境。

（2）单击“注释”工具栏中的“2D 中心线”按钮，打开如图 9-54 所示的“2D 中心线”对话框，在设置选项组中勾选“单独设置延伸”复选框，选择如图 9-55 所示的主视图中两侧边线，拖动中心线箭头调整中心线长度，单击“确定”按钮，如图 9-56 所示。

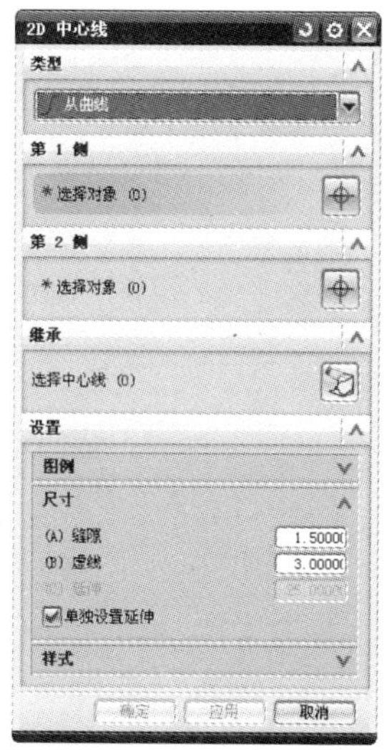

图 9-54 “2D 中心线”对话框

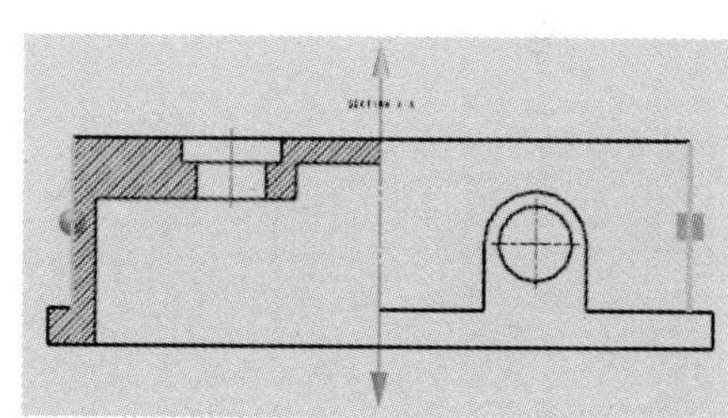

图 9-55 选择边线

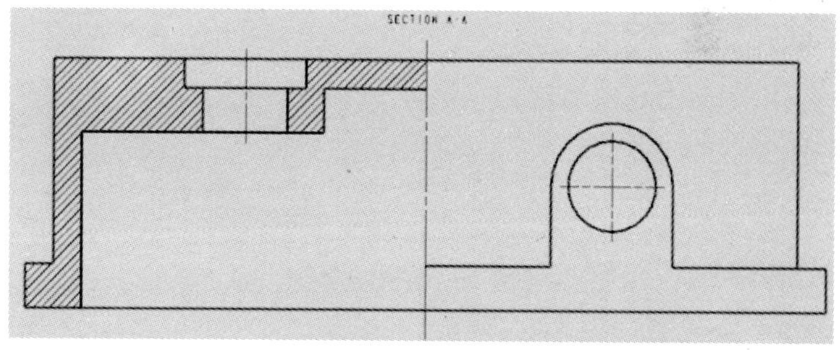

图 9-56 生成中心线

（3）单击“注释”工具栏中的“2D 中心线”按钮，打开

"2D 中心线"对话框，在设置选项组中勾选"单独设置延伸"复选框，选择如图 9-57 所示的左视图中两侧边线，拖动中心线箭头调整中心线长度，单击"应用"按钮。选择如图 9-58 所示的孔两侧边线，拖动中心线箭头调整中心线长度，单击"确定"按钮。

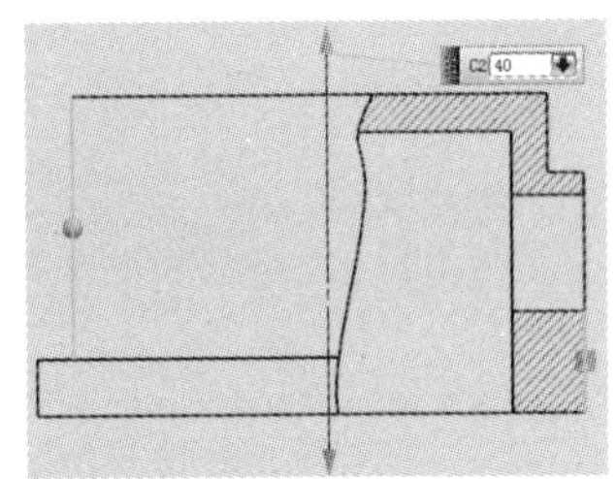

图 9-57　选择左视图中两侧边线

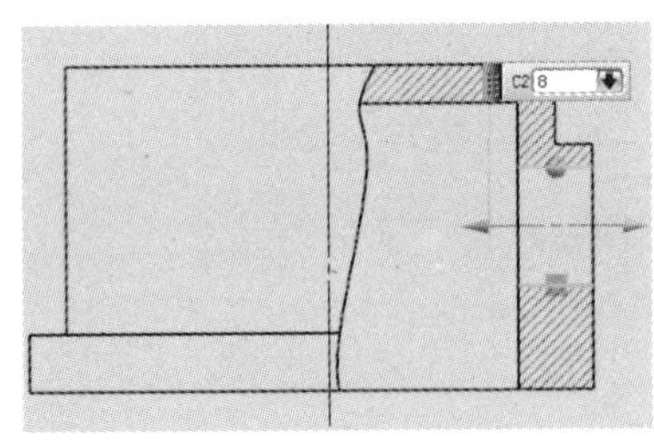

图 9-58　选择孔边线

（4）单击"注释"工具栏中的"2D 中心线"按钮，打开"2D 中心线"对话框，在设置选项组中勾选"单独设置延伸"复选框，选择如图 9-59 所示的俯视图中水平两侧边线，拖动中心线箭头调整中心线长度，单击"应用"按钮。选择如图 9-60 所示的俯视图中竖直两侧边线，拖动中心线箭头调整中心线长度，单击"应用"按钮。选择如图 9 61 所示的俯视图中孔两侧边线，拖动中心线箭头调整中心线长度，单击"确定"按钮，结果如图 9-62 所示。

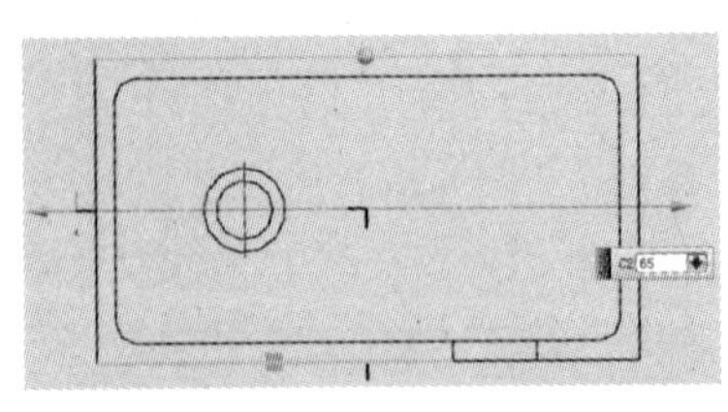

图 9-59　选择水平两侧边线

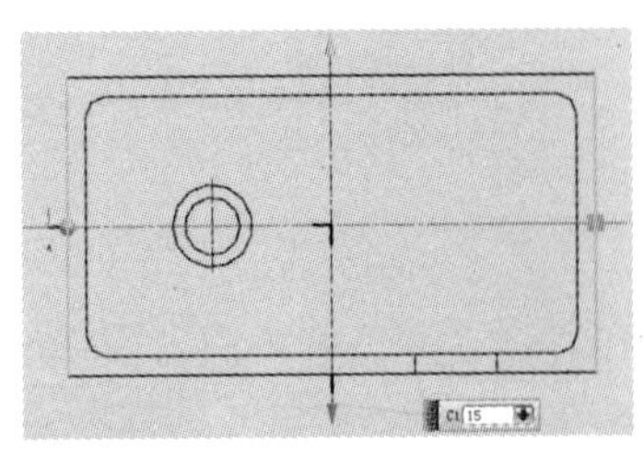

图 9-60　选择竖直两侧边线

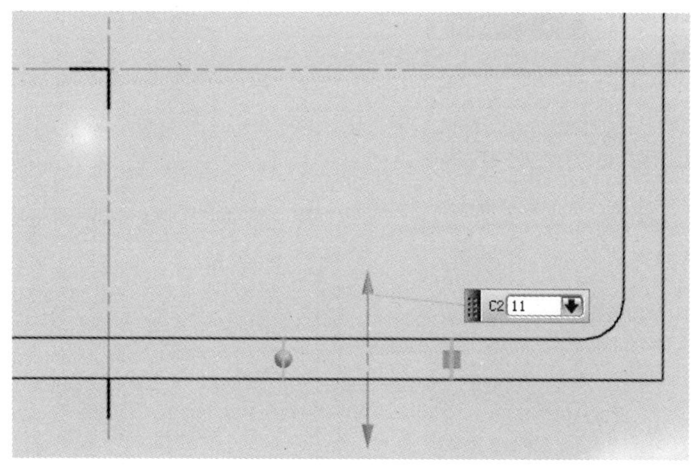

图 9-61　选择孔两边线

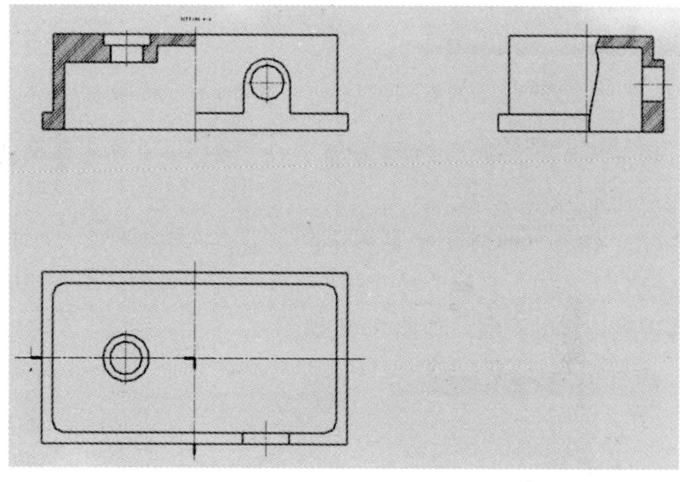
图 9-62　创建中心线

（5）单击“曲线”工具栏中的“圆弧”按钮，打开如图 9-63 所示的“圆弧/圆”对话框，选择“从中心开始的圆弧/圆”类型，以俯视图中的圆心为中心，绘制半径为 27.5，角度为 180°的圆弧，如图 9-64 所示。

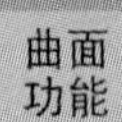

图 9-63 “圆弧/圆”对话框

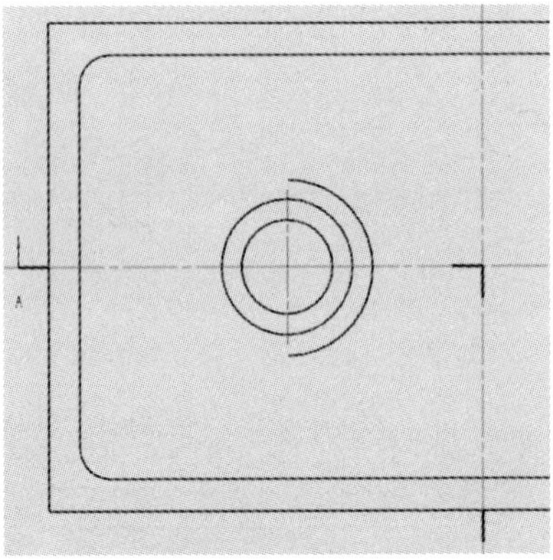

图 9-64 绘制圆弧

提示： 因为创建的视图比例是 1∶2，所以此处绘制圆弧的尺寸也要按 1∶2 来绘制。

（6）单击“曲线”工具栏中的“直线”按钮 ，打开如图 9-65 所示的“直线”对话框，分别捕捉圆弧的两端点绘制到箱体内侧边线的直线，如图 9-66 所示。

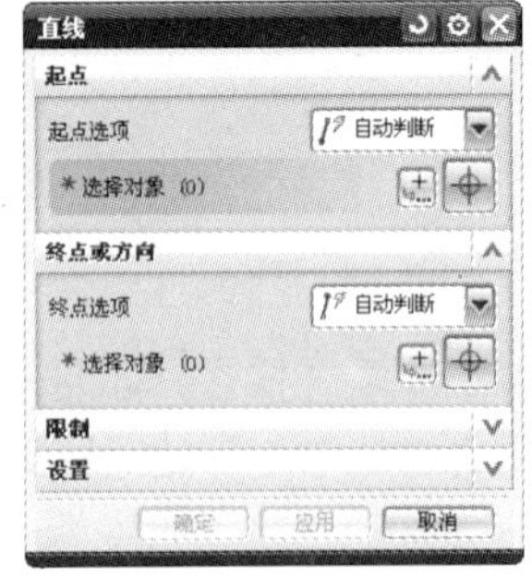

图 9-65 “直线”对话框

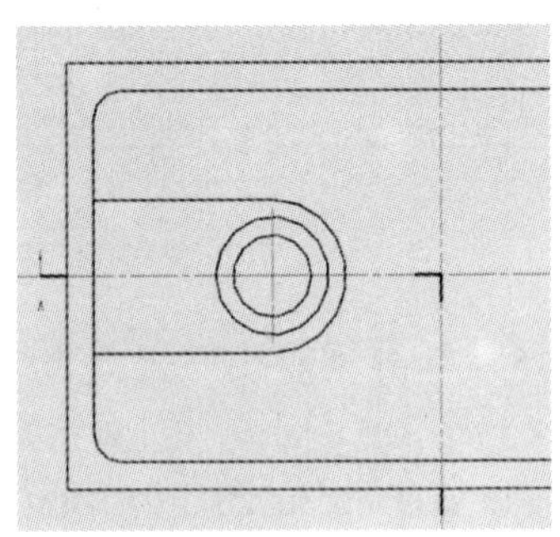

图 9-66 绘制直线

（7）选择步骤（5）和步骤（6）绘制的直线和圆弧，单击鼠标右键，在弹出如图 9-67 所示的快捷菜单中选择“编辑显示”选项。打开如图 9-68 所示的“编辑对象显示”对话框。在线型下拉列表中选择“虚线”，在宽度下拉列表中选择“细线宽度”，单击“确定”按钮，完成线型的更改，如图 9-69 所示。

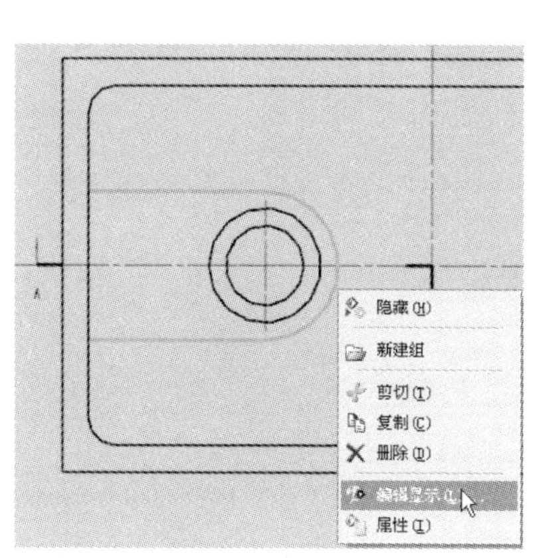

图 9-67　快捷菜单

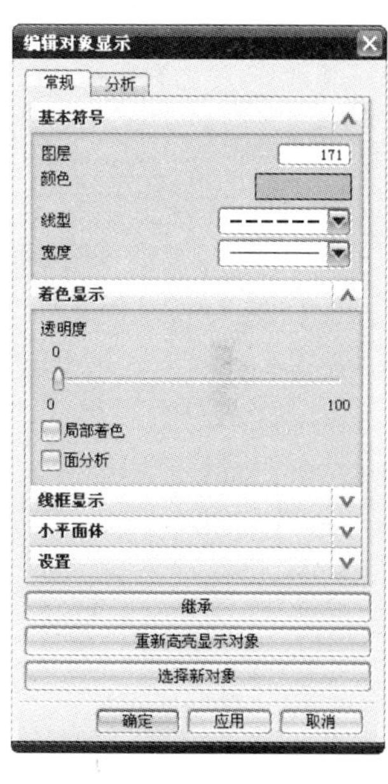

图 9-68　“编辑对象显示”对话框

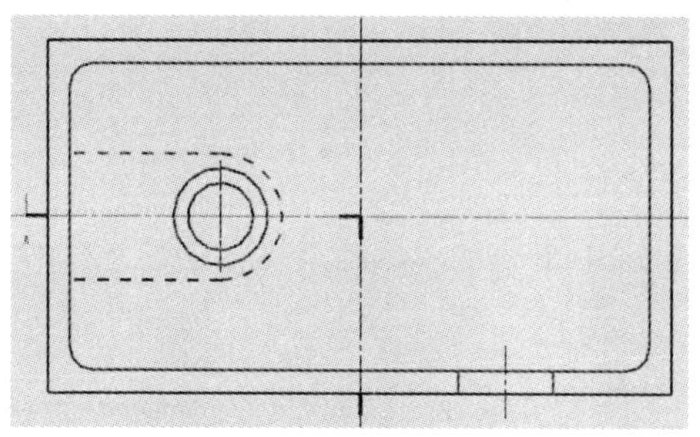

图 9-69　修改线形和线宽

9.6 尺寸

UG 标注的尺寸是与实体模型匹配的，与工程图的比例无关。在工程图中进行标注的尺寸是直接引用三维模型的真实尺寸，如果改动了零件中某个尺寸参数，工程图中的标注尺寸也会自动更新。

【执行方式】

- 菜单栏：选择菜单栏中的“插入”→“尺寸”下拉命令，如图 9-70 所示。

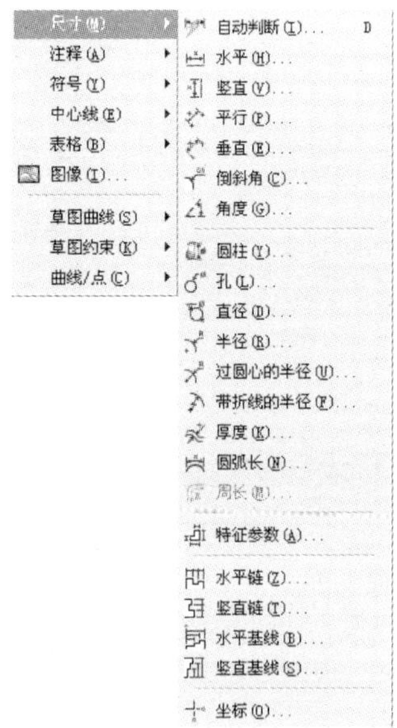

图 9-70 “尺寸”子菜单命令

- 工具栏：单击“尺寸”工具栏中的任意图标，如图 9-71 所示。

【选项说明】

（1）圆柱尺寸：用来标注工程图中所选圆柱对象之间的尺寸。

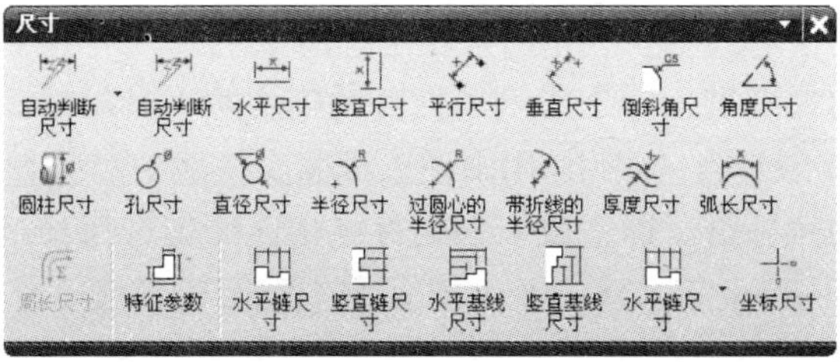

图 9-71 “尺寸”工具栏

（2）直径尺寸：用来标注工程图中所选圆或圆弧的直径尺寸。

（3）自动推断尺寸：由系统自动推断出选用哪种尺寸标注类型来进行尺寸的标注。

（4）水平尺寸：用来标注工程图中所选对象间的水平尺寸。

（5）竖直尺寸：用来标注工程图中所选对象间的垂直尺寸。

（6）平行尺寸：用来标注工程图中所选对象间的平行尺寸。

（7）垂直尺寸：用来标注工程图中所选点到直线（或中心线）的垂直尺寸。

（8）倒斜角尺寸：用来标注对于国标的 45° 倒角的标注。目前不支持对于其他角度倒角的标注。

（9）孔尺寸：用来标注工程图中所选孔特征的尺寸，如图 9-39 所示。

（10）角度尺寸：用来标注工程图中所选两直线之间的角度。

（11）半径尺寸尺寸：用来标注工程图中所选圆或圆弧的半径尺寸，但标注不过圆心。

（12）过圆心的半径尺寸：用来标注工程图中所选圆或圆弧的半径尺寸，但标注过圆心。

（13）带折线的半径尺寸：用来标注工程图中所选大圆弧的半径尺寸，并用折线来缩短尺寸线的长度。

（14）弧长尺寸：用来标注工程图中所选圆弧的弧长尺寸。

(15) 水平链尺寸：用来在工程图上生成一个水平方向（XC方向）的尺寸链，即生成一系列首尾相连的水平尺寸。

(16) 竖直链尺寸：用来在工程图上生成一个竖直方向（YC方向）的尺寸链，即生成一系列首尾相连的垂直尺寸。

(17) 水平基线尺寸：用来在工程图上生成一个水平方向（XC 方向）的尺寸系列，该尺寸系列分享同一条基线。

(18) 竖直基线尺寸：用来在工程图上生成一个垂直方向（YC 方向）的尺寸系列，该尺寸系列分享同一条基线。

(19) 坐标尺寸：用来在标注工程图中定义一个原点的位置，作为一个距离的参考点位置，进而可以明确地给出所选对象的水平或垂直坐标距离。

9.7 符号

9.7.1 基准特征符号

使用此命令创建形位公差基准特征符号，以便在图样上指明基准特征。

【执行方式】

- 菜单栏：选择菜单栏中的“插入”→“注释”→“基准特征符号”命令。
- 工具栏：单击“注释”工具栏中的“基准特征符号”按钮。

执行上述方式后，打开如图 9-72 所示“基准特征符号”对话框。

【选项说明】

1. 原点

(1) 原点工具：使用原点工具查找图样页上的表格注释。

(2) 指定位置：用于为表格注释指定位置。

(3) 对齐

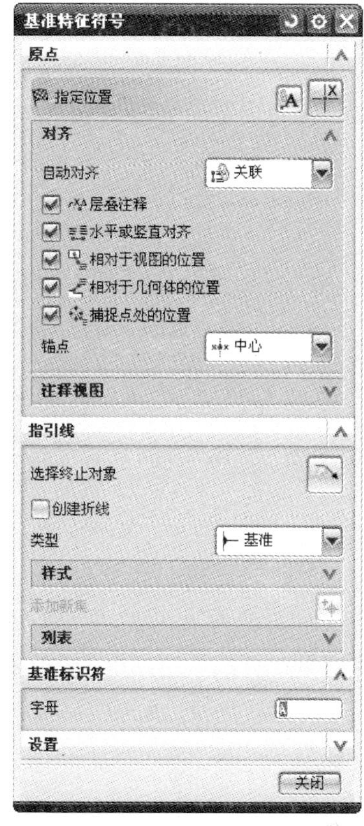

图 9-72 “基准特征符号”对话框

1）自动对齐：用于控制注释的相关性。

2）层叠注释：用于将注释与现有注释堆叠。

3）水平或竖直对齐：用于将注释与其他注释对齐。

4）相对于视图的位置：将任何注释的位置关联到制图视图。

5）相对于几何体的位置：用于将带指引线的注释的位置关联到模型或曲线几何体。

6）捕捉点处的位置：可以将光标置于任何可捕捉的几何体上，然后单击放置注释。

7）锚点：用于设置注释对象中文本的控制点。

2．指引线

（1）用于为指引线选择终止对象。

（2）创建折线：在指引线中创建折线。

（3）类型：列出指引线类型。

1）普通：创建带短画线的指引线。

2）全圆符号：创建带短画线和全圆符号的指引线。

3）标志：创建一条从直线的一个端点到形位公差框角的延伸线。

4）基准：创建可以与面、实体边或实体曲线、文本、形位公差框、短画线、尺寸延伸线以及下列中心线类型关联的基准特征指引线。

5）以圆点终止：在延伸线上创建基准特征指引线，该指引线在附着到选定面的点上终止。

3．基准标识符-字母

用于指定分配给基准特征符号的字母。

4．样式

单击此按钮，打开“样式”对话框，用于指定基准显示实例的样式的选项。

基准特征符号示意图如图 9-73 所示。

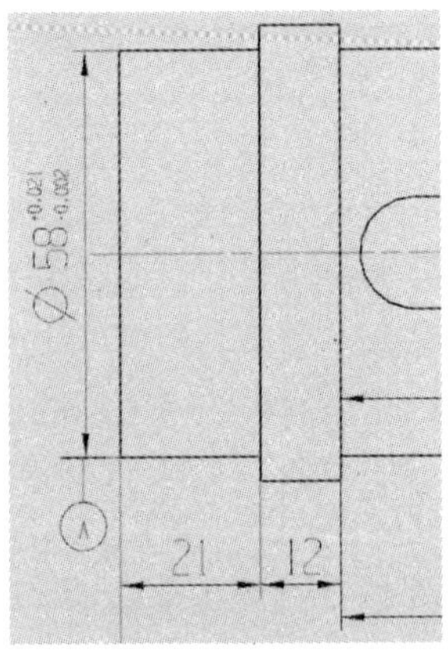

图 9-73　基准特征符号示意图

9.7.2 基准目标

使用此命令可在部件上创建基准目标符号，以指明部件上特定于某个基准的点、线或面积。基准符号是一个圆，分为上下部分。下半部分包含基准字母和基准目标标号，可将标示符放在符号的上半部分中，以显示目标面积形状和大小。

图 9-74 “基准目标”对话框

【执行方式】

- 菜单栏：选择菜单栏中的“插入”→“注释”→“基准目标”命令。
- 工具栏：单击“注释”工具栏中的“基准目标”按钮。

执行上述方式后，打开如图 9-74 所示“基准目标”对话框。

【选项说明】

（1）类型：指定基准目标区域的形状。包括点、直线、矩形、圆形、环形、球坐标系、圆柱形和任意 8 种类型。

（2）原点和指引线选项参数参考基准特征符号中的选项。

（3）目标：

1）标签：设置基准标识符号。

2）索引：设置索引的编号。

3）宽度：指定矩形基准区域的宽度。

4）高度：指定矩形基准区域的高度。

5）直径：指定圆形基准区域的直径。

6）外直径：指定环形基准区域的外直径。

7）内径：指定环形基准区域的内径。

8）面积大小：指定任意面积大小。

9）终止于 X：使用基准目标点标记终止指引线。

（4）样式：单击此按钮，打开“样式”对话框，用于指定基准目标符号的样式。

9.7.3 几何公差符号

使用此命令创建形位公差基准特征符号，以便在图纸上指明基准特征。

【执行方式】

- 菜单栏：选择菜单栏中的“插入”→“注释”→“特征控制框”命令。
- 工具栏：单击“注释”工具栏中的“特征控制框”按钮。

执行上述方式后，打开如图 9-75 所示“特征控制框”对话框。

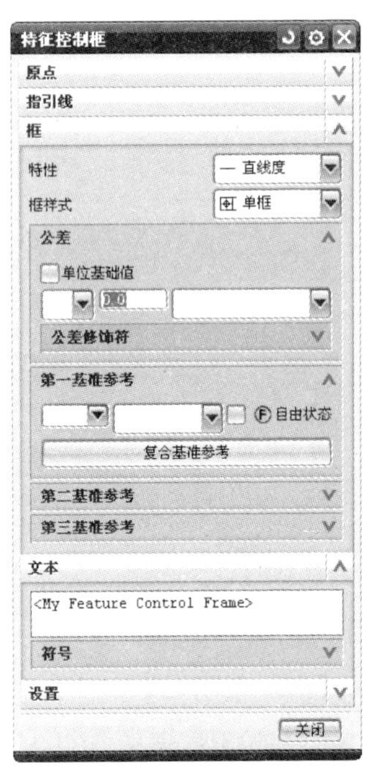

图 9-75 “特征控制框”对话框

【选项说明】

（1）原点和指引线选项参数参考基准特征符号中的选项。

（2）框。

1）特性：指定几何控制符号类型。

2）框样式：可指定样式为单框或复合框。

3）公差。

① 单位基础值：适用于直线度、平面度、线轮廓度和面轮廓度特性。可以为单位基础面积类型添加值。

② 单位基数面积类型：用于指定矩形、圆形、球形或正

方形面积作为平面度或面轮廓度特性的单位基数值。

③ 0.0：输入公差值。

④ 修饰符：用于指定公差材料修饰符。

⑤ 公差修饰符：设置投影、圆 U 和最大值修饰符的值。

4）第一基准参考/第二基准参考/第三基准参考。

① ：用于指定主基准参考字母、第二基准参考字母或第三基准参考字母。

② ：指定公差修饰符。

③ 自由状态：指定自由状态符号。

④ 复合基准参考：单击此按钮，打开“复合基准参考”对话框，该对话框允许向主基准参考、第二基准参考或第三基准参考单元格添加附加字母、材料状况和自由状态符号。

（3）文本。

1）文本框：用于在特征控制框前面、后面、上面或下面添加文本。

2）符号-类别：用于从不同类别的符号类型中选择符号。

示意图如图 9-76 所示。

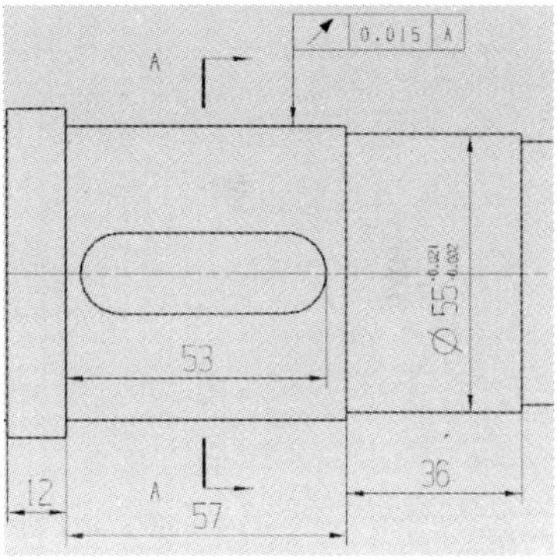

图 9-76 形位公差

9.7.4 表面粗糙度

使用此命令创建符号标准的表面粗糙度符号。

【执行方式】

- 菜单栏：选择菜单栏中的“插入”→“注释”→“表面粗糙度符号”命令。
- 工具栏：单击“注释”工具栏中的“表面粗糙度”按钮。

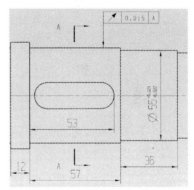

执行上述方式后，打开如图 9-77 所示“表面粗糙度”对话框。

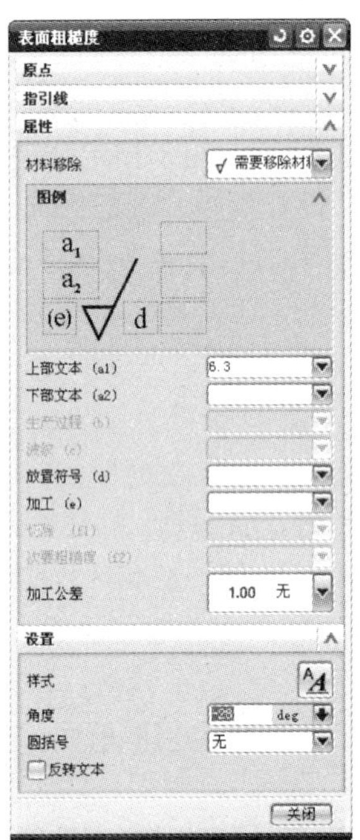

图 9-77 “表面粗糙度”对话框

【选项说明】

（1）原点和指引线选项参数参考基准特征符号中的选项。

（2）属性。

1）材料移除：用于指定符号类型。

2）图例：显示表面粗糙度符号参数的图例。

3）上部文本：用于选择一个值以指定表面粗糙度的最大限制。

4）下部文本：用于选择一个值以指定表面粗糙度的最小限制。

5）生产过程：选择一个选项以指定生产方法、处理或涂层。

6）波纹：波纹是比粗糙度间距更大的表面不规则性。

7）放置符号：放置是由工具标记或表面条纹生成的主导表面图样的方向。

8）加工：指定材料的最小许可移除量。

9）切除：指定粗糙度切除。粗糙度切除是表面不规则性的采样长度，用于确定粗糙度的平均高度。

10）次要粗糙度：指定次要粗糙度值。

11）加工公差：指定加工公差的公差类型。

（3）设置：

1）样式：单击此按钮，打开“样式”对话框，用于指定显示实例的样式的选项

2）角度：更改符号的方位。

3）圆括号：在表面粗糙度符号旁边添加左括号、右括号或二者都添加。

示意图如图 9-78 所示。

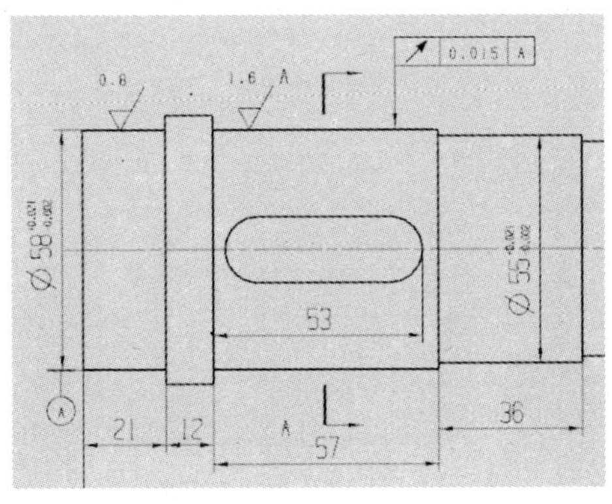

图 9-78　标注粗糙度

9.7.5　注释

使用此命令创建和编辑注释及标签。通过对表达式、部件属性和对象属性的引用来导入文本，文本可包括由控制字符序列构成的符号或用户定义的符号。

【执行方式】

- 菜单栏：选择菜单栏中的“插入”→“注释”→“注释”命令。
- 工具栏：单击“注释”工具栏中的“注释”按钮 A。

执行上述方式，打开如图 9-79 所示“注释”对话框。

图 9-79 “注释”对话框

【选项说明】

1. 文本输入

（1）编辑文本。

1）清除：清除所有输入的文字。

2）剪切：从窗口中剪切选中的文本。剪切文本后，将从编辑窗口中移除文本并将其复制到剪贴板中。

3）复制：将选中文本复制到剪贴板。将复制的文本重新粘贴回编辑窗口，或插入到支持剪贴版的任何其他应用程序中。

4）粘贴：将文本从剪贴板粘贴到编辑窗口中的光标位置。

5）删除文本属性：删除字型为斜体或粗体的属性。

6）选择下一个符号：注释编辑器输入的符号来移动光标。

（2）格式化。

1）上标：在文字上面添加内容

2）下标：在文字下面添加内容。

3）chinesef 选择字体：用于选择合适的字体。

（3）符号：插入制图符号。

（4）导入/导出。

1）插入文件中的文本：将操作系统文本文件中的文本插入当前光标位置。

2）注释另存为文本文件：将文本框中的当前文本另存为 ASCII 文本文件。

2. 继承-选择注释

用于添加与现有注释的文本、样式和对齐设置相同的新注释。还可以用于更改现有注释的内容、外观和定位。

3. 设置

（1）样式：单击此按钮，打开样式对话框，为当前注释或标签设置文字首选项。

（2）竖直文本：勾选此复选框，在编辑窗口中从左到右输入的文本将从上到下显示。

（3）斜体角度：相应字段中的值将设置斜体文本的倾斜角度。

（4）粗体宽度：设置粗体文本的宽度。

（5）文本对齐：在编辑标签时，可指定指引线短画线与文本和文本下画线对齐。

9.8 表格

9.8.1 表格注释

使用此命令可以在创建和编辑信息表格。表格注释通常用于定义部件系列中相似部件的尺寸值，还可以将它们用于孔图表和材料列表中。

【执行方式】

- 菜单栏：选择菜单栏中的“插入”→“表格”→“表格注释”命令。
- 工具栏：单击“图纸”工具栏中的“表格注释”按钮。

执行上述方式后，打开如图 9-80 所示“表格注释”对话框。

图 9-80 “表格注释”对话框

【选项说明】

1. 原点

（1）原点工具：使用原点工具查找图样页上的表格注释。

（2）指定位置：用于为表格注释指定位置。

2. 指引线

（1）用于为指引线选择终止对象。

（2）创建折线：在指引线中创建折线。

（3）类型：列出指引线类型。

1）普通：创建带短画线的指引线。

2）全圆符号：创建带短画线和全圆符号的指引线。

3）无短画线：创建无短画线的指引线。

4）延伸：创建与直边平行的指引线。

5）标志：创建一条从直线的一个端点到形位公差框角的延伸线。

6）基准：创建可以与面、实体边或实体曲线、文本、形位公差框、短画线、尺寸延伸线以及下列中心线类型关联的基准特征指引线。

3. 表大小

（1）列数：设置竖直列数。

（2）行数：设置水平行数。

（3）列宽：为所有水平列设置统一宽度。

4. 样式

单击此按钮，打开“样式”对话框，可以设置文字、单元格、截面和表格注释首选项。

9.8.2 零件明细表

零件明细表是直接从装配导航器中列出的组件派生而来的，所以可以通过明细表为装配创建物料清单。在创建装配过程中的任意时间创建一个或多个零件明细表。将零件明细表设置为随着装配变化自动更新或将零件明细表限制为进行按需更新。

【执行方式】

- 菜单栏：选择菜单栏中的“插入”→“表格”→“零件明细表”命令。
- 工具栏：单击“图纸”工具栏中的“零件明细表”按钮。

执行上述方式后，将表格拖动到所需位置。单击鼠标放置零件明细表，如图 9-81 所示。

7	BENGTI	1
6	TIANLIAOYAGAI	1
5	ZHUSE	1
4	FATI	1
3	XIAFABAN	1
2	SHANGFAGAI	1
1	FAGAI	1
PC NO	PART NAME	QTY

图 9-81　零件明细表

9.8.3 自动符号标注

表格标签提供一种方式，使用 XML 表格标签模板一次为一个或多个对象自动创建表格样式的标签。

【执行方式】

- 菜单栏：选择菜单栏中的“插入”→“表格”→“自动符号标注”命令。
- 工具栏：单击“图纸”工具栏中的“自动符号标注”按钮。

执行上述方式后，打开如图 9-82 所示“零件明细表自动符号标注”对话框。在视图中选择已创建好的明细表，单击“确定”按钮。打开如图 9-83 所示的“零件明细表自动符号标注”对话框。

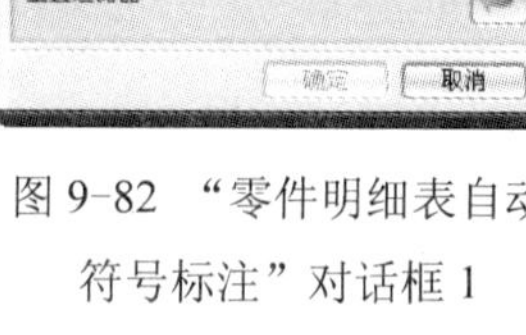

图 9-82 “零件明细表自动符号标注”对话框 1

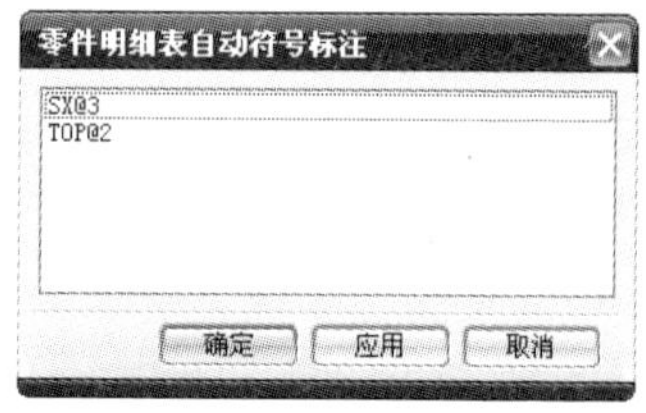

图 9-83 “零件明细表自动符号标注”对话框 2

9.9 综合实例——标注箱体尺寸

本例标注箱体尺寸，如图 9-84 所示。

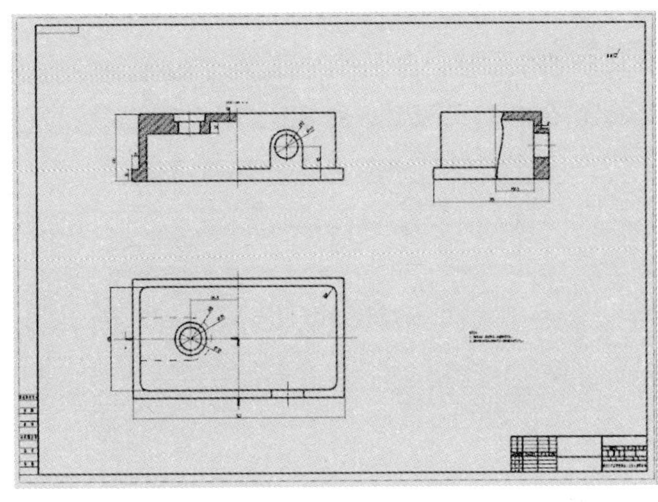

图 9-84　箱体工程图

（1）单击“标准”工具栏中的“打开”按钮，打开“打开”对话框。选择 xiangti_dwg 文件，单击“OK”按钮，进入工程制图环境。

（2）选择菜单栏中的“插入”→“尺寸”→“直径”命令，打开如图 9-85 所示的“直径尺寸”对话框，进行合理的尺寸标注，如图 9-86 所示。

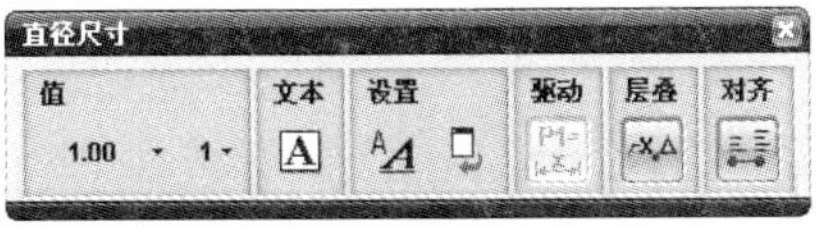

图 9-85 “直径尺寸”对话框

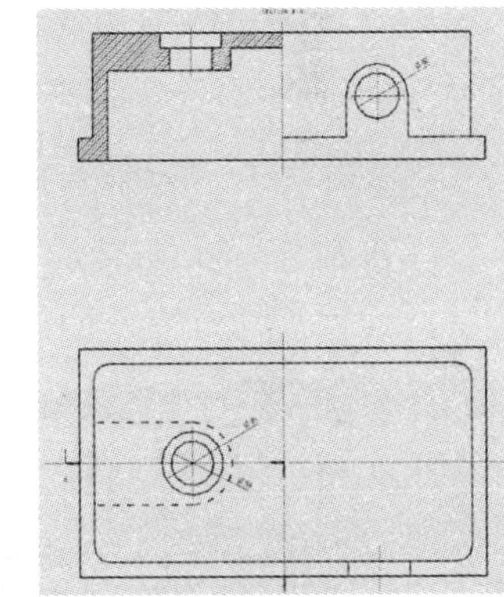

图 9-86　标注直径尺寸

（3）选择菜单栏中的“插入”→“尺寸”→“过圆心的半径尺寸”命令，打开如图 9-87 所示的“过圆心的半径尺寸”对话框，进行合理的尺寸标注，如图 9-88 所示。

图 9-87 “过圆心的半径尺寸”对话框

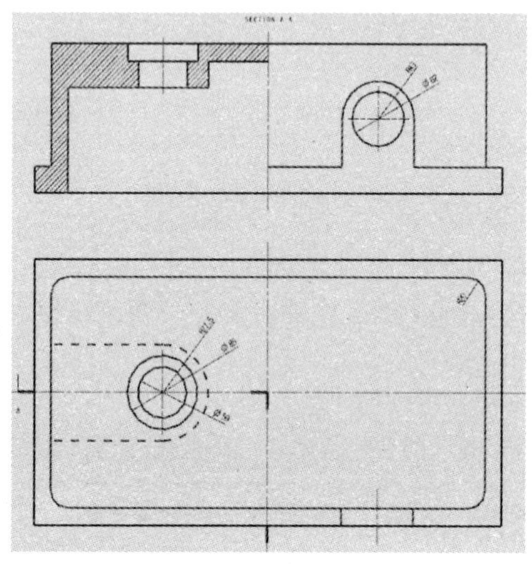

图 9-88 标注半径尺寸

（4）选择菜单栏中的“插入”→“尺寸”→“自动判断”命令，打开如图 9-89 所示的“自动判断尺寸”对话框。选择相关线段进行线性尺寸标注，如图 9-90 所示。

图 9-89 “自动判断尺寸”对话框

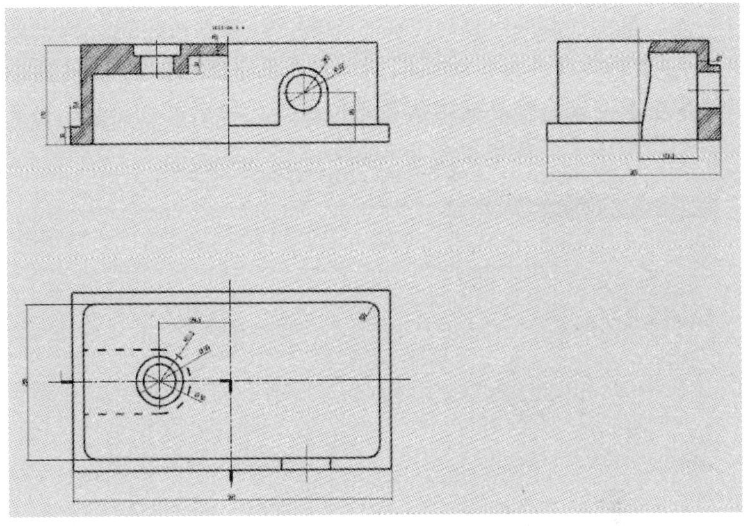

图 9-90　线性尺寸标注

（5）选择菜单栏中的“编辑”→“注释”→“文本”命令，打开如图 9-91 所示的“文本”对话框，在俯视图中选择“R27.5”的尺寸，在对话框的文本输入中修改尺寸为 55，单击“关闭”按钮，关闭对话框，如图 9-92 所示。

图 9-91　“文本”对话框

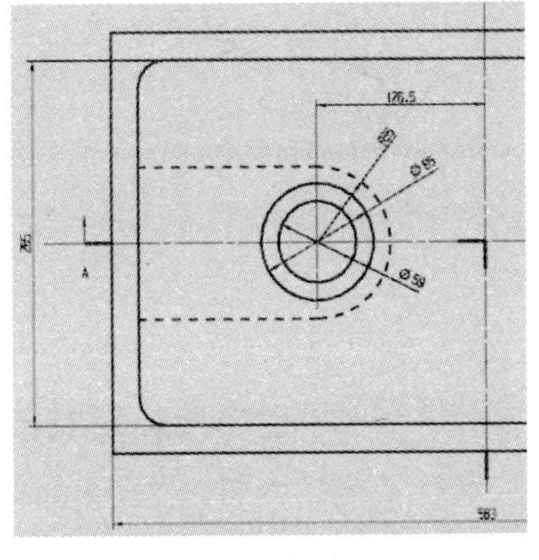

图 9-92　修改尺寸

（6）单击“制图注释”工具栏中的“注释”按钮A，打开如图 9-93 所示的“注释”对话框。在文本框中输入如图 9-94 所示的技术要求文本，拖动文本到合适位置处，单击鼠标左键，将文本固定在图样中，效果如图 9-84 所示。

注释
原点
指定位置
对齐
注释视图
指引线
选择终止对象
创建折线
类型
普通
样式
添加新集
列表
文本输入
编辑文本
格式化
chinesef
3
1.箱体铸成后，应清理铸件，并进行时效处理
2.箱体与箱盖合箱后，边缘应平齐，相互错位
符号
导入/导出
继承
设置
关闭

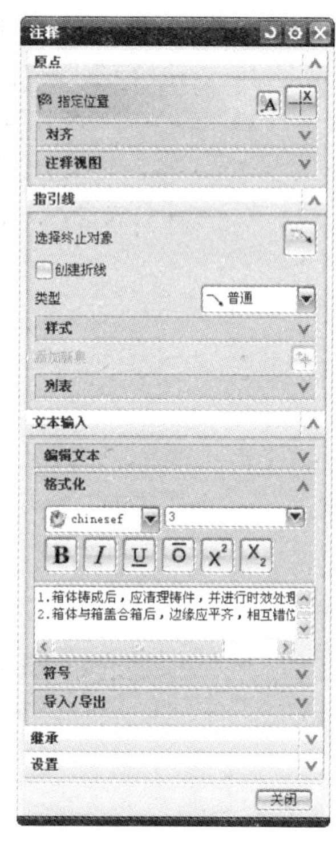

图 9-93 “注释”对话框

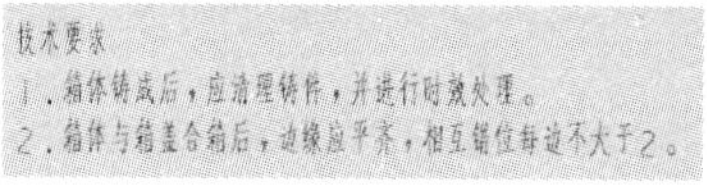

技术要求
1．箱体铸成后，应清理铸件，并进行时效处理。
2．箱体与箱盖合箱后，边缘应平齐，相互错位每边不大于2。

图 9-94 技术要求

第 10 章

制动器综合实例

制动器由键、挡板、盘、臂、轴、阀体零件组成，本章主要介绍制动器各个零件的建模和装配过程。通过本章的学习可以对前面所学的知识进行进一步的巩固。

10.1 键

本例绘制如图 10-1 所示的键。

（1）单击“标准”工具栏中的“新建”按钮，打开“新建”对话框。在模板列表中选择“模型”，输入名称为 dizuo，单击“确定”按钮，进入建模环境。

（2）单击“特征”工具栏中的“任务环境中的草图”按钮，打开“创建草图”对话框。选择 XC-YC 平面为草图绘制平面，单击“确定”按钮。绘制如图 10-2 所示的草图。单击“完成草图”按钮，草图绘制完毕。

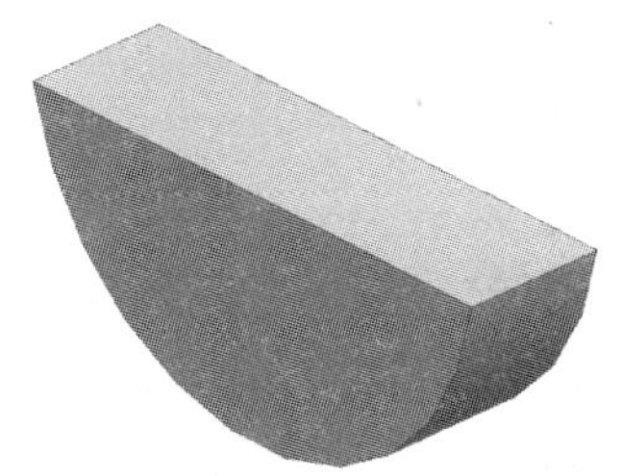

图 10-1 键

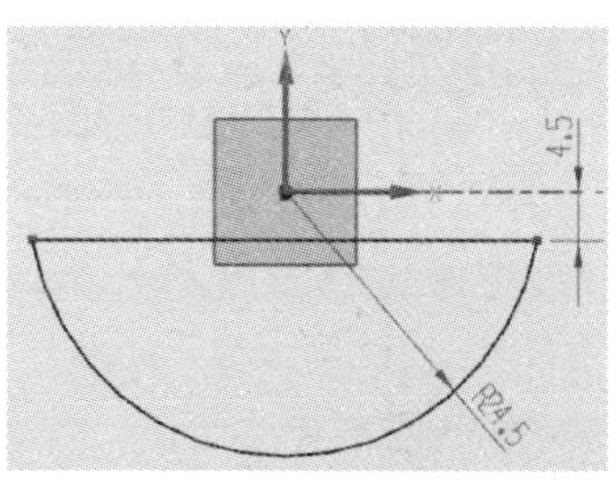

图 10-2 绘制草图

（3）单击“特征”工具栏中的“拉伸”按钮，打开如图 10-3 所示的“拉伸”对话框。选择上步绘制的草图为拉伸曲线。选择“ZC 轴”为拉伸方向。在“开始距离”和“结束距离”数值栏中输入 0、12.5，单击“确定”按钮，结果如图 10-4 所示。

图 10-3 “拉伸”对话框

图 10-4 拉伸操作

10.2 挡板

本节绘制如图 10-5 所示挡板。

（1）单击“标准”工具栏中的“新建”按钮，打开“新建”对话框。在模板列表中选择“模型”，输入名称为 dangban，单击“确定”按钮，进入建模环境。

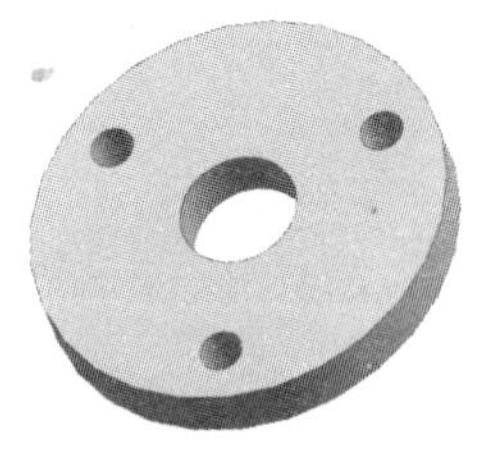

图 10-5 挡板

（2）选择菜单栏中的“插入”→“设

计特征”→“圆柱体”命令，打开如图 10-6 所示的“圆柱”对话框。选择“轴、直径和高度”类型。选择“ZC 轴”为圆柱体方向。单击“点对话框”按钮，打开“点”对话框，输入原点坐标为（0,0,0），单击“确定”按钮，返回到“圆柱”对话框。在“直径”和“高度”文本框中分别输入 200、25，单击“确定”按钮，生成模型如图 10-7 所示。

图 10-6 “圆柱”对话框

图 10-7 圆柱体

（3）单击“特征”工具栏中的“孔”按钮，打开如图 10-8 所示的“孔”对话框。选择“常规孔”类型，在“形状和尺寸”选项组的“成形”下拉列表中选择“简单”。捕捉圆柱体的上表面圆心为孔放置位置，如图 10-9 所示。输入孔的直径，深度限制为 56.3，贯通体，单击“确定”按钮，完成简单孔的创建，如图 10-10 所示。

（4）单击“特征”工具栏中的“孔”图标，打开如图 10-8 所示的“孔”对话框。选择“常规孔”类型，在“形状和尺寸”选项组的“成形”下拉列表中选择“简单”。单击“绘制截面”按钮，选择圆柱体的上表面为草图放置面，绘制如图 10-11 所示的草图。输入孔的直径，深度限制为 20.3，贯通体，单击“确定”按钮，完成简单孔的创建，如图 10-12 所示。

图 10-8 “孔”对话框

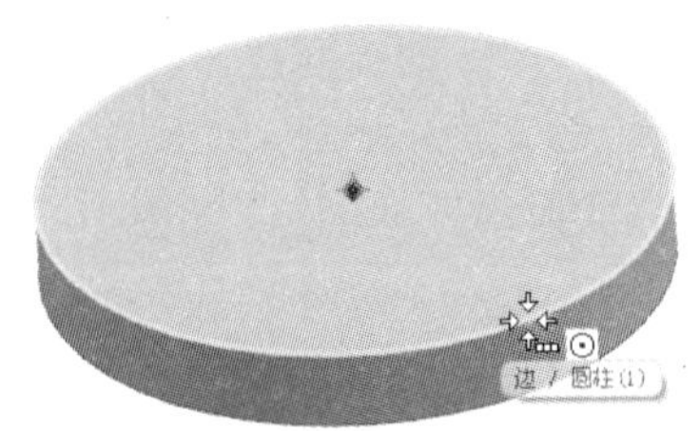

图 10-9 捕捉圆心位置

图 10-10 创建孔

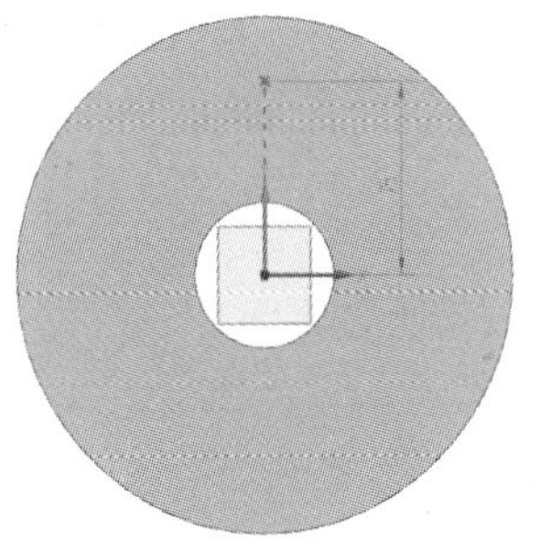

图 10-11　绘制草图

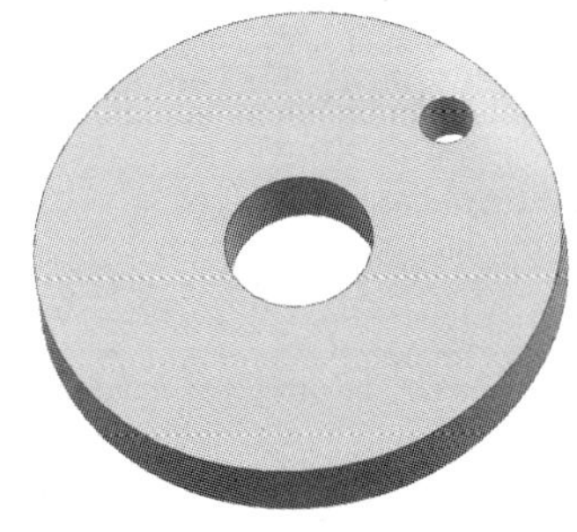

图 10-12　绘制孔

（5）单击“特征”工具栏中的“对特征形成图样”按钮，打开如图 10-13 所示的“对特征形成图样”对话框。选择“圆形”类型。选择“ZC 轴”为旋转轴，指定坐标原点为基点。输入数量为 3，齿距角为 120，单击“确定”按钮，如图 10-14 所示。

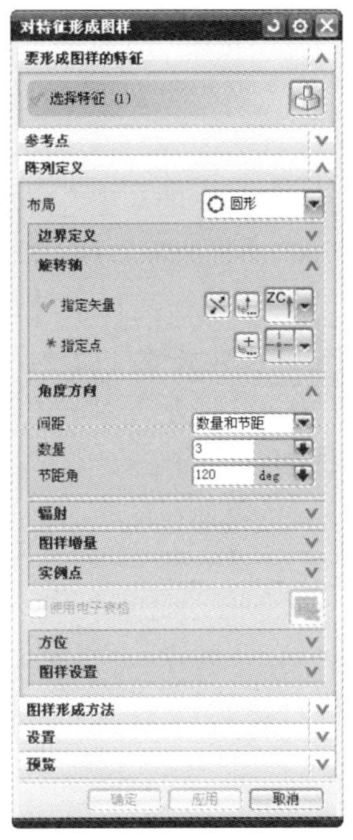

图 10-13　“对特征形成图样”对话框

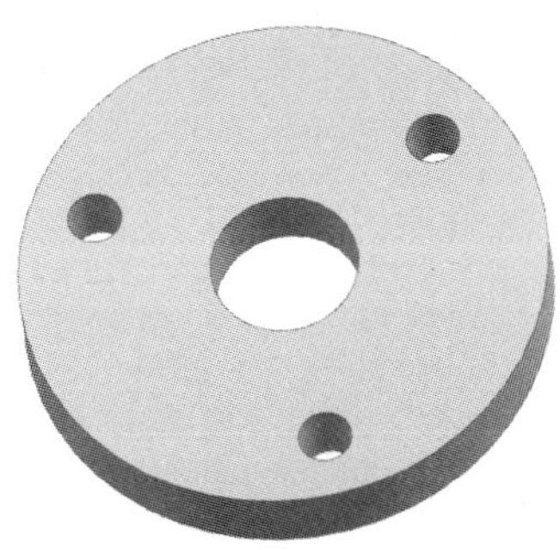

图 10-14　阵列孔

10.3 盘

本例绘制如图 10-15 所示的盘。

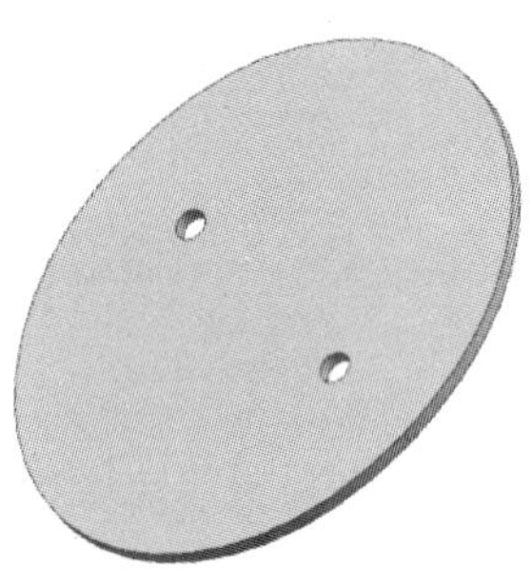

图 10-15　盘

（1）单击“标准”工具栏中的“新建”按钮，打开“新建”对话框。在模板列表中选择“模型”，输入名称为 pan，单击“确定”按钮，进入建模环境。

（2）单击“特征”工具栏中的“任务环境中的草图”按钮，打开“创建草图”对话框。选择 XC-YC 平面为草图绘制平面，单击“确定”按钮。利用“艺术样条”命令，输入表 10-1 中的点，绘制如图 10-16 所示的样条曲线。利用“镜像曲线”命令，将样条曲线沿 X 轴和 Y 轴进行镜像，如图 10-17 所示。单击“草图”工具栏中的“完成草图”按钮，草图绘制完毕。

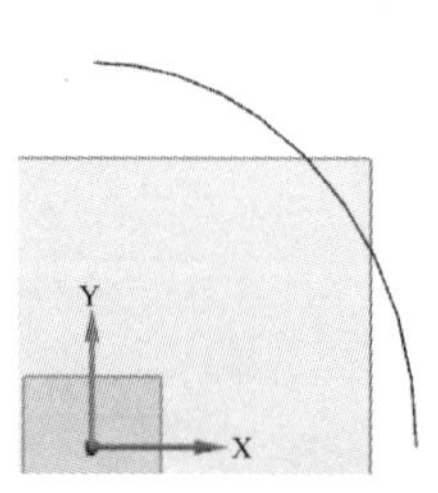

图 10-16　绘制样条曲线

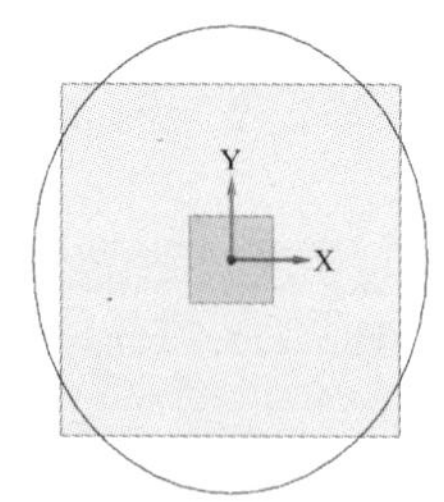

图 10-17　镜像样条曲线

表 10-1　样条 1 坐标点

点	坐标	点	坐标
点 1	0，110.9，0	点 2	25，107.2，0
点 3	50，94.9，0	点 4	75，70.3，0
点 5	96.9，0，0		

（3）单击“特征”工具栏中的“拉伸”按钮，打开如图 10-18 所示的“拉伸”对话框。选择上步绘制的草图为拉伸曲线。选择“ZC 轴”为拉伸方向。在“开始距离”和“结束距离”数值栏中输入 0，6.3，单击“确定”按钮，结果如图 10-19 所示。

图 10-18　“拉伸”对话框

图 10-19　拉伸操作

（4）单击“特征”工具栏中的“孔”按钮，打开“孔”对话框。选择“常规孔”类型，选择“简单”成形。单击“绘制截面”按钮，选择圆柱体的上表面为草图放置面，如图 10-20 所示。输入孔的直径，深度限制为 12.5，贯通体，单击“确定”按钮，完成简单孔的创建，如图 10-21 所示。

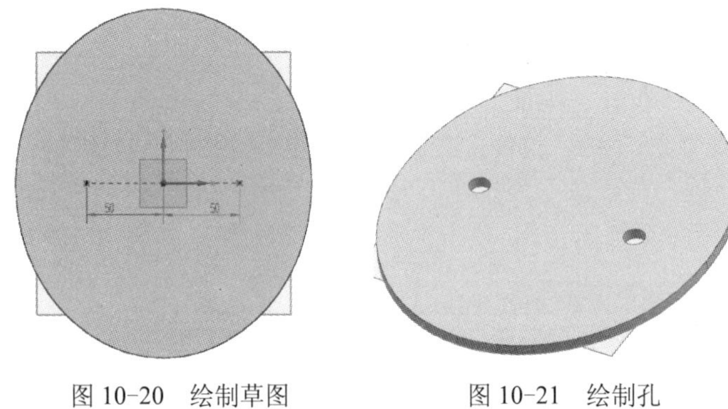

图 10-20　绘制草图　　　　图 10-21　绘制孔

10.4　臂

本节绘制如图 10-22 所示臂。

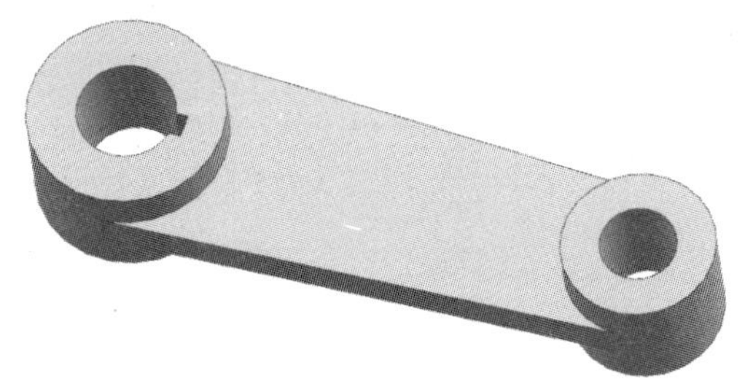

图 10-22　臂

（1）单击“标准”工具栏中的“新建”按钮，打开“新建”对话框。在模板列表中选择“模型”，输入名称为 bi，单击“确定”按钮，进入建模环境。

（2）选择菜单栏中的“插入”→“设计特征”→“圆柱体”

命令，打开如图 10-23 所示的“圆柱”对话框。选择“轴、直径和高度”类型，选择“ZC 轴”为圆柱体方向。单击“点对话框”按钮，打开“点”对话框，输入原点坐标为（0,0,0），单击“确定”按钮，返回到“圆柱”对话框。在“直径”和“高度”文本框中分别输入 112.5，62.5，单击“应用”按钮。重复“圆柱”命令，在坐标点（300,0,0）处创建直径和高度为 87.5 和 62.5 的圆柱体 2，如图 10-24 所示。

图 10-23 “圆柱”对话框

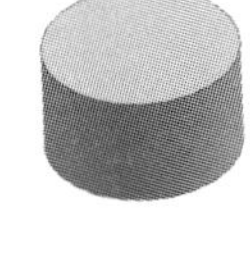
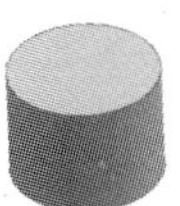

图 10-24 圆柱体

（3）单击“特征”工具栏中的“任务环境中的草图”按钮，打开“创建草图”对话框。选择 XC-YC 平面，输入距离为 31.25，单击“确定”按钮。绘制如图 10-25 所示的草图。单击“完成草图”按钮，草图绘制完毕。

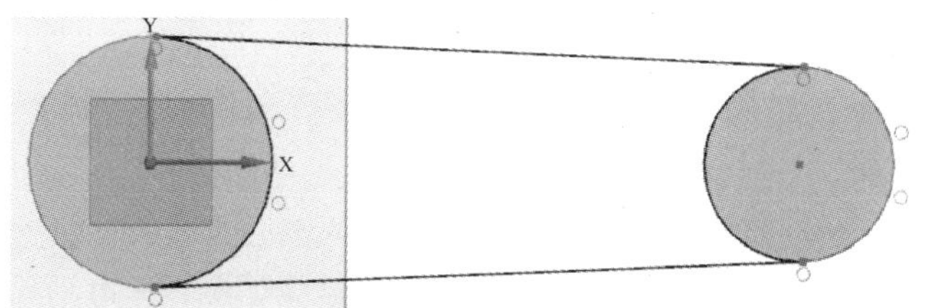

图 10-25 绘制草图

（4）单击“特征”工具栏中的“拉伸”按钮，打开如图 10-26 所示的“拉伸”对话框。选择上步绘制的草图为拉伸曲线。选择“ZC 轴”为拉伸方向。在“结束”中选择“对称”，输入距离为 9.35，单击“确定”按钮，结果如图 10-27 所示。

图 10-26 “拉伸”对话框

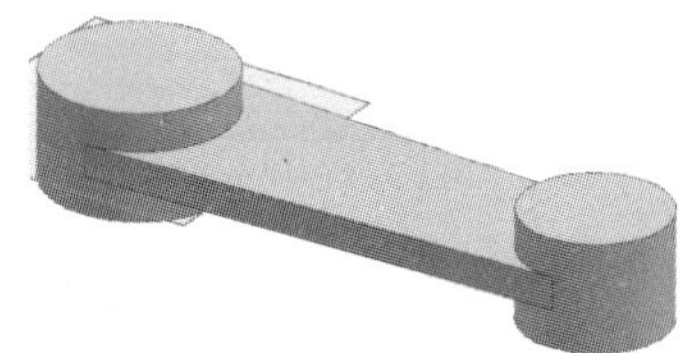

图 10-27 拉伸体

（5）单击“特征”工具栏中的“孔”按钮，打开如图 10-28 所示的“孔”对话框。选择“常规孔”类型，选择“简单”成形。捕捉圆柱体的上表面圆心为孔放置位置，如图 10-29 所示。输入孔的直径，深度限制为 56.3，贯通体，单击“应用”按钮。

重复上述步骤，捕捉另一个圆柱体的圆心为孔放置位置，输入孔直径为 43.8，单击“确定”按钮，结果如图 10-30 所示。

图 10-28 “孔”对话框

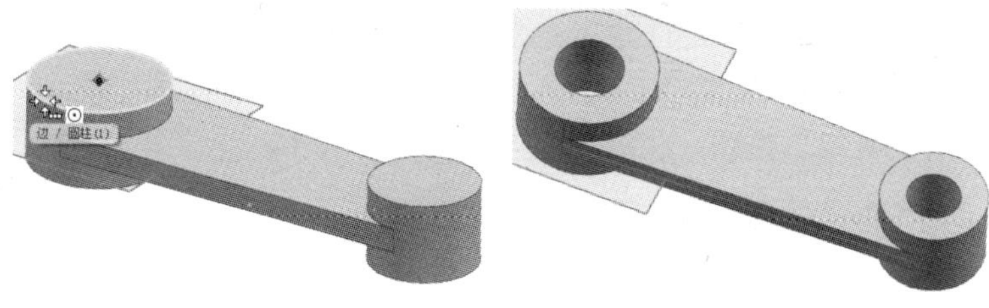

图 10-29 捕捉圆心

图 10-30 创建孔

（6）单击“特征”工具栏中的“基准平面”按钮，打开如图 10-31 所示的“基准平面”对话框。选择“XZ-ZC 平面”类型，单击“应用”按钮，创建基准平面 1。选择“YZ-ZC 平面”类型，输入距离为 35，单击“确定”按钮，创建基准平面 2，如图 10-32 所示。

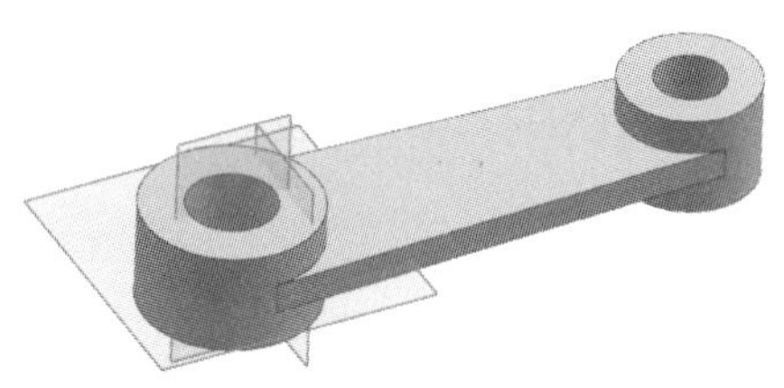

图 10-31 “基准平面”对话框　　　图 10-32 创建基准平面

（7）单击“特征”工具栏中的“腔体”按钮，打开“腔体”类型对话框。单击“矩形”按钮，打开“矩形腔体”放置面对话框，选择基准平面 2 为腔体放置面，单击“接受默认边”按钮，选择 XC-ZC 平面为水平参考，打开如图 10-33 所示“矩形腔体”参数对话框，在“长度”,“宽度”和“深度”选项中分别输入 62.5，12.6 和 8，其他都输入 0，单击“确定”按钮。打开“定位”对话框，选择“垂直”定位方式，选择 XC-YC 平面和短腔体中心线，输入距离为 0，选择 XC-ZC 平面和腔体长中心线输入距离为 0，单击“确定”按钮，生成模型如图 10-34 所示。

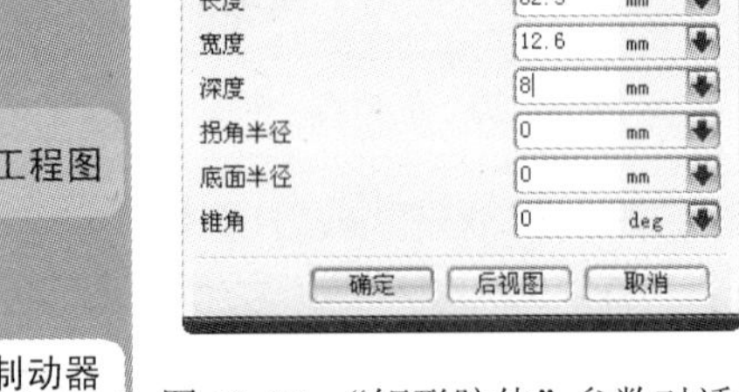

图 10-33 “矩形腔体”参数对话框　　　图 10-34 创建腔体

10.5 轴

本节绘制如图 10-35 所示轴。

（1）单击“标准”工具栏中的“新建”按钮，打开“新建”对话框。在模板列表中选择“模型”，输入名称为 zhou，单击“确定”按钮，进入建模环境。

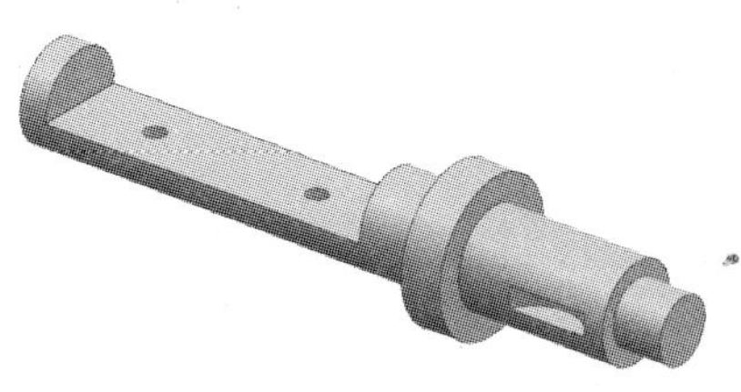

图 10-35 轴

（2）选择菜单栏中的“插入”→“设计特征”→“圆柱体”命令，打开如图 10-36 所示的“圆柱”对话框。选择“轴、直径和高度”，如图 10-36 所示。选择“XC 轴”为圆柱体方向。单击“点对话框”按钮，打开“点”对话框，输入原点坐标为（0,0,0），单击“确定”按钮，返回到“圆柱”对话框。在“直径”和“高度”文本框中分别输入 37.5，28.9，单击“确定”按钮。结果如图 10-37 所示。

图 10-36 “圆柱”对话框

图 10-37 圆柱体

（3）单击“特征”工具栏中的“凸台”按钮，打开如图 10-38 所示“凸台”对话框。选择圆柱体的上表面为凸台放置面。输入直径和高度为 56 和 89.8，单击“应用”按钮。打开“定位”对话框，选择“点落在点上”定位方式，选择圆柱体的边缘，弹出如图 10-39 所示的“设置圆弧的位置”对话框，单击“圆弧中心”按钮，单击“确定”按钮，创建凸台 1，如图 10-40 所示。

图 10-38 “凸台”对话框

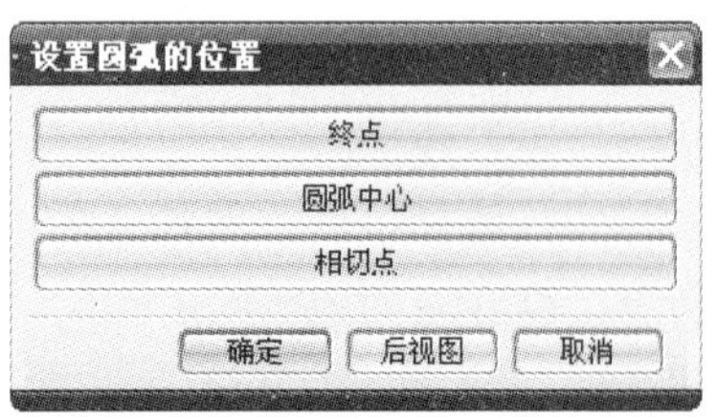

图 10-39 “设置圆弧的位置”对话框

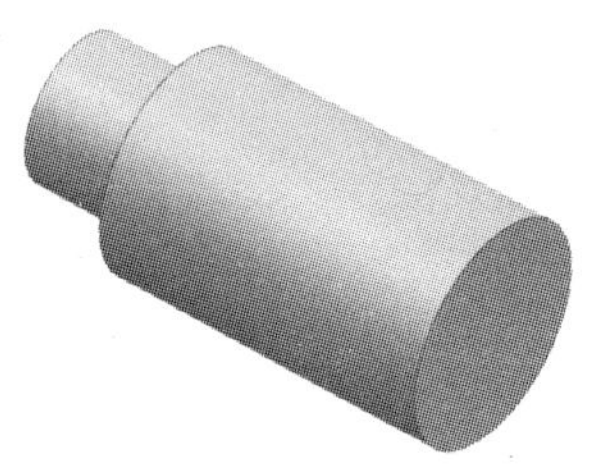

图 10-40 创建凸台 1

重复上述步骤，在凸台 1 上面创建直径和高度为（87.2，24）和（56,247.1）凸台 2 和凸台 3，结果如图 10-41 所示。

（4）单击“特征”工具栏中的“任务环境中的草图”按钮，打开“创建草图”对话框。选择 XC-YC 平面为草图绘制平面，单击“确定”按钮。绘制如图 10-42 所示的草图。单击“完成草图”按钮，草图绘制完毕。

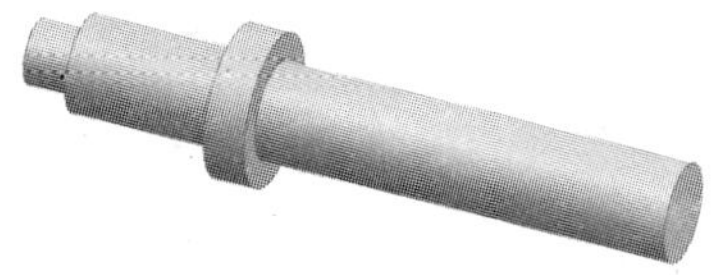

图 10-41　创建凸台 2

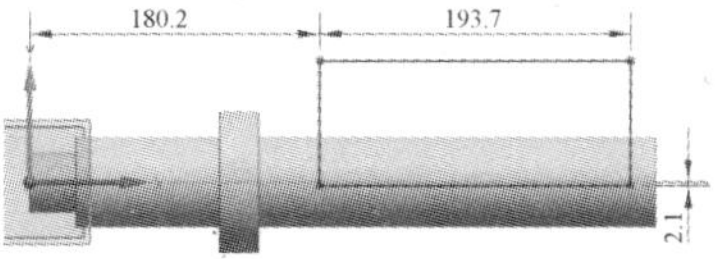

图 10-42　绘制草图

（5）单击“特征”工具栏中的“拉伸”按钮，打开如图 10-43 所示的“拉伸”对话框。选择上步绘制的草图为拉伸曲线。选择“ZC 轴”为拉伸方向。在“结束”中选择“对称”，输入距离为 50，在“布尔”下拉列表中选择“求差”选项，单击“确定”按钮，结果如图 10-44 所示。

图 10-43　“拉伸”对话框

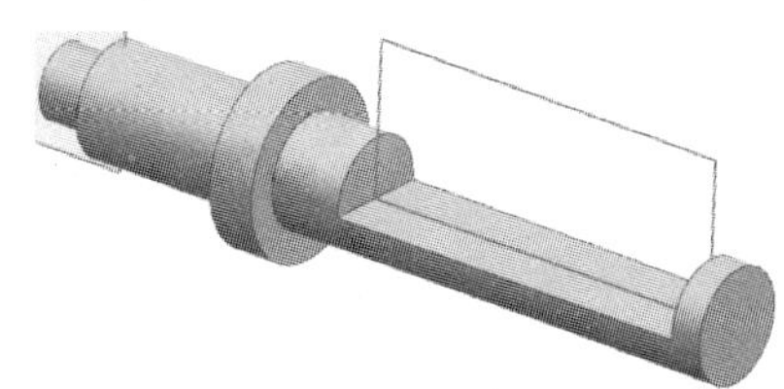

图 10-44　拉伸切除体

（6）单击“特征”工具栏中的“孔”按钮，打开“孔”对话框。选择“常规孔”类型，选择“简单”成形。单击“绘制截面”按钮，选择拉伸体切除表面为草图放置面，如图 10-45 所示。输入孔的直径，深度限制为 12.5，贯通体，单击“确定”按钮，完成简单孔的创建。

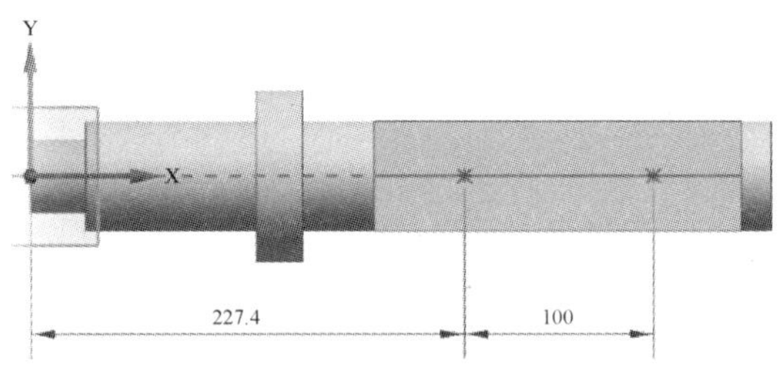

图 10-45　绘制草图

（7）单击“特征”工具栏中的“基准平面”按钮，打开“基准平面”对话框。选择“XZ-ZC 平面”类型，输入距离为 6.25，单击“应用”按钮，创建基准平面 1。选择“YZ-ZC 平面”类型，输入距离为 120，单击“确定”按钮，创建基准平面 2。

（8）单击“特征”工具栏中的“腔体”按钮，打开“腔体”类型对话框。单击“柱”按钮，打开“圆柱形腔体”放置面对话框，选择基准平面 1 为腔体放置面，单击“接受默认边”按钮，打开“圆柱形腔体”参数对话框，如图 10-46 所示。在“腔体直径”，“深度”选项中分别输入 50，12.5，其他都输入 0，单击“确定”按钮。打开“定位”对话框，选择“垂直”定位方式，选择基准平面 2 和腔体中心线，输入距离为 55，选择 XC-YC 平面和腔体中心线输入距离为-36.4，单击“确定”按钮，生成模型如图 10-47 所示。

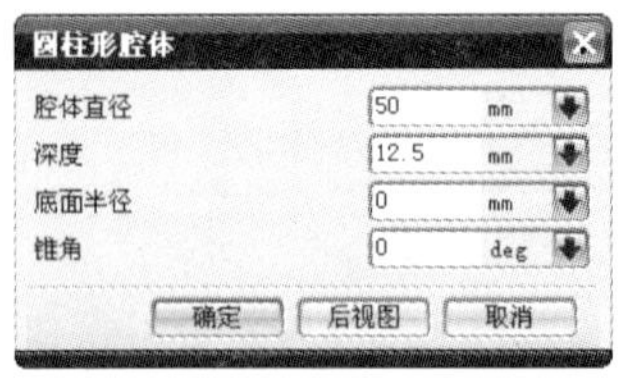

图 10-46 “圆柱形腔体”参数对话框

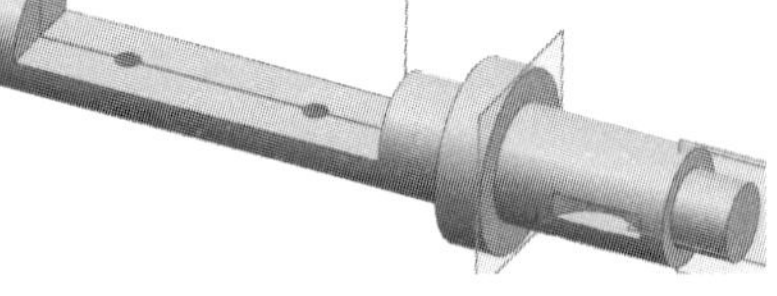

图 10-47　创建腔体

10.6 阀体

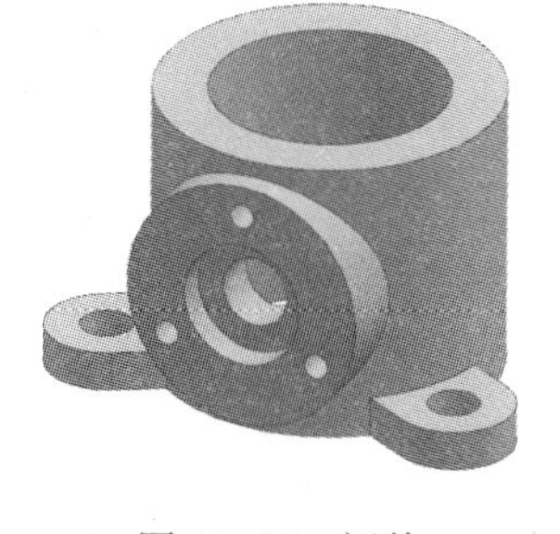

图 10-48 阀体

本节绘制如图 10-48 所示阀体。

（1）单击“标准”工具栏中的“新建”按钮，打开“新建”对话框。在模板列表中选择“模型”，输入名称为 fati，单击“确定”按钮，进入建模环境。

（2）选择菜单栏中的“插入”→“设计特征”→“圆柱体”命令，打开如图 10-49 所示的“圆柱”对话框。选择“轴、直径和高度”类型，选择“XC 轴”为圆柱体方向。单击“点对话框”按钮，打开“点”对话框，输入原点坐标为（0,0,0），单击“确定”按钮，返回到“圆柱”对话框。在“直径”和“高度”文本框中分别输入 281.2，225，单击“确定”按钮，如图 10-50 所示。

图 10-49 “圆柱”对话框

（3）单击“特征”工具栏中的“任务环境中的草图”按钮，打开“创建草图”对话框。选择 XC-YC 平面为草图绘制平面，单击“确定”按钮。绘制如图 10-51 所示的草图。单击“完成草图”按钮，草图绘制完毕。

（4）单击“特征”工具栏中的“拉伸”按钮，打开如图 10-52 所示的“拉伸”对话框。选择上步绘制的草图为拉伸曲线。选择“ZC 轴”为拉伸方向。在“开始距离”和“结束距离”数值栏中输入 0、31.3，在“布尔”下拉列表中选择“求和”，单击“确定”

按钮，结果如图 10-53 所示。

图 10-50　绘制圆柱体

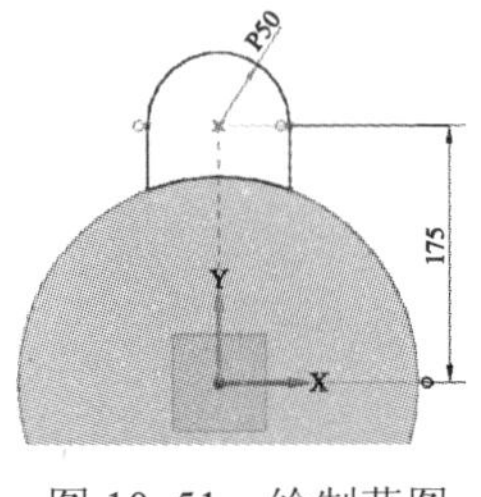

图 10-51　绘制草图

图 10-52　“拉伸”对话框

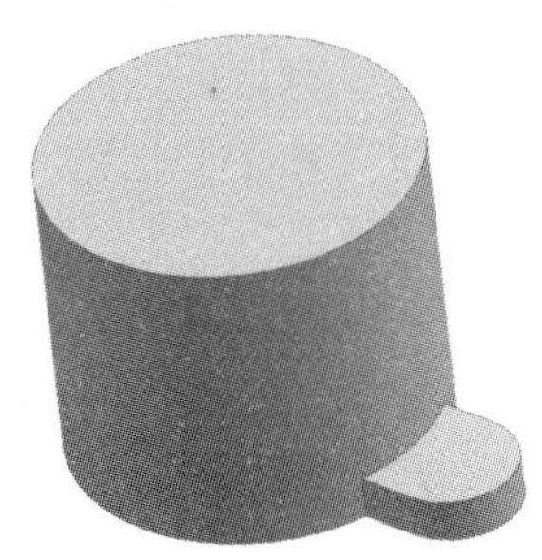

图 10-53　拉伸体

（5）单击“特征”工具栏中的“孔”按钮，打开如图 10-54 所示的“孔”对话框。选择“常规孔”类型，选择“简单”类型。捕捉圆柱体的上表面圆心为孔放置位置，如图 10-55 所示。输入孔的直径，深度限制为 43，贯通体，单击“确定”按钮，完成简单孔的创建。

图 10-54 “孔”对话框

图 10-55 捕捉圆心

（6）单击“特征”工具栏中的“对特征形成图样”按钮，打开“对特征形成图样”对话框。选择拉伸和孔特征为要阵列的特征，选择“圆形”类型。选择“ZC 轴”为旋转轴，指定坐标原点为基点。输入数量为 3，齿距角为 120，单击“确定”按钮，如图 10-56 所示。

（7）单击“特征”工具栏中的“基准平面”按钮，打开“基准平面”对话框。选择“XZ-ZC 平面”类型，输入距离为 145，单击“应用”按钮，创建基准平面 1。选择“XZ-ZC 平面”类型，输入距离为–159.4，单击“确定”按钮，创建基准平面 2。

（8）单击“特征”工具栏中的“任务环境中的草图”按钮，打开“创建草图”对话框。选择 XC-YC 平面为草图绘制平面，单击“确定”按钮。绘制如图 10-57 所示的草图。单击 “完成草图”按钮，草图绘制完毕。

图 10-56　阵列特征

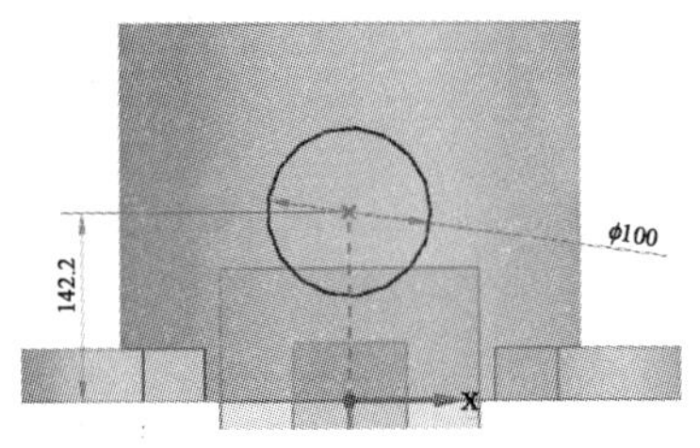

图 10-57　绘制草图

（9）单击“特征”工具栏中的“拉伸”按钮，打开如图 10-58 所示的“拉伸”对话框。选择上步绘制的草图为拉伸曲线。选择“-YC 轴”为拉伸方向。在“结束”中选择“直至选定对象”，在视图中选择圆柱体外表面，在“布尔”下拉列表中选择“求和”，单击“确定”按钮，结果如图 10-59 所示。

图 10-58　“拉伸”对话框

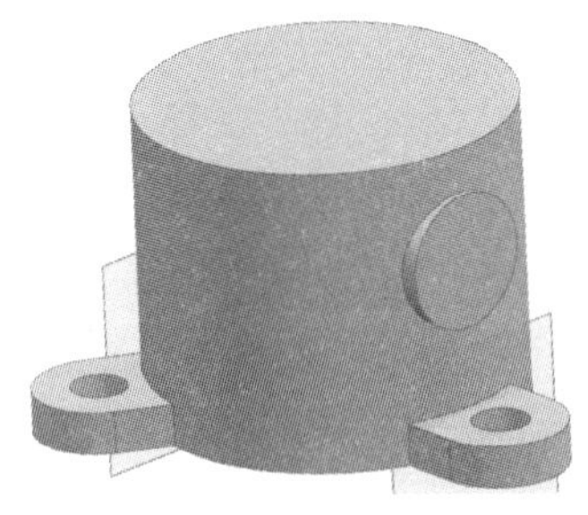

图 10-59　拉伸操作

（10）单击“特征”工具栏中的“任务环境中的草图”按钮，打开“创建草图”对话框。选择 XC-YC 平面为草图绘制平面，单击“确定”按钮。绘制如图 10-60 所示的草图。单击 “完成草图”按钮，草图绘制完毕。

（11）单击“特征”工具栏中的“拉伸”按钮，打开“拉伸”对话框。选择上步绘制的草图为拉伸曲线。选择“YC 轴”为拉伸方向。在“结束”中选择“直至选定对象”，在视图中选择圆柱体外表面，在“布尔”下拉列表中选择“求和”，单击“确定”按钮，结果如图 10-61 所示。

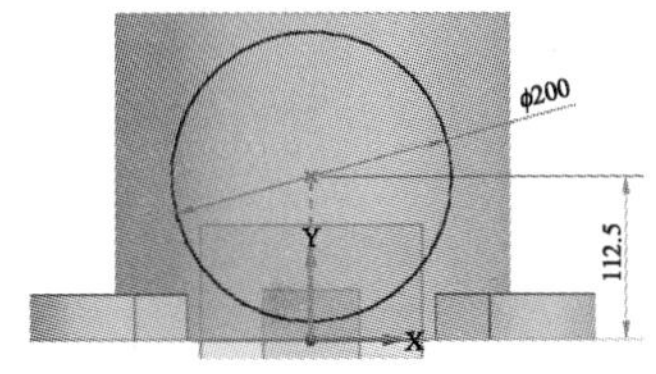

图 10-60　绘制草图

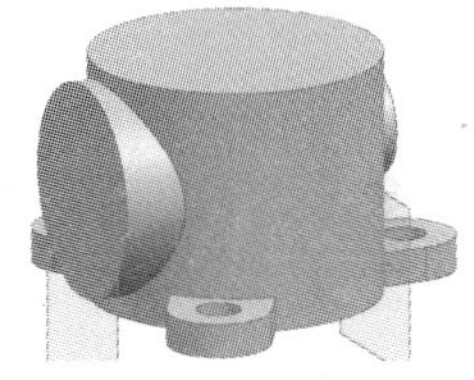

图 10-61　绘制草图

（12）单击“特征”工具栏中的“孔”按钮，打开“孔”对话框。选择“常规孔”类型，选择“简单”成形，捕捉圆柱体的上表面圆心为孔放置位置，如图 10-62 所示。输入孔的直径，深度限制为 193.8，贯通体，单击“确定”按钮，完成简单孔的创建。

图 10-62　捕捉圆心 1

重复上述步骤，捕捉如图 10-63 所示的圆心为孔放置，选择“沉头”成形，创建沉头直径、沉头深度、直径和深度为 100、25、56.2 和 256.3 的孔，结果如图 10-64 所示。

（13）单击“特征”工具栏中的“孔”按钮，打开“孔”对话框。选择“常规孔”类型，选择“简单”成形。单击“绘制截面”按钮，选择拉伸体切除表面为草图放置面，如图 10-65 所示。输入孔的直径，深度限制为 20，37.5，单击“确定”按钮，完成简单孔的创建。

（14）单击“特征”工具栏中的“对特征形成图样”按钮，打开“对特征形成图样”对话框。选择“圆形”类型。选择“YC 轴”为旋转轴，捕捉圆心为基点。输入数量为 3，齿距角为 120，单击“确定”按钮，如图 10-66 所示。

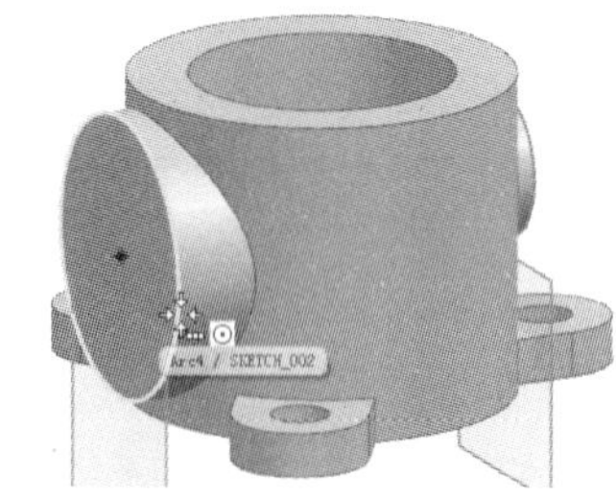

图 10-63　捕捉圆心 2

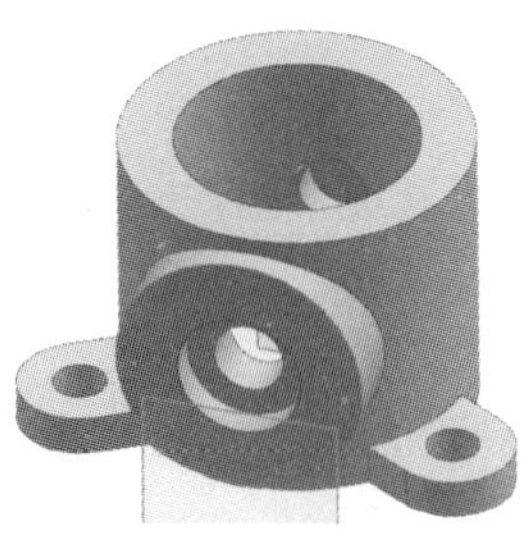

图 10-64　创建孔

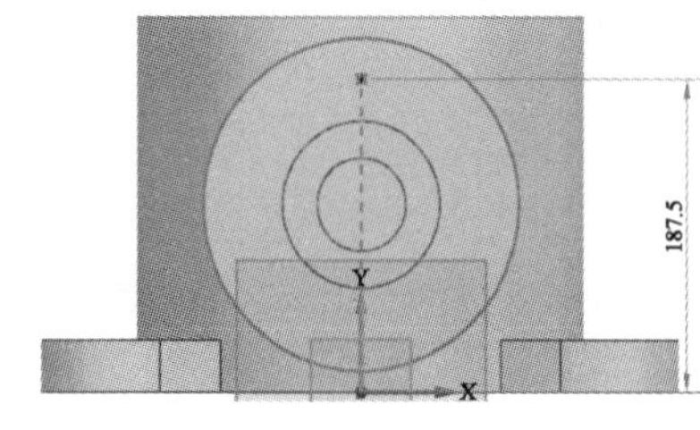

图 10-65　选择放置面

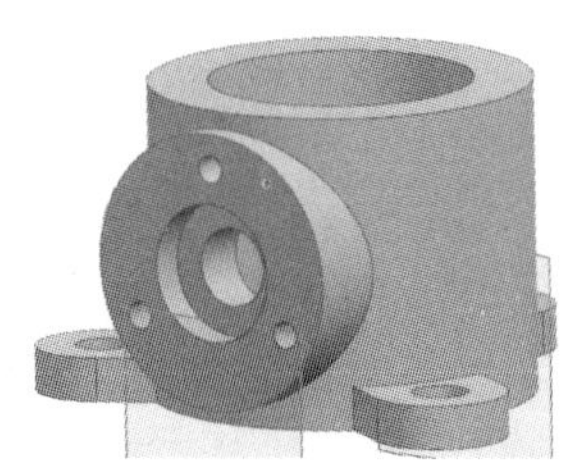

图 10-66　阵列孔

10.7　制动器装配

本节装配如图 10-67 所示的制动器。

（1）单击“标准”工具栏中的“新建”按钮，打开“新建”对话框。在模板列表中选择“装配”，输入名称为 zhidongqi，单击“确定”按钮，进入装配环境。

（2）单击“装配”工具栏中的“添加组件”按钮，打开“添加组件”对话框，如图 10-68 所示。单击“打开”按钮，打开“部件名”对话框，根据部件的存放路径选择部件 fati，打开“组件预览”窗口，如图 10-69 所示。选择“绝对原点”定位方式，单击“确定”按钮，将 dizuo 添加到装配环境原点处。

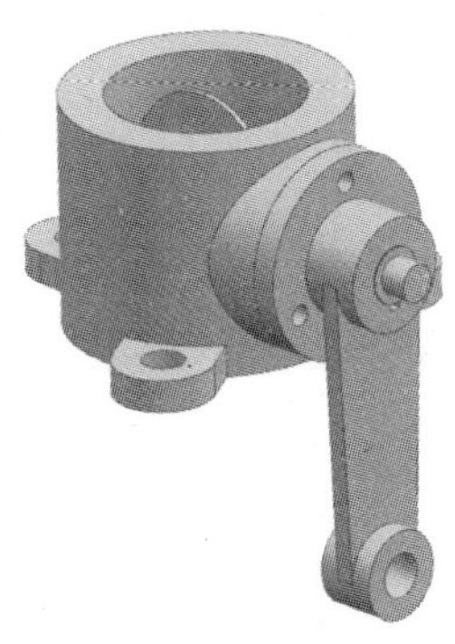

图 10-67　制动器

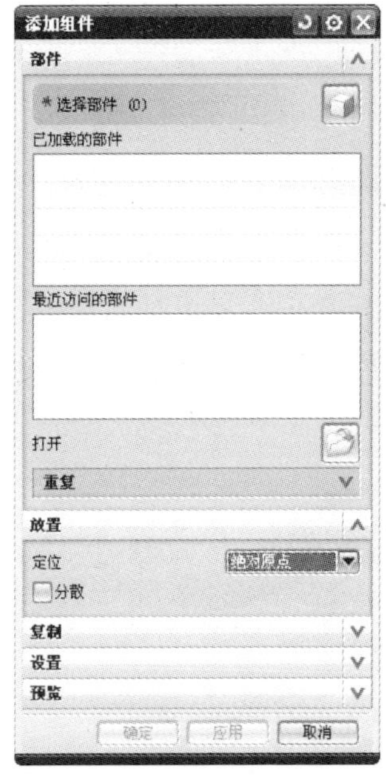

图 10-68　“添加组件”对话框

图 10-69　“组件预览”窗口

（3）单击“装配”工具栏中的“添加组件”按钮，打开“添加组件”对话框。选择部件 zhou，打开“组件预览”对窗口。选择“通过约束”定位方式，单击“确定”按钮，打开如图 10-70 所示的“装配约束”对话框。选择“接触对齐”类型，方位为“接触”，依次选择如图 10-71 所示阀体端面和轴端面，单击“应用”按钮；选择“自动判断中心/轴”方位，依次选择如图 10-72 所示阀体圆柱面和轴圆柱面，单击“确定”按钮；完成阀体和轴的装配，如图 10-73 所示。

图 10-70 “装配约束”对话框

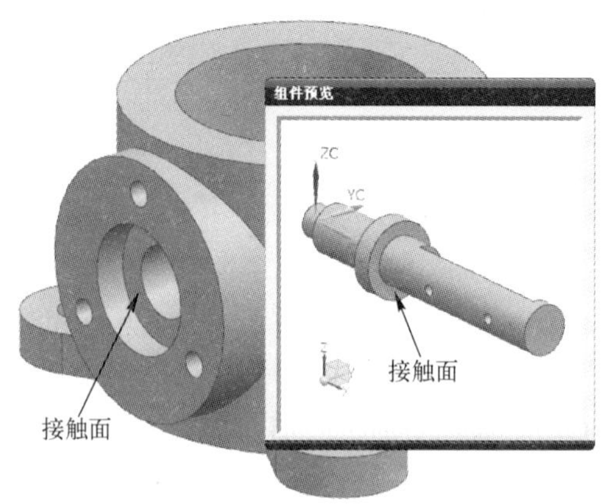

图 10-71 选择接触面

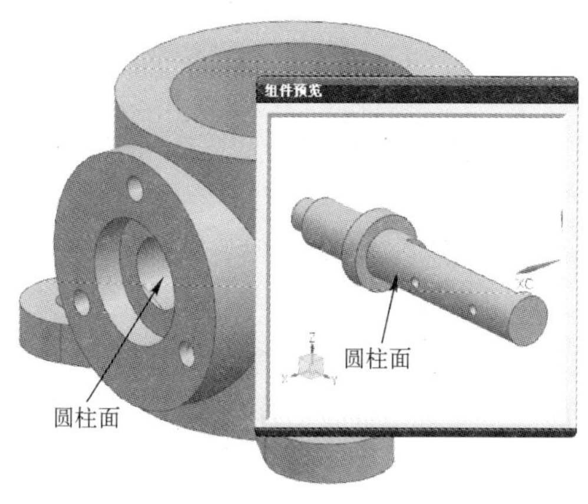

图 10-72　选择圆柱面

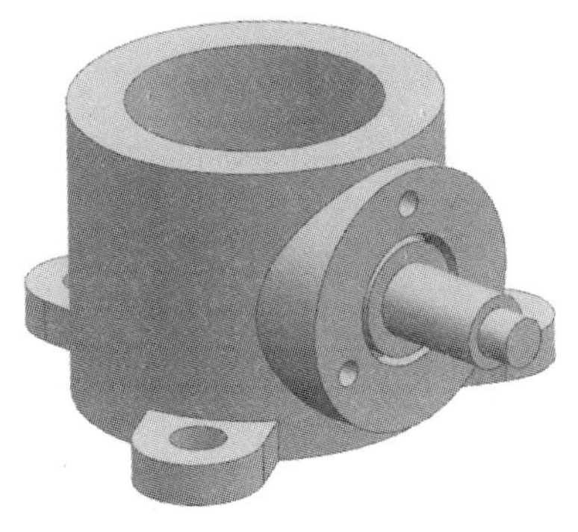

图 10-73　装配阀体和轴

（4）单击“装配”工具栏中的“添加组件”按钮，打开“添加组件”对话框。选择部件 pan，打开“组件预览”窗口。选择“通过约束”定位方式，单击“确定”按钮，打开 “装配约束”对话框。选择“接触对齐”类型，方位为“接触”，依次选择如图 10-74 所示轴的端面和盘端面，单击“应用”按钮；选择“自动判断中心/轴”方位，依次选择如图 10-75 所示轴圆柱面和盘圆柱面，单击“应用”按钮；选择另一侧相应的孔圆柱面，完成盘和轴的装配，如图 10-76 所示。

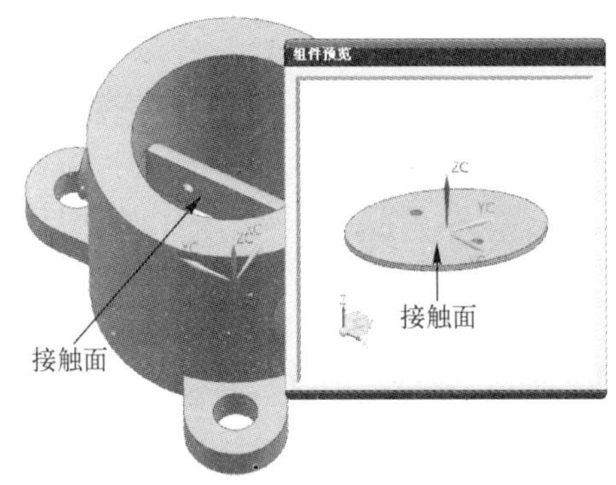

图 10-74　选择接触面

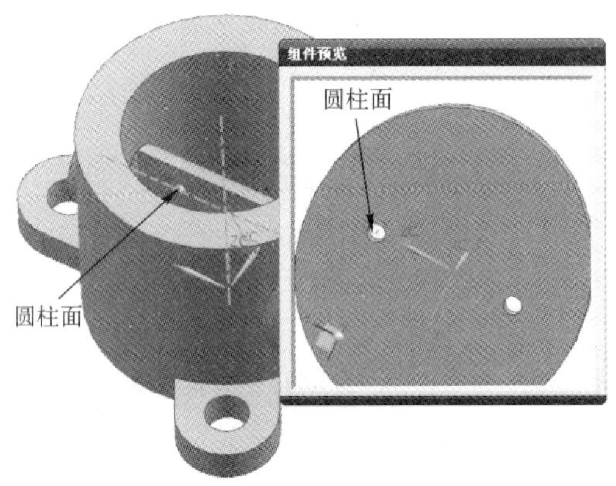

图 10-75　选择圆柱面

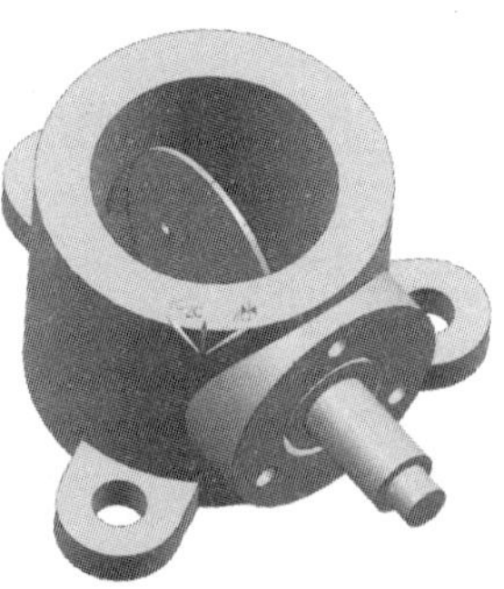

图 10-76　盘和轴的装配

（5）单击“装配”工具栏中的“添加组件”按钮，打开“添加组件”对话框。选择部件 dangban，打开“组件预览”对窗口。选择“通过约束”定位方式，单击“确定”按钮，打开“装配约束”对话框。选择“接触对齐”类型，方位为“接触”，依次选择如图 10-77 所示挡板的端面和阀体端面，单击“应用”按钮；选择“自动判断中心/轴”方位，依次选择如图 10-78 所示挡板孔圆柱面和阀体孔圆柱面，单击“应用”按钮；依次选择如图 10-79 所示轴圆柱面和挡板孔圆柱面，单击“应用”按钮；完成挡板的装配，如图 10-80 所示。

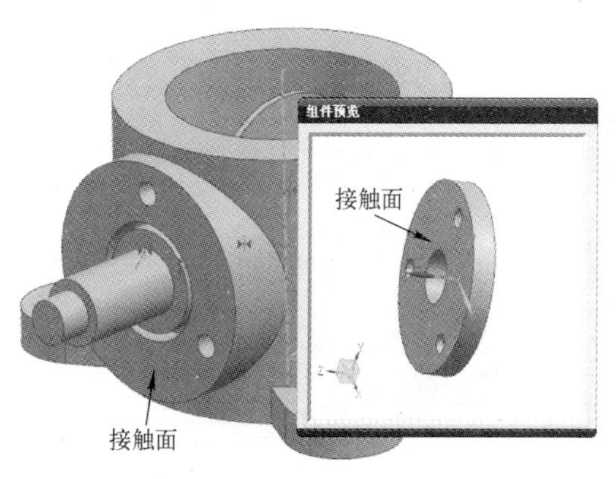

图 10-77　选择接触面

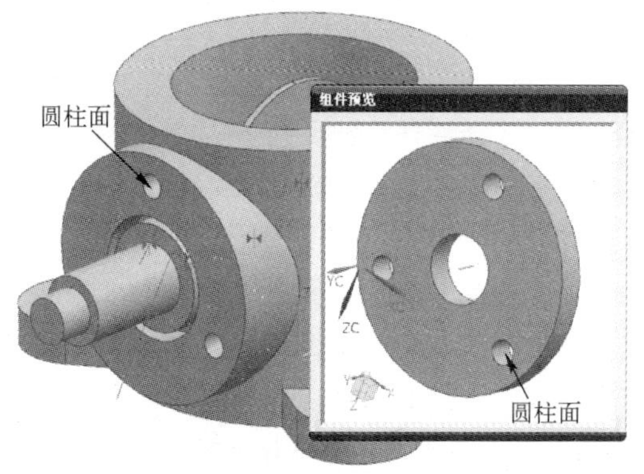

图 10-78　选择圆柱面

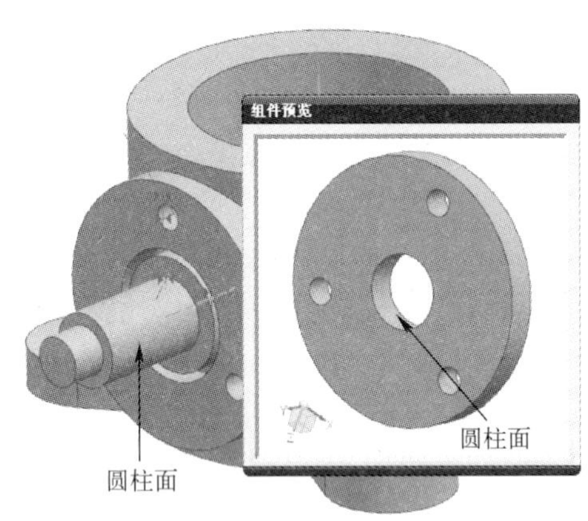

图 10-79　选择圆柱面

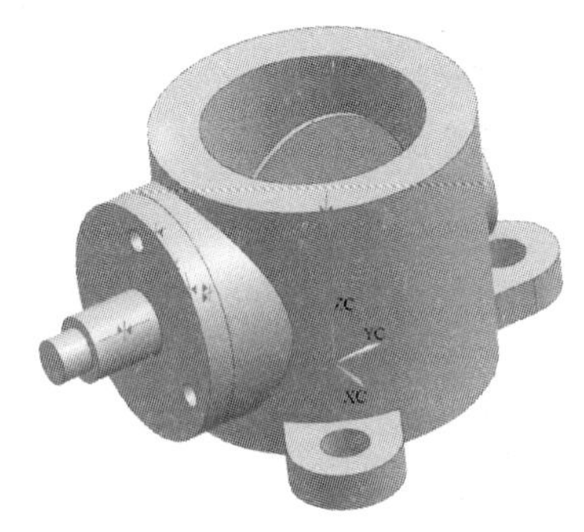

图 10-80　装配挡板

（6）单击“装配”工具栏中的“添加组件”按钮，打开“添加组件”对话框。选择部件 jian，打开“组件预览”对窗口。选择“通过约束”定位方式，单击“确定”按钮，打开“装配约束”对话框。选择“接触对齐”类型，方位为“接触”，依次选择如图 10-81 所示键的端面和轴上的键槽端面，单击“应用”按钮；选择“平行”类型，依次选择如图 10-82 所示键的边和键槽边，单击“应用”按钮；选择“接触对齐”类型，选择“自动判断中心/轴”方位，依次选择如图 10-83 所示键圆柱面和键槽圆柱面，单击“确定”按钮；完成底座和胶垫的装配，如图 10-84 所示。

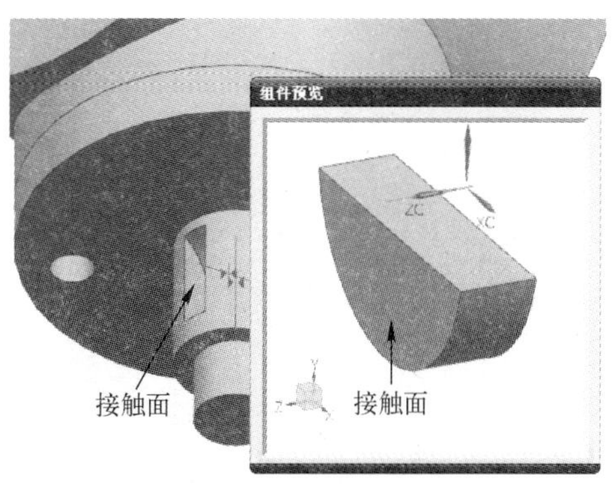

图 10-81　选择接触面

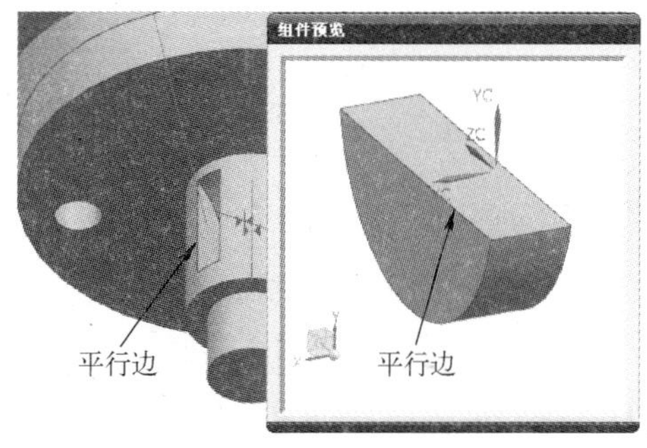

图 10-82　选择平行边

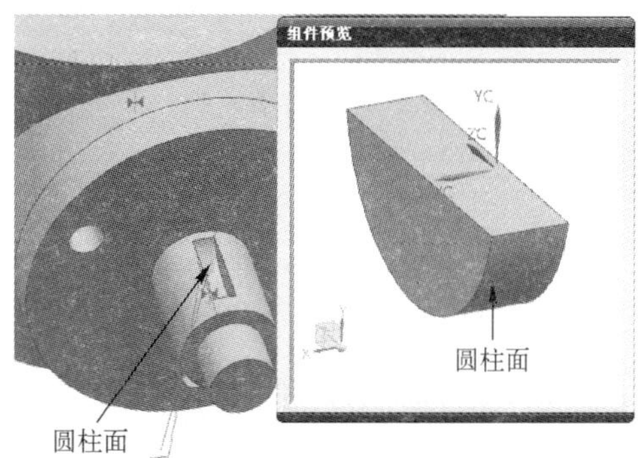

图 10-83　选择圆柱面

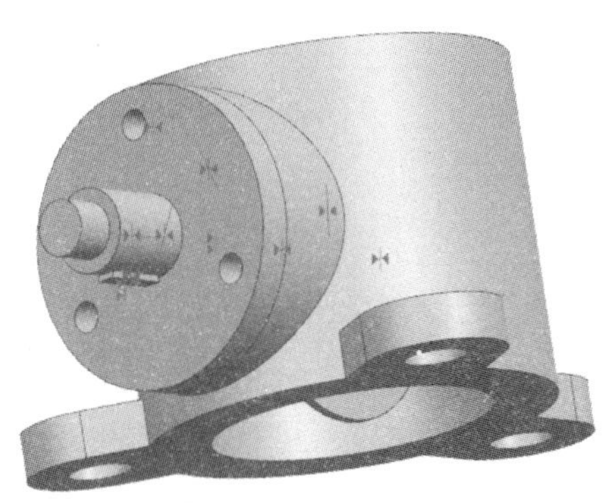

图 10-84　装配键

（7）单击“装配”工具栏中的“添加组件”按钮，打开“添加组件”对话框。选择部件 bi，打开“组件预览”对窗口。选择“通过约束”定位方式，单击“确定”按钮，打开“装配约束”对话框。选择“接触对齐”类型，方位为“接触”，依次选择如图 10-85 所示臂端面和挡板端面，单击“应用”按钮；选择“自动判断中心/轴”方位，依次选择如图 10-86 所示轴圆柱面和臂圆柱面，单击“应用”按钮；选择“平行”类型，依次选择如图 10-87 所示键的端面和臂键槽端面，单击“确定”按钮；完成臂的装配，如图 10-88 所示。

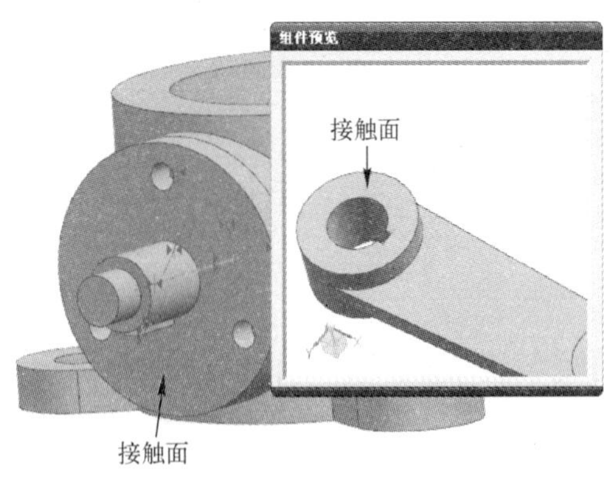

图 10-85　选择接触面

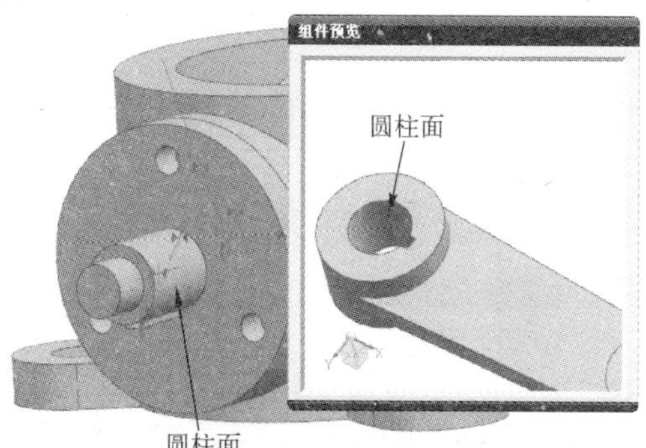

图 10-86　选择圆柱面

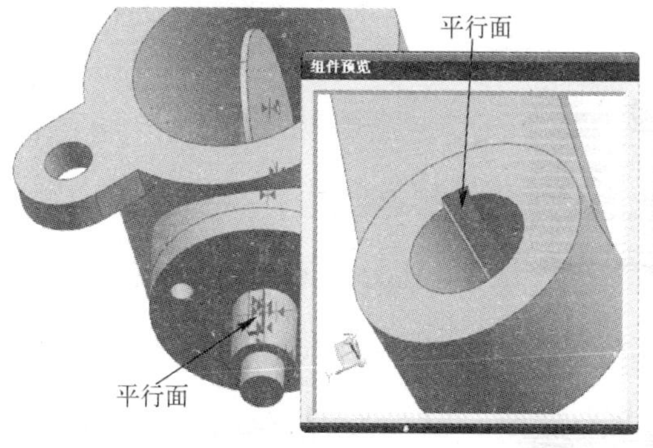

图 10-87　选择平行面

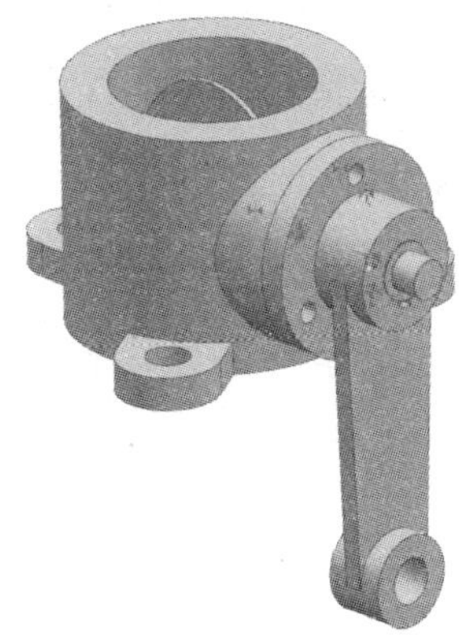

图 10-88　装配臂

机工出版社·计算机分社读者反馈卡

尊敬的读者朋友：

感谢您选择我们出版的图书！我们愿以书为媒与您做朋友！

参与在线问卷调查，获得赠阅精品图书

凡是参加在线问卷调查的读者，将成为我社书友会成员，第一时间获得新书资讯及活动信息，并将有机会参与每月举行的“书友试读赠阅”活动，获得赠阅精品图书！可通过以下方式参与在线问卷调查：

新浪官方微博：http://weibo.com/cmpjsj

新浪官方博客：http://blog.sina.com.cn/cmpbookjsj

腾讯官方微博：http://t.qq.com/jigongchubanshe

腾讯官方博客：http://2399929378.qzone.qq.com

找到并点击调查问卷链接地址（通常位于置顶位置或公告栏），完整填写调查问卷即可。

联系方式

通信地址：北京市西城区百万庄大街 22 号机械工业出版社计算机分社

邮政编码：100037

联系电话：010-88379750

传　　真：010-88379736

电子邮件：cmp_itbook@163.com

敬请关注我们的官方微博：　http://weibo.com/cmpjsj

第一时间了解新书动态，获知书友会活动信息，与读者、作者、编辑们互动交流！